普通高等教育"十二五"规划教材

工业催化原理及应用

马 晶 薛娟琴 编著

U0342223

北 京
冶金工业出版社
2021

内 容 简 介

本书共分 12 章，主要内容包括：催化科学的发展、多相催化、酸催化、电催化、光催化、冶金催化、纳米催化及其催化剂的设计、制备与表征，基本上覆盖了现代催化领域各个方面的科学基础和最新进展。

本书的宗旨是使读者了解催化科学的全貌和普遍性的基础知识，熟悉和掌握催化科学的基础知识、催化科学的发展概况以及当今的优先前沿领域和热门研究方向，为今后从事催化领域的深入研究与开发奠定相关的理论与技术基础。

本书可作为无机化工、煤化工、石油化工、精细化工等相关专业的本科生、研究生教材，也可供相关领域的科研工作人员参考。

图书在版编目（CIP）数据

工业催化原理及应用/马晶，薛娟琴编著. —北京：冶金工业出版社，2013.4（2021.1重印）
普通高等教育"十二五"规划教材
ISBN 978-7-5024-6144-7

Ⅰ.①工…　Ⅱ.①马…　②薛…　Ⅲ.①化工过程—催化—高等学校—教材　Ⅳ.①TQ 032.4

中国版本图书馆 CIP 数据核字（2013）第 066207 号

出　版　人　苏长永
地　　　址　北京市东城区嵩祝院北巷 39 号　邮编　100009　电话　(010)64027926
网　　　址　www.cnmip.com.cn　电子信箱　yjcbs@cnmip.com.cn
责任编辑　于昕蕾　美术编辑　李　新　版式设计　孙跃红
责任校对　石　静　责任印制　李玉山
ISBN 978-7-5024-6144-7

冶金工业出版社出版发行；各地新华书店经销；北京虎彩文化传播有限公司印刷
2013 年 4 月第 1 版，2021 年 1 月第 4 次印刷
787mm×1092mm　1/16；18.5 印张；449 千字；283 页
39.00 元

冶金工业出版社　投稿电话　(010)64027932　投稿信箱　tougao@cnmip.com.cn
冶金工业出版社营销中心　电话　(010)64044283　传真　(010)64027893
冶金工业出版社天猫旗舰店　yjgycbs.tmall.com
（本书如有印装质量问题，本社营销中心负责退换）

前　言

　　催化是一门基础学科，又是一门应用学科。催化的世界缤纷多彩，相同的催化剂可以催化生成不同的产物，不同的催化剂也可以催化生成相同的产物。催化剂实际参与了化学反应，但却不在化学反应配平式中出现，这就是催化剂及其催化作用的奥妙之处。此外，催化剂在化学工业中的作用是非常重要的，许多熟知的工业反应的发生（如合成氨的制备、尿素的合成以及石油的裂解）都得采用催化剂。那么，催化剂及其催化作用的本质究竟是什么呢？如何才能实现如人所愿的催化剂及其催化过程的理想设计呢？这是值得每个催化工作者认真思索、探究和大胆假设、小心求证的充满挑战性的问题。

　　催化是多学科的交叉，因此也要求催化工作者具有尽可能多的相关学科的知识基础，例如：表面科学、界面化学、结构化学、配位化学、合成化学、固体化学、量子化学等。当然，不可能面面俱到，但如果能灵活地将所学到的相关学科的基础知识应用到催化研究中，就有可能抓住机遇而做出创新性的贡献。

　　催化剂在化学工业、石油工业、冶金工业中的作用是不言而喻的。以往单纯依靠对催化剂制备的工业经验性的积累与改进，已远远满足不了现代工业飞速发展对催化剂的需求。因此，如何在明确催化原理的基础上，进一步设计和制备适应工业发展的高效催化剂，是广大化工、冶金工作者普遍关注的问题。

　　随着科技手段的不断更新和催化实验方法的日益完善，特别是电子计算机应用于催化科学，人们对催化过程的物理化学本质有了更深刻的认识，从而充实了寻找和制备催化剂的准确性及预见性，为建立催化剂的设计基础创造了条件，显著地提高了催化剂开发的速度、质量和效益。近年来，冶金工业日益快速的发展，新型技术的不断涌现，使得冶金工业发展同样离不开催化剂的发展。

　　国内外已经出版了许多有关催化的专著和教科书，例如，吴越教授的《催化化学》和甄开吉教授的《催化作用基础》等都是非常优秀的催化基础教科书，作者当年亦从这些书中得到不少的教益。本书的宗旨是使读者了解催化科学的全貌和普遍性的基础知识，为今后从事催化领域的深入研究，进行催化某个方向的深入研究打下基础。希望借此书能激发读者创新性的思维，培养读者灵活思考的能力和独立从事科学研究的素质。因此，也希望通过本书的学习，读者能感觉到催化的魅力和重要性，从而热爱催化和投身催化科学事业。

本书以各类催化剂为主线，详细阐述了各类催化剂以及催化机理，结合研究及工程问题，给出了目前化工工业、冶金工业对于催化剂的需求以及应用，本书着重概述了近几十年来催化科学与技术发展的新领域、新成就，即用于能源、环境、材料、冶金领域的催化技术和取得的成就。全书共分12章，介绍了工业催化发展的历史，并适当加强了催化科学的基础知识，例如表面化学、催化剂设计与表征的基础知识等内容，增加了环境催化、能源催化、冶金工业催化等相关知识。本书还介绍了催化剂的宏观结构、催化性能的评级及测试方法，为从事化工冶金研究工作的科技人员提供了催化剂开发与应用方面的技术参考。

本书由西安建筑科技大学马晶、薛娟琴编著。书稿由西安建筑科技大学薛娟琴教授主审。本书第1章由西安建筑科技大学马晶、薛娟琴编写；第2、3章由西安科技大学褚佳、西安建筑科技大学马晶编写；第4章由西安科技大学褚佳、西安建筑科技大学于丽花编写；第5章由西安科技大学褚佳编写；第6、10章由西安建筑科技大学于丽花编写；第7章由西安建筑科技大学汤洁莉编写；第8章由西安建筑科技大学马晶编写；第9章由哈尔滨工业大学李季编写；第11章由太原理工大学张鼎、西安建筑科技大学于丽花编写，第12章由西安建筑科技大学汤洁莉、李国平编写。西安建筑科技大学李国平对书稿写作中的资料收集做了大量的工作。全书由马晶统稿。

本书撰稿力求内容丰富、概念清晰，深入浅出地介绍了基本理论知识，并辅以大量的工业实例，帮助读者加深理解；为了提高读者对知识的应用能力，激发创新意识，特别介绍了一些最新催化学科的进展。全书中基本知识和基本规律的介绍均与实例相结合，有助于启发读者的科研思路，以满足从事催化剂的基础和应用研究人员的要求。由于编者水平有限，书中不妥之处在所难免，恳请读者见谅并提出宝贵意见。

本书的撰写得到了冶金工业出版社的支持，也得到了西安建筑科技大学冶金工程学院、化学工程与工艺专业领导的帮助和支持，书中引用了一些文献资料，在此一并表示衷心的感谢。

作　者

2013 年 2 月

目　录

1 绪 论

1.1 催化科学的形成及其特点

在化工生产中，一个热力学上可以进行的化学反应，由于加入某种物质而被加速，在反应结束时该物质并未消耗，那么这种物质就被称作催化剂，它对化学反应施加的作用称为催化作用。因此，在化工领域，催化剂解决化学反应速率问题，催化作用属于动力学的范畴。具体来说，催化作用是催化剂活性中心对反应分子的激发与活化，使后者以很高的反应性能进行反应。

催化科学是研究催化作用原理的一门科学，主要研究催化剂为何能使参加反应的分子活化，怎样活化以及活化后的分子性能与行为。在现代化工生产中，50%以上的化工产品与催化剂有关，可以讲，催化剂是现代化学工业的"心脏"。催化科学通过开发新的催化过程革新化学工业，提高经济效益和产品的竞争力，同时又通过学科之间的相互渗透，发展新型材料（如光敏材料、上转换材料），利用新能源（如太阳能、生物能）等做出贡献。借助催化科学可获得对于反应物活性中心的认识，可以推广到生命分子科学领域，借助催化作用的分子机理作用以及计算机模拟软件，也可为开拓催化科学自身新的应用领域创造条件。

催化科学的出现可以追溯到公元前。据史书记载，我国的酿酒和酿醋技术就是利用了生物催化剂，并且生物酶催化的方法就其反应基本原理而言，至今仍在使用中。而最早记载有"催化现象"的资料，可以追溯到四百多年前，1597年由德国炼金术士 A. Libavius 著的《Alchymia》一书。将催化剂应用于化学工业产品的生产始于18世纪。1746年英国人罗巴克采用铅室，以氮氧化物作为催化剂，诞生了铅室法制酸的工艺，这是工业上使用催化剂的开始。18世纪末到19世纪初期又出现了许多使用催化剂的化学过程。例如，1782年瑞典化学家 Scheele 用无机酸作为催化剂应用于乙酸和乙醇的酯化反应。1820年，德国的 Döbereiner 发现铂粉可促进氢和氧的结合。1831年，英国的 Philips 等发现 SO_2 在空气中氧化可使用铂为催化剂，这就是接触法生产硫酸的开始。

"催化现象"作为一个化学概念，则是在这之后数百年，于1836年才由瑞典化学家 J. J. Berzelius 在其著名的"二元学说"基础上提出来的。他认为具有催化作用的物质，除了和一般元素和化合物一样与电性向导（正、负）的两部分组成（二元）之外，还提出了"催化力（Catalysis）"一词，此词源于希腊文，"Cata"的意思是下降，而动词"lysis"的意思是分裂或破裂。当时，人们认为化学变化的驱动力来源于化学分子之间的亲和力，尚不知从分子水平去理解反应速率。在"催化力"概念出现后，借助催化手段进行的反应过程不断大量出现。Berzelius 的历史贡献在于引入了"催化作用"的概念，而所谓的"催化力"后来经证实是不存在的。

1838 年 Kuhlmann 实现反应 $NO+H_2 \longrightarrow NH_3$，1863 年 Debus 实现硝基乙烷在铂黑存在时氢解生成乙醇和 NH_3，1874 年 Dewilde 提出在催化剂条件下，不饱和烃类的加氢反应，1896 年 Sabatie 发展了一些较高加氢活性的催化剂，则标志着凭借化学力的作用实现某种特定的化学反应已经得到认可。1894 年，德国化学家 W. Ostwald 指出：应该把催化作用的物质（催化剂）看成是一种可以改变一个化学反应速率而又不存在于产物中的物质。1906 年，Lewis 和 Von Falkenstein 提出：对于可逆反应，催化剂同时加速正向反应和逆向反应。

至于催化作用称为一门科学则是近百年的事情，特别是化学热力学和化学动力学理论的发展，为催化科学的形成奠定了基础。作为一门科学，需要其基本原理和理论基础以及有利的研究手段。20 世纪陆续出现的化学实验事实以及由此派生的基本概念，如反应中间物种的形成与转化、表面活性中心、吸附现象以及早期出现的许多实验研究方法等，对探索催化作用的本质、改进原有催化剂和研究新的催化过程都起到了一定的推动作用，对催化科学的诞生也十分重要。

纵观催化科学的发展历程，可以发现催化科学的特点如下：

（1）发展迅速。催化科学的广度与深度都在迅速提高。人类在探索、开发新型催化剂的过程中，不断归纳、提出新概念与新理论，而在理论的推动下又更加广泛深入地探索和开发新型催化剂与催化过程。为了解决新的问题，随之又开展了新的研究技术和实验方案，这些技术和方法帮助催化研究逐步从宏观走向微观，进入分子、原子水平。理论研究和技术开发相互促进，优势互补。

（2）综合性强。催化科学是在许多基础学科的基础上发展起来的。这些学科包括：化学热力学、化学动力学、固体物理、表面化学、结构化学、量子化学、化工单元操作、化工设备等。催化科学综合、吸收、应用了这些学科的成果并与这些学科相互渗透，互为补充。

（3）实用性强。催化科学是一门实用性很强的科学，它与化学工业生产联系十分密切，从生产实践中汲取营养，其研究成果又直接用于化工生产，并显著影响生产效率和经济效益。

1.2　工业催化的发展历史

古人曰："要理解科学，必先了解科学的历史"。从化学工业的发展历史来看，催化过程和催化剂的开发应用，经历了 3 个阶段。

1.2.1　工业催化的萌芽期

在 19 世纪后半叶至 20 世纪的前 20 年，工业催化进入了工艺开发的萌芽时期。当时，通过对反应动力学和吸附作用的研究，对活性中心作了概念性的了解；初萌的催化理论本质上是"化学的"。期间，仍不缺少一些影响深远的研究成果，例如：1857 年发明了氯化铜的氯化氢氧化制氯气的 Deacon 工艺过程，该工艺一直沿用至今；1875 年发明了 Pt 催化 SO_2 氧化制硫酸的催化工艺，该工业奠定了硫酸工业的基础；其后不久，又发明了甲烷-水蒸气在 Ni 催化剂作用下催化转化制合成气，这种 Ni 催化剂后来发展成著名的 Raney Ni

催化剂。1902 年 Ostwald 开发了 NH_3 氧化为 NO 的工艺，为硝酸生产工艺的发展奠定了基础；同年 Sabatier 开发了催化加氢工艺，为油脂加氢工艺奠定了基础。1905 年 Ipatieff 以白土作催化剂，进行了烃类的转化，包括脱氢、异构化、叠合等，为后来的石油加工工业奠定了基础。1910 年德国 Karlsrule 大学 F. Haber 及其同事在 BASF 公司的赞助和支持下筛选出高活性、高稳定性和长寿命的熔铁催化剂（主要为 Fe-Al-K 多组元组分），成功地应用于 N_2、H_2 直接合成 NH_3。该催化剂的开发为将来合成氨的工业化奠定了基础。表 1-1 列举了此阶段有关工业催化研究的重要发展。不难看出，这个阶段催化剂的发展相当缓慢，其工业应用也较少，而到了 1903 ~ 1935 年这个阶段，其催化剂的发展比较迅速。

表 1-1　1935 年以前发展的重要工业催化剂

年　份	发明者	化学反应	催化剂
1785	Deacon	乙醇脱水	黏土（SiO_2–Al_2O_3）
1818	Thenard	H_2O_2 分解	Pt
1831	Philips	$SO_2 \longrightarrow SO_3$	Pt
1838		$NH_3 + 2O_2 \longrightarrow HNO_3 + H_2O$	Pt
1844	Earaday	乙烯氢化	铂黑
1857	Deacon	$2HCl + 0.5O_2 \longrightarrow Cl_2 + H_2O$	$CuSO_4$
1877	Friedel–Crafts	烃类缩合	$AlCl_3$
1879		$SO_2 \longrightarrow SO_3$	$V_2O_5 - K_2SO_4$/硅藻土
1882	Tollens 和 Loew	$CH_3OH \longrightarrow HCHO$	Pt
1903	Sabatier	$RCHO \longrightarrow HCHO$	Ni
1908	Haber 等	$N_2 + 3H_2 \longrightarrow 2NH_3$	Fe、Os
1909	Bosch 和 Mittasch	$N_2 + 3H_2 \longrightarrow 2NH_3$	$Fe_3O_4 \cdot Al_2O_3 \cdot K_2O$
1913	Schneider	$CO + H_2 \longrightarrow$ 碳氢化合物	CoO
1913	Mc, Afee	石油裂解	$AlCl_3$
1915	Wimmer	萘氢化	Ni
1916	Wohl	甲苯 $\longrightarrow$ 苯甲酸	V_2O_5、MoO_3
1920	Weiss 和 Dows	苯 $\longrightarrow$ 马来酸酐	V_2O_5、MoO_3
1923	Fischer–Tropsch	$CO + H_2 \longrightarrow C_nH_{2n+2}$	NiO/Al_2O_3、CoO/Al_2O_3
1923	BASF	$CO + H_2 \longrightarrow CHOH$	$ZnO \cdot CrO_3$

1.2.2　工业催化的发展期

20 世纪 30 ~ 70 年代属于催化科学与技术快速发展时期。由于石油的大量开采，需要将石油中的重油转变为高辛烷值汽油的催化裂化工艺，石油炼制的一些重要催化加工过程都是在这一时期发展起来的。同时，对于催化理论的探讨也开始有所进展，多相催化剂原本的理论是以固体能带概念为基础的催化电子理论，这个理论采用固体能带模型，认为催化剂的性质是由能带效应控制的；这种模型主要考虑分子相互之间的"长程"作用，忽略了反应物和表面之间的"定域"作用；既没有考虑表面几何学，如暴露的晶面、表面原子的"边/面比"等；也没有考虑表面原子的化学性质。纯粹是一个"物理模型"，有相当的局限性。因此，这个理论就逐渐为催化工作者所摒弃。

前面已经提到，Ipatieff 用白土作催化剂对烃类的转化作了许多开创性研究，如烃的脱氢、异构、加氢、叠合等。俄国十月革命后，Ipatieff 移居美国，并在 UOP 公司的资助下发明了高辛烷值的叠合汽油和烷基化汽油。

1929 年法国 E. J. Houdry 开发了流化床催化裂化工艺（FCC）。1937 年 Ipatieff 的学生 Haensel 创建了催化重整工艺，这是石油炼制的一个重大工艺，使全球炼油工业得以迅速发展起来。表 1-2 列举了此阶段发现的重要催化剂。

表 1-2 1930～1970 年之间发展的重要工业催化剂

年 份	发明者	化学反应	催化剂
1930	Exxon	$CH_4 + 2H_2O \longrightarrow 4H_2 + CO_2$	NiO/Al_2O_3
1931	Reppe	$C_2H_2 + H_2O \longrightarrow CH_3CHO$	$Ni(CO)_4$、$FeH_2(CO)_4$
1935	Ipatieff	苯烷基化	H_3PO_4
1936	Houdry	石油裂化	
1937		低密度聚乙烯	
1938		加氢甲酰化	
1940	Carter-Johnson	$C_2H_2 \longrightarrow C=C-C=C$	$CuCl + NH_4Cl$
1934～1942	Exxon-Murphree	FCC	SiO_2/Al_2O_3
1948	Hall	异丙苯——苯酚	Na、Li、Cu、Ba 盐
1949		汽油重整	Pt/Al_2O_3
1953	Ziegler	高密度聚乙烯	$TiCl_4-Al(C_2H_5)_3$
1954	Natta	高密度聚丙烯	$TiCl_4-Al(C_2H_5)_3$
1956	Smidt	$C_2H_4 + 3HCl + 2O_2 \longrightarrow Cl_3CHO + 3H_2O$	$PdCl_2-CuCl_2$
1957～1959	Grasselli-Gallahan	$C_3H_6 + O_2 + NH_3 \longrightarrow C=C-CN$	$Bi_2O_3-MoO_3/Al_2O_3$
1962	Mobil Oil Co.	石油裂解	沸石
1964		加氢脱硫反应	$CoO-MoO_3/Al_2O_3$
		$C_2H_2 \longrightarrow C=C-C=C$	$CuCl_2/Al_2O_3$
1970		汽车废气净化	Pd、Pt、Rh/SiO_2

1.2.3 工业催化的成熟期

20 世纪 80 年代以来，催化理论获得了新的发展。尤其是对均相配合物催化的研究有了新的进展，由于该催化剂是比较简单的配合物分子，有一定的化学组成和几何构型；它在反应中和反应物形成的活化中间配合物又能被分离出来加以鉴定，因此，催化工作者能在配合物化学和金属有机化学的研究基础之上来探讨催化剂活性中心和催化反应机理等一系列催化的基本问题。这个阶段主要开发在特殊化学品及合成材料技术中已使用的新型催化剂，如固体超强酸（碱）催化剂、合成沸石催化剂、相转移催化剂、高分子催化剂等，并将它们应用于绿色化学工艺过程。

1980 年德国汉堡大学的 Kaminsky 和 Sinn 发明了烯烃聚合的茂金属催化剂，与传统的 Ziegler-Natta 型催化剂的不同之处是活性中心单一，所以又称为单中心催化剂（Single site catalyst），简称为 SSC。其最具价值的特点是通过设计催化剂结构即可控制聚合物产品的结构。20 世纪 90 年代，Mansanto 公司的科学家先后采用不对称膦配体的 Ru 配合物催化剂，合成了用于治疗帕金森病的药物 L-dopa（左旋多巴）。表 1-3 列举了此阶段发现的重要催化剂。

表 1-3　1978～1990 年之间发展的重要工业催化剂

年　份	发明者	化学反应	催化剂
1978	Wilkinson	$CH_3OH + CO \longrightarrow CH_3COOH$	Rh 配合物
1980	Mobil Oil Co.	$CH_3OH \longrightarrow$ 芳烃	ZSM-5
1980	Kaminsky 和 Sinn	烯烃聚合	茂金属催化剂
1986		NO_x 加氨还原	V_2O_5/TiO_2
约 1990	Mansanto Co.	L-dopa 的合成	Ru 催化剂

综上所述，当今催化理论的研究已完全不同于 20 世纪 50 年代，正处于由"物理模型"重新回到"化学模型"的重要变革阶段之中，其主要特点则是通过多相、均相和生物酶催化三者相互渗透，首先弄清分子、配合物和酶的催化作用，并建立起正确的催化模型（化学的），达到科学选择催化剂的目的。

1.3　新型催化技术

催化技术一直是促进化学工业技术不断进步的主要动力，催化剂的研究开发、新型催化技术的进步是新材料设计、合成、应用的前提条件。目前催化技术的发展主要体现在纳米、生物酶、手性有机物合成等领域。

1.3.1　纳米催化技术

近年来，纳米技术在诸多应用领域引起广泛的关注，成为国际上研究和开发最活跃的热点之一，被认为是 21 世纪人类最有前景的技术。长久以来，催化科技工作者一直使用着纳米技术。大量研究结果表明，纳米粒子是一类具有独特结构-反应性能关系的新型催化剂材料，素有"第四代催化剂"之称，可以得到传统的催化剂制备方法无法获得的独特结构及反应性能。

从纳米概念出发，催化剂又可分为纳米尺度催化剂和纳米结构催化剂两大类。纳米尺度催化剂是指活性组分以纳米尺寸的粒子分散在高比表面积载体上的催化剂，包括超细金属催化剂、超细分子筛催化剂、纳米膜催化剂等。

纳米结构催化剂具体是指催化剂粒子尺寸在 1～50nm 之间。随着纳米微粒粒径的减小，表面积逐渐增大，吸附能力和催化性能也随之增强。这些独特效应使纳米催化剂不仅可以控制反应速率，大大提高反应效率，甚至可以使原来不能进行的反应得以进行。例如，以粒径小于 0.3nm 的 Ni 和 Cu-Zn 合金的超细微粒为主要成分制成的催化剂，可使有机物加氢的效率比传统镍催化剂提高 10 倍。纳米结晶物质在增加催化剂的活性部位方面具有很大优势。它应用于结构敏感性反应的典型例子是作为光催化反应的催化剂，例如，负载在 TiO_2 上的纳米 Au 粒子，已发现在温和条件下 CO 氧化成 CO_2 的反应活性很高，加入内墙涂料配料中孔容用于建筑物中降低 CO 污染的水平，证明 Au 粒子的活性对其尺寸是极其敏感的，只有尺寸在 2～3mm 范围内才具有活性。

现今发展最快的纳米催化剂是纳米类微孔分子筛和介孔分子筛材料。这类催化剂会在以后的章节详细介绍，此处不再重复。

1.3.2　生物催化技术

生物技术是当今世界三大前沿科学技术之一。前面曾提及，生物发酵是最早出现的催化技术。20 世纪 70 年代以来，微生物、生物化学、分子生物学记忆现代实验技术和计算机技术的发展和应用，使生物技术得到了极大的发展。21 世纪无疑是生物技术的时代。

生物催化是利用生物催化剂（主要是酶或微生物）来改变（通常是加速）化学反应的速率。确切地说是利用微生物代谢过程中某个酶或一组酶对底物进行催化反应。生物体内产生的化学反应均借助于酶催化。酶催化的特性包括：（1）高效性：酶的催化效率比无机催化剂更高，使得反应速率更快；（2）专一性：一种酶只能催化一种或一类底物，如蛋白酶只能催化蛋白质水解成多肽；（3）多样性：酶的种类很多，有 4000 多种；（4）温和性：是指酶所催化的化学反应一般是在较温和的条件下进行的；（5）活性可调节性：包括抑制剂和激活剂调节、反馈抑制调节、共价修饰调节和变构调节等。

与常用的化工催化剂相比，酶的催化效率极高，是非酶催化的 $10^6 ～ 10^{12}$ 倍。酶催化条件温和、选择性高，反应剩余物与自然界相容。酶催化的条件较温和，可在常温、常压、温和的酸碱度下进行。生物酶催化的另一个特点是它具有高度的专一性。一种酶只能催化一种底物进行一种反应，如底物有多种异构体，酶只能催化其中一种异构体。

酶被用于化工等各类需要高度特异性催化情况的用途。但是，酶通常能够催化的反应数量有限，而且它们在无机溶液中和高温情况下缺乏稳定性。为了提高酶的应用性，利用蛋白质工程通过合理设计或体外进化来造出具有新特点（例如耐高温）的酶已经成为一个活跃的研究领域。表 1-4 所示为生物科学中存在的主要酶催化剂及其应用。

表 1-4　生物科学中存在的主要酶催化剂及其应用

应用	所 用 酶	用 途
烹饪业	真菌（一般为酵母）α-淀粉酶（在烘烤过程中可以被破坏）	催化面粉中的淀粉分解为蔗糖。在这一过程中，酵母会产生一氧化碳。可用于馒头、面包以及其他一些中西式糕点的制作
	蛋白酶	制作饼干的过程中，通常用它来降低面粉中蛋白质的含量
	木瓜蛋白酶	将肉嫩化，以利于烹饪
婴儿食品	胰蛋白酶	经过酶处理的婴儿食品更易于消化
酿酒业	麦芽中的酶	将淀粉和蛋白质降解为糖、氨基酸和肽段，而这些原料可以被酵母发酵产生酒精
	工业生产的麦酶	广泛用于替代天然酶进行啤酒酿造
	淀粉酶、葡聚糖酶和蛋白酶	分解麦芽中的多聚糖链和蛋白质
	淀粉葡糖苷酶和普鲁兰酶	制造低卡路里啤酒和调整发酵能力
果汁制造业	纤维素酶、果胶酶	降解果汁中的不溶物

应用	所用酶	用途
果汁及乳品制造业	用微生物生产的凝乳酶	越来越多地使用于乳品制造业
	脂酶	在乳酪的制作过程中添加，以加快乳酪的成熟
	乳糖酶	将乳糖分解为葡萄糖和半乳糖
	葡萄糖异构酶	在生产高果糖含量的糖浆时，将葡萄糖转化为果糖。这样生产的糖浆有更好的甜度和更低的卡路里含量（与同样甜度的蔗糖相比）
造纸业	淀粉酶、木聚糖酶、纤维素酶和木质酶	淀粉酶用于降解淀粉至低黏性，加胶和给纸加膜；木聚糖酶能够降低脱色过程所需的漂白剂；纤维素酶使纤维光滑并增强纸的排水性；木质酶可以消除木质素以软化纸质
生物燃料生产	纤维素酶	用于降解纤维素，产生可用于发酵的蔗糖
	木质酶	用于木质废品的降解
	淀粉酶	除去洗衣机上的淀粉残余
	脂酶	帮助除去衣物上的油渍
	纤维素酶	作为生物纤维（如棉质衣物）的柔顺剂
隐形眼镜清洁剂	蛋白酶	清除隐形眼镜上的蛋白质，以防止细菌滋生
橡胶制造业	过氧化氢酶	催化过氧化物产生氧气，以将胶乳转化为泡沫橡皮
摄影业	蛋白酶（无花果蛋白酶）	溶解底片上的明胶，使得银成分显现
分子生物学	限制内切酶、DNA连接酶和聚合酶	用于在遗传工程进行基因操纵，对于药理学和医学有重要意义。在限制性酶切和聚合酶链锁反应上获得广泛应用。分子生物学方法在法医学的鉴定实验上也有重要应用。

1.3.3 手性催化技术

手性是自然界的最基本属性之一。构成生命体的有机分子绝大多数是不对称的。如果一个物体不能与其镜像重合，就称为手性物体。这两种形态称为对映体，互为对映体的两个分子结构从平面上看完全相同，但在空间上完全不同，如同人的左右手互为镜像，但不能完全重合，科学上称其为手性。

2001年三位化学家诺尔斯、野依良治和夏普莱斯分别发明了手性合成催化剂，开创了高效合成手性药物的催化技术。随后十多年中，手性技术、不对称催化合成、手性药物工业迅速发展，成为国际上广泛关注的高新技术领域之一。手性催化技术既能提供医药、农药，是精细化学品所需的关键中间体，还能开发出环境友好的绿色合成方法。

手性催化技术研究主要涉及以下两个方面：

（1）手性配体的设计、合成和应用。目前用到的配体有手性膦及单膦配体、手性胺类配体、手性醇类配体及手性冠醚类配体等。

（2）不对称合成反应。它包括加氢、氧化、还原、环氧化、烷基化等反应。

1.4　催化在冶金工业中的应用

冶金工业是指对金属矿物的勘探、开采、精选、冶炼以及轧制成材的工业部门。冶金工业包括黑色冶金工业（即钢铁工业）和有色冶金工业两大类。冶金工业是重要的原材料工业部门，为国民经济各部门提供金属材料，也是经济发展的物质基础。

催化剂在冶金工业中也起着不可忽视的作用。例如：黄铜矿是最主要的硫化铜矿物类型，也是最难浸出的矿物之一。能否合理地处理黄铜矿是判定铜新型湿法冶金工艺是否成功的标准。现工艺多采用空气直接氧化和氧气加压氧化，前者反应时间长，后者设备投资大。开发催化作用下氧化再生浸出剂的新工艺是硫化铜矿浸出的一个重要课题。

此外，冶金工业过程中所排放的 SO_2、CO_2、NO_x 和粉尘等多种有害成分，为生态环境与人体健康带来严重的污染与危害。目前，已有科学家采用陶瓷材料为基体进行催化过滤材料的研究。该材料具有良好的气体渗透性能和优异的力学性能，并集过滤除尘与催化转化功能于一体，是一种多功能复合的新型催化材料。催化在冶金工业中的各种应用，在以后的章节还将重点介绍。

1.5　工业催化未来的发展

通过总结 20 世纪百年来工业催化发展简史可以清楚地看到：催化是化学工业和影响人类未来的关键技术。化学工业对催化剂的需求可概括为两个主要方向：一是加速催化剂的开发工艺；二是发展选择性接近 100% 的催化工艺。至于未来的催化发展，工业界和科技界有如下的想法：

（1）实际的工业催化反应千差万别，另外还面临市场需求及原料差异等变化，如何根据催化反应的特点和要求设计催化剂材料并做到"量体裁衣"是面临的挑战之一。其中需要考虑的是催化剂的结构与大小、材料组成、酸强度及其分布等能否做到可控甚至精细可控等问题。

（2）针对现有工业催化反应，能否不断提高原有催化剂的催化效率和性能是面临的挑战之二。需要考虑什么结构的催化剂对提高催化反应性能有利，如何提高有效利用率或催化效率。

（3）寻找与合成具有更高催化性能的材料，革新原有工艺是催化剂材料研究面临的挑战之三。这一点对创新能力的要求很高，难度也很大，其中包括合成稳定性高的特殊催化剂、手性结构的催化剂等。

（4）挑战之四是寻找新颖结构催化剂的新用途，如在精细化工、环境保护、新能源制备等方面。

至于对催化过程和催化作用的本质研究，可以借助于研究工具和实验方法，从以下四个方面获得信息，进行了解：

（1）反应的化学机理：通过检测反应中生成的中间产物和产物的分布，探讨反应的化学路径。

对催化反应化学机理的研究，最早用纯化学方法，在反应进程中从收集的产物中，分离和检测出含某种官能团的产物来推断反应的化学机理。后来发展到利用同位素的方法，近来这些方法又和色谱-质谱、傅里叶变换红外等多机联用，并采用微机处理数据技术，为测定动力学数据、吸附态的转化以及吸附中间态的结构等提供方法，从而对了解反应物的化学路径提供卓有成效的方法。

（2）反应动力学：通过研究反应动力学，确定反应的基元步骤、几个步骤的速度和能量变化，明确反应机理。

在动力学研究方面，除了通用的动态、静态和流动循环等方法外，现在用色谱法、无梯度反应器等研究催化反应动力学已相当普遍。

（3）催化剂表征：研究催化剂体系和表面的物理、物理化学和化学性质，确定影响催化剂性能的主要因素。

催化剂表征的方法，可谓日新月异。例如，研究固体催化剂物理和物理化学的方法，几乎包括物理学中所有用于研究固体性能的方法：电性测定、磁性测定、X 衍射结构分析、差热–热重分析、电子显微镜技术、电子探针显微分析、场发射等。研究固体催化剂表面物理化学和化学性能的有：吸附法、程序升温吸附、酸性测定、红外光谱等。

（4）催化体系的动态分析：在工作条件下追踪反应物和催化剂之间的相互作用，观察催化过程的微观步骤，以及掌握过程中间状态结构上的和化学上的信息。

对催化体系的动态分析，自 20 世纪 70 年代以来，一系列分光分析法在固体催化剂的表面研究中获得应用，使对催化剂的表征从初期对体相特征，大踏步地进入了对表面特征的表征，为在动态条件下研究催化作用提供了更有力的工具。

1.6　学习课程的意义及课程内容

工业催化类课程是化工类专业学生的必修课程之一，该课程的基础知识在化工、石油、冶金、制药及环保等诸多行业中都有着极为重要的应用。目前，90% 以上的化工产品是通过催化的方法生产出来的，可以说"没有催化剂，就不可能建立现代的化学工业"。工业催化课程的主要任务是使学生掌握催化作用的基本规律和催化剂的设计与制备技术，了解催化过程的化学本质，熟悉催化剂性能的评价方法和常见表征技术，为培养化工类专业及其相关方向高级工程技术人才提供坚实的理论基础。

该课程作为化学工程类无机化工专业、有机化工专业的必修课。其主要任务是：使学生掌握催化作用的基本规律，了解催化过程的化学本质和熟悉工业催化技术的基本要求和特征，为培养化工工艺类专业工程师提供坚实的理论基础。

本课程的主要学习内容共分 12 章。第 1 章为绪论，主要介绍催化剂的发展历史，这对于刚刚涉足催化领域的读者而言，可借此了解催化发展的历史，领略科学家的学术思想、所取得的辉煌成就以及催化过程对人类社会进步的推动力，以此培养对催化领域的兴趣。第 2 章和第 3 章则为催化的基础理论。第 2 章论述了催化剂的分类、催化作用的基本原理以及对工业催化剂的要求等内容，强调指出了催化作用对化学反应的专一性和化学平衡原理对催化的推动力。第 3 章介绍了固体催化剂的结构基础、催化剂的吸附作用以及催化剂的宏观结构，补充了分子表面化学知识，为多相催化的理论分析和研究打下了基础。第 4～6 章详细介绍了各类催化剂及其催化作用，内容包括酸碱催化、分子筛催化和金属催化。第 7 章和第 8 章着重介绍了催化技术在能源、环境保护、材料和生物方面的新应用。包括催化技术在氢能和燃料电池的应用，以及催化技术在冶金方面的应用。第 9 ~ 12 章介绍了催化剂的制备方法、使用、评价和表征方法。工业催化剂的组成调配要求是十分严格的，尤其是对载体的各种功能的助催化组分，筛选的技巧很强。课程中只介绍一般性的原则和常规的制备方法。由于近年来催化剂设计、制备方面取得了相当大的进展，本书也作了一定的介绍。有关催化剂的表征，涉及的范围很广，限于篇幅，本书只介绍了催化剂表征所采用的现代物理方法的基本原理及其在催化研究中的应用。

思 考 题

1-1 简述催化科学的发展历史。

1-2 试举例说明催化科学在纳米科学技术上的应用。

1-3 简述催化科学发展的特点。

2 催化反应与催化剂

本章导读:

    一个化学反应要在工业上实现,其基本要求是某反应要以一定的速率进行。也就是说,要求反应在单位时间内能够获得足够数量的产品。大家已经知道研究一个化学反应体系时,有两个必须考虑的问题,第一个是这个反应能否进行,若能进行,它能进行到什么程度?其平衡组成如何?化学热力学能告诉人们关于这一问题的答案。第二个问题是热力学上可行的反应进行得快慢?也就是说需要多久能达到平衡位置。从经济上考虑,一个化学过程要付诸工业实践,必须具有足够高的平衡产率,又有足够快的反应速度。因此,应用催化剂是提高反应速率和控制反应方向较为有效的方法。而对催化反应和催化剂的研究应用,也就成为现代化学工业的重要课题之一。本章节主要讨论催化的基本概念和原理、催化剂的主要组成与功能。

2.1 催化反应的定义与催化剂的特征

2.1.1 催化反应的定义

    1976 年,IUPAC(国际纯粹及应用化学协会)公布的催化作用定义为:"催化作用是一种化学作用,是靠用量极少而本身不被消耗的一种叫做催化剂的外加物质来加速化学反应的现象"。并解释说,催化剂能使反应按新的途径,通过一系列的基元步骤进行,催化剂是其中第一步的反应物、最后一步的产物,亦即催化剂参与了反应,但经过一次化学还原后又恢复到原来的组成。这就表明,催化作用其实是一种化学作用,催化剂参与了反应。这一点也可以用假设循环(图 2-1)来解释。

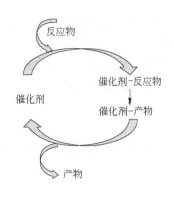

图 2-1 催化作用的假设循环

    反应物先和催化剂结合成中间物种,再转变为催化剂和产物结合的中间物种,当这一暂存的催化剂-产物暂存体解体后,就可以重新得到催化剂以及产物。这就是催化反应过程的本质。而催化剂,根据 IUPAC 于 1981 年提出的定义,催化剂是一种物质,它能够加速反应的速率而不改变该反应的标准 Gibbs 自由焓变。涉及催化剂的反应称为催化反应。

2.1.2　催化剂的特征

在许多参考文献中，关于催化剂的定义有许多种，但其实质与上述定义是一致的。因此，催化剂具有以下五个基本特征：

（1）催化剂能够改变化学反应速率，但它本身并不进入化学反应的计量。各类化学反应之间差异很大，快反应在 $10^{-12}\,s$ 内便完成，例如，酸碱中和反应就属于"一触即发"的快速反应。而慢反应，例如，H_2 和 O_2 的混合气在常温常压下反应生成水需要经历上万年甚至上亿年的时间。但假如在该混合气体中加入少量的铂黑催化剂，反应即以爆炸的方式进行，瞬间完成。显然，催化剂的主要作用是改变化学反应速率，其原因是催化剂的加入能够改变化学反应历程，使反应沿着需要活化能更低的路径进行，降低反应活化能。

以合成氨反应为例，工业上采用熔铁催化剂合成。若不采用该催化剂，反应速率极慢，即使有反应发生，其速率也极慢。这是因为通常条件下要断开 N_2 分子和 H_2 分子中的键形成活泼的物种需要很大的能量，这些裂解生成的物种聚在一起的概率很小。因此，在通常条件下，自然生成氨是极其微小的。即使在 500℃、常压的条件下，反应的活化能也达到 334.6kJ/mol。但若在反应体系中加入催化剂，则催化剂可以通过化学吸附帮助氮分子和氢分子的化学键由减弱到解离，然后化学吸附的氢（H∗）与化学吸附的氮（N∗）进行表面相互作用，中间再经历一系列的表面作用过程，最后生成氨分子，并从催化剂表面上脱附生成气态氨。

$$H_2 \longrightarrow 2H* \qquad\qquad N_2 \longrightarrow 2N*$$

$$H*+N* \longrightarrow (NH)*+* \qquad (NH)*+H* \longrightarrow (NH_2)*+*$$

$$(NH_2)*+H* \longrightarrow (NH_3)*+* \qquad (NH_3)* \longrightarrow NH_3+*$$

式中，"∗"表示化学吸附部位，带"∗"号的物种表示处于吸附态。上述各步中决定反应速率的步骤是 N_2 的吸附，它需要的活化能只有 50.2kJ/mol，根据 Arrhenius 方程，活化能 E 的降低能够提高反应速率常数 k 值，加快反应速率。

可见，在催化剂的作用下，反应沿着更容易进行的途径进行。新的反应途径通常由一系列基元反应构成，如图 2-2 所示。对于简单反应，可以用下式表示：

$$A \Longleftrightarrow B$$

无催化剂反应活化能为 E，当有催化剂 K 存在时，反应历程变为两步：

$$A+K \Longleftrightarrow AK$$

$$AK \Longleftrightarrow B+K$$

假定第一步催化反应的活化能为 E_1（即分子 A 在催化剂表面上化学吸附的活化能），第二步的活化能为 E_2（即表面吸附物种 AK 转变为产物 B 和催化剂 K 的活化能）。经计算后，发现 E_1 和 E_2 都小于 E，且 E_1+E_2 通常也会小于 E。此外，催化剂在反应前后是不被消耗的，反应开始时参与反应的催化剂在反应结束时，又会被循环出来，从而可以被再一次使用，所以少量的催化剂可以促进大量反应物起反应，生成大量的产物。表 2-1 列举了催化剂反应和非催化剂反应的活化能。

表 2-1　非催化和催化反应的活化能

反　应	E（非催化，kJ/mol）	E（催化，kJ/mol）	催化剂
$2HI \longrightarrow H_2 + I_2$	184	—	—
	—	105	Au
	—	59	Pt
$2N_2O \longrightarrow 2N_2 + O_2$	245	—	—
	—	121	Au
	—	134	Pt
$(C_2H_5)_2O$ 的热解	224	—	—
	—	144	I_2 蒸气

（2）催化剂对反应具有选择性，即催化剂对反应类型、反应方向和产物的结构具有选择性。当反应在理论上（热力学上）可能有一个以上的不同方向时，有可能导致热力学上可行的不同产物。通常条件下，一种催化剂在一定条件下，只对其中的一个反应方向起加速作用，促进反应的速率与选择性是统一的，这种性能称为催化剂的选择性。不同的催化剂，可以是相同的反应物生成不同的产品，因为从同一反应物出发，在热力学上可能有不同的反应方向，生成不同的产物，而不同的催化剂，即可以加

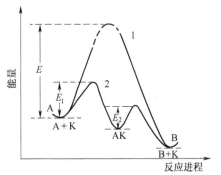

图 2-2　催化作用的活化能显示
1—非催化反应；2—催化反应

速不同的反应方向。另外，有时不同的催化剂，可以使相同的反应物生成相同产物，但是所生成物质性能有差异。

因此，在化学工业上，利用催化剂的选择性，可以促进有利反应，抑制不利反应，可使人们采用较少的原料合成各种各样所需的产品，尤其是对反应平衡常数较小、热力学不很有利的反应。

例如，乙醇的转化，在不同催化剂的作用下，得到不同产物，如表 2-2 所示。

表 2-2　在不同催化剂上乙醇的反应

催化剂	温度/℃	反　应
Cu	200～250	$C_2H_5OH \longrightarrow CH_3CHO + H_2$
Al_2O_3	350～380	$C_2H_5OH \longrightarrow C_2H_4 + H_2O$
Al_2O_3	250	$C_2H_5OH \longrightarrow (C_2H_5)_2O + H_2O$
MgO–SiO$_2$	360～370	$2C_2H_5OH \longrightarrow CH_2{=}CH{-}CH{=}CH_2 + 2H_2O + H_2$

（3）催化剂只能加速热力学上可能的化学反应，而不能加速热力学上不可能的化学反应。也就是说，催化剂只能改变化学反应的速度，而不能改变化学平衡的位置。根据热力学理论，化学反应的自由焓变化 $\Delta G^{\ominus}$ 与平衡常数 K_a 间存在下列关系，如式 2-1 所示：

$$\Delta G^{\ominus} = -RT\ln K_a \tag{2-1}$$

既然催化剂在反应始态和终态相同，则催化反应与非催化反应的自由焓变化值应相同，所以 K_a 值相同，即催化剂不能改变化学平衡，只能加速热力学上可能的化学反应。仍以合成氨为例，N_2 和 H_2（N_2：$H_2 = 1$：3）在 400℃、30.39MPa 下，热力学计算表明它们能够发生反应，生成 NH_3 的最终平衡浓度为 35.87%。这是理论上在该反应条件下，NH_3 所能达到的最高值。为了能实现该理论产率，设法采用高性能催化剂使反应加速。但实验结果表明，任何优良的催化剂都只能缩短达到反应平衡的时间，而绝不能改变平衡位置。由此可以得出：催化剂只能在化学热力学允许的条件下，在动力学上对反应施加影响，提高其达到平衡状态的速度。催化剂不改变化学反应平衡，意味着对正反应方向有效的催化剂，对反方向也有效。例如，镍、铂等金属作为脱氢催化剂，也同时担任着催化加氢的角色。高温下，平衡趋于脱氢方向，就是脱氢催化剂；低温下，平衡趋于加氢方向，则又成了加氢催化剂。

鉴于此，可以帮助人们减少研究的困难和工作量。例如，实验室评价合成氨的催化剂，须用高压设备，但如研究它的逆反应——氨的分解，则可在常压进行。因此，至今仍不断有关于氨的分解的研究报道，其目的在于改进它的逆反应——氨的合成。在研究以 CO 和 H_2 为原料合成 CH_3OH 时，也曾用常压的甲醇分解反应来初步筛选催化剂，对甲醇分解有效的催化剂对合成甲醇也是有效的。

（4）催化剂在反应中不消耗。催化剂参与反应，但经历几个反应组成的一个循环后，催化剂又恢复到始态，而反应物则变成产物，此循环过程称为催化循环。

以 SO_2 催化氧化 SO_3 为例，在催化剂 V_2O_5 参与下，它的反应历程如下：

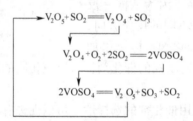

$$V_2O_5 + SO_2 = V_2O_4 + SO_3$$
$$V_2O_4 + O_2 + 2SO_2 = 2VOSO_4$$
$$2VOSO_4 = V_2O_5 + SO_3 + SO_2$$

这三步反应相加可得 $2SO_2 + O_2 = 2SO_3$，可见，催化剂参与了反应，但是在反应结束后又恢复到始态。

从上面例子中，可以发现，催化剂实际上是参加反应的，但不影响总的化学计量方程式，它的用量和反应产物的量之间也没有化学计量关系。但如果有些物质虽然能加速反应，但本身不参加反应，就不能视之为催化剂。例如，离子之间的反应常常因加入盐而加速，因为盐改变了介质的离子强度，但盐本身并未参加反应，故不能视为催化剂。此外，能加速反应的物质也并非催化剂，例如，苯乙烯的聚合反应中，使用引发剂——二叔丁基过氧化物，它在聚合反应中完全消耗了，所以不能称为催化剂。

（5）催化剂具有一定的寿命。在上面的例子中，我们得出：催化剂能改变化学反应的速率，其本身并不进入反应产物。在催化反应完成后，催化剂能够又恢复到原来的状态，从而可以不断循环使用。但实际上，参与反应后催化剂的组成、结构和纹理组织是会发生变化的。例如，金属催化剂使用后表面常常变粗糙，晶格结构也变化；氧化物催化剂使用后氧和金属的原子比常常发生变化；在长期受热和化学作用下，催化剂会经常经受一些不可逆的物理变化和化学变化，如晶相变化、晶粒分散度变化等。这些原因都会导致催化剂活性下降，造成在实际反应过程中，催化剂有一定的寿命，不能无限期使用。当反应持续进行时，催化剂要受到亿万次化学作用的侵袭，并最终导致催化剂失活。

通常催化剂从开始使用至它的活性下降到生产中不能再用的程度称为催化剂的寿命。工业催化剂都有一定的使用寿命，这由催化剂的性质、使用条件、技术经济指标等决定。例如，合成氨 Fe 催化剂的寿命为 5～10 年，合成甲醇 Cu 基催化剂的寿命为 2～8 年。

2.2 催化剂的组成与性能要求

2.2.1 催化剂的组成

催化剂和催化反应多种多样，催化过程又很复杂，因此催化剂通常不是单一的物质，而是由多种物质组成的。绝大多数催化剂一般由活性组分、载体和助催化剂三类组成，这三类组成部分的功能及其相互关系如图 2-3 所示。通常，用"/"来区别载体与活性组分，如：Ru/Al_2O_3，Pt/Al_2O_3，Pd/SiO_2，Au/C。用"-"来区分各活性组分及助剂，如：$Pt-Sn/Al_2O_3$，$Fe-Al_2O_3-K_2O$。

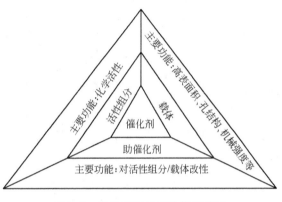

图 2-3 催化剂组分和功能的关系

2.2.1.1 活性组分 (active species)

活性组分是催化剂的主要成分，对催化剂的活性起着主要的作用。有时由一种物质组成，如乙烯氧化环氧乙烷使用的 Ag 催化剂，活性组分就是单一物质 Ag；有时则由多种物质组成，如丙烯氨氧化制备丙烯腈使用的 Mo-Bi 催化剂，活性组分由氧化钼和氧化铋两种物质组成。因此，在寻找和设计某反应所需的催化剂时，活性组分的选择是第一步。目前，就催化科学的发展水平来说，虽然有一些理论知识可用作选择活性组分的参考，但确切地说仍然是依靠经验来选择活性组分。在化学工业中广泛使用的催化剂，可按其活性组分的化合形态和导电性进行分类，如表 2-3 所示。

表 2-3 催化剂分类

类　别	金　属	氧化物及硫化物		盐　类
催化剂举例	Ni、Pt、Cu	V_2O_5、Cr_2O_3、MoS_2	Al_2O_3、TiO_2	$SiO_2-Al_2O_3$、$NiSO_4$
催化功能举例	加氢、脱氢、氢解、氧化	氧化、还原、脱氢、环化、加氢	脱水、异构	聚合、异构、裂解、烷基化

2.2.1.2 助催化剂（promoter）

助催化剂是加入到催化剂中的少量物质，是催化剂的辅助成分，其本身没有活性或者活性很小。但在催化剂中加入少量后（一般小于催化剂总量的10%），能使催化剂具有更高的活性、选择性或稳定性。甚至有的助催化剂还可以改善催化剂的耐热性、抗毒性、机械强度等性能。

助催化剂既可以元素状态加入，也可以化合物状态加入。有时加入一种，有时则加入多种。几种助催化剂之间可以发生相互作用，因此助催化剂的选择和研究是催化领域中十分重要的问题。常见的助催化剂如表2-4所示。

表2-4 常见的助催化剂

活性组分或载体	助催化剂	作用功能	活性组分或载体	助催化剂	作用功能
Al_2O_3	SiO_2、ZrO_2、P、	存进载体的热稳定性	Pt/Al_2O_3	Re	降低氢解和活性组分烧结，减少积炭
	K_2O	减缓活性组分结焦，降低酸度	MoO_3/Al_2O_3	Ni、Co	促进 C-S 和 C-N 氢解
	HCl	促进活性组分的酸度	Ni/陶瓷载体	P、B	促进 MoO_3 的分散
SiO_2-Al_2O_3 分子筛（Y型）	MgO	间隔活性组分，减少烧结	Cu-ZnO-Al_2O_3	K	促进脱焦
	Pt	促进活性组分对 CO 的氧化		ZnO	促进 Cu 的烧结，提高活性
	稀土离子	促进载体的酸度和热稳定性			

根据助催化剂的作用不同，可分为以下几种类型：

（1）结构助催化剂。能对结构起稳定作用的助催化剂，通过加入这种助催化剂，使活性组分的细小晶粒间隔开来，比表面积增大，不易烧结；也可以与活性组分生成高熔点的化合物或固熔体而达到热稳定。例如，氨合成中的 Fe-K_2O-Al_2O_3 催化中的 Al_2O_3，通过加入少量的 Al_2O_3 使催化剂活性提高，使用寿命大大延长。其原因是由于 Al_2O_3 与活性铁形成了固熔体，阻止了铁的烧结。

（2）电子助催化剂。其作用是改变主催化剂的电子状态，从而使反应分子的化学吸附能力和反应的总活化能都发生改变，提高催化活性。研究表明，金属的催化活性与其表面电子授受能力有关。具有空余成键轨道的金属，对电子有强的吸引力，而吸附能力的强弱是与催化活性紧密关联的。在合成氨用的铁催化剂中，由于 Fe 是过渡元素，有空的 d 轨道可以接受电子，故在 Fe-Al_2O_3 中加入 K_2O 后，后者起电子授体作用，把电子传给 Fe，使 Fe 原子的电子密度增加，提高其活性，所以在 Fe-K_2O-Al_2O_3 催化剂中，K_2O 是电子型的助催化剂。

（3）晶格缺陷助催化剂。许多氧化物催化剂的活性中心是发生在靠近表面的晶格缺陷处，少量杂质或附加物对晶格缺陷的数目有很大影响，助催化剂实际上可看成是加入催化剂中的杂质或附加物。如果某种助催化剂的加入使活性物质晶面的原子排列无序化，晶格缺陷浓度提高，从而提供了催化剂的催化活性，则这种催化剂称为晶格缺陷助催化剂。一般情况下，为了发生间隙取代，通常加入的助催化剂离子需要和被它取代的离子大小近似。

（4）选择性助催化剂。其作用是对有害的副反应加以破坏，提高目标反应的选择性。例如，轻油蒸气转化镍基催化剂，选择水泥为载体时，由于水泥中含有酸性氧化物的酸中心，催化轻油裂化会导致结炭，因此需要添加少量碱性物质，如 K_2O，以中和酸性中心，抑制结炭，使反应沿着气化方向进行。

（5）扩散助催化剂。工业催化剂要求有较大的反应场所——表面积，有很好的通气性能。为此在催化剂制备过程中，有时加入一些受热容易挥发或分解的物质，使制成的催化剂具有很多孔隙，有利于质量传递，这类添加剂称为扩散助催化剂。通常使用的扩散助催化剂有萘、矿物油、水、石墨等。

2.2.1.3 载体（support）

载体是负载型固体催化剂特有的组分，载体最重要的功能是分散活性组分，作为活性组分的基底，使活性组分保持大的表面积。常见载体的类型及其宏观结构参数如表 2-5 所示。

表 2-5　常用载体的类型及其宏观性质

项　目	载　体	比表面积/$m^2 \cdot g^{-1}$	孔容积/$mL \cdot g^{-1}$	分　类
合成产品	硅　胶	200~800	0.2~0.4	大比表面载体
	白　土	150~280	0.4~0.52	大比表面载体
	$\alpha-Al_2O_3$	<10	0.03	小比表面载体
	$\gamma-Al_2O_3$	150~300	0.3~1.2	大比表面载体
	$\chi-Al_2O_3$	150~300	0.2	大比表面载体
	$\eta-Al_2O_3$	130~390	0.2	大比表面载体
	硅酸铝（低铝）	550~600	0.65~0.75	大比表面载体
	硅酸铝（高铝）	400~500	0.80~0.85	大比表面载体
	丝光沸石	500	0.17	大比表面载体
	八面沸石	580	0.32	大比表面载体
	Na-Y	—	0.25	大比表面载体
	活性炭	500~1500	0.3~2.0	大比表面载体
	碳化硅	<1	0.40	小比表面载体
	氢氧化镁	30~50	0.30	小比表面载体
天然产品	硅藻土	2~30	0.5~6.1	小比表面载体
	石　棉	1~16	—	小比表面载体
	浮　石	<1	—	小比表面载体
	铁矾土	150	0.25	大比表面载体
	刚铝石	<1	0.33~0.45	小比表面载体
	刚　玉	<1	0.08	小比表面载体
	耐火砖	<1	—	小比表面载体
	多水高岭土	140	0.31	大比表面载体
	膨润土	280	0.46	大比表面载体

多数情况下，载体本身是没有活性的惰性固体物质，但有时候却担当共催化剂和助催化剂的角色。它与助催化剂的不同之处在于：一般载体在催化剂中的含量远大于助催化剂。

理想的载体应有以下特性：能使活性组分牢固地附着在其表面上；不会使活性组分的催化功能变坏，且对不希望的副反应无催化作用；有良好的力学性能；在操作和再生条件下均稳定；价廉、来源充足。

载体的种类很多，可以是天然的，也可以是人工合成的。载体的存在往往对催化剂的宏观物理结构起着决定性的作用。据此，可将载体分为低比表面积载体、中比表面积载体和高比表面积载体三类。

低比表面积载体有的是由单个小颗粒组成，也有的是平均粒径大于2000nm的粗孔物质。这类载体对负载的活性组分的活性显示影响不大，热稳定性高，常用于高温反应和强放热反应。高比表面积载体，其比表面积在$100m^2/g$以上而孔径小于1000nm。之所以比表面积要求在$100m^2/g$以上，是因为多相催化反应是在界面上进行的，且经常是催化剂的活性随比表面积的增加而增大，为了获得较高的活性，往往将活性组分负载于大比表面积载体上。

在多数催化剂中，载体的含量高于活性组分。一般活性组分的含量至少要能够在载体表面上构成单分子覆盖层，使载体能充分发挥其分散作用，否则，载体上没有活性组分，则载体成了稀释剂，将会降低单位质量催化剂的效能。同时，空白的载体表面如果不是惰性的，还有可能引起副反应。活性组分与载体用量之比值还取决于它们两者的性质。假设载体的性质仅仅是提高和保证活性组分的分散度，则载体用量对催化活性的影响可分为以下几种类型：

（1）若活性组分本身是具有很大比表面积的物质，则载体将起稀释剂的作用，即随着载体使用量的增多，活性呈线性下降。

（2）若活性组分具有中间程度的比表面积，则增加载体时，在载体含量不高的范围内，活性不变，因为载体的分散作用和稀释作用抵消了。

（3）若活性组分原来的比表面积甚低，则加入载体后活性组分的分散度提高，并可防止活性组分晶体在使用过程中长大，所以加入载体后催化活性表现上升。

使用载体可以节省催化剂的用量。例如，用于合成硫酸的钒催化剂，若单纯用V_2O_5，需用量很多，而把V_2O_5负载于硅藻土上，则只用少量的V_2O_5就能起到同样的催化效果。又如，用$PdCl_2$为主催化剂进行液相乙烯氧化制乙醛，催化剂用量较多。若以气固相进行这一过程，把$PdCl_2$附载于硅胶上，则可用微量Pd金属（在万分之几数量级）。对于所有的有载催化剂来说，载体上金属浓度越高，则金属颗粒的平均尺寸就越大。

多数载体是多孔性物质，孔容积与孔分布是主要的。因为从分散程度来说，活性组分主要是分布在孔隙的内表面，这就必须考虑气体分子在孔隙内的传递过程。因此，应该在孔径与比表面间进行权衡，粗孔载体的比表面积显然低于细孔载体的比表面积，但过低的比表面积可能达不到规定的催化剂活性水平；反之，对于活性高的物质，为控制反应速度、热效应，就不得不选用比表面积较小的非孔隙型载体。

载体与活性组分之间的这些相互作用，会影响到催化剂的活化过程。一方面是催化剂或载体的重排：这种重排可能是我们希望的，也可能是不希望的。载体的重排通常引起物质的相转变，导致孔隙结构的崩溃和表面积减小，此过程往往因杂质（包括催化剂）和环境条件而加速，在活化过程中通常不希望发生这些变化。如果催化剂能够迁移到载体的表面位置并使其更稳定时，在活化过程中就希望发生这种催化剂的重排。可以预期，这样所获得的催化剂在长期使用过程中更稳定。另一方面，如果重排使催化剂聚集，导致表面积减小或使粒度变大，那么这种重排应该避免。这意味着，或是在重排最少的条件下活化；若做不到，那就在催化剂中引入第二组分（如空间隔离物），以使重排减至最小。

这种组分的选择在一定程度上取决于重排的机理。作为一般的规律，重排能够包括表面扩散、体相扩散或蒸发—凝聚，重排进行的程度取决于温度。使用隔离物可以减少体相扩散，但对表面扩散或蒸发—凝聚来说，只能靠在催化剂内添加第二组分的办法来阻止（例如，氨氧化过程使用的 Pt/10% Rh 网）。需要强调指出，虽然添加第二组分可以使催化剂稳定，但它能够影响固体总的催化性能。

活化过程中第二个较重要的因素是前面已经论述过的催化剂和载体的相互作用。一般说来，在固体–固体相互作用的条件下通常可能是有利的。

综上所述，载体在催化剂中不仅起简单承载物的作用。载体与活性组分之间的各种相互作用是重要的，有时这种影响对整个催化系统来说是起决定作用的。活性组分–载体间的相互作用，可在催化剂制备的各个步骤中发生，这些相互作用存在于催化剂样品中的程度，对催化剂的催化性能有较大影响。

2.2.2 载体的功能

上面已经提及载体不仅影响催化剂的活性、选择性，还影响催化剂的热稳定性、机械强度与催化过程的传递性能，故在筛选和制造优良的工业催化剂时，需要弄清载体的物理性质及其功能。

载体的功能主要有以下几个方面：

（1）提供有效的表面和适宜的孔结构。将活性组分用各种方法负载于载体上，可使催化剂获得大的活性表面和适宜的孔结构。催化剂的宏观结构，如孔结构、孔隙率和孔径分布等，对催化剂的活性和选择性会有很大的影响，而这种宏观结构又往往由载体来决定。有些活性组分自身不具备这种结构，就要借助于载体实现。如粉状的金属镍、金属银等，它们对某些反应虽有活性，但不能实际应用，要分别负载于 Al_2O_3、沸石或其他载体上，经成型后才在工业上使用。

（2）改善催化剂的机械强度，保证催化剂具有一定的形状。催化剂的机械强度，是指它抗磨损、抗冲击、抗重力、抗压和适应温变、相变的能力。机械强度高的催化剂，本身能经受住运输、装填时的冲击，在使用过程中颗粒之间、颗粒与气流、器壁之间的磨损、催化剂自身的重量负荷，以及还原过程、反应过程等发生温变和相变所产生的应力等。机械强度差的催化剂，则在使用过程中会导致催化剂的破裂或粉化，导致流体分布不均，增加床层阻力，乃至被迫停车。催化剂的机械强度与载体的材质、物理性质及制备方法有关。

（3）改善催化剂的导热性和热稳定性。为了使用工业上的强放（吸）热，载体一般具有较大的比热容和良好的导热性，以便于反应热的散发，避免因局部过热而引起催化剂的烧结和失活，还可避免高温下的副反应，提高催化反应的选择性。

（4）减少活性组分的用量。当使用贵金属（如 Pt、Pd、Rh 等）作为催化剂的活性组分时，采用载体可使活性组分高度分散，从而减少活性组分的用量。

（5）提供附加的活性中心。在一般条件下，载体是无活性的，以避免导致不必要的副反应。有的载体，其表面存在活性中心，如果在催化剂的制备过程中对这类活性中心不加以处理，在反应过程中会引起副反应的发生。但有时，载体的这种附加活性中心，能促使反应朝有利的方向进行。

（6）有时活性组分与载体之间发生化学反应，可导致催化剂活性的改善。

2.3 工业催化剂的要求

一种良好的工业使用催化剂，应该具有多个方面的基本要求。此外，社会的发展还要求催化反应过程满足循环经济的需要，即要求催化剂是环境友好的，反应剩余物是与生态环境相容的。表 2-6 列出工业催化剂的性能要求及其物理化学性质。

表 2-6 工业催化剂的性能要求及其物理化学性质

性 能 要 求	物理化学性质
（1）活性；	（1）化学组成：活性组分、助催化剂、载体、成型助剂；
（2）选择性；	（2）电子状态：结合状态、原子价状态；
（3）寿命：稳定性、强度、耐热性、抗毒性、耐污染性；	（3）结晶状态：晶型、结构缺陷；
（4）物理性质：形状、颗粒大小、粒度分布、密度、比热容、传热性能、成型性能、机械强度、耐磨性、粉化性能、焙烧性能、吸湿性能、流动性能等；	（4）表面状态：比表面积、有效表面积； （5）孔结构：孔容积、孔径、孔径分布； （6）吸附特性：吸附性能、脱附性能、吸附热、湿润热；
（5）制造方法：制造设备、条件、制备难易、活化条件、储藏和保管条件等；	（7）相对密度、真密度、比热容、导热性；
（6）使用方法：反应装置类型、充填性能、反应操作条件、安全和腐蚀情况、活化再生条件、回收方法；	（8）酸性：种类、强度、强度分布； （9）电学和磁学性能；
（7）无毒；	（10）形状；
（8）价格便宜	（11）强度

表 2-6 所述性能中，最重要的是催化活性、选择性及其稳定性或者说寿命这三项指标。催化剂活性高、选择性好和寿命长，就能保证在长期的运转中，催化剂的用量少，副反应生成物少和一定量的原料可以生产较多的产品。

2.3.1 活性

活性是指催化剂改变化学反应速率的能力，是衡量催化剂作用大小的重要指标之一。工业上常用转化率、空时产量、空间速率等表示催化剂的活性。

在一定的工艺条件（温度、压力、物料配比）下，催化反应的转化率高，说明催化剂的活性好。

在一定的反应条件下，单位体积或质量的催化剂在单位时间内生成目的产物的质量称作空时产量，也称空时产率，即：

$$空时产量 = \frac{生成目的产物的总量}{催化剂的总量 \times 时间}$$

空时产量的单位是 $kg/(m^3 \cdot h)$ 或 $kg/(kg \cdot h)$。空时产量不仅表示了催化剂的活性，而且直接给出了催化反应设备的生产能力，在生产和工艺核算中应用很方便。

空间速率是指单位体积催化剂通过的原料气在标准状况（0℃，101.3 kPa）下的体积流量，其单位是 $m^3/(m^3 \cdot h)$，常以符号 S_v 表示。

空间速率的倒数定义为标准接触时间（t_0），单位是 s，见式 2-2：

$$t_0 = 3600/S_v \tag{2-2}$$

实验中，常用比活性衡量催化剂活性的大小。比活性是指催化反应速率常数与催化剂表面积的比值。催化剂的活性并非一成不变，而是随着使用时间的延长而变化。

（1）转化率。是指在给定反应条件下，某一反应物已转化（反应）的量占其进料量的分数，见式 2-3：

$$x(转化率) = \frac{已转化的某一反应物的量}{某一反应物的进料量} \times 100\% \tag{2-3}$$

用转化率来表示催化剂活性并不确切，因为反应的转化率并不与反应速率成正比，但比较直观，为工业生产所常用。

（2）空速。是指单位时间内单位量的催化剂所能处理的原料量的能力，见式 2-4：

$$S_v = \frac{进料量}{催化剂的量 \times 时间} \tag{2-4}$$

S_v 的单位是时间的倒数，如 min^{-1} 或 h^{-1}。S_v 越高，催化剂的活性越好。显然 S_v 表示了催化剂的处理能力。S_v 的倒数称为接触时间，表示反应物料与催化剂接触的平均时间。以气体体积计空速时称为气时空速（GHSV），以液体体积计空速时为液时空速（LHSV）。

（3）时空产率。是指在一定条件（温度、压力、进料组成和空速均一）下单位时间内单位量的催化剂所得到的目的产物量，见式 2-5：

$$Y_{T,S}(时空产率) = \frac{目的产物的量}{催化剂的量 \times 时间} \tag{2-5}$$

$Y_{T,S}$ 又称为催化剂利用系数，其单位为 $t/(m^3 \cdot d)$、$kg/(L \cdot h)$ 和 $kmol/(kg \cdot h)$ 等。

（4）温度。催化活性采用催化反应达到给定转化率所要求的温度（活性温度）表达时，温度越低，活性越高。

2.3.2　选择性

选择性是衡量催化剂优劣的另一个指标。选择性表示催化剂加快主反应速率的能力，是主反应在主、副反应的总量中所占的比率。催化剂的选择性好，可以减少反应过程中的副反应，降低原材料的消耗，降低产品成本。催化剂的选择性表示见式 2-6：

$$催化剂的选择性 = \frac{某反应转化为目的产物的量}{某反应物被转化的量} \times 100\% \tag{2-6}$$

在工业上选择性具有特殊意义，选择某种催化剂，就能合成出某一特定产品。催化剂有优良的反应选择性，能降低原料消耗，减少反应后处理工序，节约生产费用。但催化剂的活性和选择性有时难以两全其美，此时应根据生产过程进行综合考虑。若反应原料昂贵或产物与副反应产物分离困难，宜先用高选择性催化剂；反之，宜选用高活性催化剂。

根据反应类型，表示催化剂选择性的选择因子的表示式是不同的。

第一种选择性：如果两种物质 A_1 和 A_2 的混合物，同时经由同一种催化剂通过，分别生成产物 B_1 和 B_2，反应式（通常是竞争反应）可记作：

$$A_1 \xrightarrow{k_1} B_1 \qquad\qquad （Ⅰ）$$

$$A_2 \xrightarrow{k_2} B_2 \qquad\qquad （Ⅱ）$$

速率方程式可写成：

$$\frac{d[B_1]}{dt} = k_1[A_1]$$

$$\frac{d[B_2]}{dt} = k_2[A_2]$$

如果令 A_1 和 A_2 的起始浓度各为 $[A_1]_0$ 和 $[A_2]_0$，B_1 和 B_2 的起始浓度为零，那么

$$[B_1] = [A_1]_0 (1-e^{-k_1t}); \qquad [B_2] = [A_2]_0 (1-e^{-k_2t})$$

A_1 和 A_2 的转化率如式 2-7 和式 2-8 所示：

$$q_1 = \frac{[B_1]}{[A_1]_0} = 1 - e^{-k_1t} \qquad\qquad (2-7)$$

$$q_2 = \frac{[B_2]}{[A_2]_0} = 1 - e^{-k_2t} \qquad\qquad (2-8)$$

作为选择性的尺度，选择因子 σ 如式 2-9 所示：

$$\sigma = k_1/k_2 \qquad\qquad (2-9)$$

由式 2-7 和式 2-8 两式消去 k_1 和 k_2 可得式 2-10：

$$q_1 = 1 - (1 - q_2)^{\sigma} \qquad\qquad (2-10)$$

当 $\sigma > 1$ 时，反应 Ⅰ 的选择性高。当 $\sigma \ll 1$ 时，尽管反应 Ⅰ 的选择性很高，但如果接触时间较长 $t \to \infty$，$q_2 = 1 - e^{-k_2t}$，$q_2 \to 1$，表示 q_2 可以很大，表明在这种情况下，还是得不到很好的选择性。所以，σ 值应有一定的限制，这可以根据反应体系分离的难易、产品和原料的价格以及反应器的生产能力等因素来考虑，选择出一个对 q_1 和对 q_2 都适宜的值。

第二种选择性：这里指的是只有一种原料，但是有不同的反应方向，典型的形式：

$$A \xrightarrow{催化剂} \begin{cases} \xrightarrow{k_1} B_1 & （Ⅰ） \\ \xrightarrow{k_2} B_2 & （Ⅱ） \end{cases}$$

假定对原料为一级反应，反应速率式可写成：

$$\frac{d[B_1]}{dt} = k_1[A_1]; \qquad \frac{d[B_2]}{dt} = k_2[A_2]$$

因此：

$$\frac{d[B_1]}{d[B_2]} = \frac{k_1}{k_2} = \sigma$$

故得式 2-11：

$$\frac{[B_1]}{[B_2]} = \frac{q_1}{q_2} = \sigma \qquad (2-11)$$

当 $\sigma > 1$，$[B_1] > [B_2]$，反应 I 的选择性高；当 $\sigma < 1$，$[B_1] < [B_2]$，反应 II 的选择性高。

第三种选择性，均为连串反应：

$$A_1 \xrightarrow{k_1} B_1 \xrightarrow{k_2} B_2$$

这类反应的速率方程式为：

消耗 $[A]$ 的速率：　　　　　$-\dfrac{d[A]}{dt} = k_1[A]$

生成 $[B_1]$ 的速率：　　　　$\dfrac{d[B_1]}{dt} = k_1[A] - k_2[B_1]$

生成 $[B_2]$ 的速率：　　　　$\dfrac{d[B_2]}{dt} = k_2[B_1]$

如果 A 的起始浓度为 $[A]_0$，那么

$$[A]_0 = [A] + [B_1] + [B_2]$$

由上述速率方程式，可以由 A 的转化率 $q_A = \dfrac{[A]_0 - [A]}{[A]_0}$ 和选择因子 $\sigma = k_1/k_2$ 求得 B_1 的收率 q_1，得式 2-12：

$$q_1 = \frac{[B_1]}{[A]_0} = \frac{k_1}{k_1 - k_2}(e^{-k_2 t} - e^{-k_1 t}) = \frac{\sigma}{\sigma - 1}(1 - q_A)\left[(1 - q_A)^{\frac{1-\sigma}{\sigma}} - 1\right] \qquad (2-12)$$

在这类反应中，只要有足够的时间，最后 A 都将转化成 B_2。一般地说，可以希望得到最大的 q_1 值（极大值），见图 2-4。

例如，乙烯在 Pd/Al_2O_3 催化剂上加氢时的选择性很高，其选择性大于 0.95。只要乙炔尚有微量存在，乙烯就不能加氢。其中之一例如图 2-5 所示，这里直线部分表示只有乙炔加氢，只有当乙炔已全部转化为乙烯，乙烯才开始和氢反应（曲线部分）。

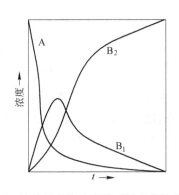

图 2-4　连续反应终浓度随时间变化的关系图

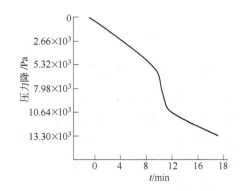

图 2-5　乙炔加氢反应

在同一个反应中，之所以有不同的选择性可能有以下三个原因：

第一个原因，反应机理不同，这可称之为机理选择性。例如，间二乙苯脱烷基和异构反应：

在间二乙苯脱烷基和异构的反应中，反应一开始，原料有可能先和质子酸形成质子化的烷基苯中间化合物，然后由于存着两种反应机理的关系，使同一种中间化合物按两种途径进行反应，生成两种不同的产物：乙苯和对二乙苯。

第二个原因是热力学上的，可以称为热力学选择性。I型和III型反应均可包括在这类选择性之中。

I型：竞争反应　　　　$A_1 \xrightarrow{k_1} B_1$ ；　$A_2 \xrightarrow{k_2} B_2$

III型：连串反应　　　　$A_1 \xrightarrow{k_1} B_1 \xrightarrow{k_2} B_2$

例如，在III型反应中，乙烯的加氢速率大于乙炔的，即 $k_2 > k_1$；但当乙烯和乙炔混合在一起进行加氢时，乙烯的加氢速率反而小于乙炔的加氢速率，即 $k_1 > k_2$；这就是由于乙炔在活性中心上的吸附作用，在热力学上优于乙烯，使乙烯在所述条件下完全不能吸附的关系。这样，就得到了对乙炔有较好选择性的结果。

$$C_2H_2 \xrightarrow{H_2} C_2H_4 \xrightarrow{H_2} C_2H_6$$

在I型反应中（不同烯烃在氧化物催化剂上的氧化），吸附强的烯烃，反应速率也较大。

第三种原因是由催化剂的孔结构引起的。当反应物在催化剂孔内的扩散过程为控制步骤时，速率常数 k 应同时包括反应分子的扩散项，一般可表示为：$k = \sqrt{k'D}$ ，这里 k' 为非扩散控制过程时的速率常数；D 为反应物在孔内的扩散系数。

把这一关系式代入选择性因子表示式 $\sigma = k_1/k_2$ 中，得到式2-13：

$$\sigma = \sqrt{\left(\frac{k_1}{k_2}\right)\left(\frac{D_1}{D_2}\right)} \tag{2-13}$$

这里 D_1、D_2 分别为反应物 A_1 和 A_2 的扩散系数，当 $D_1 \approx D_2$ 时，得到 $\sigma = \sqrt{\dfrac{k_1}{k_2}}$ 。当 $k_1 > k_2$ 时，σ 的值要比 $\sigma = k_1/k_2$ 求得的值小得多。为了要使 σ 变大，显然，就必须变更反应物在孔中的扩散系数，即改变 D_1/D_2。为了达到这个目的，可以改变催化剂的孔径以及催化剂的颗粒大小。这种情况在III型反应中（连串反应）具有重要的意义。但是在II型的反应中（平行反应），由于是同一种原料，当它在孔内的扩散是控制步骤时，对 σ 也就不会显示出孔效应了。

2.3.3　稳定性或寿命

工业催化剂的使用寿命，是指在工业生产条件下，催化剂的活性能够达到装置生产能力和原料消耗定额的允许使用时间；也可以是指活性下降后经再生活性又恢复的累计使用时间。催化剂寿命越长越好，各种催化剂的寿命长短很不一致，有的长达数年之久，有的短到几秒钟活性就会消失。如催化裂化用的催化剂几秒之内就要再生、补充和更换。催化剂的活性与其反应时间的关系如图 2-6 所示，其使用活性随时间的变化分为成熟期、稳定期和失活期三个时期。

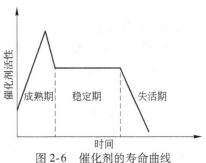

图 2-6　催化剂的寿命曲线

（1）成熟期。通常，新鲜催化剂刚投入使用时其组成及结构都需要调整，初始活性较低且不稳定，通常要进行预处理，有时也称为活化，当催化剂运转一段时间后，活性达到最高而进入稳定阶段。故此，从催化剂投入使用至其活性升至较高的稳定期称为成熟期（也称诱导期）。

（2）稳定期。催化剂在使用初期，活性先升高后下降，然后在较长时间内活性维持不变，这个阶段称为催化剂的稳定期，这是工业催化剂使用的主要阶段。活性稳定期的长短与催化剂的种类、使用条件有关。稳定期越长，催化剂的性能越好。

（3）失活期。随着催化剂使用时间的继续增加，催化剂由于受到反应介质和使用环境的影响，结构或组分发生变化，导致催化剂活性显著下降，必须更换或再生才能继续使用，这个阶段称为催化剂的失活期。

随着催化剂使用时间的增长，其催化活性也因各种原因随之下降，甚至完全失活，催化剂进入了失活期。此时催化剂需进行再生，以恢复其活性。催化剂的寿命越长，其使用的时间就越长，其总收率也越高。

同一种催化剂，因操作条件不同，寿命也会相差很大。影响催化剂寿命的因素很多，优良的催化剂具有下述几个方面的稳定性：

（1）化学稳定性：保持稳定的化学组成和化合状态。

（2）热稳定性：在反应条件下，不因受热而破坏其物理-化学状态，在一定的温度变化范围内，能保持良好的稳定性。

（3）机械稳定性：具有足够的机械强度，保证反应装置处于最佳的流体力学条件。

（4）对毒物有足够的抵抗力。

根据上述的催化反应以及催化剂定义和特性分析，有三种重要的催化指标：活性、选择性和稳定性。它们之中哪个最重要，很难得到明确的答案。因为每种特定的催化过程有其特定的需要。从工业催化生产的角度来说，强调的是原料和能源的充分利用，多数的技术研究工作都致力于现行流程的改进。据此，可以认为这三种指标的相对重要性，首先是追求选择性，其次是稳定性，最后才是活性。而对新开发的工艺及其催化剂，首先要追求高活性，其次是高选择性，最后才是稳定性。

2.4　催化体系的分类

为了便于研究，需要对催化体系进行分类。目前常用的有以下几种分类。

2.4.1　按催化反应体系物相分类

根据催化剂与反应物所处状态不同，催化反应分为均相催化反应和多相催化反应两大类型。

反应物和催化剂均处于同一个物相中，就称为均相催化（Homogeneous Catalysis），如 SO_2 在 NO 催化下的氧化反应，硫酸催化下的酸醇酯化反应。近年来，均相催化多指溶液中有机金属化合物催化剂的配位催化作用，这种催化剂是可溶性的，活性中心是有机金属分子。例如，由甲醇经羰基化反应制醋酸，催化剂是以 Rh 为中心原子的配位化合物。

反应物与催化剂处于不同的物相中，催化剂和反应物间有相界面，称为多相催化（Heterogeneous Catalysis）。化学工业中使用最多的就是多相催化，而其中最常见的是固体催化剂体系。例如，分子筛催化剂作用下的重油催化裂化反应，过渡金属硫化物催化剂作用下的馏分油加氢精制反应。

酶催化兼具均相催化和多相催化的一些特性。酶是胶体大小的蛋白质分子，这种催化剂小到足以与所有反应物分子一起分散在一个相中，但又大到足以涉及其表面上的许多活泼部位，所以酶催化是介于均相催化和多相催化之间。

均相催化反应机理涉及的是容易鉴别的物种，借助于现代化化学检测手段很容易研究这类反应。多相催化有单独的催化剂物相，其中反应物和催化剂在界面的扩散、吸附对反应速率有决定性作用。这些步骤难以与表面化学区分开，使得反应机理复杂化。因此，多相体系在实验室研究困难较多。

从化学工业生产的角度来看，均相和多相催化体系具有不同的应用程度。均相催化过程实现工业化有较多的困难：由于液相反应对温度和压力有限制，反应设备复杂；而催化剂和反应物或产物难分离，造成催化剂回收困难；另外，从液体或气体催化剂出发去设计催化过程和催化剂，往往非常复杂和困难。目前，工业上应用最广泛并取得巨大经济效益的是反应物为气相或液相，催化剂为固相的气（液）-固多相催化过程。这是因为，固体催化剂容易与产物分离，使用寿命长，便于连续生产，可实现自动控制，操作安全性高；而且从气-固多相催化体系来设计催化剂则要容易得多。

2.4.2　按催化作用机理分类

按催化反应中催化剂的作用机理可将催化体系分为氧化还原催化反应、酸碱催化反应和配位催化反应。

氧化还原催化反应是指，催化剂使反应物分子中的键均裂出现不成对电子，并在催化剂的电子参与下与催化剂形成均裂键。这类反应的重要步骤是催化剂和反应物之间的单电子交换。具有催化活性的固体均有接受和给出电子的能力，包括过渡金属及其化合物，在这类化合物中阳离子能容易地改变它的价态。

酸碱催化反应是指，通过催化剂和反应物的自由电子对或在反应历程中由反应物分子的键非均裂形成的自由电子对，使反应物与催化剂形成非均裂键。例如，催化异构化中，反应物烯烃与催化剂的酸性中心作用，生产活泼的碳正离子中间化合物。这类反应属于离子型机理，可从广义的酸、碱概念来理解催化剂的作用，它的催化剂有主族元素的简单氧化物或它们的复合物以及有酸-碱性质的盐。

配位催化反应是指，催化剂与反应物分子发生配位作用而使后者活化。所用的催化剂一般选用有机过渡金属化合物。这类催化剂反应有烯烃氧化、烯烃氢甲酰化、烯烃聚合、酯交换等。

2.4.3 按催化反应类别分类

根据催化反应的类别，将催化反应分为加氢、脱氢、氧化、羰基化、聚合、卤化、烷基化等反应。由于同类型反应常存在着某些共性，这就有可能用已知的催化剂来催化同类型的其他反应。例如，V_2O_5 既可作为邻二甲苯氧化为邻苯二甲酸酐的催化剂，也可作为苯氧化为顺丁烯二酸酐的催化剂，还可以作为 SO_2 氧化 SO_3 的催化剂。

上述几种从不同角度提出来的分类方法，反映了催化科学的一定发展水平，随着催化科学的进展，催化剂的分类也会有更进一步的发展和完善。

2.5 催化反应的热力学

化学和酶催化反应和普通化学反应一样，都是受反应物转化为产物过程中的能量变化控制。因此，要涉及化学热力学的概念。下面对催化反应热力学作介绍。

2.5.1 热力学第一定律

热力学第一定律（又称为能量守恒与转化定律）实际上是能量守恒和转化定律。能量有各种形式，能够从一种形式转化为另一种形式，从一个物体传递给另一个物体，但在转化和传递中，能量的总量保持不变。如果反应开始时体系的总能量是 U_1，终了时增加到 U_2，那么，体系的能量变化 ΔU 为：

$$\Delta U = U_2 - U_1 \tag{2-14}$$

如果体系从环境接受的能量是热，那么，体系还可以膨胀做功，所以体系的能量变化 ΔU 必须同时反映出体系吸收的热和膨胀所做的功。体系能量的这种变化还可以表示为：

$$\Delta U = Q - W \tag{2-15}$$

式中，Q 是体系吸收的热能，体系吸热 Q 为正值，体系放热（或体系的热量受到损失）Q 为负值；W 是体系所做的功，当体系对环境做功时，W 值是正的，当环境对体系做功时，W 值是负的。体系能量变化 ΔU 仅和始态及终态有关，和转换过程中所取得途径无关，是状态函数。

大多数化学和酶催化反应都在常压下进行，在这一条件下操作的体系，从环境吸收热量时将伴随体积的增加，换言之，体系将完成功。在常压 p，体积增加所做的功为：

$$W = \int p dV = p\Delta V \tag{2-16}$$

这里，ΔV 是体系体积的变化值（即终态和始态时体积的差值）。因此，这时在常压下，体系只做体积功时，热力学第一定律的表达式为：

$$\Delta U = Q_p - p\Delta V \tag{2-17}$$

对在常压下操作的封闭体系，$Q_p = \Delta H$，ΔH 是体系热焓的变化。因此，对常压下操作的体系，热力学第一定律的表达式为：

$$\Delta H = \Delta U + p\Delta V \tag{2-18}$$

ΔU 和 $p\Delta V$ 对描述许多化学反应十分重要。但对发生在水溶液中的反应有其特殊性，因为水溶液中的反应没有明显的体积变化，$p\Delta H$ 接近于零。$\Delta H \approx \Delta U$，所以对在水溶液中进行的任何反应，可以用焓的变化 ΔH 来描述总能量的变化，而这个量 ΔH 是可以测定的，见式 2-19 和式 2-20：

$$\Delta H = \int C_p \mathrm{d}T = \int n C_{p,\,m} \mathrm{d}T \tag{2-19}$$

$$C_{p,\,m} = a + bT + cT^2 \tag{2-20}$$

2.5.2 热力学第二定律

热力学第二定律认为：所有体系都能自发地移向平衡状态，要使平衡状态发生位移就必须消耗一定的由另外的体系提供的能量。这可以用几个简单的例子来说明：水总是力求向下流至最低可能的水平面——海洋，但只有借助消耗太阳能才能重新蒸发返回山上；钟表可以行走，但只有通过输入机械功才能重新开上发条等。广义地说，热力学第二定律指明了宇宙运动的方向，说明在所有过程中，总有一部分能量变得在进一步过程中不能做功，即一部分焓或者体系的热容量 ΔH 不再能完成有用功。因此在大多数情况下，它已使体系中分子的随机运动有了增加，根据定义：

$$Q' = T \Delta S \tag{2-21}$$

式中，Q' 为失去做功能力的总能量；T 为绝对温度；S 为熵，是一定温度下体系随机性或无序性的尺度，ΔS 为体系始态和终态的熵的差值。将方程 2-21 重排，这样，任意过程中体系的熵变可表示为：

$$\Delta S = \frac{Q'}{T} \tag{2-22}$$

热力学第二定律用数字语言可表示为：一个自发过程，体系和环境（孤立体系或绝热体系）的熵的总和必须是增加的：

$$\Delta S_{体系} + \Delta S_{环境} > 0 \tag{2-23}$$

这里要注意的是，在给定体系中发生自发反应时，熵也可以同时减小，但是，体系中熵的这种减少可以大大为环境熵的增加所抵消，如果在体系和环境之间没有能量交换，也就是说，体系是孤立的，那么，体系内发生自发反应时，则总是和熵的增加联系在一起的。

从实用的观点讲，熵并不能作为决定过程能否自发发生的判据，并且，它也不容易测定，为了解决这一困难，Gibbs 和 Helmhoze 引出了自由能 G 和 F 的概念，这个概念对决定过程能否自发进行相当有用。基本原理是：热焓 H 是可以自由做功的能量 F 和不能自由做功的能量 TS 的和，自由能 G 可以是热焓 H 和 TS 的差，见式 2-24 和式 2-25：

$$H = F + TS \tag{2-24}$$

$$G = H - TS \tag{2-25}$$

在体系内的任何变化中，ΔH、ΔF 和 ΔS 分别表示始态和终态之间的焓变、自由能变和熵变。因此对于恒温过程，自由能关系方程可表示为：

$$\Delta H = \Delta F + T \Delta S \tag{2-26}$$

对于孤立体系中发生的过程，由于体系的热容没有发生净变化，也就是说 $\Delta H = 0$，因此：

$$\Delta F = -T \Delta S \tag{2-27}$$

所以根据方程 2-27，对体系及其环境，或者对恒温下的孤立体系，自发反应可以用

$(\Delta F)_T \leqslant 0$，$(\Delta G)_{T, P} \leqslant 0$ 来表征。

2.5.3 反应物和产物的热力学参数的计算

为了了解催化剂是怎样影响化学反应的，需要知道反应物、过渡状态以及产物的能级，这一点已在反应坐标图中反映出来，尽管焓、自由能和熵的绝对值难以测定，但测定反应路径中各点间的物理量的变化还是可能的。目前，既有能用来测定反应物和产物之间的热力学参数差 ΔH、ΔF 和 ΔS 的实验方法，也有计算热力学活化参数 $\Delta H^{\neq}$、$\Delta F^{\neq}$ 和 $\Delta S^{\neq}$ 的方法。

2.5.3.1 ΔH 的测量

不可逆反应中反应物和产物之间的焓变可用量热法测定，$\Delta H = Q_p$。例如，葡萄糖能和氧反应生成二氧化碳和水：

$$C_6H_{12}O_6(s) + 6O_2(g) \longrightarrow 6H_2O(l) + 6CO_2(g)$$

在标准压力 $p^{\ominus}$ 下时，葡萄糖氧化焓变为：$\Delta_r H_m^{\ominus} = Q_p = -2817.7 \text{kJ/mol}$。

因为反应的焓变 ΔH 及 ΔG、ΔS 的值均随条件而变，所以最好在标准条件下测量这些值。在标准条件下（$p^{\ominus}$，298.15K）时，各种参数的变化可表示为 $\Delta_r H_m^{\ominus}$、$\Delta_r G_m^{\ominus}$、$\Delta_r S_m^{\ominus}$。对于溶液中的物质，标准状态是指（298.15K，浓度 1mol/L^3）。可逆反应的标准焓变 $\Delta_r H_m^{\ominus}$ 可以从该反应在不同温度下的平衡常数算得。

根据 G 的定义式，得：

$$G = H - TS = H + T\left(\frac{\partial G}{\partial T}\right)_p$$

$$dG = -SdT + Vdp$$

$$-S = \left(\frac{\partial G}{\partial T}\right)_T \tag{2-28}$$

$$T\left(\frac{\partial G}{\partial T}\right)_p - G = -H$$

等式两边各除以 T^2，得：

$$\frac{T\left(\frac{\partial G}{\partial T}\right)_p}{T^2} - \frac{G}{T^2} = -\frac{H}{T^2} \tag{2-29}$$

上式左边等于 $\left[\frac{\partial\left(\frac{G}{T}\right)}{\partial T}\right]_p$，故上式可得吉-亥方程式，如式 2-30 所示：

$$\left[\frac{\partial\left(\frac{G}{T}\right)}{\partial T}\right]_p = -\frac{H}{T^2} \tag{2-30}$$

对于一个反应过程，如果反应物和产物都处于标准态，则上式可得：

$$\left[\frac{\partial\left(\frac{\Delta_r G_m^{\ominus}}{T}\right)}{\partial T}\right]_p = -\frac{\Delta_r H_m^{\ominus}}{T^2} \tag{2-31}$$

同时，已知：$\Delta_r G_m^{\ominus} = -RT\ln K_a^{\ominus}$

可得 Van't Hoff 等压方程式（化学反应等压方程）：

$$\left(\frac{\partial \ln K_a^\theta}{\partial T}\right)_p = \frac{\Delta_r H_m^\ominus}{RT^2} \qquad (2-32)$$

将方程积分可得（在 $T_1 \sim T_2$ 区间，$\Delta_r H_m^\ominus$ 为常数）：

$$\ln K_a^\ominus = -\frac{\Delta_r H_m^\ominus}{RT} + C（积分常数）\qquad (2-33)$$

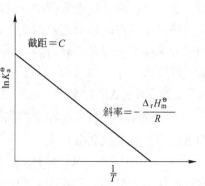

当以 $\ln K_a^\ominus$ 对 $1/T$ 作图，可得一直线，该直线和垂直轴的交点为积分常数，而直线的斜率即为：$-\dfrac{\Delta_r H_m^\ominus}{R}$，求出斜率，就可求出 $\Delta_r H_m^\ominus$，如图 2-7 所示。

2.5.3.2 $\Delta_r G_m^\ominus$，$\Delta_r G_m$

可逆反应中产物和反应物的自由能变，也可从平衡常数求出，如下：

图 2-7　以 $\ln K_a^\ominus$ 对 $\dfrac{1}{T}$ 作图的示意图

$$\Delta_r G_m^\ominus = -RT\ln K_a^\ominus \qquad (2-34)$$

判断一个反应能否进行，可以从下式中：

$$\Delta_r G_m = \Delta_r G_m^\ominus + RT\ln Q_a = -RT\ln K_a^\ominus + RT\ln Q_a = RT\ln \frac{Q_a}{K_a^\ominus} \qquad (2-35)$$

如果 $\dfrac{Q_a}{K_a^\ominus} > 1$，即 $Q_a > K_a^\ominus$，则反应不能自动进行；如果 $Q_a < K_a^\ominus$，则反应能自动进行。

2.5.3.3 ΔS

由 $\Delta G = \Delta H - T\Delta S - S\Delta T$，反应常常是在等温等压下进行的，则在标准态下：$\Delta_r G_m^\ominus = \Delta_r H_m^\ominus - T\Delta_r S_m^\ominus$，可以求得 $\Delta_r S_m^\ominus$。

$\Delta_r H_m^\ominus$ 可由实验测定；$\Delta_r G_m^\ominus$ 可由实验测定；求 $\Delta_r S_m^\ominus$ 可由上式求得。

2.6　催化反应的动力学

动力学是研究化学反应速率的科学。化学反应速率常常受反应条件的影响：反应物浓度、反应介质的本质、pH 值和温度以及有无催化剂等，这些都是决定反应速率的重要因素。反应速率慢时可以实际检测，反应速率快时，则无法用通常实验技术检测，有些反应速率甚至达到飞秒级（10^{-5}）的程度，A. H. Zewail 曾用飞秒激光技术研究超快反应过程和过渡态。由于这一贡献，Zewail 获得 1999 年的诺贝尔化学奖。研究动力学的目的是为了推断反应机理，即查明反应物转化成产物时经历的中间步骤。

2.6.1　反应速率的表示法

催化剂在反应中的作用，即催化剂的催化性能，就是指催化剂的活性和选择性而言，催化剂的选择性前面已讨论过，而催化剂的活性通常用反应速率（v）表示。

对于一般的非催化反应，根据反应速率理论，已得出温度（T）、压力（p）或浓度（c）为变数的反应速率方程：$v = v(R, T; n, E_a)$这是反应速率的一般表示式。对于不同类型的反应，速率方程不同。如简单级数的反应、复杂反应、快速反应等都有各自的反应速率方程，这里不做介绍。这个式子表明影响反应速率的两个物理因素（T, p）可以通过反应内在的两个物理量（n, E_a）关联起来。

对催化反应的速率表示式而言，除了需要考虑上述因素外，还应考虑催化剂（C）、反应物（R）的浓度，为了把 C 和 R 关联起来，引进两个系数 γ 和 δ。这样就得到催化反应的总反应速度方程：$v = v(P, T, C, R; n, E_a, \gamma, \delta)$

如何确定这些变数和参数之间的关系，是研究催化反应的重要问题，这些变数和参数之间的关系确定清楚了，才能提供催化剂设计定量的依据。

2.6.2 单分子反应动力学

2.6.2.1 中间化合物

关于化学反应在催化剂作用下为什么会加速的问题，第一个通过实验验证，并且提出化学范围的解释的是法国化学家 P. Sabatier（1854～1941）。他通过对有机化学中大量催化作用的研究，发现了许多新催化反应和催化剂，认为这不是单纯有无催化剂的问题，而是由于催化剂在这样的过程中参与了反应，反应才被加速的。他指出，这是一种特殊的参与过程，催化剂在这样的过程中，不仅没有消失而且还能重新复原。

现在，不涉及任何具体例子来探讨这种概念，设有这样的反应（即合成反应）：

$$A+B \rightleftharpoons AB$$

当平衡处于产物 AB 时，逆反应（化合物的分解）可以略去不计。如果这种合成只能在催化剂存在下才发生，那么，P. Sabatier 的想法，反应可以想象由如下分步骤组成：

$$A+K \longrightarrow AK$$

$$AK+B \longrightarrow AB+K$$

这里 K 是催化剂。在 K 的作用下，反应才能得到加速。同时可以看到，在合成 AB 中，K 的量并未改变，也就是说，K 没有在反应产物中，同时也没有变化。在这里中间化合物 AK 不能太不稳定，否则 AK 的生成速度就太慢了，也不能太稳定，否则，它就不能进一步和 B 生成 AB，从而使 K 再生形成催化循环。

在实际反应中，已知有许多这样的例子。P. Sabatier 提出的反应物和催化剂在反应过程中生成中间化合物是催化反应中一个普遍存在的客观规律。

2.6.2.2 动力学公式的推导

以生成中间化合物为基础推导出来的单分子催化反应速率定律，可以很好说明许多均相、多相和酶催化反应的实验结果，这样也就反过来说明了中间化合物理论的正确性。

以生成酶-底物复合物为例，推导使用于单分子酶催化反应的动力学方程。

酶反应可以表示如下：

$$E+S \underset{k_{-1}}{\overset{k_{+1}}{\rightleftharpoons}} [ES] \overset{k_{+2}}{\longrightarrow} P+E$$

L. Michaelius 和 M. L. Menten 认为，在 E 和 S 及［ES］之间很容易达成平衡，即产

物的形成对 [ES] 浓度的影响可略去不计。据此，他们推导出了反应速率和底物浓度的方程式。

设体系中酶的活性部位的总浓度为 e_0，[ES] 中间化合物分解为产物 P 的速度很慢，它控制着整反应的速率。采用稳态法处理，如式 2-36 所示：

$$\frac{d[ES]}{dt} = k_1[S][E] - k_{-1}[ES] - k_2[ES] = 0 \tag{2-36}$$

$K_M = \dfrac{k_{-1} + k_2}{k_1} = \dfrac{[E][S]}{[ES]}$ 是 [ES] 的离解常数，可以用来度量酶和底物之间的结合强度或"亲和力"，所以得：

$$[ES] = \frac{k_1[E][S]}{k_{-1} + k_2} = \frac{[E][S]}{K_M} \tag{2-37}$$

式中，$K_M = \dfrac{k_{-1} + k_2}{k_1}$ 称为米氏常数，这个公式也叫米氏公式。

反应速率 $v = \dfrac{d[P]}{dt} = k_2[ES]$ 代入 [ES] 的表示式后，得式 2-38：

$$v = k_2[ES] = \frac{k_2[E][S]}{K_M} \tag{2-38}$$

式中，$K_M = \dfrac{[E][S]}{[ES]}$。

若令酶的原始浓度为 [E₀]，反应达稳态后，它一部分变为中间化合物 [ES]，另一部分仍处于游离状态。所以，$[E_0] = [E] + [ES]$，$[E] = [E_0] - [ES]$ 代入速率公式得式 2-39：

$$[ES] = \frac{[E_0][S]}{K_M + [S]} \tag{2-39}$$

所以 $v = k_2[ES] = \dfrac{k_2[E_0][S]}{K_M + [S]}$。

如果以 v 为纵坐标，以 [S] 为横坐标，按上式作图，则得图 2-8。

当 [S] 很大时，$K_M \ll [S]$，$v = k_2[E_0]$，即反应速率与酶的总浓度成正比而与 [S] 的浓度无关，则对 [S] 来说是零级反应。

当 [S] 很小时，$K_M + [S] \approx K_M$，$v = \dfrac{k_2}{K_M}[E_0][S]$，反应对 [S] 来说是一级反应，这一结论与实验事实是一致的。

当 $[S] \to \infty$ 时，速率趋于极大 v_{max}，即 $v_{max} = k_2[E_0]$，代入速率方程式，得式 2-40：

$$v = \frac{k_2}{K_M}[E_0][S] \text{ 可得：} \frac{v}{v_m} = \frac{[S]}{K_M + [S]}$$

$$\tag{2-40}$$

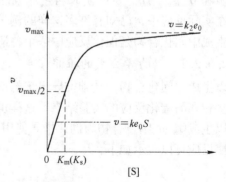

图 2-8　反应速率 v 和底物浓度 [S] 的关系

当 $v = \dfrac{v_{\mathrm{m}}}{2}$ 时，$K_{\mathrm{M}} = [S]$，也就是说当反应速率达到最大速率的 1/2 时，底物的浓度就等于米氏常数。

重排式 2-40 后可得：

$$\frac{1}{v} = \frac{K_{\mathrm{M}}}{v_{\max}} \cdot \frac{1}{[S]} + \frac{1}{v_{\max}} \tag{2-41}$$

如将 $1/v$ 对 $1/[S]$ 作图，从直线的斜率可得 $\dfrac{K_{\mathrm{M}}}{v_{\max}}$，从直线的截距可求得 $1/v_{\mathrm{m}}$，两者联立，从而可解出 K_{M} 和 $v_{\max}$。

思 考 题

2-1 催化剂依照功能大致可以分为几类?

2-2 简述工业催化剂的一般要求。

2-3 用作载体的物质应该具有哪些特性?

2-4 为什么结构助剂不改变反应的活化能，而调变性助剂却有此改变功能?

2-5 举例说明热力学原理在催化反应中的应用。

2-6 举例说明动力学原理在催化反应中的应用。

3 催化剂表面的吸附作用

+---+

本章导读:

　　吸附作用是指各种气体、蒸气以及溶液里的溶质被吸着在固体或液体物质表面上的作用。在生产和科学研究上,常利用吸附和解吸作用来干燥某种气体或分离,提纯物质。吸附作用可以使反应物在吸附剂表面浓集,因而提高化学反应速度。同时由于吸附作用,反应物分子内部的化学键被减弱,从而降低了反应的活化能,使化学反应速度加快。因此,吸附在催化化学反应中起着重要的作用。本章主要讨论催化剂表面的吸附作用以及由吸附作用产生的吸附等温线。

+---+

3.1 催化剂表面结构

3.1.1 晶格与晶胞

　　为了描述晶体的结构,我们把构成晶体的原子当成一个点,再用假想的线段将这些代表原子的各点连接起来,就绘成了如图 3-1 所示的格架式空间结构。这种用来描述原子在晶体中排列的几何空间格架,称为晶格。由于晶体中原子的排列是有规律的,可以从晶格中拿出一个完全能够表达晶格结构的最小单元,这个最小单元就叫做晶胞。许多取向相同的晶胞组成晶粒。晶格是原子有规律地用线条连起来,如图 3-1 所示。

　　晶胞可以理解成"细胞",是晶体的一部分。分子、原子或离子中的原子排列有一定的次序构成,由于晶体次序有重复性,晶胞是晶体中一个最小的单位结构且无重复。

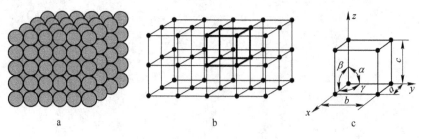

图 3-1　晶体结构

a—晶体结构；b—晶格；c—晶胞

3.1.2 晶面及晶面指数

　　对于三维结晶体,通过格子点的不同晶面具有不同的取向。由于格子点(原子或分子)排列的不同,性能也有差异。传统表述这种三维格子晶面的指标称为晶面指数,也称为 Miller 指数 (hkl),用晶面与晶轴相交的分数截距的倒数表示。截距用沿三个相互垂

直的轴的单位距离 a、b、c 表示。在立方晶系中，$[hkl]$ 表示晶面的方向，垂直于 (hkl) 晶面，如图 3-2 所示。

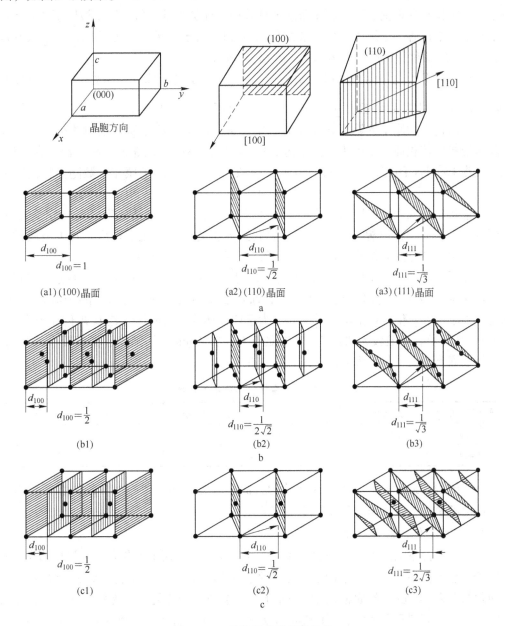

图 3-2 三维结晶体的晶体结构
a—简单立方晶格（sc）；b—面心立方晶格（fcc）；c—体心立方晶格（bcc）

晶面间距 d_{hkl} 在立方晶系中表示，指一组平行晶面 (hkl) 中两个相邻晶面距的垂直距离，如式 3-1 所示：

$$d_{hkl} = \frac{a}{(h^2 + k^2 + l^2)^{\frac{1}{2}}} \tag{3-1}$$

绝大多数金属不会以简单六方晶格结晶，而含有不同原子的很多固体化合物却有这种晶体结构，且为密堆的六方晶胞。在六方晶格中，有两个彼此相交120°（底角）的等长轴，第三个轴垂直于两个相交轴构成的平面（90°）。在六方密堆（hcp）结构中，层中的每个原子定位于邻近上、下层原子形成的缝隙中，此类密堆使每个原子被同层的6个原子包围，上、下层各3个原子相邻，故配位数为12。对于简单的六方结构，三个共平面轴 a_1、a_2、a_3 的对称等价性可以表示为：$a_1 + a_2 = -a_3$。

由于对称等价性，指数 i 可表示为：$h + k = -i$。于是，Miller 指数（$hkil$）可以写成 $(hk \cdot l)$，因此六方晶系指数可以为 $(11\overline{2}1)$，也可以为 $(11 \cdot 1)$。

晶格结构中的原子的填充分数（X_i）定义为：晶胞中原子所占的体积分数。它反映出晶体结构的体相面貌。由于晶体结构中原子间距的不同和最邻近的配位数各异（fcc 的配位数为12，bcc 的配位数为8，hcp 的配位数为12），故原子填充分数随晶体的取向而变化。

大量测试研究表明，固体催化剂的表面键合能力，即吸附活化表面反应分子的能力，强烈依赖于表面及其形貌特征，它们又关联到体相的物理和化学性质。对于金属类催化剂，主要关注的是立方结构（bcc、fcc）和六方密堆结构（hcp）。

催化所关注的金属多属 bcc 和 fcc 晶体结构型。由于它们由一种以上的原子构成，其结构反映组成该化合物离子成分的大小，通常发现为密堆的立方（ccp）和六方（hcp）结构，不论在 hcp 化合物中堆砌成的孔洞为正四面体或正八面体（这取决于阳离子对阴离子大小的比例），一般较大的阴离子形成的孔隙按照 Pauling 规则能够聚集较小的阳离子。该规则关联到离子半径比和孔隙类型，见表3-1。

表3-1 金属化合物中的孔隙

离子半径最小比	孔隙类型	配位数	离子半径最小比	孔隙类型	配位数
0.225	正四面体	4	>0.732	立方体	8
0.414	正八面体	6			

在金属中，最常见最典型的晶体结构有面心立方结构、体心立方结构和密排六方结构。前两者属于立方晶系，后者属于六方晶系。

3.1.2.1 体心立方晶格

体心立方晶格的晶胞为一个立方体。在立方体的八个顶角上各有一个与相邻晶胞共有的原子，立方体中心还有一个原子。原子半径为体对角线（原子排列最密的方向）上原子间距的1/2。体心立方晶胞中的任一原子（以立方体中心的原子为例）与八个原子接触且距离相等，如图3-3所示。因而体心立方晶格的单位晶胞原子数为2，配位数为8。具有体心立方结构的金属有 α-Fe、Cr、W、Mo、V、Nb、Ta 等。

3.1.2.2 面心立方晶格

面心立方晶格的晶胞也是一个立方体。除在立方体的八个顶角上各有一个与相邻晶胞共有的原子外，在六个面的中心也各有一个共有的原子。原子半径大小为面的对角线（原子排列最密方向）上原子间距的1/2。由于立方体顶角上的原子为八个晶胞所共有，面上的原子为两个晶胞所共有，如图3-4所示。面心立方晶格中每一个原子（以面的中心原子为例）在三维方向上各与四个原子接触且距离相等，因而配位数为12。具有面心立

方结构的金属有 γ-Fe、Ni、Al、Cu、Pb、Au、Ag 等。体心立方晶格和面心立方晶格结构参数如表 3-2 所示。

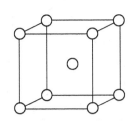

图 3-3 体心立方晶格的晶胞示意图

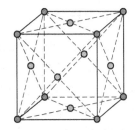

图 3-4 面心立方晶格的晶胞示意图

表 3-2 体心立方晶格和面心立方晶格结构参数

晶向指数	体心立方晶格		面心立方晶格	
	晶向原子排列示意图	晶向原子密度（原子数/长度）	晶向原子排列示意图	晶向原子密度（原子数/长度）
⟨100⟩		$\dfrac{2\times\frac{1}{2}}{a}=\dfrac{1}{a}$		$\dfrac{2\times\frac{1}{2}}{a}=\dfrac{1}{a}$
⟨110⟩		$\dfrac{2\times\frac{1}{2}}{\sqrt{2}a}=\dfrac{0.7}{a}$		$\dfrac{2\times\frac{1}{2}+1}{\sqrt{2}a}=\dfrac{1.4}{a}$
⟨111⟩		$\dfrac{2\times\frac{1}{2}+1}{\sqrt{3}a}=\dfrac{1.16}{a}$		$\dfrac{2\times\frac{1}{2}}{\sqrt{3}a}=\dfrac{0.58}{a}$
{100}		$\dfrac{4\times\frac{1}{4}}{a^2}=\dfrac{1}{a^2}$		$\dfrac{4\times\frac{1}{4}+1}{a^2}=\dfrac{2}{a^2}$
{110}		$\dfrac{4\times\frac{1}{4}+1}{\sqrt{2}a^2}=\dfrac{1.4}{a^2}$		$\dfrac{4\times\frac{1}{4}+2\times\frac{1}{2}}{\sqrt{2}a^2}=\dfrac{1.4}{a^2}$
{111}		$\dfrac{3\times\frac{1}{6}}{\frac{\sqrt{3}}{2}a^2}=\dfrac{0.58}{a^2}$		$\dfrac{3\times\frac{1}{6}+3\times\frac{1}{2}}{\frac{\sqrt{3}}{2}a^2}=\dfrac{2.3}{a^2}$

3.1.2.3 密排六方晶格

密排六方晶格的晶胞是一个正六棱柱体。在六棱柱的 12 个顶角及上、下底面的中心各有一个与相邻晶胞共有的原子，两底面之间还有 3 个原子。由于六棱柱顶角原子为 6 个晶胞共有，底面中心的原子为两个晶胞共有，两底面之间的 3 个原子为晶胞所独有。密排六方晶格中每一个原子（以底面中心的原子为例）与 12 个原子（同底面上周围有 6 个，上下各 3 个）接触且距离相等，因而配位数为 12。其致密度与面心立方晶格相同，也是

0.74。具有密排六方结构的金属有 Mg、Zn、Be、Cd 等，结构
如图3-5 所示。

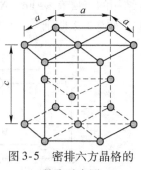

图3-5　密排六方晶格的
晶胞示意图

3.1.3　多相催化的步骤

多相催化反应由物理过程与化学过程所组成。图3-6 表明
固体催化剂上气-固相催化反应所经历的各步骤。其中反应物
和产物的外扩散和内扩散属于物理过程。物理过程主要是质量
和热量传递过程，它不涉及化学过程。反应物的化学吸附、表
面反应及产物的脱附属于化学过程，涉及化学键的变化和化学
反应。

反应物分子从流体体相通过附在气、固边界面层的静止气膜（或液膜）达到颗粒外
表面，或者产物分子从颗粒外表面通过静止层进入流体体相的过程，称为外扩散过程。外
扩散的阻力来自流体体相与催化剂表面之间的静止层，流体的线速将直接影响外扩散过
程。外扩散的阻力来自气固（或液固）边界的静止层，流体的线速将直接影响静止层的
厚度。通过改变反应物进料线速（空速）对反应转化率影响的实验，可以判断反应区是
否存在外扩散影响。

反应物分子从颗粒外表面扩散到颗粒孔隙内部，或者产物分子从孔隙内部扩散到颗粒
外表面的过程，称为内扩散过程。内扩散的阻力大小取决于孔隙内径粗细、孔道长短和弯
曲度。催化剂颗粒大小和孔隙内径粗细将直接影响内扩散过程。

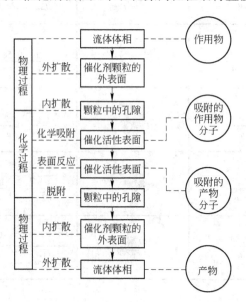

图3-6　在固体催化剂上气-固催化反应的步骤

虽然物理过程（内外扩散）与催化剂
表面化学性质关系不大，但是扩散阻力造
成的催化剂内、外表面的反应物浓度梯度
也会引起催化剂外表面和孔内不同位置的
催化活性的差异。因此，在催化剂制备和
操作条件选择时应尽量消除扩散过程的影
响，以便充分发挥催化剂的化学作用。同
时，对于按图3-6 发生的反应来说，如果
其中的某一步骤的速度与其他各步的速度
相比要慢得多，以致整个反应的速度就取
决于这一步骤，那么该步骤就成为控制步
骤。对于气-固非均相催化反应来说，其
总过程的速度可能有以下三种情况：

（1）外扩散控制。如果气流主体与催
化剂外表面间的传质速度相对于其他各步
速度来说很慢，则外扩散速度就控制反应
的总过程速度。若反应为外扩散控制，则若要提高总过程的速度的话，只有通过加快外扩
散速度的措施才能奏效，例如：增大外表面积，改善气体流动性质，加大气流速度。确定
外扩散对气-固相催化反应是否有影响，只需在相同的原料组成的条件下，保持接触时间
恒定，改变原料的加入速度，以观察出口物料转化率的变化。有两种可行的方法：一种是

每次实验采用相同的催化剂量和原料的体积流量，但每次使用不同直径的反应器；另一种是每次实验的催化剂体积与原料的体积流速的比保持一定。相比而言第二种方法较为可行，在反应器中先后放不同质量的催化剂（W_1 及 W_2），然后在同一温度下改变流量 F_{A0}，测定转化率 X_A，若两者的数据按 X_A-W/F_{A0} 作图能较好的落在同一曲线上，则可以确定不存在外扩散的影响。此类检验方法，在雷诺数小于 50 时是不可行的。

（2）内扩散控制。如果微孔内的扩散速度相对于其他各步来说很慢，内扩散速度就控制了反应总过程的速度。改变催化剂颗粒粒度进行实验是检验内扩散影响的最有效的方法。只需在恒定的 W/F_{A0} 条件下，改变所用催化剂的粒度，测定其反应的转化率，得到催化剂粒度（直径 d_P）对转化率 X_A 的关系曲线。当催化剂粒度小于某一数值时，改变粒度而反应的转化率仍保持不变，说明内扩散对反应过程无影响。

（3）反应控制（或动力学控制）。由于在气-固催化反应过程中的吸附和脱附均伴有化学键的变化，属于化学反应过程。因此常把吸附、表面反应、脱附合在一起统称为化学反应过程。排除了内、外扩散控制的影响而得到的纯粹的化学反应过程的动力学方程式，称为本征动力学方程。

在研究动力学时，必须设法消除内、外扩散的影响才能真正确定反应的本征动力学方程。

对于多相催化反应除了上述物理过程外，更重要的是化学过程。化学过程包括反应物化学吸附生成活性中间物种；活性中间物种进行化学反应生成产物；吸附的产物通过脱附得到产物，同时催化剂得以复原等多个步骤。其中关键是活性中间物种的形成和建立良好的催化循环。

3.1.3.1 活性中间物种的形成

活性中间物种是指在催化反应的化学过程中生成的物种。这些物种虽然浓度不高，寿命也很短，却具有很高的活性，它们可以导致反应沿着活化能降低的新途径进行，这些物种称为活性中间物种。大量研究结果表明，在多相催化中反应物分子与催化剂表面活性中心是靠化学吸附生成活性中间物种的。反应物分子吸附在活性中心上产生化学键合，化学键合力会使反应物分子键断裂或电子云重排，生成一些活性很高的离子、自由基，或反应物分子被强烈极化。

化学吸附可使反应物分子均裂生成自由基，也可以异裂生成离子（正离子或负离子）或者使反应物分子强极化为极性分子，生成的这些表面活性中间物种具有很高的反应活性。因为离子具有较高的静电荷密度，有利于其他试剂的进攻，表现出比一般分子更高的反应性能；而自由基具有未配对电子，有满足电子配对的强烈趋势，也表现出很高的反应活性。对于未解离的强极化的反应物分子，由于强极化作用使原有分子中某些键长和键角发生改变，引起分子变形，同时也引起电荷密度分布的改变，这些都有利于进行化学反应。

同时，需要注意的是生产活性中间物种有些是对反应有利的，但也有些对反应不利。这些不利的活性中间物种会导致副反应的发生，或者破坏催化循环的建立。因此必须设法消除不利于反应的活性中间物种的生成。另一个问题是生成的活性中间物种，除可加速主反应外，有时也会由此引起平行的副反应，必须控制形成活性中间物种的浓度，抑制平行副反应的发生。

3.1.3.2　催化循环的建立

由于催化剂参加催化反应，使反应按新的途径进行，而反应终了催化剂的始态与终态并不改变，这说明催化系统中存在着由一系列过程造成的催化循环，它既促使了反应物的活化，又保证催化剂的再生。

催化反应与化学计量反应的差别就在于催化反应可建立起催化循环。在多相催化反应中，催化循环表现为：一个反应物分子化学吸附在催化剂表面活性中心上，形成活性中间物种，并发生化学反应或重排反应生成化学吸附态的产物，再经由脱附得到产物，催化剂复原并进行再一次的反应。一种好的催化剂从开始到失活为止可进行百万次转化，这表明该催化剂建立起良好的催化循环。若反应物分子在催化剂表面形成强化学吸附键，就很难进行后继的催化作用，结果成为仅有一次转化的化学计量反应。由此可见，多相催化反应中反应物分子与催化剂化学键合不能结合得太强，因为太强会使催化剂中毒，或使它不活泼，不易进行后继的反应，或使生成的产物脱附困难。但键合太弱也不行，因为键合太弱，反应物分子化学键不易断裂，不足以活化反应物分子进行化学反应。只有中等强度的化学键合，才能保证化学反应快速进行，构成催化循环并保证其畅通，这是建立催化反应的必要条件。

3.1.3.3　两步机理模型

实际的催化反应包括许多基元步骤与中间表面物种。若以机理出发严格推导速率方程是颇为复杂的，而且，最后得到的速率方程包含许多参数，给实验测定和机理的判断带来困难。

Boudart建议一个两步机理模型。其实质是从两个假设出发，利用三个定理，把任意一个包含许多基元步骤的催化反应简化为动力学上等效的两个反应。该模型的两个假设是：(1) 在整个反应序列中，有一步是速率控制步骤，这一假设意味着其余的步骤不重要，或在动力学上无效；(2) 在许多表面中间物之中，有一个是最丰富的，这一假定表明其余的表面中间物种可以在动力学处理上忽略不计。该模型的三个定理为：(1) 由若干不可逆基本步骤串联而成的催化反应中，如果最后一个基本步骤的反应物是最丰富的表面中间物，那么只有第一个和最后一个基本步骤在动力学上是有效的；(2) 由若干基元步骤串联而成的催化反应中，若有一步为不可逆，而且这一步的反应物为最丰富表面中间物，那么这步之后所有在动力学上都是无效的；(3) 如果速控步骤的产物为最丰富表面中间物，则在其后的所有处于平衡的基本步骤可当做一个总平衡。反之，如果速控步骤的反应物为最丰富表面物种，则在此步之前的所有处于平衡的基本步骤可当做一个总平衡。

3.2　催化剂的物理吸附与化学吸附

当气体与固体表面接触时，固体表面上气体的浓度高于气相主体浓度的现象称为吸附现象。固体表面上气体浓度随时间增加而增大的过程，称为吸附过程；反之，气体浓度随时间增加而减小的过程，称为脱附过程。当吸附过程进行的速率和脱附过程进行的速率相等时，固体表面上气体浓度不随时间而改变，这种状态称为吸附平衡。吸附速率和吸附平衡的状态与吸附温度和压力有关。在恒定温度下进行的吸附过程称为等温吸附，在恒定压力下进行的吸附过程称为等压吸附。吸附气体的固体物质称为吸附剂，被吸附的气体称为吸附质。吸附质在表面吸附后的状态称为吸附态。吸附态不稳定且与游离态不通。通常吸附发生在吸附剂表面的局部位置，这样的位置称为吸附中心（或吸附位）。对于催化剂来说，吸附中心常常是催化活性中心。吸附中心和吸附质分子共同构成表面吸附配合物，即表面活性中间物种。

3.2.1　物理吸附与化学吸附

根据分子在固体表面吸附时的结合力不同，吸附可以分为物理吸附和化学吸附。物理吸附是靠分子间作用力，即范德华力实现的。由于这种作用力较弱，对分子结构影响不大，可把物理吸附看成凝聚现象。化学吸附时，气、固分子相互作用，改变了吸附分子的键合状态，吸附中心和吸附质之间发生了电子的重新调整和再分配。化学吸附力属于化学键力（静电和共价键力）。由于该作用力强，对吸附分子的结构有较大影响，可把化学吸附看作化学反应。化学吸附一般包括实质的电子共享或电子转移，而不是简单的极化作用。

由于物理吸附和化学吸附的作用力本质不同，它们在吸附热、吸附速率、吸附活化能、吸附温度、选择性、吸附层数和吸附光谱等方面表现出一定差异。

物理吸附：（1）是由分子间范德华引力引起的，可以是单层吸附也可是多层吸附；（2）吸附质和吸附剂之间不发生化学反应；（3）吸附过程极快，参与吸附的各相间常瞬间即达平衡；（4）吸附为放热反应；（5）吸附剂与吸附质间的吸附力不强，为可逆性吸附。

化学吸附：（1）是由吸附剂与吸附质间的化学键作用力而引起的，是单层吸附，吸附需要一定的活化能；（2）吸附有很强的选择性；（3）吸附速率较慢，达到吸附平衡需要时间长；（4）升高温度可提高吸附速率。

同一物质在较低温度下发生物理吸附，而在较高温度下发生化学吸附，即物理吸附在化学吸附之前，当吸附剂逐渐具备足够的活化能后，就发生化学吸附，两种吸附可能同时发生。两者的比较如表3-3所示。

表3-3　物理吸附与化学吸附的比较

项　目	物理吸附	化学吸附
吸附力	范德华力	化学键力
吸附层数	多分子层或单分子层	单分子层
可逆性	可逆	不可逆
吸附热	小（近于冷凝热）	大（近于反应热）
吸附速率	快	慢
吸附选择性	无或很差	有

3.2.2　吸附位能曲线

对于物理吸附和化学吸附，通过位能图，更有助了解其本质以及当催化剂存在时如何使物理吸附转变为化学吸附。

这些位能图可由理论上计算而绘制。以 H_2 在 Ni（或 Cu）表面上的两类吸附的位能图为例进行讨论，如图 3-7 所示。图 3-7 中纵坐标代表位能（示意图，未按比例），高于零点要供给能量，低于零点则放出能量。横坐标代表离开 Ni 表面的距离（单位以 nm 表示）。

（1）先考虑物理吸附曲线 $p'aa'p$，氢分子与催化剂（即 Ni）之间的位移随距离（r）而变化：$E = E(r)$，当氢分子与表面距离很远时，H_2 与 Ni 间无相互作用，此时的位能选作零点（即 p' 的位能接近于零）。当 H_2 分子接近表面，即 r 变小时，体系的位能略有降低。此时 H_2 与 Ni 以引力为主，到达 a 点是位能最低，氢分子借范德华力与表面结合。越过最低点 a，如再使 H_2 分子接近表面，则位能反而升高，这是氢分子与 Ni 表面的原子核之间正电排斥增大的结果。整个曲线是

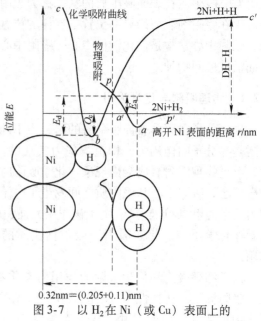

图 3-7   以 H_2 在 Ni（或 Cu）表面上的
两类吸附的位能图

一个浅的凹槽，体系处在最低点 a 处，形成物理吸附。吸附时放出的热量 Q_p 不大，一般不超过 H_2 的液化热，所以被吸附的 H_2 很容易解吸（温度稍高就发生解吸，例如在高于 H_2 的正常沸点（20K）约 100K 时吸附就不稳定，所以物理吸附只在低温下发生）。曲线极小值的位置（a 点）大约落在离开表面 0.32nm 处。这个距离正好是 Ni 的范德华半径 0.205nm 和 H_2 的范德华半径 0.115nm 之和（所谓范德华半径是指当一个原子接近另一个原子时，在不形成化学键的前提下，所能达到的最近距离）。Ni 原子的半径为 0.125nm，H_2 的共价半径为 0.035nm。由于这两种原子之间的范德华引力，分子或原子发生极化而变形，每个大约增加了 0.08nm，所以 Ni 的范德华半径为（0.125+0.08）nm＝0.205nm；H_2 的范德华半径为（0.035+0.08）nm＝0.115nm。

（2）曲线 $c'bc$ 代表氢原子在 Ni 表面上化学吸附时的位能变化。氢原子是由氢分子离解而来的，所需的离解能设为 DH–H（DH–H＝432.6kJ/mol），由于我们已选定氢分子与 Ni 表面间距离很远时的位能作为零，所以氢原子的位能曲线一开始就处于较高的位置。当 H 原子逐渐靠近表面时，体系的位能降低，然后经过最低点 b 再上升。这个最低点的位置在 0.16nm 处（等于 Ni 原子的半径和 H 原子的半径之和），整个曲线是一个较前为深的凹槽。在 b 点体系构成一稳定体系，其间形成了化学吸附键，从 c' 到 b 点，体系共放出能量 DH–H+O_e，b 点以左，图 3-7 中 bc 段，体系的位能又上升。这是由于氢原子与 Ni 的原子核之间正电排斥作用增大的结果。

将氢分子位能曲线的 $p'ap$ 部分和氢原子位能曲线的 cbp 部分组合起来，就得到新的曲线 $p'a'bc$，它近似地代表氢分子在 Ni 表面上离解化学吸附的过程。这条曲线告诉我们，当有物理吸附变为化学吸附时（即由物理吸附线上的 a' 经由 p 到 b），p 点是由物理吸附过渡到化学吸附的过渡状态，E_a 是从物理吸附转变为化学吸附的活化能。反之，当化学吸附变为物理吸附，并最后解吸时，即由 b 经由 p 再到 p' 也要经过 p 点，也需要活化，在

能量上要越过另一个能量高峰 E_d，E_d 是解吸活化能。

在 p 点以右的 pap' 部分是分子的物理吸附位能曲线，p 点以左的 pbc 部分是氢分子已经离解成两个氢原子并且在表面发生离解化学吸附的位能曲线，p 点是物理吸附转变为化学吸附的中间态，经过这个状态，氢分子拆开成两个氢原子。如果没有 Ni 的表面存在，氢分子离解为两个氢原子需要 DH–H 的能量，而在有了催化剂 Ni 以后，氢分子只要 E_a 的能量就能经由 p 点而发生化学吸附。由此可见，催化剂的存在起到了降低离解能的作用。E_a 是化学吸附的活化能，而物理吸附却不需要活化能，因此物理吸附在低温时即能发生，而化学吸附却需要较高的温度。

3.2.3　吸附在催化中的应用

多相催化过程是通过基元反应步骤的循环将反应物分子转化为反应产物的。催化循环包括扩散、化学吸附、表面反应和反向扩散五个步骤，其中化学吸附是最重要的一个环节。所以研究反应物分子或探针分子在催化剂表面的吸附，对于阐明反应物分子与催化剂表面相互作用的性质具有十分重要的意义。化学吸附技术可以在接近反应条件下，通过程序升温脱附（TPD）、程序升温还原（TPR）等技术，可以有效地表征催化过程。

3.2.3.1　化学吸附的基本特点

前面已经提及，吸附可分为物理吸附和化学吸附。化学吸附是固体表面与被吸附物间的化学键力起作用的结果。这类型的吸附需要一定的活化能，故又称"活化吸附"。这种化学键亲和力的大小可以差别很大，但它大大超过物理吸附的范德华力。化学吸附放出的吸附热比物理吸附所放出的吸附热要大得多，达到化学反应热这样的数量级。化学吸附往往是不可逆的，而且脱附后，脱附的物质常发生了化学变化不再是原有的性状，其过程是不可逆的。化学吸附大多进行得较慢，吸附平衡也需要相当长时间才能达到，升高温度可以大大地增加吸附速率。对于这类吸附的脱附也不易进行，常需要很高的温度才能把被吸附的分子逐出去。人们还发现，同一种物质，在低温时，它在吸附剂上进行的是物理吸附，随着温度升高到一定程度，就开始发生化学变化转为化学吸附，有时两种吸附会同时发生。化学吸附具有高度专属性。这是由化学性质决定的，所以化学吸附具有很高的选择性。总之，化学吸附在催化作用过程中占有很重要的地位。

3.2.3.2　程序升温脱附技术

TPD 技术是研究催化剂的一种很有效的方法，它可以得到有关催化剂的活性中心性质、金属分散度等重要信息。

目前，已经提出的测定催化剂的酸性的方法很多，如：有机胺滴定法、电化学滴定法、红外光谱法、量热法、程序升温脱附法等。由于程序升温脱附法不受样品颜色限制，能在接近使用条件下定量测定载体与固体催化剂表面总酸强度和酸分布，而且操作简便，重复性好，得到了广泛的应用。

程序升温脱附法根据酸性催化剂表面对碱性吸附物质的脱附活化能不同，脱附温度也不同的基本原理，来测定催化剂的表面酸性。NH_3 是强碱性气体，其 N 上的孤对电子有比较高的质子亲和能，另外 NH_3 分子的动力直径较小，可以用于测定微孔、中孔和大孔的表面酸性，不受孔的限制，所以适合用于酸性测定的探针分子。一般来说，低温脱附峰（$t_m = 25 \sim 200℃$）相应于弱酸中心，中温峰（$t_m = 200 \sim 400℃$）相应于中等酸中心，高温峰（$t_m > 400℃$）相应于强酸中心。而对应的峰面积则代表酸量的大小。

3.2.3.3   程序升温还原技术

程序升温还原技术是一种在程序升温条件下的还原过程，在这个过程中，如果样品发生还原反应，气相中的氢气浓度将发生变化，通过检测器测定氢气浓度随温度的变化曲线，就得到了 TPR 谱图。

一种纯的金属氧化物具有特定的还原温度，所以可以用还原温度作为氧化物的定性指标。如果两种氧化物混合在一起，没有发生化学反应，则每种氧化物都会保持自己的还原温度不变；如果两种氧化物发生了化学反应，它们的还原温度也将发生变化。负载型金属催化剂通常由金属盐溶液浸渍到载体上，然后干燥加热，使盐类分解为相应的金属氧化物，在这个过程中，氧化物可能与载体发生化学反应，也可能在金属氧化物之间发生化学反应，氧化物的状态发生变化，从而导致氧化物的还原峰发生了变化，所以可以通过程序升温还原法来研究金属催化剂中的金属组分和载体之间或金属之间的相互作用。

3.3   化学吸附类型和化学吸附态

3.3.1   活化吸附与非活化吸附

化学吸附按其所需活化能的大小可分为活化吸附和非活化吸附，其位能图见图 3-8。所谓活化吸附是指气体发生化学吸附时需要外加能量活化，吸附所需能量为吸附活化能，其位能图中物理吸附与化学吸附位能线的交点 x 在零位能线的上方，如图 3-8a 所示。相反，若气体进行化学吸附时不需要外加能量，称为非活化吸附，其位能图中物理吸附与化学吸附位能线的交点在零位能线上。非活化吸附的特点是吸附速度快，所以有时把非活化吸附称为快化学吸附，相反地，把活化吸附称为慢化学吸附。表 3-4 给出了各种气体在不同金属膜上进行活化和非活化吸附的情况。

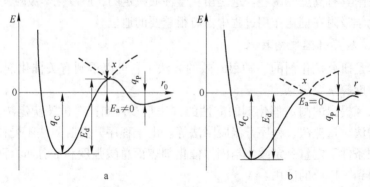

图 3-8   活化吸附与非活化吸附

a—活化吸附位能图；b—非活化吸附位能图

表 3-4 各种气体在不同金属膜上的化学吸附

气 体	非活化吸附	活化吸附	0℃以下不发生化学吸附
H_2	W,Ta,Mo,Ti,Zr,Fe,Ni,Pd,Rh,Pt,Ba	—	Cu,Ag,Au,K,Zn,Cd,Al,In,Pb
CO	W,Ta,Mo,Ti,Zr,Fe,Ni,Pd,Rh,Pt,Ba	Al	Zn,Cd,In,Sn,Pb,Ag,K
C_2H_4	W,Ta,Mo,Ti,Zr,Fe,Ni,Pd,Rh,Pt,Ba,Cu,Au	Al	Zn,Cd,In,Sn,Pb,Ag,K
C_2H_2	W,Ta,Mo,Ti,Zr,Fe,Ni,Pd,Rh,Pt,Ba,Cu,Au	Al	Zn,Cd,In,Sn,Pb,Ag
O_2	除 Au 外所有金属		Au
N_2	W,Ta,Mo,Ti,Zr	Fe	与 H_2 同，Ni,Pd,Rh,Pt
CH_4	—	Fe,Co,Ni,Pd	

3.3.2 均匀吸附与非均匀吸附

化学吸附按表面活性中心能量分布的均一性又可分为均匀吸附与非均匀吸附。如果催化剂表面活性中心能量都一样，那么化学吸附时所有反应物分子与该表面上的活性中心形成具有相同能量的吸附键，称为均匀吸附；当催化剂表面上活性中心能量不同时，反应物分子吸附会形成具有不同键能的吸附键，这类吸附称为非均匀吸附。

3.3.3 解离吸附与缔合吸附

化学吸附按吸附时分子化学键断裂情况可分为解离吸附和缔合吸附（非解离吸附）。

3.3.3.1 解离吸附

在催化剂表面上许多分子在化学吸附时都会发生化学键的断裂，因为这些分子的化学键不断裂就不能与催化剂表面吸附中心进行电子的转移或共享，分子以这种方式进行的化学吸附，称为解离吸附。例如，氢和饱和烃在金属上的吸附均属这种类型：$H_2+2M \longrightarrow 2HM$；$CH_4+2M \longrightarrow CH_3M+HM$。

分子解离吸附时化学键断裂既可发生均裂，也可发生异裂。均裂时吸附活性中间物种为自由基，异裂时吸附活性中间物种为离子基（正离子或负离子）。

3.3.3.2 缔合吸附

具有 π 电子或孤对电子的分子则可以不必先解离即可发生化学吸附。分子以这种方式进行的化学吸附称为缔合吸附。例如，乙烯在金属表面发生化学吸附时，分子轨道重新杂化，碳原子从 sp^2 变成 sp^3，这样形成的两个自由基可与金属表面的吸附位发生作用。可表示为：

3.3.4 吸附态和吸附化学键

吸附质在固体催化剂表面吸附以后的状态称为吸附态。吸附发生在吸附剂表面的局部位置上，这样的位置就叫吸附中心或吸附位。气体在催化剂上吸附时，借助不同的吸附化学键而形成多种吸附态。吸附态不同，最终的反应产物亦可能不同，因而研究吸附态结构等方面具有重要的意义。用于这方面研究的实验方法有：红外光谱（IR）、俄歇电子能谱（AES）、低能电子衍射（LEED）、高分辨电子能量损失谱（HERRLS）、X 射线光电子能谱（XPS）、场离子发生以及质谱。近年来又发展了一些催化研究中的原位技术，一些现代理论工具，如量子化学、固体理论方法在吸附态研究中的应用越来越多。同时，随着配合物化学、金属有机化学的进展以及一些均相配合催化反应机理的阐明，人们可将过渡金属及其氧化物表面形成的化学吸附键与配位配合物或金属有机化合物中的有关化学键进行合理的关联类比。因此，人们对化学吸附态的认识日趋深入。

吸附态包括三方面内容：一是被吸附分子是否解离；二是催化剂表面吸附中心的状态是原子、离子还是它们的基团，吸附物占据一个原子或离子时的吸附称为独位吸附，吸附物占据两个或两个以上的原子或离子所组成的基团（或金属簇）时的吸附称为双位吸附或多位吸附；三是吸附键类型是共价键、离子键还是配位键，以及吸附物种所带的电荷类型与多少。下面就催化体系中常见的气体在固体催化剂表面吸附时形成的化学吸附态作简要介绍。

3.3.4.1 氢

在过渡金属及其氧化物表面上，H_2 按下列方式生成吸附态（又称为表面物种）：

$$H_2 + M\!-\!M \Longleftrightarrow \begin{array}{cc} H & H \\ | & | \\ M & -M \end{array} \quad 或 \quad \begin{array}{c} H \quad\quad H \\ \diagdown \diagup \\ M \end{array} \;(均裂过程)$$

氢在Ⅷ族金属上的化学吸附即属此类：

$$H_2 + O\!-\!M\!-\!O \Longleftrightarrow \begin{array}{c} H \quad\quad H \\ | \quad\quad | \\ O\!-\!M\!-\!O \end{array} \;(非均裂过程)$$

表 3-5 列出了氢在最活泼的加氢和脱氢催化活性组分ⅧB 族过渡金属上化学吸附时金属—氢键的生成能。由表 3-5 可见，各种金属催化剂表面上的金属–氢键生成能彼此相近，与金属的类型和结构无关。

表 3-5 ⅧB 族金属表面上金属—氢键的生成能

金 属	生成能/$kJ \cdot mol^{-1}$	金 属	生成能/$kJ \cdot mol^{-1}$
Ir、Rh、Ru	约 270	Fe	287
Pt、Pd	约 275	Ni	280
Co	266		

氢在金属氧化物表面吸附时发生易裂。如，氢在 ZnO 上的化学吸附即属此类。这两种情况均形成具有负氢特性的金属—氢键，即 $M^{+\delta}\!-\!H^{-\delta}$。这种表面的金属–负氢物种是催化剂加氢中的活性物种。

在均相系统中，过渡金属配合物可经由氧化加成作用使 H_2 均裂，例如：

$$[Co_2^{II}(CN)_{10}]^{6-} + H_2 \longrightarrow 2[HCo^{III}(CN)_5]^{3-}$$

此时相当于有一个电子从金属向氢转移，形成金属-负氢键合。某些过渡金属卤化物的水溶液能引起 H_2 非均裂。例如：

S 表示溶剂分子，碱性物质的存在有利于此反应。

无论是生成表面物种或金属配合物（溶液中），只有具备了开放性 d 电子构型的金属中心，才易于使 H_2 活化。对于 d 带电子全充满的金属，其氢化学吸附的强度与加氢活性均下降，故过渡元素中Ⅷ族元素为有效的加氢催化剂。

3.3.4.2　氧

除 Pt、Pd、Ag 等贵金属之外，几乎所有的金属都与 O_2 强烈反应，也能在表面形成多层氧化物。在高温氧化反应下，事实上是作为金属氧化物来催化的。通常，氧以受主型共价键形式与金属表面结合，在 M—O 键中至少带有30% ~ 50%的离子性质。

O_2 在金属氧化物上化学吸附时，根据电子转移的情况及 O—O 键是否断裂而形成了不同的化学吸附态，它们包括分子吸附态（O_2）、离子基吸附态（O_2^-）、离子吸附态（O^-）和晶格氧（O^{2-}）四种。它们逐步转变成富含电子的吸附物种：

$$(O_2) \longrightarrow (O_2^-)_{ad} \longrightarrow (O^-)_{ad} \longrightarrow (O^{2-})_{晶格}$$

各步转化速率与体系性质和反应条件有关。其中，O_2^- 和 O^- 极为活泼，具有较高催化活性。

3.3.4.3　氮

N_2 的吸附主要发生在过渡金属上，化学吸附较为复杂。在室温时，N 在 Fe 表面上发生弱的可逆分子吸附，在高温（>200℃）时才发生不可逆的强吸附，生成氮化物 Fe_xN 表面活性物种（它是合成氨中有效的表面化学物种）。在 W 或 Mo（100）的晶面上，N_2 的吸附和在 Fe 上一样，在室温以上 N_2 就解离为原子状态。在 Ni、Pd 和 Pt 上，N_2 只发生分子状弱吸附。

N 常以直链状端基（end-on）键合在金属上，也已知有 N_2 以侧基（side-on）方式与金属配位，以及 N_2 与数个金属配位相键合。

3.3.4.4　烯烃

烯烃在过渡金属表面上既能发生缔合吸附也能发生解离吸附。这主要取决于温度、氢的分压和金属表面是否预吸附氢等吸附条件。由于 π 键存在，烯烃较易与催化剂形成中间物种。烯烃在过渡金属表面上发生非解离吸附，π 键均裂与两个过渡态金属原子 σ-键合，造成桥合型中间物，发生双位吸附；或者过渡金属与烯烃生成的中间物种，主要是 σπ-键合，发生独位吸附。例如：

$$CH_2\!=\!CH_2+M\!-\!M \longrightarrow \underset{\substack{|\\M-M}}{\overset{\substack{H\quad H}}{\underset{\substack{H\quad H}}{C-C}}} \quad (乙烯在 Ni(111) 晶面上的吸附)$$

$$CH_2\!=\!CH_2+M \longrightarrow \underset{\substack{\downarrow\\M}}{\overset{\substack{H\quad H}}{\underset{\substack{H\quad H}}{C=C}}} \quad (乙烯在 Ni(100) 晶面上的吸附)$$

另一种情况是解离吸附。例如：

$$CH_2\!=\!CH_2+M\!-\!M \longrightarrow \underset{\substack{M-M---\quad M}}{\overset{\substack{C}}{C}} + 2\,H \qquad CH_2\!=\!CH_2+M\!-\!M \longrightarrow CH_2\!-\!\underset{\substack{\vdots\\M}}{\overset{H_2}{C}}\!-\!CH_3 + \underset{M}{\overset{H}{|}}$$

所谓 σπ-键合，是指烯烃或炔烃的两个居于 π 轨道的电子施给金属空轨道 d 轨道形成 σ 键合，而金属又将满 d 轨道中的电子反馈至烯烃或炔烃的 π∗ 轨道形成 π 键合，故总的结果相当于烯烃或炔烃中居于低能级的电子部分转移至高能级，从而削弱了烯烃或炔烃中的 C—C 键，造成烯烃或炔烃分子的活化。

一般而言，共轭的双烯烃比单烯烃更强地被金属表面化学吸附。例如，丁二烯加一氢原子形成 $CH_3\!=\!CH_2\!=\!CH_2\!-\!CH_3$ 大 π 键，可与金属 σπ-键合。此外，丙烯可脱去一个 α-氢原子，形成具有大 π 键的烯丙基 $CH_3\!=\!CH_2\!=\!CH_3$ 与金属 σπ-键合。这种烯丙基型的中间物在催化中有重要的意义。σπ-键合的构型与 σ-键合构型之间存在相互转变的可能性。

为了形成 σπ-键合，有两个要求：一是要求金属（原子或离子）具有空 d 轨道；二是要求金属 d 电子可供反馈。因此，过渡金属中唯有 d 电子数较多的元素，如ⅦB、ⅦB、Ⅷ族元素才能满足这些条件，造成 σπ-键合的中间物种。

烯烃在金属氧化物表面上的化学吸附强度一般较金属表面上的弱，因为氧化物上烯烃只起电子施主作用；烯烃在过渡金属氧化物上的化学吸附强度要比其他金属氧化物（如 Al_2O_3）上的强，因为后者无反馈电子存在。需要指出的是，在金属氧化物上，烯烃的化学吸附常伴有某种程度的解离吸附。此外，在酸性氧化物（SiO_2、分子筛等）上，烯烃分子或者与表面质子酸作用，或者与非质子酸中心作用（失去一个氢负离子），生成很活泼的正碳离子。

3.3.4.5 炔烃

炔烃在金属上的化学吸附具有烯烃化学吸附的类似特性，但其吸附键强度远比烯烃大，这导致金属对乙烯加氢的低催化活性。乙炔在金属上的化学吸附态为：

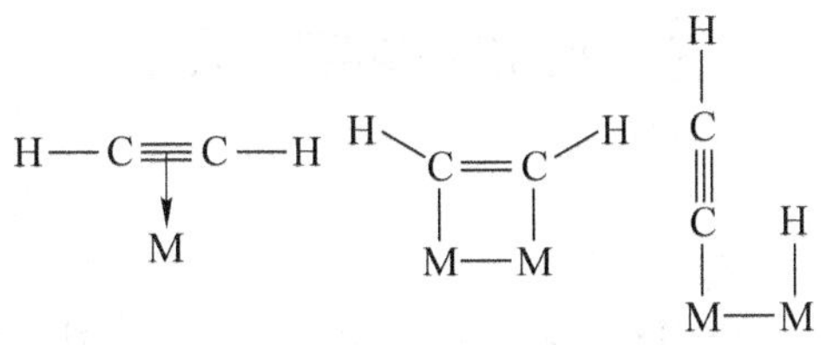

炔烃在金属氧化物上的化学吸附研究很少，曾提出下列吸附态：

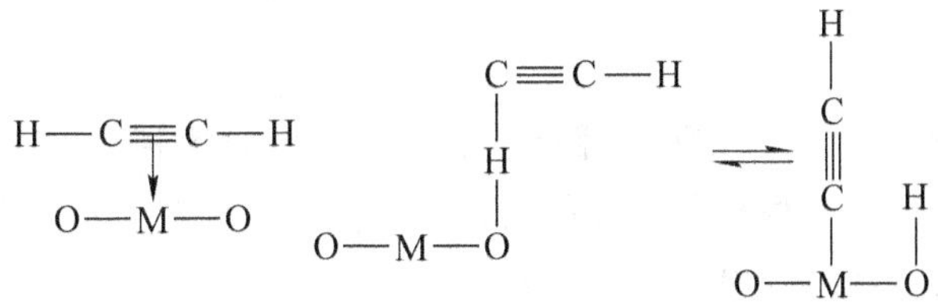

3.3.4.6 芳烃

苯在金属表面上的吸附，早期的模型有6位σ型和2位σ型吸附，根据存在π-芳烃配合物的研究结果，又提出另一种缔合型吸附态$\eta^6\pi$。其在金属表面上的非解离态吸附物种有：

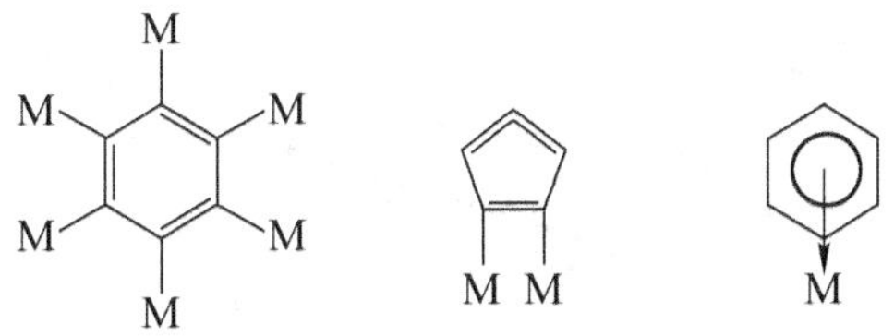

6位σ型吸附　　2位σ型吸附　　缔合型吸附

此外，在室温下苯在 Ni、Fe 和 Pt 膜上吸附时有氢气释放出来，这说明苯在金属表面上可能发生了解离吸附。为了说明苯在室温下化学吸附于 Ni、Fe 和 Pt 膜时能够放出氢这一事实，提出了如下解离吸附态：

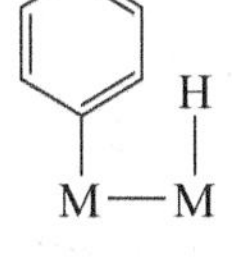

芳烃在金属氧化物上的化学吸附很可能类似于一种真正的电荷转移过程。

烷基芳烃在酸性氧化物催化剂上的化学吸附态为烷基芳烃正碳离子，它们可以进行异构化、歧化、烷基转移等反应。

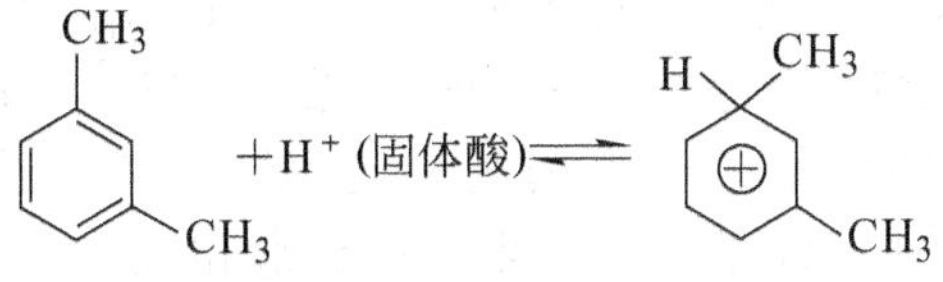

3.4 吸附平衡与等温方程

3.4.1 吸附等温线

吸附等温曲线是指在一定温度下溶质分子在两相界面上进行的吸附过程达到平衡时它们在两相中浓度之间的关系曲线。在一定温度下，分离物质在液相和固相中的浓度关系可用吸附方程式来表示，如式 3-2 所示：

$$q = \frac{V}{m} \tag{3-2}$$

吸附量 q 通常是用单位质量的吸附剂所吸附气体的体积 V（一般换算成标准状况（STP）下的体积）。作为吸附现象方面的特性有吸附量、吸附强度、吸附状态等，而宏观地总括这些特性的是吸附等温线。

1940 年，在前人大量的研究和报道以及从实验测得的很多吸附体系的吸附等温线基础上，S. Brunauer，L. S. Deming，W. E. Deming 和 E. Teller 等人对各种吸附等温线进行分类，称为 BDDT 分类，也常被简称为 Brunauer 吸附等温线分类。图 3-9 给出了由国际纯粹与应用化学联合会（IUPAC）提出的物理吸附等温线分类，也称为 BDDT 分类。

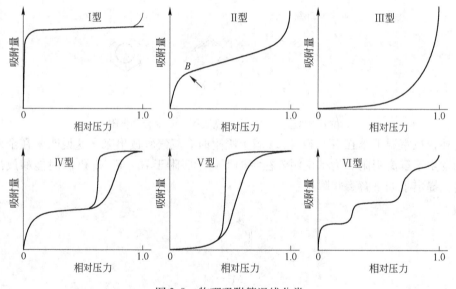

图 3-9　物理吸附等温线分类

类型 I 是向上凸的 Langmuir 型曲线，表示吸附剂毛细孔的孔径比吸附质分子尺寸略大时的单层分子吸附或在微孔吸附剂中的多层吸附或毛细凝聚。该类吸附等温线，沿吸附量坐标方向，向上凸的吸附等温线被称为优惠的吸附等温线。在气相中吸附质浓度很低的情况下，仍有相当高的平衡吸附量，具有这种类型等温线的吸附剂能够将气相中的吸附质脱除至痕量的浓度。其特点是，在低相对压力区域，气体吸附量有一个快速增长，这是由于发生了微孔填充过程。随后的水平或近水平平台表明，微孔已经充满，没有或几乎没有进一步的吸附发生。达到饱和压力时，可能出现吸附质凝聚。

外表面相对较小的微孔固体，如活性炭、分子筛沸石，表现出这种等温线。如氧在-183℃下吸附于炭黑上和氮在-195℃下吸附于活性炭上，以及78K时N_2在活性炭上的吸附及水和苯蒸气在分子筛上的吸附。类型Ⅱ为形状呈反S型的吸附等温线，在吸附的前半段发生了类型Ⅰ吸附，而在吸附的后半段出现了多分子层吸附或毛细凝聚。B点通常被作为单层吸附容量结束的标志。例如，在20℃下，炭黑吸附水蒸气和-195℃下硅胶吸附氮气。类型Ⅲ是反Langmuir型曲线。该类等温线沿吸附量坐标方向向下凹，被称为非优惠的吸附等温线，表示吸附气体量不断随组分分压的增加直至相对饱和值趋于1为止，曲线下凹是由于吸附质与吸附剂分子间的相互作用比较弱，较低的吸附质浓度下，只有极少量的吸附平衡量，同时又因单分子层内吸附质分子的互相作用，使第一层的吸附热比其冷凝热小，所以只有在较高的吸附质浓度下才能出现冷凝，而使吸附量增加。该类型等温线以向相对压力轴凸出为特征。这种等温线在非孔或宏孔固体上发生弱的气-固相互作用时出现，而且不常见。如在20℃下，溴吸附于硅胶。类型Ⅳ是类型Ⅱ的变型，能形成有限的多层吸附，由介孔固体产生。一个典型特征是等温线的吸附分支与等温线的脱附分支不一致，可以观察到迟滞回线。在p/p_0值更高的区域可观察到一个平台，有时以等温线的最终转而向上结束。如水蒸气在30℃下吸附于活性炭，在吸附剂的表面和比吸附质分子直径大得多的毛细孔壁上形成两种表面分子层。Ⅴ型等温线的特征是向相对压力轴凸起。与Ⅲ型等温线不同，在更高相对压力下存在一个拐点。Ⅴ型等温线来源于微孔和介孔固体上的弱气-固相互作用，微孔材料的水蒸气吸附常见此类线型，如磷蒸气吸附于NaX分子筛。Ⅵ型等温线以其吸附过程的台阶状特性而著称。这些台阶来源于均匀非孔表面的依次多层吸附。液氮温度下的氮气吸附不能获得这种等温线的完整形式，而液氩下的氩吸附则可以实现。

这些等温线的形状差别反映了催化剂与吸附分子间作用的差别，即反映了吸附剂的表面性质有所不同，孔分布性质及吸附质和吸附剂的相互作用不同。因此，有吸附等温线的类型反过来可以了解一些关于吸附剂表面性能、孔的分布性质及吸附质和吸附剂相互作用的有关信息。

必须注意，不是所有的实验等温线都可以清楚地划归为典型类型之一。在这些等温线类型中，已发现存在多种迟滞回线。虽然影响吸附迟滞的不同原因尚未完全清晰，但其存在4种特征，并已由国际纯粹与应用化学联合会（IUPAC）划分出了4种特征类型，如图3-10所示。

H1型迟滞回线可在孔径分布相对较窄的介孔材料和尺寸较均匀的球形颗粒聚集体中观察到。H2型迟滞回线由有些固体，如某些二氧化硅凝胶给出。其中孔径分布和孔形状可能不好确定，比如，孔径分布比H1型回线更宽。H3型迟滞回线由片状颗粒材料，如黏土，或由缝形孔材料给出，在较高相对压力区域没有表现出任何吸附限制。H4型迟滞回线在含有狭窄的缝形孔的固体，如活性炭中见到，在较高相对压力区域也没有表现出吸附限制。

3.4.2 吉布斯（Gibbs）吸附等温线的分类

随着对吸附等温线的研究不断深入，人们发现了一些新类型的气固吸附等温线，而这些等温线并不为IUPAC吸附等温线分类所涉及，特别体现在气体超临界吸附上面。超临

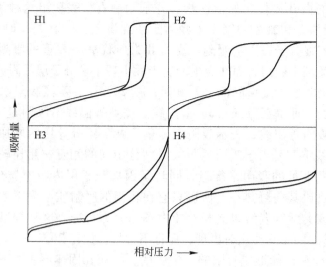

图 3-10   4 种特征类型的迟滞回线

界吸附是指气体在它的临界温度以上在固体表面的吸附，在临界温度以上，气体在常压下的物理吸附比较弱，所以往往要到很高的压力才有明显的吸附，所以又称高压吸附。亚临界、超临界条件下的吸附等温线表现出了与 IUPAC 分类当中非常不同的情况，如不同温度下的氮气在活性炭上的吸附情况，氮气的临界温度是 126.2K；不同温度下甲烷在硅胶表面的吸附情况，甲烷的临界温度是 190.6K。这些情况的存在就揭示了 IUPAC 对气固吸附等温线分类的两个局限性：第一，IUPAC 的分类是不够完整的，这些曲线都不包含于其中；第二，IUPAC 分类的曲线中给人以吸附量总会随压力的增加而不断增大的感觉，而实际的这些曲线存在有一个吸附的极大值，过了这个极大值压力再增大，吸附量不再单调增加反而减小。这样就有学者提出了基于 Ono-kondo 晶格理论模型的新的吸附等温线分类——Gibbs 吸附等温线分类，分类如图 3-11 所示。

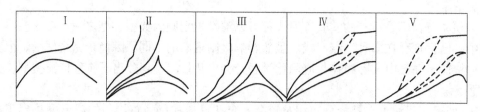

图 3-11   Gibbs 吸附等温线的 5 种分类

第一种类型是于亚临界或超临界条件下在微孔吸附剂的吸附等温线，亚临界下等温线跟 IUPAC 的分类类似，但超临界下，则出现了吸附的极大值点。

第二种类型和第三种类型分别是在大孔吸附剂上吸附质与吸附剂间存在较强和较弱亲和力的情况下的吸附等温线。在较低的温度下，吸附等温线有着多个吸附步骤，但随着温度的升高等温线变成平缓的单调递增曲线，这就与 IUPAC 的第二、第三种类型类似。再到了临界温度的时候，曲线显现出很尖锐的极大值，温度继续增加，曲线亦存在有极大值点但变得平缓一些。

第四种类型和第五种类型分别是在中孔吸附剂上吸附质与吸附剂间存在较强的和较弱

亲和力的情况下的吸附等温线,在较低的温度下,吸附等温线会出现滞留回环,但没有实验数据表明,在超临界条件下滞留回环将不出现或一定出现。

这种 Gibbs 吸附等温线的分类相对于前两种分类而言就显得更完整,它不仅包含 IUPAC 所归类的各种类型的吸附等温线,同时还包括了当前已知的各种吸附等温线,这种完整性得益于 Ono-Kondo 晶格理论模型对吸附现象的适用性。

3.4.3 兰缪尔(Langmuir)吸附等温方程

Langmuir 在研究低压下气体在金属上的吸附时,根据实验数据发现了一些规律,然后又从动力学的观点提出了一个吸附等温式,总结出了兰缪尔等温式单分子层吸附理论。这个理论的基本观点认为气体在固体表面上的吸附乃是气体分子在吸附剂表面上凝聚和逃逸(即吸附和解吸)两种相反过程达到动态平衡的结果。

Langmuir 方程所依据的模型是:

(1)吸附剂表面是均匀的。

(2)被吸附分子之间无相互作用。

(3)吸附是单分子层吸附。即被吸附分子处在特定的固体吸附剂表面位置上(即定域的),只能形成单分子吸附层,吸附热 Q 与表面覆盖度 θ 无关。

(4)一定条件下,吸附与脱附间可以建立动态平衡。即在吸附平衡时,固体吸附剂表面上的气体分子的吸附速度等于脱附速度。

满足上述条件的吸附,就是 Langmuir 吸附。

如果以 θ 代表表面被覆盖的分数,则:$1-\theta$ 表示尚未被覆盖的分数。气体的吸附速率与气体的压力成正比,由于只有当气体碰撞到表面空白部分时才可能被吸附,即与 $1-\theta$ 成正比例,所以得吸附速率公式:

$$r_a = k_1 p (1 - \theta) \tag{3-3}$$

被吸附的分子脱离表面重新回到气相中的解吸速率(解吸有时也称为脱附)与 θ 成正比,即得解吸速率公式:

$$r_a = k_{-1} \theta \tag{3-4}$$

式中,k_1、k_{-1} 都是比例常数。

在等温下平衡时,吸附速率等于解吸速率,所以得式 3-5 或式 3-6:

$$k_1 p (1 - \theta) = k_{-1} \theta \tag{3-5}$$

或

$$\theta = \frac{k_1 p}{k_{-1} + k_1 p} \tag{3-6}$$

如果令 $\dfrac{k_1}{k_{-1}} = a$,则得 $\theta = \dfrac{ap}{1 + ap}$,这个式子就是 Langmuir 吸附等温式。

式中,a 是吸附作用的平衡常数(也叫做吸附系数),a 值的大小代表了固体表面吸附气体能力的强弱程度。

Langmuir 吸附等温式定量地指出表面遮盖率 θ 与平衡压力 p 之间的关系。

从 Langmuir 等温式可以看到:

(1)当压力足够低或吸附很弱时,$ap \ll 1$,则 $\theta \approx ap$,即 θ 与 p 成直线关系。

(2)当压力足够高或吸附很强时,$ap \gg 1$,则 $\theta \approx 1$,即 θ 与 p 无关。

（3）当压力适中时，$\theta = \dfrac{ap}{1+ap}$。

图 3-12 为是 Langmuir 吸附等温式的示意图，以上三种情况都已描绘在其中。

如以 V_m 代表当表面吸满单分子层时的吸附量，V 代表压力为 p 时的实际吸附量，则得表面被覆盖的分数。将 $\theta = \dfrac{V}{V_m}$ 代入 Langmuir 等温式得式：

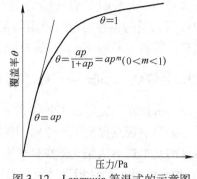

图 3-12　Langmuir 等温式的示意图

$$\theta = \frac{V}{V_m} = \frac{ap}{1+ap} \qquad (3-7)$$

上式重排后得：

$$\frac{p}{V} = \frac{1}{V_m a} + \frac{p}{p_m}$$

这是 Langmuir 公式的另一种写法。

若以 p/V-p 作图，则应得一直线。Langmuir 对吸附的设想以及据此所导出的吸附公式，的确能符合一些吸附过程的实验事实。

Langmuir 吸附等温式中的吸附系数 a 随温度和吸附热而变化。其关系式为：

$$a = a_0 e^{\frac{Q}{RT}}$$

式中，Q 为吸附热，按照一般讨论吸附热时所采用的符号惯例，放热吸附 Q 为正值，吸热吸附 Q 为负值。由于 Q 一般不等于零，所以由上式可知，对于放热吸附来说，当温度上升时，吸附系数 a 将降低，吸附量相应减少。

3.4.4　弗伦德利希（Freundlich）吸附等温式

由于大多数体系都不能在比较大的 θ 范围内符合 Langmuir 等温式，所以 Langmuir 吸附模式与实际情况并不完全符合，所以在用 Langmuir 方程处理实验数据时，时常出现矛盾。为了克服 Langmuir 与一些客观事实的矛盾，Freundlich 提出另外的吸附等温方程。

图 3-13 是在不同温度下测得的一氧化碳在碳上的吸附等温线。

从图 3-13 中可以看出在低压范围内压力与吸附量呈线性关系。压力增高，曲线渐渐弯曲。测定乙醇在硅胶上的等温线，也可以得到与此相似的结果。

归纳这些实验结果，得到一个经验公式：

$$q = kp^{\frac{1}{n}} \qquad (3-8)$$

式中，q 是固体吸附气体的量，cm^3/g；p 是气体的平衡压力；k 及 n，在一定温度下对一定的体系而言都是一些常数。若吸附剂的质量为 m，吸附气体的质量为 x，则吸附等温式也可表示为：

$$\frac{x}{m} = kp^{\frac{1}{n}} \qquad (3-9)$$

式 3-8 和式 3-9 都叫 Freundlich 吸附等温式，如对式 3-2 取对数，则可把指数式变为直线式：$\lg q = \lg k + \dfrac{1}{n}\lg p$。如以 $\lg q$ 对 $\lg p$ 作图，则 $\lg k$ 是直线的截距，$1/n$ 是直线的斜率。

图 3-14 是根据图 3-13 取对数后的吸附等温线。从图 3-14 中可以看到，在实验的温度和压力范围内都是很好的直线，各线的斜率与温度有关，k 值也随温度的改变而不同。Freundlich 等温式只是一个经验式，它所适应的 θ 范围，一般来说比 Langmuir 等温式要大一些，但它也只能代表一部分事实。如 NH_3 在炭上的吸附，若以 $\lg q$ 对 $\lg p$ 作图，就不能得到很好的直线关系，特别是在等压部分。

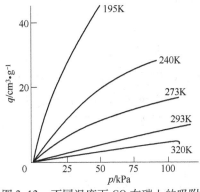
图 3-13 不同温度下 CO 在碳上的吸附

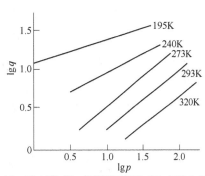
图 3-14 取对数后，不同温度下 CO 在碳上的吸附

3.4.5 乔姆金（Тёмкин）吸附等温式

Тёмкин 提出的等温方程，如式 3-10 所示：

$$\frac{V}{V_\mathrm{m}} = \theta = \frac{1}{a}\ln C_0 p \tag{3-10}$$

式中，a、C_0 均为常数，与温度以及吸附体系性质有关；p 为压力；V 代表压力为 p 时的实际吸附量为吸附体积；V_m 代表表面上吸满单分子层时的吸附量。从式 3-10 中可以看出，若以 θ 对 $\ln p$ 作图，应得直线，以此可以处理实验数据。

值得指出的是，Langmuir 等温式、弗伦德利希等温式对物理吸附、化学吸附都适用，而 Тёмкин 等温式只适于化学吸附。可能是因为化学吸附要成键，所以吸附离子要吸附在可以成键的吸附中心上，而物理吸附可以在表面上的任何位置，其覆盖度要比化学吸附时的覆盖度大很多。实验发现，等温线如果服从 Тёмкин 规律的话，都是在较小的覆盖度范围，即能产生化学吸附的表面部分，当把它只能产生物理吸附的那部分表面也包括进来时，Тёмкин 等温式就失效了。

3.4.6 BET 吸附等温式

当吸附质的温度接近于正常沸点时，往往发生多分子层吸附。所谓多分子层吸附，就是除了吸附剂表面接触的第一层外，还有相继各层的吸附，在实际应用中遇到的吸附很多都是多分子层的吸附。

布隆瑙尔-埃梅特-特勒（Brunauer-Emmett-Teller）三人提出的多分子层理论的公式简称为 BET 公式。这个理论是在 Langmuir 理论的基础上加以发展而得到的。他们接受了 Langmuir 理论中关于吸附作用是吸附和解吸（或凝聚与逃逸）两个相反过程达到平衡的概念，以及固体表面是均匀的，吸附分子的解吸不受四周其他分子的影响的看法。他们的改进之处是认为表面已经吸附了一层分子之后，由于被吸附气体本身的范德华力，还可以继续发生多分子层的吸附，模型如图 3-15 所示。当然第一层的吸附与以后各层的吸附有本质的不同。第一层的吸附是气体分子与固体表面直接发生联系，而第二层以后各层则是相同分子之间的相互作用，第一层的吸附热也与以后各层不尽相同，而第二层以后各层的吸附热都相同，而且接近于气体的凝聚热。当吸附达到平衡以后，气体的吸附量（V），等于各层吸附量的总和，可以证明在等温下的关系如式 3-11 所示：

$$V = V_{\mathrm{m}} \frac{Cp}{(p_{\mathrm{s}} - p)\left[1 + (C - 1)\dfrac{p}{p_{\mathrm{s}}}\right]} \tag{3-11}$$

上式就称为 BET 吸附公式（由于其中包含两个常数 C 和 V_{m}，所以又叫做 BET 的二常数公式）。式中，V 代表在平衡压力 p 时的吸附量；V_{m} 代表在固体表面上铺满单分子层时所需气体的体积；p_{s} 为实验温度下气体的饱和蒸汽压；C 是与吸附热有关的常数。

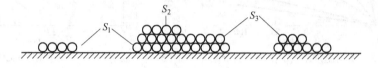

图 3-15　多分子层吸附模型

BET 公式主要应用于测定固体的比表面积（即 1g 吸附剂的表面积）。对于固体催化剂来说，比表面积的数据很重要，它有助于了解催化剂的性能（多相催化反应是在催化剂微孔的表面上进行的，催化剂的表面状态和孔结构可以影响反应的活化能、速率甚至反应的级数。例如，石油炼制过程中，尽管使用同一化学成分的催化剂，只是由于催化剂比表面和孔径分布有差别，就可导致油品的产量和质量上有极大的差别）。测定比表面的方法很多，但 BET 法仍旧是经典的重要方法。为了使用方便，可以把 BET 二常数公式改写如下：

$$\frac{p}{V(p_{\mathrm{s}} - p)} = \frac{1}{V_{\mathrm{m}}C} + \frac{C - 1}{V_{\mathrm{m}}C} \cdot \frac{p}{p_{\mathrm{s}}} \quad \text{或} \quad V = \frac{V_{\mathrm{m}}Cx}{1 - x} \cdot \frac{1}{1 + (C - 1)x} \tag{3-12}$$

式中，$x = \dfrac{p}{p_{\mathrm{s}}}$。如果以 $\dfrac{p}{V(p_{\mathrm{s}} - p)}$ 对 $\dfrac{p}{p_{\mathrm{s}}}$ 作图，则应得一直线，直线的斜率是 $\dfrac{C - 1}{V_{\mathrm{m}}C}$，直线的截距是 $\dfrac{1}{V_{\mathrm{m}}C}$。由此可以得到：$V = \dfrac{1}{斜率 + 截距}$。从 V_{m} 值可以算出铺满单分子时所需的分子个数。若已知每个分子的截面积，就可以求出吸附剂的总表面积和比表面积：

$$S = A_{\mathrm{m}}Ln$$

式中，S 是吸附剂的总表面积；A_{m} 是一个吸附质分子的横截面积；L 是阿伏伽德罗常数；n 是吸附质的物质的量。

BET 公式通常只适用于比压 p/p_{s} 在 $0.05 \sim 0.35$ 之间的情况，这是因为在推导公式时，假定是多层的物理吸附。当比压小于 0.05 时，压力太小，建立不起多层物理吸附平衡，甚至连单分子层吸附也远未达到。在比压大于 0.35 时，由于毛细凝聚变得显著起来，因而破坏了多层物理吸附平衡。当比压值在 $0.35 \sim 0.60$ 之间则需要用包含三常数的 BET 公式。在更高的比压下，BET 三常数公式也不能定量地表达实验事实。偏差的原因主要是这个理论没有考虑到表面的不均匀性。同一层上吸附分子之间的相互作用力，以及在压力较高时，多孔性吸附剂的孔径因吸附多分子层而变细后，可能发生蒸汽在毛细管中的凝聚作用（在毛细管内液面的蒸气压低于平面液面的蒸气压）等因素。如果考虑到这些因素，对 BET 公式加以校正，则能得到一个较复杂的公式，但该公式的实用价值不大。

上述各种吸附等温方程可归纳为表 3-6。

表 3-6 各种吸附等温方程的性质和应用范围

等温方程名称	基本假定	数学表达式	应用范围
Langmuir	q 与 θ 无关，理想吸附	$\dfrac{V}{V_m} = \theta = \dfrac{\lambda}{1 + \lambda p}$	物理吸附与化学吸附
Freundlich	q 随 θ 增加对数下降	$V = kp^{\frac{1}{n}}(n > 1)$	物理吸附与化学吸附
Тёмкин	q 随 θ 增加线性下降	$\dfrac{V}{V_m} = \theta = \dfrac{1}{a}\ln C_0 p$	化学吸附
BET	多层吸附	$\dfrac{p}{V(p_0 - p)} = \dfrac{1}{CV_m} + \dfrac{(C - 1)p}{CV_m p_0}$	物理吸附

3.5 催化剂的宏观结构

催化反应的活性和选择性与催化剂的宏观结构和内表面利用率有很大关系。催化剂的性能虽然取决于它的化学组成和性能，但催化剂宏观结构——孔结构、表面积、密度等对反应的活性及选择性同样会有很大影响。因此在科学研究和生产实际中，测定及合理地选择催化剂的宏观结构是十分重要的。

多孔性催化剂的宏观结构可用一些物理量来表征：比表面、孔体积、孔直径的平均大小以及孔径分布。

3.5.1 催化剂的表面积

1g 催化剂具有的总表面积称为该催化剂的比表面积。催化剂内、外表面积之和为催化剂的总表面积。催化剂比表面积的大小对于吸附能力、催化活性有一定的影响，从而直接影响催化反应速率。比表面积越大，活性中心孔越多，活性越高。

对于气–固相催化反应，因为多相催化反应发生在催化剂表面上，即催化剂是提供反应进行的场所，一般而言，表面积愈大，催化剂的活性愈高。所以表面积的大小会影响到活性的高低，为了获得较高活性，常常将催化剂制成高度分散的固体，为反应提供巨大的表面积，即常常把催化剂制成粉状或分散在表面积大的载体上，以获得较高的活性。

在实际制备中，具有均匀表面的极少数催化剂表现出其活性与表面积成比例的关系，如正丁烷在铬–铝催化剂上脱氢就是一个很好的例子，其反应速率与表面积几乎成直线关系。但是，这种关系并不普遍。这是因为，第一，我们测得的表面积都是总表面积，具有催化活性（即活性中心）的面积，则只占总面积的很少一部分。催化反应往往就发生在这些活性中心上。由于制备方法不同和反应物的作用，这些中心不能均匀地分布在表面上，而可能使某一部分比另一部分活泼，所以活性和表面积常常不能直接成比例，而往往和活性中心在表面上的分布有关。第二，孔型催化剂的表面绝大部分是颗粒的内表面，孔的结构不同，物质的传递方式也不同。当有内扩散作用时，会直接影响表面的利用率而改变总反应速率。

尽管如此，测定表面积对催化剂的研究还是很重要的。其中一个重要的应用是通过测定表面积预示和判断催化剂的中毒：（1）如果一个催化剂在连续使用后，活性的降低比表面积的降低严重得多，这时可以推定催化剂可能中毒。（2）如果活性伴随表面积降低而降低，这可能是由于催化剂热烧结而失去活性。催化剂的表面积测定也用于估计载体和助剂的作用（是增加了单位表面积活性，还是增加了表面积）。一些理论研究中，也总是求出比活性（单位表面积上的活性），并且用它表征催化剂的性质。

3.5.2 催化剂的密度

催化剂的密度是单位体积内含有的催化剂的质量，以 $\rho = m/V$ 表示。ρ 代表密度；m 代表催化剂的质量；V 代表催化剂的体积。对于孔型催化剂，它的表观体积 $V_{堆}$ 实际由三部分组成：

第一部分是堆积时颗粒之间的空隙，以 $V_{隙}$ 表示。

第二部分是催化剂颗粒内部实际的孔所占的体积，以 $V_{孔}$ 表示。

第三部分是催化剂骨架所具有的体积，以 $V_{真}$ 表示。

这样 $V_{堆} = V_{隙} + V_{孔} + V_{真}$。

实际测量中，根据 $V_{堆}$ 值所包含的内容不同，催化剂的密度可分为四种：

（1）堆密度 ρ_B。催化剂的体积为催化剂自由堆积状态时（包括颗粒内孔隙和颗粒间空隙）的全部体积。当所测量催化剂的体积 $V_{堆} = V_{隙} + V_{孔} + V_{真}$ 时，催化剂的密度可成：

$$\rho_B = m/V_{堆} = m/(V_{隙} + V_{孔} + V_{真}) \tag{3-13}$$

式中，ρ_B 称为堆密度；$V_{堆}$ 通常是将催化剂放入量筒中拍打至体积不变后测得的。

（2）颗粒密度 ρ_P。在测量时，扣除催化剂与颗粒之间的体积 $V_{隙}$，这时得另一种密度 $\rho = m/(V_{孔} + V_{真})$，称为颗粒密度。可以从实验测出 $V_{隙}$，从 $V_{堆}$ 中扣除 $V_{隙}$，测定 $V_{隙}$ 是用汞置换法。因为在常压下，汞只能充满颗粒之间的空隙和进入颗粒孔半径大于 5000nm 的孔中，从 $V_{堆}$ 中扣除汞置换体积 $V_{隙}$ 以后的体积，这样得到的密度又叫做汞置换密度。

（3）真密度 ρ_t。催化剂的体积为扣除催化剂颗粒内孔隙和颗粒间空隙后的体积。当测得的体积仅是催化剂骨架的体积时则得到第三种密度，称作真密度，$\rho_t = m/V_{真}$。从 $V_{堆}$ 中扣除 $V_{隙} + V_{孔}$，即得 $V_{真}$。因为氦可以进入并充满颗粒之间的空隙，也可以进入并充满颗粒内部的孔，所以可求得 $V_{隙} + V_{孔}$，这样得到的密度又叫做氦置换密度。

（4）视密度。用某种溶剂去填充催化剂中骨架之外的各种空间，然后标出 $V_{真}$，这样得到的密度称为视密度，或称为溶剂置换密度。因为溶剂不能全部进入并充满骨架之外的所有空间（比如很细的孔），因而得到的 $V_{真}$ 是近似值。当然，溶剂选得好，可以使溶剂分子几乎完全充满骨架之外所有空间。视密度就相当接近真密度，所以常常也用视密度代替真密度。

上面提出的几种密度中，以 ρ_B 和 ρ_t 比较，其差值仅反映了颗粒间隙和孔加在一起的体积。ρ_B 越小于 ρ_t。说明催化剂颗粒间隙和孔在一起的体积在整个催化剂的体积内占比重越大。

ρ_p 和 ρ_t 比较，其差值只反映了孔体积，ρ_p 越小于 ρ_t，说明孔的体积在催化剂的体积内占的比重越大。催化剂的密度，尤其是堆积密度的大小影响反应器的装填量。堆积密度大，单位体积反应器装填的催化剂的质量多，设备利用率大。

3.5.3 催化剂的平均孔半径

假设有 N 个大小一样的圆柱形孔，其内壁光滑，由颗粒表面深入颗粒中心，用 N 个圆柱形孔代替实际的孔，把它看作各种长度和半径的孔平均化的结果，以 $\bar{L}$ 表示圆柱孔的平均长度，以 $\bar{r}$ 代表圆柱孔的平均半径。由这样的简化模型出发，可以列出孔所具有的面积和体积的数学式。另外，可以实际测出孔的面积和体积数值。把这些数值和上述数学式等同之后，就能把孔结构的参量 $\bar{r}$，$\bar{L}$ 以实验量（比孔容、比表面积及颗粒直径）表示出来。

设每个颗粒的外表面积为 S_x，每单位外表面上的孔数为 n_p，则每个颗粒的总孔数为 $n_p S_x$。因为颗粒的内表面由各圆柱孔的孔壁构成，所以颗粒的内表面为 $n_p S_x \times 2\pi\bar{r}\bar{L}$；另外，从实验可测量计算出每个颗粒的总表面积为 $V_p\rho S_g$。V_p 为每个颗粒的体积，S_g 是比表面积。因为催化剂的内表面积远远大于外表面积，故可忽略颗粒的外表面积，则得式3-14：

$$2\pi S_x n_p \bar{r}\bar{L} = V_p\rho S_g \tag{3-14}$$

同样，由模型和实验可测值分别列出每个颗粒体积的表达式，如式3-15所示：

$$S_x n_p \pi \bar{r}^2 \bar{L} = V_p\rho V_g \tag{3-15}$$

将上面两式相除，得式3-16：

$$\bar{r} = \frac{2V_g}{S_g} \tag{3-16}$$

由式3-16可见，根据比孔容和比表面积可以求得平均孔半径 $\bar{r}$。同样，可以推导得到平均孔长度的计算式：

$$\bar{L} = \sqrt{2}\frac{V_p}{S_x} \tag{3-17}$$

由式3-17可见，平均孔长度是每个颗粒体积与颗粒外表面积的比值的 $\sqrt{2}$ 倍。对于球型、高径相等的圆柱体、正方形，V_p/S_x 为 $d_p/6$，d_p 为颗粒直径，得式3-18：

$$\bar{L} = \frac{\sqrt{2}}{6}d_p \tag{3-18}$$

$\bar{r}$ 是从简化模型得到的，称为平均孔半径。实践中，人们可从测得的 V_g 和 S_g 计算催化剂的 $\bar{r}$ 值，并把它作为描述孔结构的一个平均指标。表3-7列出了一些实验结果及 S_g、V_g 和 $\bar{r}$ 的计算值。

表3-7   某些催化剂及载体的 S_g、V_g 和 $\bar{r}$

催化剂	$S_g/m^2 \cdot g^{-1}$	$V_g/cm^3 \cdot g^{-1}$	$\bar{r}/nm$
活性炭	500	0.6~0.8	10~20
硅 胶	200~600	0.4	15~100
SiO_2、Al_2O_3 裂解催化剂	200~500	0.2~0.7	33~150
活性黏土	150~225	0.4~0.52	100
活性氧化铝	175	0.338	45
Fe_2O_3	17.2	0.135	157
Fe_3O_4	3.8	0.211	1110
$Fe_2O_3 - (8.9\% Cr_2O_3)$	26.8	0.225	168
$Fe_3O_4 - (8.9\% Cr_2O_3)$	21.2	0.228	215

思 考 题

3-1 从 Langmuir 等温方程推求：

$$\frac{P}{V} = \frac{1}{\lambda V_m} + \frac{P}{V_m}$$

并利用以下数据验证正己烷在硅胶上的吸附遵从 Langmuir 方程，并求 V_m 和 λ 的数据。设正己烷为单层吸附，硅胶比表面积为 $832cm^2/g$。正己烷分子的横截面积为 $58.5 \times 10^{-16} cm^2$。试从比表面积和正己烷分子的横截面积计算 V_m，与从实验获得的 V_m 比较，并进行讨论。

正己烷分压/kPa	吸附量/mol·g⁻¹
0.203	8.7×10^5
0.405	16.0×10^5
0.810	27.2×10^5
1.14	34.6×10^5
1.58	43.0×10^5
2.09	47.3×10^5

3-2 从脱附速率方程看，脱附速率方程与吸附质的压力无关，但通常在做脱附实验时，往往要对样品进行抽真空处理，这是为什么？

3-3 Langmuir 方程、Тёмкин 方程和 Freundlich 方程分别对应的吸附能量与覆盖度的关系是怎样的？

3-4 气固多相催化反应的完成一般包括几个步骤？

3-5 催化剂的表面积如何计算得到？

3-6 分析吸附能量与覆盖度之间的关系。

4 固体酸碱催化剂及其作用机理

本章导读:

在现代石油炼制和石油化工中,固体酸碱催化剂提供了广泛的应用,对石油产品的生产起到了极其重要的作用,例如催化裂化、异构化、烷基化、聚合、水合与脱水等工艺。与液体酸碱催化剂相比,固体酸催化剂具有易分离回收、重复使用性能好、腐蚀性小、污染少等特点。目前,正逐渐取代一些传统的液体酸碱催化剂。本章将从固体酸碱催化剂的酸碱性测定、酸碱性来源、酸碱催化作用机理等方面介绍固体酸碱催化剂。由于固体酸催化剂在化学工业中比固体碱催化剂使用更多,尤其在石油化工行业,而且固体酸碱催化剂具有很多相似之处,因此,本章以固体酸催化剂作为主线,来研究固体酸碱催化剂。

4.1 固体酸、碱的定义和分类

4.1.1 酸碱的定义与分类

在化学中,酸碱的定义是很基础的和重要的问题,涉及物质相互作用的重要方面,因此掌握好这个概念的内涵是十分重要的。人们对于酸碱的认识也经历了漫长的过程。

首先是酸碱电离理论,酸碱电离理论由阿伦尼乌斯提出,在水溶液中电离出的阳离子全部是氢离子的化合物叫做酸,在水溶液中电离出的阴离子全部是氢氧根离子的化合物叫做碱。符合这个定义的酸碱如常见的盐酸和氢氧化钠。根据电离理论,强酸在稀溶液中几乎完全电离为氢离子和酸根离子;强碱在稀溶液中也几乎完全电离为氢氧根离子和金属离子,强酸与强碱的中和反应实质上是氢离子与氢氧根离子之间的反应。不同盐类(强电解质)的溶液混合后,假如没有气体产生或沉淀析出,则反应既不放热,又不吸热,例如 NaCl 溶液与 KNO_3 溶液混合后,生成物氯化钾和硝酸钠也都是可溶性盐,它们在稀溶液中都离解为离子,实质上此反应是 Na^+、Cl^-、K^+ 混合在一起,并没有发生其他变化。

1923 年丹麦化学家布伦斯特和英国化学家劳里分别提出酸碱质子理论。能给出质子的物质称为 Brönsted 酸(简称为 B 酸)或质子酸(质子的给予体);能接受质子的物质(质子的接受体)称为 Brönsted 碱(简称为 B 碱)。B 酸(碱)的概念可以用于液体也可用于固体。例如,在氨与水合氢离子的正向反应中,H_3O^+ 给出质子,是 B 酸,NH_3 接受质子,是 B 碱。类似的,在逆向反应中,NH_4^+ 是 B 酸,H_2O 是 B 碱。NH_4^+ 和 NH_3,H_3O^+ 和 H_2O 分别构成两个酸碱对,NH_4^+ 是 NH_3 的共轭酸,NH_3 是 NH_4^+ 的共轭碱。根据此理论,HCl、HAc、NH_4^+、H_2SO_3、$Al(H_2O)_6^{3+}$ 等都能给出质子,都是酸;OH^-、Ac^-、NH_3、

HSO_3^-、CO_3^{2-}等都能接受质子，都是碱。酸碱共轭关系：酸＝碱＋质子。

凡是能接受电子对的分子或离子称为 Lewis 酸（简称为 L 酸），凡是能给出电子对的分子或离子称为 Lewis 碱（简称为 L 酸）。或者说，Lewis 酸是指能作为电子对接受体（electron pair acceptor）的原子、分子、离子或原子团；Lewis 碱则指能作为电子对给予体（electron pair donor）的原子、分子、离子或原子团。L 酸（碱）的概念同样可以用于液体和固体。以 BF_3 和 NH_3 的反应为例，在该反应中，BF_3 接受电子对，表现为 L 酸，NH_3 给出电子对，表现为 L 碱。L 酸和 L 碱形成的产物称为酸碱配合物。

L 酸的分类可以有以下几种：（1）配位化合物中的金属阳离子，例如 $[Fe(H_2O)_6]^{3+}$ 和 $[Cu(NH_3)_4]^{2+}$ 中的 Fe^{3+} 离子和 Cu^{2+} 离子；（2）有些分子和离子的中心原子尽管满足了 8 电子结构，仍可扩大其配位层以接纳更多的电子对，如 SiF_4 是 Lewis 酸，可结合 2 个 F^- 的电子对形成 $[SiF_6]^{2-}$；（3）另一些分子和离子的中心原子也满足 8 电子结构，但可通过价层电子重排接纳更多的电子对，再如 CO_2 能接受 OH^- 离子中 O 原子上的孤对电子；（4）某些闭合壳层分子可通过其反键分子轨道容纳外来电子对，如碘的丙酮溶液呈现特有的棕色，是因为 I_2 分子反键轨道接纳丙酮中氧原子的孤对电子形成配合物 $(CH_3)_2COI_2$。

L 碱的分类可以有以下几种：（1）阴离子；（2）具有孤对电子的中性分子，如 NH_3、H_2O、CO_2、CH_3OH；（3）含有碳—碳双键的分子如 $CH_2\!=\!CH_2$。

Lewis 碱显然包括所有的 Brönsted 碱，但 Lewis 酸与 Brönsted 酸不一致，如 HCl，HNO_3 是 Brönsted 酸，但不是 Lewis 酸，而是酸碱加合物。

Lewis 酸碱电子理论中只有酸、碱和酸碱配合物，没有盐的概念；在酸碱电子理论中，一种物质究竟属于碱，酸，还是酸碱配合物，应该在具体反应中确定。在反应中起酸作用的是酸，起碱作用的是碱，而不能脱离具体反应来辨认物质的酸碱性。同一种物质，在不同的反应环境中，既可以做酸，也可以做碱。但是，正离子一般起酸的作用，负离子一般起碱的作用。$AlCl_3$、$SnCl_2$、$FeCl_3$、BF_3、$SnCl_4$、BCl_3、$SbCl_5$ 等都是常见的 Lewis 酸。

4.1.2　固体酸碱的定义

固体酸，一般可认为是能够化学吸附碱的固体，也可以理解为能够使碱性指示剂在其上改变颜色的固体。如果遵循 Brönsted 和 Lewis 的定义，能够给出质子或接受电子对的固体称为固体酸；能够接受质子或给出电子对的固体称为固体碱。

以分子筛为例，由于骨架中的部分 Si 被 Al 所取代，引入的 Al 导致分子筛表面电荷的不平衡，一部分 Al 与表面羟基脱水产生了 L 酸中心（图 4-1），它是三配位的 Al 原子带有一个正电荷，其可以作为电子对或者 H^+ 的接受体；另一部分则与骨架氧结合产生 B 酸中心（图 4-2）。

某些固体物质如氧化物、分子筛或盐类，经过一定处理（如加热等）过程，可使这些物质某些部位具有给出质子或接受质子的性质；或某些部位可能形成具有接受电子对或给出电子对的性质，由此形成 Brönsted 酸碱或 Lewis 酸碱中心。酸或碱以及两类酸碱可同时或单独形成，这些物质即称为固体酸碱，负载于固体上的酸碱也称为固体酸碱，它们可用于多种催化反应。

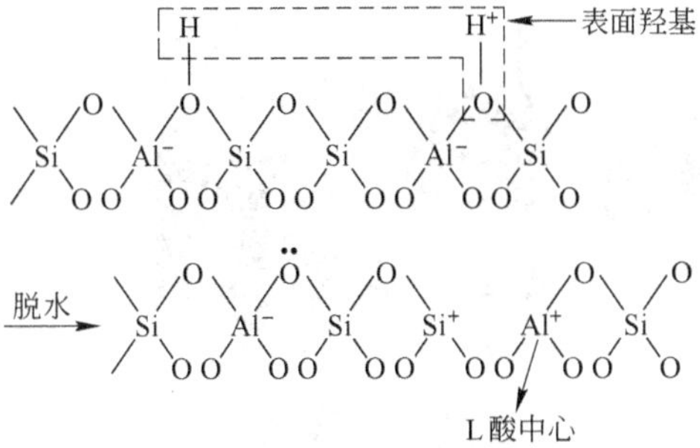

图 4-1   Lewis 酸形成机理

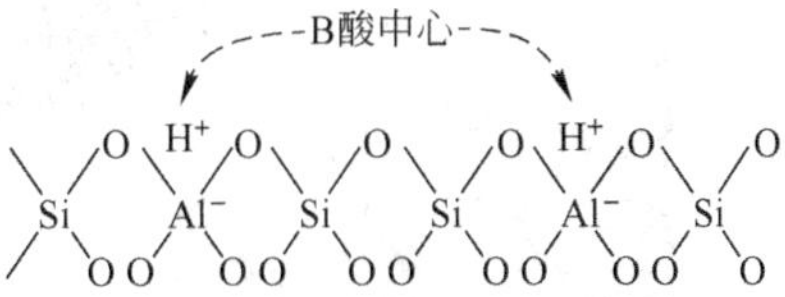

图 4-2   Brönsted 酸形成机理

发挥催化作用时，固体酸碱催化剂通常与被催化组分呈不同状态，因此称为非均相催化。相对于均相酸碱催化作用发生时酸碱一般均匀地分布在反应物中而催化中心分布均匀的情况，固体酸碱催化作用发生时，催化剂表面不但可以具有不同强度的酸中心，有时还可以同时具有酸中心和碱中心。目前传统的均相酸碱催化剂日渐被固体酸碱催化剂所取代，这是由于固体酸碱催化剂具有易分离回收，易活化再生，便于化工连续操作，对设备腐蚀性小等突出优点。

4.1.3   固体酸碱的分类

可以看到，表 4-1 中有为数众多的固体酸碱催化剂。根据物质形态和组分的差异，一般将其分为三类：第一类是负载于载体上的硫酸、磷酸、盐酸等催化剂，载体可利用石英砂、硅藻土、硅胶以及氧化铝等，其作用基本与均相催化剂相同，但是催化反应是发生在载体的表面，此类催化剂的酸性一般也认为是来自质子，如乙烯水合用的磷酸硅酸铝；第二类是一些稳定性比较高的氧化物以及二元混合氧化物等，如 Al_2O_3、ZrO_2、TiO_2、SiO_2-MgO、SiO_2-ZrO_2、Cr_2O_3-Al_2O_3 以及分子筛等；第三类是无机盐，如硫酸盐、硝酸盐、碳酸盐等。常见的固体酸催化剂的形态如图 4-3 所示。

表 4-1   常见酸碱催化剂的种类和应用

反应类型	主要反应	典型催化剂
催化裂化	重油馏分 ——→ 汽油+柴油+液化气+干气	稀土超稳 Y 分子筛（REUSY）
烷烃异构化	C5 ~ C6 正构烷烃——→C5/C6 异构烷烃	卤化铂/氧化铝
芳烃异构化	间、邻二甲苯——→对二甲苯	HZSM-5/Al_2O_3
甲苯歧化	甲苯——→二甲苯+苯	HM 沸石或 HZSM-5
烷基转移	二异丙苯+苯——→异丙苯	H β 沸石
烷基化	异丁烷+1-丁烯——→异辛烷	HF，浓 H_2SO_4
芳烃烷基化	苯+乙烯——→乙苯	$AlCl_3$ 或 HZSM-5
择形催化烷基化	苯+丙烯——→异丙苯	固体磷酸（SPA）或 H β 沸石
柴油临氢降凝	乙苯+乙烯——→对二乙苯	改性 ZSM-5
烃类芳构化	柴油中直链烷烃——→小分子烃	Ni/HZSM-5（双功能催化剂）
乙烯水合	C4 ~ C5 烷、烯烃——→芳烃	GaZSM-5
酯化反应	乙烯+水——→乙醇	固体磷酸

图 4-3　常见固体酸催化剂的形态

　　根据表面性质的差异，可主要分为固体酸催化剂和固体碱催化剂。一般固体酸催化剂和固体碱催化剂见表 4-2 和表 4-3。由于酸碱是相对的概念，一般地，仍然可以统称为固体酸碱催化剂。

表 4-2　固体酸催化剂的分类

序　号	名　　称
1	天然黏土类：高岭土、膨润土、活性白土、蒙脱土、天然沸石等
2	浸润类：H_2SO_4、H_3PO_4 等液体酸浸润于载体上，载体为 SiO_2、Al_2O_3、硅藻土等
3	阳离子交换树脂
4	活性炭在 573K 下热处理
5	金属氧化物和硫化物：Al_2O_3、TiO_2、CeO_2、V_2O_5、MoO_3、WO_3、CdS、ZnS 等
6	金属盐：$MgSO_4$、$SrSO_4$、$ZnSO_4$、$NiSO_4$、$Bi(NO_3)_3$、$AlPO_4$、$TiCl_3$、BaF_2 等
7	复合氧化物：$SiO_2-Al_2O_3$、SiO_2-ZrO_2、$Al_2O_3-MoO_3$、$Al_2O_3-Cr_2O_3$、$TiO_2-V_2O_5$、TiO_2-ZnO、$MoO_3-CoO-Al_2O_3$、杂多酸、合成分子筛等

表 4-3　固体碱催化剂的分类

序　号	名　　称
1	浸润类：$NaOH$、KOH 浸润于 SiO_2、Al_2O_3 上；碱金属、碱土金属分散于 SiO_2、Al_2O_3、炭、K_2CO_3 上；RN_3、NH_3 浸润于 Al_2O_3 上；Li_2CO_3/SiO_2 等
2	阴离子交换树脂

续表 4-3

序　号	名　　称
3	活性炭在 1173K 下热处理或用 N_2O、NH_3 活化
4	金属氧化物：MgO、BaO、ZnO、Na_2O、K_2O、TiO_2、SnO_2 等
5	金属盐：Na_2CO_3、K_2CO_3、$CaCO_3$、$(NH_4)_2CO_3$、$Na_2WO_4 \cdot 2H_2O$、KCN 等
6	复合氧化物：SiO_2-MgO、Al_2O_3-MgO、SiO_2-ZnO、ZrO_2-ZnO、TiO_2-MgO
7	用碱金属离子或碱土金属离子处理、交换的合成分子筛

4.2 固体酸、碱中心的形成与结构

在均相酸碱催化反应中，酸碱催化剂在溶液中可解离出 H^+ 或 OH^-；在多相酸碱催化反应中，催化剂为固体，它可提供质子 B 酸中心，或非质子化的 L 酸中心和碱中心。固体催化剂酸碱中心的形成有以下几种类型（以酸中心的形成为例）。

4.2.1 无机酸的酸中心

用直接浸渍在载体上的无机酸做催化剂时，其催化作用与处于溶液形态的无机酸相同，可直接提供 H^+。例如，H_3PO_3 等无机酸浸渍在硅藻土或 SiO_2 上，为了使 H_3PO_3 能稳定地担载在载体上，通常在 $300 \sim 400℃$ 下焙烧，使其以正磷酸和焦磷酸形式存在。在这种情况下，无机酸实际上可能以羟基与载体表面羟基失水缩合成键。如此提供 B 酸中心 H^+，使用过程中为了防止正磷酸和焦磷酸继续失水变为偏磷酸导致的活性降低问题，通常加入适量水。

卤化物作酸催化剂时起催化作用的主要是 L 酸中心，通常可加入适量的无机酸，如 HCl 或者水，使得 L 酸中心可转化为 B 酸中心。作用如下：

$$AlCl_3 + HCl \longrightarrow H^+ \left[AlCl_4 \right]^-$$

4.2.2 金属盐的酸中心

4.2.2.1 硫酸盐的酸中心

硫酸盐也可作为一类固体酸催化剂，其分类包括酸性盐和中性盐。中性盐没有酸性，但在加热、压缩或辐射照射等处理后，可以呈现出不同的酸性。下面以硫酸镍为例说明其酸中心的形成：

NiSO$_4 \cdot x$H$_2$O 中的 x 在 0～1 之间时，中心原子 Ni 的 6 个配位轨道只有 5 个配位体，空出的杂化轨道（sp^{3}d^2）可接受水分子的一对电子形成 L 酸中心；而在两个 Ni 原子作用下，水分子易解离出 H$^+$，形成 B 酸中心。在这种情况下，NiSO$_4 \cdot x$H$_2$O 具有最大的酸性和催化活性。其他过渡金属元素的硫酸盐，如 FeSO$_4$、CoSO$_4$、CuSO$_4$、ZrSO$_4$ 以及 MgSO$_4$ 具有类似的性质。这些硫酸盐担载于 SiO$_2$ 上，也可以产生酸中心。对于水合硫酸盐，如 Al$_2$(SO$_4$)$_3 \cdot$18H$_2$O 经加压处理可提高其表面酸性，一般认为产生的是 B 酸中心。

4.2.2.2　磷酸盐的酸中心

各种类型的金属磷酸盐（无定型和结晶型）都可以作为酸性催化剂或碱性催化剂。这里以经典的磷酸铝材料说明酸中心的形成。一般认为，磷酸铝的酸性与 Al/P 比以及羟基的含量有关。化学计量比 Al/P 为 1 的样品，经 600℃ 处理，其表面同时存在 B 酸中心和 L 酸中心。P 上的羟基为酸性羟基，由于与相邻的 Al—OH 形成氢键，使其酸性增强，可视为 B 酸中心。如果在高温下抽真空处理，羟基会缩合脱水，材料表面出现 L 酸中心。经脱水后铝磷氧化物中的氧主要留在 P 原子上，P═O 键属于共价键性质，所以氧不能视为碱中心。这种由 B 酸转化为 L 酸的过程如下：

4.2.3　阳离子交换树脂的酸中心

交换树脂的酸中心一般是通过引入呈 B 酸酸性或碱性的官能团实现的。例如：利用苯乙烯与二乙烯基苯共聚可生成三维网络结构的凝胶型共聚物，制得的树脂可成型为球状颗粒。为了制备阳离子或阴离子交换树脂，需要向共聚物中引入各种官能团，例如：通常利用硫酸处理，使得苯环磺化而引入磺酸基，这样可以得到强酸型离子交换树脂；引入羧酸基团可制得弱酸型离子交换树脂。相应地，通过引入典型的季铵基团可以得到呈强碱性的阴离子型交换树脂。

对于市场上销售的官能团为—SO$_3^-$M$^+$ 的盐类（M$^+$ 为 Na$^+$），为使其具有酸性必须用无机酸溶液如 HCl 溶液进行交换，使得 Na$^+$ 被 H$^+$ 取代，成为 B 酸催化剂。而阴离子交换树脂（具有官能团—N$^+$(CH$_3$)$_3$X$^-$）则需要利用碱溶液进行交换，如 OH$^-$ 交换 X$^-$ 成为强 B 碱催化剂。对于全氟树脂，酸中心产生过程与上述实例类似。

4.2.4 金属氧化物的酸碱中心

这里的氧化物特指金属与氧元素形成的化合物或复合物等。大多数金属氧化物以及由它们组成的复合氧化物都具有酸性或碱性，有时两种性质并存。

主族 I A 和 II A 元素的氧化物通常表现出碱性质，而 III A 和过渡金属氧化物却通常呈现出酸性质。以金属氧化物中的氧化铝为例说明酸碱中心的形成过程。一般认为氧化铝具有三种晶型：$\alpha-Al_2O_3$，$\beta-Al_2O_3$ 和 $\gamma-Al_2O_3$，其中 $\gamma-Al_2O_3$ 具有催化活性。$\gamma-Al_2O_3$ 是氢氧化铝在 140～150℃ 的低温环境下脱水制得的，工业上也叫活性氧化铝、铝胶，其结构中氧离子近似为立方面心紧密堆积，Al^{3+} 不规则地分布在由氧离子围成的八面体和四面体空隙之中。$\gamma-Al_2O_3$ 不溶于水，能溶于强酸或强碱溶液，将它加热至 1200℃ 就全部转化为 $\alpha-Al_2O_3$。$\gamma-Al_2O_3$ 是一种多孔性物质，每克的内表面积高达数百平方米，活性高、吸附能力强。工业品常为无色或微带粉红的圆柱形颗粒，耐压性好。需要特别指出的是热处理前，Al_2O_3 几乎没有酸性，在 500℃ 焙烧使 Al_2O_3 表面羟基缩合脱水，产生酸、碱中心，对于形成的酸碱中心，Al_2O_3 表面主要是 L 酸，B 酸和碱性都较弱。又如，Cr_2O_3 表面也主要是 L 酸中心，在脱羟基后，未被氧覆盖的 Cr^{3+} 空轨道可以与碱性化合物形成配位键，呈现出 L 酸中心的性质。

一般地，碱土金属氧化物（CaO、MgO、SrO 等）能够给出较多的碱中心。以 CaO 为例，其中 B 碱位 90% 是 O^{2-}（强碱），小部分是孤立的 OH 基（弱碱），而 L 碱位为还原性部位（点缺陷或边位错），显示强的给电子能力，但是 L 碱位远比 B 碱位少。

4.2.5 二元混合金属氧化物酸中心的形成

二元混合金属氧化物中，最常见的混合氧化物为 $SiO_2-Al_2O_3$。硅胶和铝胶单独对于烃类的催化裂化并无显著活性，但是两者构成的混合氧化物材料即硅酸铝表面处却具有很高的活性。对于硅酸铝这种物质，呈无定型状态时成为硅铝胶，而呈晶体状态时，即为各种类型的分子筛，结构特性是非常显著的。硅酸铝的酸中心数目以及酸强度均与铝含量有关。硅酸铝中的硅和铝均为四配位结合，Si^{4+} 与四个氧离子结合，形成 SiO_4 四面体，而半径与 Si^{4+} 相当的 Al^{3+} 同样形成 AlO_4 四面体，由于 Al^{3+} 缺少一个正电荷，为了保持电中性需要有一个 H^+ 或阳离子来平衡电荷，因此，H^+ 作为 B 酸中心存在于催化剂表面上。

Al^{3+} 与 Si^{4+} 之间的 O 原子上电子向靠近 Si^{4+} 离子的方向偏移。当 Al^{3+} 上的 —OH 与相邻的 Al^{3+} 上的 —OH 结合脱水时，产生 L 酸中心，表示如下：

硅酸铝是二元混合氧化物酸性催化剂的典型，其他两种元素的混合氧化物也可以形成酸中心。对于酸中心的形成机理，Thomas 认为，金属氧化物中加入价数不同或配位数不同的其他氧化物时发生的同晶取代产生了酸中心结构。

而二元混合氧化物产生的酸中心是 B 酸还是 L 酸，由田中浩三等提出的二元氧化物酸中心生成机理假说可以判断。这一假说的前提条件是：

（1）C1 为第一种氧化物金属离子配位数，C2 为第二种氧化物金属离子配位数，两种金属离子混合前后配位数不变。

（2）氧的配位数混合后有可能改变，但所有氧化物混合后氧的配位数与主成分的配位数不变。

（3）已知配位数和金属离子电荷数，利用上图所示模型可计算整体混合氧化物的电荷数，负电荷过剩时可呈现 B 酸中心，正电荷过剩时为 L 酸中心。

4.2.6　杂多酸化合物酸中心的形成

杂多酸是由两种或两种以上不同的含氧酸通过缩合而形成的多聚含氧酸，组成上是由中心原子（杂原子）和金属原子（多原子）通过氧原子桥连的多核配酸，其中金属原子多为 W、Mo、V 等，中心原子可以是金属和非金属。杂多阴离子的一级结构已发现的有 5 种：Keggin 结构 $[XW_{12}O_{40}]$、Dawson 结构 $[X_2W_{18}O_{62}]$、Anderson 结构 $[XW_6O_{24}]$、Waugh 结构 $[XW_9O_{32}]$ 和 Silverton 结构 $[XW_{12}O_{42}]$。在这些结构中 Keggin 结构的杂多酸最稳定，而目前已应用于催化反应的主要也是杂原子和多原子比为 1 : 12 的 Keggin 结构的杂多酸及其盐。

常见具有 Keggin 结构的杂多酸有磷钼酸、磷钨酸和硅钨酸。磷钨酸是由氧钨阴离子和氧磷阴离子缩合而成的，杂多酸的 Keggin 结构是以中心杂原子与氧原子组成的四面体，周围与 4 个 MO_6（M = W，Mo）八面体共边组成 M_3O_{10}，具体结构如图 4-4 所示。

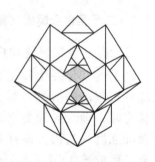

图 4-4　杂多酸的 Keggin 结构示意图

由此可见，磷钨酸的缩合态阴离子须与 H^+ 配位，形成强的 B 酸中心。对于实际的金属杂多酸盐催化一般认为有 5 种可能的机理：

（1）酸性杂多酸盐中的质子给出的 B 酸中心。

（2）制备时材料部分水解给出的质子，如：

$$[PW_{12}O_{40}]^{3-}+3H_2O \longrightarrow [PW_{11}O_{39}]^{7-}+WO_4^{2-}+6H^+$$

（3）与金属离子配位水的酸式水解给出的质子，如：

$$[Ni(H_2O)_m]^{2+} \longrightarrow [Ni(H_2O)_{m-1}(OH)]^++H^+$$

（4）金属离子可能提供的 L 酸中心。

（5）金属离子还原产生的质子，如：$2Ag^++H_2 \longrightarrow 2Ag+2H^+$

一般得到的杂多酸与金属杂多酸盐的酸强度顺序为：

H>Zr>Al>Zn>Mg>Ca>Na

杂多酸化合物（HPC）在均相和非均相体系中可作为性能优异的酸碱、氧化还原或双功能催化剂。其主要优点包括以下五个方面：（1）具有确定的结构，构成杂多阴离子的基本结构单元为四面体和八面体，有利于在分子或原子水平上设计与合成催化剂；（2）通常溶于极性溶剂，可用于均相和非均相催化反应体系；（3）同时具有酸性和氧化性，可作为酸、氧化或双功能催化剂；（4）独特的反应场，在固相催化反应中，极性分子可进入催化剂体相，具有使整个体相成为反应场的"假液相"行为；（5）杂多阴离子属软碱，作为金属离子或有机金属等的配体，具有独特的配位能力，而且，可使反应中间产物稳定化。

杂多酸是强酸，比构成它们的相应组成元素的简单含氧酸酸性强。在水溶液中完全解离，在有机溶剂中逐渐解离，其酸强度取决于组成元素，可以通过改变元素进行系列调控，以达到设计与合成一定酸强度的酸催化剂之目的。固体杂多酸作为酸催化剂的优点在于它具有低挥发性、低腐蚀性、强酸性、高活性及易于调变等特点。该催化剂常用于的酸类反应有烯烃水合、烯烃酯化、异丙苯过氧化氢分解、环氧化物醇解、醇类聚合等。在上述均相酸催化反应中，杂多酸显示出比 HNO_3、H_2SO_4 等无机酸更高的活性。

以上内容总结了各种固体催化剂特别是酸催化剂产生酸碱中心的过程机理，可以看到，固体酸表面的酸性质表现类型复杂，其表面可以同时存在 B 酸中心、L 酸中心以及碱中心；酸碱中心所处的环境不同，其酸强度和浓度也不同，因此对于酸中心的研究是非常重要的。

4.3　固体表面的酸性质及其测定

固体酸碱性质包括酸（碱）强度、酸（碱）类型和酸（碱）浓度三个主要方面。下面分别介绍其测定方法和原理，以酸为例。

4.3.1　酸位的类型及其鉴定

酸的类型按广义的酸碱定义分为 B 酸和 L 酸，区分两者的方法有：离子交换法、电位滴定法、高温酸性色谱测量法、红外光谱法、紫外–可见光谱法和核磁共振法等，如表4-4 所示。真正有效的是各种光谱法，其中红外光谱法（IR）应用最为广泛。

表4-4　常用的固体表面酸酸性的鉴定方法

方　　法	表　征　内　容
吸附指示剂正丁胺滴定法	酸量、酸强度
吸附微量热法	酸量、酸强度
热分析（TA、DTA、DSC）方法	酸量、酸强度
程序升温热脱附	酸量、酸强度
羟基区红外光谱	各类表面羟基、酸性羟基
探针分子吸附红外光谱	B 酸、L 酸、沸石骨架上、骨架外 L 酸
^1H MAS NMR	B 酸量、B 酸强度
^{27}Al MAS NMR	区分沸石的四面体铝、八面体铝（L 酸）

Al_2O_3、SiO_2、$SiO_2-Al_2O_3$ 等常见的固体酸的酸性来源于其表面的羟基，但是并非所有的表面羟基都具有酸性，这取决于羟基所处的化学环境和位置，这些羟基在 IR 中表现为不同的振动频率，从而可以利用 IR 判断固体表面酸碱中心。在用 IR 表征固体表面酸性羟基的

基础上，先在高真空体系中进行脱气来净化催化剂表面，然后用探针碱性气体分子在其一定蒸气压下进行气固吸附，这些探针分子与催化剂表面不同类型的酸中心形成的吸附物种在 IR 表现出不同的振动频率，用 IR 测量吸附物种的振动谱带和催化剂本身表面酸性羟基谱带的变化，就能够表征催化剂表面不同类型的酸中心。常用检测酸类型的探针分子是吡啶。吡啶分子与 B 酸中心作用形成吡啶离子（BPY）和与 L 酸中心作用形成吡啶配合物（LPY）。

4.3.2　酸中心的强度

酸中心的强度又称酸强度。对 B 酸中心来说，是指给出质子能力的强弱。对于 L 酸中心来说，是指接受电子对能力的强弱。接受电子对能力越强，表明固体酸催化剂 L 酸中心的强度越强。衡量酸强度的标准随测试方法不同而异。对于稀溶液中的均相酸碱催化剂，可用 pH 值来量度溶液的酸强度。

当讨论浓溶液或固体酸催化剂的酸强度时，要引进一个新的量度函数 H_0，称它为 Hammett 函数，即通常使用的酸强度函数。Hammett 函数的含义及测定，可从 Hammett 函数指示剂法测定原理得到回答。

4.3.2.1　Hammett 酸函数

汉墨特（L. P. Hammett）于 1932 年提出的酸度函数 H_0，用以描述高浓度强酸溶液的酸度。酸度函数 H_0 基于强酸的酸度可通过一种与强酸反应的弱碱指示剂的质子化程度来表示，此指示剂的碱形式 B 不带电荷，它在酸中的形式为 BH^+，溶液中存在着下列平衡：$B+H^+ \longrightarrow BH^+$（B 代表碱性的 Hammett 指示剂，$H^+$ 代表质子，B 接受 H^+ 生产 BH^+）。

按酸碱平衡原理：
$$K_{BH^+} = [B][H^+]/[BH^+]$$
$$[H^+] = K_{BH^+}[BH^+]/[B]$$
$$-\lg[H^+] = -\lg K_{BH^+} - \lg\{[BH^+]/[B]\}$$

酸度函数定义为：
$$H_0 = -\lg[H^+] = -\lg K_{BH^+} - \lg\{[BH^+]/[B]\}$$

式中，K_{BH^+} 是指示剂的共轭酸的电离常数，可用一般的测定平衡常数的方法测得；$[BH^+]/[B]$ 是指示剂的电离比率，可通过紫外-可见光光度法测定。H_0 标度可以看作是对 pH 值标度的补充，H_0 和 pH 值的结合可用来表述整个浓度范围的酸溶液（或碱溶液）的酸度。从上述公式可以得出，H_0 越小或越负，说明固体表面给出质子使得 B 转化为 BH^+ 的能力越大，即酸强度越强。由此可见，H_0 的大小代表了酸催化剂给出质子能力的强弱，即酸强度函数。由于 L 酸与 B 酸的可转化特征，以及其性质的相似性，酸强度函数原理上讲是可以应用于 L 酸的，但是其具体物理含义相应有较大的不同。

测量固体酸强度时可选用多种不同 pK_a 值的指示剂，分别滴入装有催化剂的试管中，充分振荡使吸附达到平衡，如指示剂由碱型色变为酸型色，说明酸强度 $H_0 \leqslant pK_a$，若指示剂仍为碱型色，说明酸强度 $H_0 > pK_a$。为了测定某一酸强度下的酸中心浓度，可用正丁胺滴定，使由酸型色的催化剂再变为碱型色，在此过程中，消耗的正丁胺量即为该酸强度下的酸中心浓度。

Hammett 指示剂法以及正丁胺非水溶液滴定的使用可以测定固体酸中心的强度，同时还可以测定某一酸强度下的酸浓度，进而可以得到固体酸表面的酸中心分布。这种方法的优点是简单直观，缺点是不能分辨具体作用的酸中心类型，且不能用于深颜色的催化剂。用于测定酸强度的指示剂如表 4-5 所示。

表 4-5 用于测定酸强度的指示剂

指示剂	碱型色	酸型色	pK_a	指示剂	碱型色	酸型色	pK_a
中性红	黄	红	+6.8	苯偶氮二苯胺	黄	紫	+1.5
甲基红	黄	红	+4.8	结晶紫	蓝	黄	+0.8
苯偶氮萘胺	黄	红	+4.0	对硝基二苯胺	橙	紫	+0.43
二甲基黄	黄	红	+3.3	二肉桂丙酮	黄	红	-3.0
2-氨基-5-偶氮甲苯	黄	红	+2.0	蒽醌	无色	黄	-8.2

用 H_0 表示的固体酸强度范围可按如下划分：

弱酸：$+6.8 \geqslant H_0 \geqslant +0.8$；

中强酸：$-3.0 \geqslant H_0 \geqslant -8.2$；

强酸：$-8.2 > H_0 \geqslant -11.1$；

超强酸：$-11.1 > H_0$。

4.3.2.2 气相碱性物质吸附法

碱性气体分子在酸中心上吸附时，酸中心酸强度越强，分子吸附越牢，吸附热越大，分子越不容易脱附。根据吸附热的变化，或根据脱附时所需温度的高低可以测定酸中心的强度。固体酸表面吸附的碱性气体量就相当于固体酸表面的酸中心数。根据上述原理，常用测定方法有以下几种：

（1）碱吸附量热法。已知酸碱反应会放出中和热，中和热的大小与酸强度成正比。NH_3 吸附在 HZSM-5 沸石上的中和热大于 NaZSM-5 沸石，这说明 HZSM-5 沸石上存在较强酸中心，这种方法的缺点是不能区别 B 酸和 L 酸中心，而且测定时需要较长的平衡时间，最初加入的 NH_3 分子受空间位阻及酸中心可抵达性等因素的影响，可能没有与最强酸中心作用，而是与容易抵达的弱酸中心作用，继续加入 NH_3 时才能保证与强酸中心反应。

（2）碱脱附-TPD 法。吸附的碱性物质与不同酸强度中心作用时有不同的结合力，当催化剂吸附碱性物质达到饱和时，进行程序升温脱附（TPD）。吸附在弱酸中心的碱性物质分子可在较低温度下脱附，而吸附在强酸中心的碱性物质分子则需要在较高温度下才能脱附，还可以得到不同温度下脱附出的碱性物质的量，它们代表不同酸强度下的酸浓度。图 4-5 所示为 NH_3 吸附在阳离子交换的 HZSM-5 型分子筛上的 TPD 图。从图 4-5 中明显地看出 H-ZSM-5 的两种不同峰位，一处在 723K，强酸位；另一处在 463K，弱酸位。因此，该法可同时测定固体酸催化剂表面的酸强度和酸浓度。常用的碱性分子是 NH_3，也可以用正丁胺，其碱性高于 NH_3 分子。注意这种方法有较明显的局限，主要是不能区分从 B 酸还是 L 酸中心解吸的 NH_3，以及从非酸位解吸的 NH_3 分子；另外是对于具有微孔结构的沸石，孔道或空腔中的吸附中心进行 NH_3 脱附时由于扩散限制等，需要在较高温度下进行。

（3）吸附碱的红外光谱法。这种方法利用红外光谱直接测定固体酸中的羟基振动频率，其中 O—H 键越弱，振动频率越低，则酸强度越高。

固体酸吸附吡啶的红外光谱可测定 B 酸和 L 酸。吡啶与 B 酸形成吡啶离子，而与 L 酸形成配位键。红外光谱上 1540cm^{-1} 峰是吸附在 B 酸中心上的吡啶特征吸附峰，1450cm^{-1} 峰是吸附在 L 酸中心上的特征峰，1490cm^{-1} 是代表两种酸中心的总和峰。同样 NH$_3$ 吸附在 B 酸中心的 IR 特征峰为 3120cm^{-1} 或 1450cm^{-1}，而吸附在 L 酸中心的 IR 特征峰为 3330cm^{-1} 或 1640cm^{-1}。

吡啶（或 NH$_3$）吸附 IR 法的联用不仅能区分 B 酸和 L 酸，而且可由特征吸收的强度得到有关酸中心数目的信息，同时可以由吸附分子脱附温度的高低，定性地判断酸中心的强弱。注意，使用同种方法测得的结果相比较才具有较强意义，而且对于某一方法，其适用范围也是有限的。

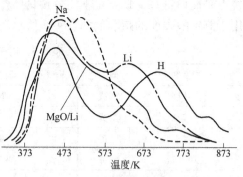

图 4-5　NH$_3$ 吸附在阳离子交换的 HZSM-5 型分子筛的 TPD 谱图

4.3.3　酸中心的浓度

酸中心的浓度又称酸量或酸度。对于稀溶液中的均相酸碱催化作用，液体酸催化剂的酸浓度是指单位体积内所含酸中心数目的多少，它可用 H$^+$ 毫克当量数/mL 或者 H$^+$mmol/mL 来表示。对于多相酸碱催化作用，固体酸催化剂的酸浓度是指催化剂单位表面或单位质量所含的酸中心数目的多少，它可用酸中心数/m^2 或 H$^+$mmol/g 来表示。

固体酸催化剂表面的酸部位有不同的强度，每一强度范围的酸部位数又有不同。因此酸度对酸强度有一分布，如表 4-6 所示。

表 4-6　固体酸催化剂对酸强度的分布

催化材料	H_0	催化材料	H_0
高岭石原土	$-3.0 \sim 5.0$	H$_3$PO$_4$/SiO$_2$（0.5mmol/g）	$+1.5 \sim -3.0$
氢化高岭石	$-5.6 \sim 8.2$	H$_3$PO$_4$/SiO$_2$（1.0mmol/g）	$-5.6 \sim -8.2$
蒙脱土原土	$+1.5 \sim -3.0$	H$_2$SO$_4$/SiO$_2$（1mmol/g）	< -8.2
氢化蒙脱土	$-5.6 \sim 8.2$	NiSO$_4 \cdot x$H$_2$O，350℃	$+6.8 \sim -3.0$
Co·Ni·Mo/γ-Al$_2$O$_3$	< -5.6	NiSO$_4 \cdot x$H$_2$O，460℃	$+6.8 \sim +1.5$
SiO$_2$-Al$_2$O$_3$	< -8.2	ZnS，500℃灼烧	$+6.8 \sim +3.3$
Y 型沸石	< 8.2	ZnS，300℃灼烧	$+6.8 \sim +4.0$
Al$_2$O$_3$-B$_2$O$_3$	< -8.2	ZnO，300℃灼烧	$+6.8 \sim +3.3$
SiO$_2$-MgO	$+1.5 \sim -3.0$	TiO$_2$，400℃灼烧	$+6.8 \sim +1.5$

测定酸度的方法很多，但使用最广的仍然是经典的 Hammett 指示剂——正丁胺滴定法。该法在采用正丁胺滴定酸度时同时可测定酸强度 H_0，其基本步骤是将试样放在非水溶液（如苯）中加入某 pK_a 的指示剂，用正丁胺滴定；从指示剂由酸型色恢复为碱型色所需用的正丁胺滴定量可换算出酸浓度。

与酸强度的测定相似，正丁胺滴定法给出的也是 B 酸和 L 酸的总量。该法不适用于那些孔径小到指示剂分子都不能进入孔内的沸石催化剂，但具有开放结构的沸石的测定，如 Y 型沸石和某些用酸沥取过的丝光沸石等除外；指示剂和正丁胺在催化剂表面上吸附达到平衡的时间长，因此可用提高滴定温度、超声波搅拌等方法来加快吸附平衡。

4.4 超 强 酸

超强酸是比 100% H_2SO_4 还强的酸，其 Hammett 函数 $H_0 < -11.93$。许多重要的工业催化反应都属于酸催化反应，而固体酸和液体酸相比，具有活性和选择性高、无腐蚀性、无污染以及与催化反应产物易分离等特点，被广泛地用于石油炼制和有机合成工业。常用的固体酸催化剂有分子筛、离子交换树脂、层柱黏土等，它们的酸强度一般低于 $H_0 = -12.0$，对需要强酸的反应存在一定的局限性。20 世纪 60 年代初，Olah 等发现的 HSO_3F-HF、HF-SbP_5 等液体酸，虽然其酸强度非常高，H_0 高达 -20.0 以上，甚至甲烷在这种液体超强酸中都能质子化，这是由于 Cl 和 F 具有较大的电负性，吸引电子能力强，使得原 H—O 键中的 H 更易离解为质子。而 SbF_5、NbF_5、TaF_5、SO_3 等基团都具有很强的电负性，将其加入到硫酸或其他酸中能更有效地削弱原酸中的 H—O 键和 H—X 键，因此就表现出了很强的酸性。但因其具有强腐蚀性和毒性，以及催化剂处理过程中会产生"三废"等问题，难以在生产实际中应用。20 世纪 70 年代初开始有人试图将液体超强酸如 SbP_5、HSO_3F-SbF_5 和 HF-SbF_5 等负载到石墨、Al_2O_3 和树脂等载体上，但仍不能解决催化剂分散、毒性和三废等问题，未能工业应用。1979 年 Arata 等首次报道了无卤素型 SO_4^{2-}/M_xO_y 固体超强酸体系，发现某些用稀硫酸或硫酸盐浸渍的金属氧化物经高温焙烧，可形成酸强度高于 100% 硫酸 10^4 倍的固体超强酸。后来 Arata 等又将钨酸盐和钼酸盐浸渍 ZrO_2 制得 WO_3/ZrO_2、MoO_3/ZrO_2 固体超强酸，其酸强度虽比 SO_4^{2-}/ZrO_2 稍低，但仍比 100% 硫酸高几百倍。1990 年 Hollstein 等发现 Fe、Mn 和 Zr 的混合氧化物硫酸根制备的超强酸催化剂正丁烷异构化活性比 SO_4^{2-}/ZrO_2 高 1000 倍以上。这类固体超强酸易于制备和保存，特别是它与液体超强酸和含卤素的固体超强酸相比，具有不腐蚀反应装置、不污染环境、可在高达 500℃ 下使用等特点，引起人们的广泛重视。表 4-7 和表 4-8 列出了某些液体超强酸和固体超强酸以及其 Hammett 酸强度函数值。

表 4-7　液体超强酸的酸强度

超强酸	酸强度函数 H_0	超强酸	酸强度函数 H_0
HF	-10.2	FSO_3H-TaF_5（1∶1）	<-18
100% H_2SO_4	-10.6	$ClSO_3H$	-13.8
H_2SO_4-SO_3	-14.14	H_2SO_4-SO_3（1∶1）	-14.44
FSO_3H	-15.7	FSO_3H-SO_3（1∶0.1）	-15.52
HF-NbF_5	-13.5	FSO_3H-AsF_5（1∶0.05）	-16.61
HF-TaF_5	-13.5	FSO_3H-SbF_5（1∶0.2）	-20
HF-SbF_5	-15.1	FSO_3H-SbF_5（1∶0.05）	-18.24
HF-SbF_5（1∶1）	<-20	HF-SbF_5（1∶0.03）	-20.3
FSO_3H-TaF_5（1∶0.2）	-16.7		

表 4-8　固体超强酸的酸强度

超强酸	H_0	超强酸	H_0
$SbF_5-SiO_2 \cdot ZrO_2$	$-13.75 \geqslant H_0 > -14.52$	$SO_4{}^{2-}-ZrO_2$	$H_0 \leqslant -14.52$
$SbF_5-SiO_2 \cdot Al_2O_3$	$-13.75 > H_0 > -14.52$	SbF_5-SiO_2	$H_0 \leqslant -10.6$
$SbF_5-SiO_2 \cdot TiO_2$	$-13.16 > H_0 > -13.75$	SbF_5-TiO_2	$H_0 \leqslant -10.6$
$SbF_5-TiO_2 \cdot ZrO_2$	$-13.16 > H_0 > -13.75$	$SbF_5-Al_2O_3$	$H_0 \leqslant -10.6$
$SO_4{}^{2-}-Fe_2O_3$	$H_0 \leqslant -12.70$		

4.4.1　固体超强酸分类

固体超强酸和液体超强酸相比，有容易与反应物分离，可重复使用，不腐蚀反应器，减少催化剂公害，催化剂有良好的选择性等优点。在催化反应中，固体超强酸对烯烃双键异构化、醇脱水、烯烃烷基化、酸化、酯化等都显示出较高的活性。这种催化剂不腐蚀设备，不污染环境，催化反应温度低，制备简便，有广泛的应用前景。

按材料组成，固体超强酸可以分为单组分固体超强酸以及多组分固体超强酸。

（1）单组分固体超强酸。用 SO_4^{2-}/ZrO_2 为催化剂，主要用于催化合成马来酸单糠醇酯，还可以将 SO_4^{2-}/ZrO_2 用于催化苯甲醛与乙酸酐的缩醛反应。而用于异丁烷/（异）丁烯烷基化反应的物质主要以 ZrO_2、TiO_2 和 SiO_2 等氧化物作载体，通过浸渍硫酸和磷酸等无机酸制得。其中报道较多的是 SO_4^{2-}/ZrO_2 和 $S_2O_8^{2-}/ZrO_2$。固体超强酸 SO_4^{2-}/Fe_2O_3 为催化剂，可用于用苯和硝酸为原料合成硝基苯，收率达 83.9%。而纳米固体超强酸催化剂 SO_4^{2-}/Fe_2O_3 为催化剂时，甲苯硝化的区域选择性和活性提高。

（2）多组分固体超强酸。在单组分固体超强酸催化剂的应用中，人们发现主要活性组分 SO_4^{2-} 在反应中较易流失，特别是在较高温度条件下容易失活。这类单组分固体催化剂虽然有较好的起始催化活性，但单程寿命较短，通过改性催化剂的载体，使催化剂能提供合适的比表面积、增加酸中心密度、酸种类型等作用。目前改性研究的方向主要有：以金属氧化物 ZrO_2、TiO_2 和 Fe_2O_3 为母体，加入其他金属或氧化物形成多组元固体超强酸；引入稀土元素改性；引入特定的分子筛及纳米级金属氧化物等。

按照元素组分，固体超强酸主要有下列几类：

（1）负载型固体超强酸，主要是指把液体超强酸负载于金属氧化物等载体上的一类固体超强酸。如 $HF-SbF_5-AlF_3/$ 固体多孔材料、$SbP_3-Pt/$ 石墨、$SbP_3-HF/F-Al_2O_3$、$SbF_5-FSO_3H/$ 石墨等。

（2）混合无机盐类，由无机盐复配而成的固体超强酸。如 $AlCl_3-CuCl_2$、$MCl_3-Ti_2(SO_4)_3$、$AlCl_3-Fe_2(SO_4)_3$ 等。

（3）氟代磺酸化离子交换树脂（Nation-H）。

（4）硫酸根离子酸性金属氧化物 SO_4^{2-}/M_xO_y 超强酸，如 SO_4^{2-}/ZrO_2、SO_4^{2-}/TiO_2、SO_4^{2-}/Fe_2O_3 等。

（5）负载金属氧化物的固体超强酸，如 WO_3/ZrO_2、MoO_3/ZrO_2 等。

在上述各类超强酸中，（1）～（3）类均含有卤素，在加工和处理中存在着"三废"污染等问题。（4）、（5）类超强酸不含有卤原子，不会污染环境，可在高温下重复使用，制法简便。

4.4.2 M_xO_y 型固体超强酸

SO_4^{2-}/M_xO_y 型固体超强酸一般采用浓氨水中和金属盐溶液，得到无定型氢氧化物，然后再用稀硫酸或硫酸铵溶液浸渍、烘干和焙烧制得。然而，金属盐原料、沉淀剂、浸渍剂不同对制备的氧化物、超强酸的表面性质影响很大，制备环境如焙烧温度、沉淀温度、金属盐溶液浓度、pH 值、加料顺序、陈化时间及 SO_4^{2-} 浸渍浓度也很重要。如何改善制备条件获得高质量、高酸性的固体超强酸是该类材料研究的最基本的问题。下面介绍金属氧化物的选择。

ZrO_2、TiO_2、Fe_2O_3、HfO_2 和 SnO_2 等氧化物浸渍 H_2SO_4 后能形成超强酸，而 MnO、CaO、CuO、NiO、ZnO、CdO、Al_2O_3、La_2O_3、MnO_2、ThO_2、Bi_2O_3、CrO_3 等则不能。在各种氧化物中，选择以 ZrO_2 作基底，形成的 SO_4^{2-}/ZrO_2 超强酸性最强。目前已报道的 SO_4^{2-} 促进单氧化物固体超强酸及其强度如表 4-9 所示。氧化物的初始品相对超强酸性影响很大。一般认为，浸渍 SO_4^{2-} 前氧化物为无定型可以制成固体超强酸，晶化的氧化物不能形成超强酸。Arata 等考察了 ZrO_2 晶化前后浸渍 SO_4^{2-} 制备的催化剂对正丁烷异构化反应的影响，发现 ZrO_2 晶化后作为载体没有反应活性。但是，结晶的 α-Al_2O_3 却可以形成 $-16.04 < H_0 \leqslant -14.52$ 的超强酸，这是迄今为止唯一可用结晶氧化物制得的固体超强酸。硫酸促进型双金属氧化物如 $SO_4^{2-}/ZrO_2 - Al_2O_3$、$SO_4^{2-}/ZrO_2 - TiO_2$、$SO_4^{2-}/ZrO_2 - SnO_2$ 可以形成固体超强酸，在摩尔数比例相当时，酸强度一般低于 SO_4^{2-}/ZrO_2，但是在 ZrO_2 中掺入低含量 Fe_2O_3、Cr_2O_3、MnO_2 等时酸强度均高于 SO_4^{2-}/ZrO_2 本身，其原因尚不十分清楚。

表 4-9 SO_4^{2-}/M_xO_y 固体超强酸及其酸强度

SO_4^{2-}/M_xO_y	H_0	SO_4^{2-}/M_xO_y	H_0
SO_4^{2-}/ZrO_2	−16.04	SO_4^{2-}/HfO_2	−16.04
SO_4^{2-}/TiO_2	−14.75	SO_4^{2-}/Al_2O_3	−14.52
SO_4^{2-}/Fe_2O_3	−13.75	WO_3/ZrO_2	−14.52
SO_4^{2-}/SnO_2	−16.04	MoO_3/ZrO_2	−12.70

实验表明，放置较长时间的 SO_4^{2-}/M_xO_y，超强酸的酸性和催化活性与新鲜制备的催化剂差别较大，这是该类催化材料制备和储存过程中值得重视的一个问题。主要原因是存放环境中的水导致超强酸样品变质，焙烧后制备得到的样品吸水后，再经加热活化会导致表面 SO_4^{2-} 浓度降低。

4.4.3　负载金属氧化物的固体超强酸

如上所述，负载硫酸的超强酸在液体中会缓慢溶出。另外，虽然超强酸较耐高温，但在焙烧温度以上使用会迅速失活。为解决此问题，荒田一志等在 SO_4^{2-}/M_xO_y 超强酸的基础上合成了负载金属氧化物的超强酸，它在溶液中和对热的稳定性都很高。

根据复合氧化物酸性的理论，二元氧化物的最高酸强度与其金属离子的平均电负性之间呈线性关系，因此复合氧化物金属离子的电负性越大，其酸强度越高。在20世纪80年代前所发现的二元氧化物中，酸度最高的是 $SiO_2\text{-}TiO_2$、$SiO_2\text{-}ZrO_2$、$SiO_2\text{-}Al_2O_3$、$TiO_2\text{-}ZrO_3$，它们都有 $H_0 < -8.2$ 的表面酸性中心。其中 $SiO_2\text{-}Al_2O_3$ 已用于多种有机反应，曾经测得其最强酸性为 $H_0 \approx -12$，接近超强酸的标准。

荒田一志等合成的是 WO_3/ZrO_2、MoO_3/ZrO_2 二元氧化物，方法是 $Zr(OH)_4$ 或无定型 ZrO_2 浸渍钼酸铵溶液，蒸发水分后在 $600 \sim 1000\,^\circ\!C$ 的空气中焙烧。在 $850\,^\circ\!C$ 下焙烧对于苯甲酰化和烷烃异构化反应具有最大活性，而对此反应在同样条件下 $SiO_2\text{-}Al_2O_3$ 完全没有活性。光电子能谱和指示剂法测定 WO_3/ZrO_2、MoO_3/ZrO_2 的酸强度分别为 $H_0 < -14.52$ 和 $H_0 < -13$。

WO_3/ZrO_2、MoO_3/ZrO_2 目前的研究仅限于苯甲酰化反应，其研究领域还有待进一步扩展。另外，WO_3/ZrO_2 和 MoO_3/ZrO_2 均比 ZrO_2 这类超强酸催化剂同时存在 B 酸和 L 酸中心，以 L 酸中心为主，吸水样品部分 L 酸转化为 B 酸。并且，不同焙烧温度和组成对其酸强度有较大影响，如表4-10所示。

表4-10　负载金属氧化物超强酸的酸强度

样　品	焙烧温度/℃	XO_3含量/%	$H_0 = -12.0$	$H_0 = -12.7$	$H_0 = -13.2$	$H_0 = -13.8$	$H_0 = -14.5$	$H_0 = -16.0$
WO_3/ZrO_2	700	15	+	±	−	−	−	−
WO_3/ZrO_2	800	10	+	+	+	+	±	−
WO_3/ZrO_2	800	15	+	+	+	+	±	−
MoO_3/ZrO_2	700	18	−	−	−	−	−	−
MoO_3/ZrO_2	800	10	+	±	−	−	−	−
MoO_3/ZrO_2	800	18	+	±	−	−	−	−

注：X 为 W、Mo；+表示指示剂由无色变为黄色；−表示不变色；±表示变色不明显。

4.4.4　固体超强酸在石油化工中的应用

超强酸作为催化剂在化工领域中应用广泛。液体超强酸除被作为饱和烃的异构化、分解、缩聚、烷基化的催化剂以外，还被用做链烷烃和芳烃的反应、链烷烃的氯化和氯化分解、链烷烃的硝化和硝化分解，链烷烃和一氧化碳的反应、链烷烃及芳香化合物之类的氧化、苯的氢化、氯苯及氯代烷的还原等的催化剂。

以前链烷烃的反应都是在高温下进行的，但固体超强酸的出现，使反应能在较低温度及压力下进行。从节约资源和节能的观点考虑，固体超强酸的工业利用具有重要的现实意义。

4.4.4.1　烃类异构化

丁烷、戊烷等饱和烃，即使用 100% 硫酸或 $SiO_2\text{-}Al_2O_3$ 作催化剂，在室温下也不发生反应，而用固体超强酸作催化剂，在室温下就可引起反应。使用 $SbP_5\text{-}Al_2O_3$ 作催化剂时，丁烷异构化主要生成异丁烷,其选择性达80%~90%。

直链的戊烷、己烷、庚烷、辛烷等都是汽油的组成成分,但辛烷值都较小,所以需添加铅或芳香族化合物等以提高辛烷值,但无论加铅还是加芳香族化合物都会带来公害问题。因此,现在希望添加无害的带支链的异戊烷、异己烷、异庚烷、异辛烷等以提高其辛烷值。有的固体超强酸作催化剂时,在0℃时可使戊烷生成异戊烷,同时还生成异丁烷、丙烷和异己烷。催化剂的活性和选择性会因其种类不同而有相当大的差别,戊烷在SbF_5-SiO_2-Al_2O_3催化剂上的反应初速度比丁烷快200倍,这种催化剂的选择性达90%以上。以SbF_5-SiO_2-Al_2O_3为催化剂进行己烷异构化反应速度更快,是戊烷的3倍,丁烷的1000倍,反应达30min时,异己烷的选择性达100%。对于庚烷异构化反应来说,使用SbF_5-SiO_2-Al_2O_3作催化剂,比以Pd、Rh等代替Ru的催化剂有着转化率高和活性下降较慢的优点。

4.4.4.2 烷基化反应

芳烃烷基化、烯烃与烷烃烷基化都是生产高辛烷值汽油的重要反应。这些反应常采用$AlCl_3$、BF_3、H_2SO_4等均相催化剂及SiO_2-Al_2O_3、合成沸石等多相催化剂。而以后者作催化剂时往往需要高温(200~300℃)及加压(1.0~2.2MPa)的条件,如以固体超强酸作催化剂时,却可在常温下进行反应。

4.4.4.3 催化苯环上的反应

苯环上的亲电子取代反应需要Lewis酸作为催化剂;固体超强酸大多数为Lewis酸,因而均可催化苯环上的亲电子取代反应。如全氟磺酸树脂可以高效地催化苯环上的甲酰化、烷基化、甲基化和醚化等反应。

固体超强酸还可将甲基环戊烷异构化为六元环化合物,进而脱氢制取芳烃化合物。固体超强酸催化剂对这一异构反应的催化活性顺序为:

$$SbP_5 - SiO_2 - Al_2O_3 > SbF_5 - SiO_2 - TiO_2 > SbF_5 - TiO_2 - ZnO_2 > SbF_5 - SiO_2 - ZnO_2$$

4.4.4.4 低相对分子质量的聚合反应

现今,人们对C1化合物和低碳有机物的开发利用越来越感兴趣。以载于活性炭上的SbF_5-FSO_3作催化剂为例,通入丙烯可生成C6、C9、C12及C15等烯烃。常见的聚合反应一般采用齐格勒型或烷基金属等催化剂,此类催化剂必须在-70℃的低温下才能生成结晶型聚合体,在室温下则不能。如用固体超强酸催化剂,对此类反应有极高的活性,可使乙烯基单体发生爆聚,即使反应性能低的甲基或乙基-乙烯基醚也可发生爆聚。除了上述应用以外,固体超强酸还可用作醇脱水、氧化、酯化、硅烷化、环醚化等反应的催化剂。

4.4.4.5 阴离子聚合反应

烷基乙烯基醚的聚合反应是阴离子聚合反应,可用烷基金属化合物或Ziegler型催化剂。但是SO_4^{2-}-Fe_2O_3对此反应有极高的反应活性。如异丁基乙烯基醚用SO_4^{2-}-Fe_2O_3作催化剂,在0℃能很快发生聚合反应。甲基乙烯基醚和乙基乙烯基醚在该催化剂存在下以甲苯作稀释剂也能在低温(0℃或0℃以下)下高速聚合。

4.4.4.6 SO_4^{2-}/M_xO_y固体超强酸的应用

SO_4^{2-}/M_xO_y固体超强酸催化剂在有机合成中的应用,如裂解、异构化、烷基化、酰基化、酯化、聚合、齐聚和氧化反应等,见表4-11。

表 4-11　SO_4^{2-}/M_xO_y 固体超强酸的应用

反应	典型反应	催化剂
裂解	丙烷 —— 乙烷 —— 甲烷	SO_4^{2-}/ZnO_2
	异戊烷 —— 异丁烷	SO_4^{2-}/ZnO_2
	戊烷 —— 异丁烷	SO_4^{2-}/ZnO_2
	环戊烷 —— 异丁烷	SO_4^{2-}/ZnO_2
异构化	丁烷 —— 异丁烷	SO_4^{2-}/SnO_2，SO_4^{2-}/ZnO_2
	异丁烷 —— 丁烷	SO_4^{2-}/TiO_2
	戊烷 —— 异戊烷	SO_4^{2-}/ZnO_2
烷基化	甲烷+乙烯 —— C3～C7 烃	SO_4^{2-}/ZnO_2
	异丁烷+丁烯 —— C8～C11 烃	SO_4^{2-}/ZnO_2
酰基化	甲苯 —— 苯甲酸	SO_4^{2-}/ZnO_2
	甲苯 —— 乙酸	SO_4^{2-}/ZnO_2
聚合	乙基、甲基乙烯基醚聚合	SO_4^{2-}/Fe_2O_3
齐聚 氧化	1-辛烯，1-癸烯，β-蒎烯 —— 丁烷 —— 二氧化碳	SO_4^{2-}/ZrO_2，SO_4^{2-}/TiO_2 SO_4^{2-}/SnO_2
	环己醇 —— 环己酮	SO_4^{2-}/SnO_2

目前，在固体超强酸的研究中还存在着一些问题：成本较高，氟化物还可能造成污染，而 SO_4^{2-}/M_xO_y 型催化剂的寿命较短，目前难以普遍应用；催化剂的制备条件影响大，如焙烧温度略有不当即有可能使 SO_4^{2-}/M_xO_y 型催化剂报废；缺乏足够的工业应用研究，实验研究虽涉及面较广，但离工业应用还有一定距离。

4.5　酸碱催化作用机理

均相酸、碱催化反应在石油化工中也有一定的应用。例如，环氧乙烷被硫酸催化水解为乙二醇，环己酮肟在硫酸催化下重排为己内酰胺，环氧氯丙烷在碱催化下水解为甘油等。这些反应的特征，在基础化学类课程中已有讨论。多相酸碱催化反应所用的催化剂，为前述的固体酸和固体碱，也可以是液体酸碱的负载物，它们在炼油工业、石油化工和化肥等工业中占有重要的地位。

4.5.1　均相酸碱催化

同时，酸碱催化作用机理可分为均相催化机理和多相催化机理两个类型。对于均相酸碱催化的理论和实验探讨都是比较多的，目前已得到一些经验规律，而对于多相催化，正处于快速的发展过程中。

最常见的均相催化反应在水等溶液中进行，此时只有 H^+ 或 OH^- 起催化作用，而其他离子或分子无显著催化作用，称这个过程为特殊酸或特殊碱催化。

由 H^+ 进行催化反应的特殊酸催化通式为：

$$A + H^+ \longrightarrow 产物 + H^+$$

式中，A 是反应物，此反应的反应速率可表示为：

$$\frac{-d[A]}{dt} = k_{H^+}[H^+][A]$$

最终可得：

$$\log k_{\text{表}} = \log k_{H^+} + \log [H^+]$$

或是：

$$\log k_{\text{表}} = \log k_{H^+} + (-pH)$$

则可以通过在不同 pH 值的溶液中进行酸催化反应，测得相应的 $k_{\text{表}}$，利用图形线性处理的方法得到 k_H^+。k_H^+ 定义为催化剂的催化系数，其可用于表征催化剂活性的强弱。

双丙酮醇解离生成丙酮的反应是特殊碱催化，其反应过程为：

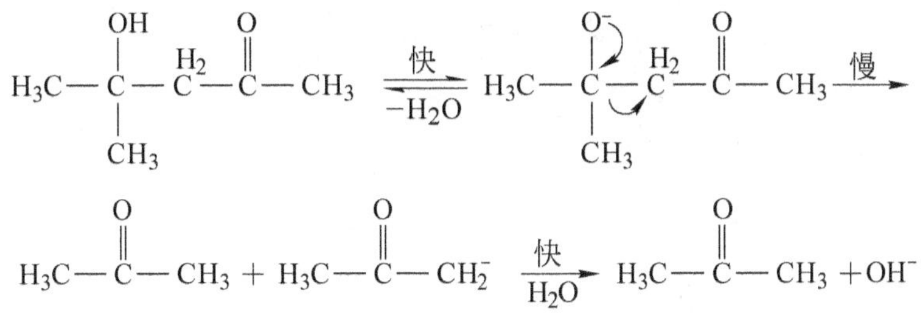

值得注意的是催化剂上可同时具有 B 酸和 L 碱，同时作用产生的协同催化作用有时是非常显著的。通常的酶催化具有很高的效率，可能是酸碱协同作用的结果。人们发现在 0.05mol/L 的 α-羟基吡啶酮溶液中，吡喃型葡萄糖的两种异构体旋光转化速度比在相同浓度的苯酚和吡啶混合溶液中快 7000 倍。

可以看到，酸碱催化一般以离子型机理进行，即酸碱催化剂与反应物作用生成正碳离子或负碳离子中间物种，这些中间物种与另一反应物作用（或本身分解），生成产物并释放 H^+ 或 OH^-，构成酸碱循环。其中，涉及质子的得到或失去的反应速率一般都是非常快的。对于具体的反应而言，催化剂给出或得到质子的难易，将直接影响反应速率。

4.5.2 多相酸碱催化

多相酸碱催化常使用固体酸碱催化剂。通常地，在固体酸碱催化剂作用下，有机物可生成特定的正离子和负离子，通常对于烃类的酸催化多以正碳离子反应为特征。这里首先举例说明正碳离子的形成过程。

4.5.2.1 正碳离子的形成

正碳离子的形成过程具体如下：

（1）烷烃、环烷烃、烯烃、烷基芳烃与催化剂的 L 酸中心反应生成正碳离子。例如：

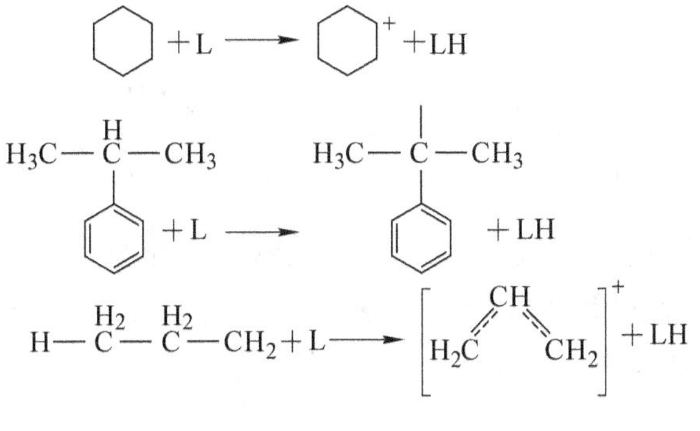

　　上述正碳离子的形成特点是以 L 酸中心夺取烃上的氢而形成正碳离子。但是，用 L 酸中心活化烃类生成正碳离子需要能量较高，因此，通常采用 B 酸中心活化反应分子，但是采用不同的活化方式也可能得到不同的产物。

　　（2）烯烃、芳烃等不饱和烃与催化剂的 B 酸中心作用生成正碳离子。上述正碳离子的形成特点是以 H^+ 与双键（或三键）加成形成碳正离子，这个加成过程要远小于 L 酸从反应物种夺取 H 所需活化能。因此，烯烃酸催化反应比烷烃快得多。

　　（3）烷烃、环烷烃、烯烃、烷基芳烃与 R^+ 的氢转移，可生成新的正碳离子。例如：

$$R'H + R^+ \longrightarrow R'^+ + RH$$

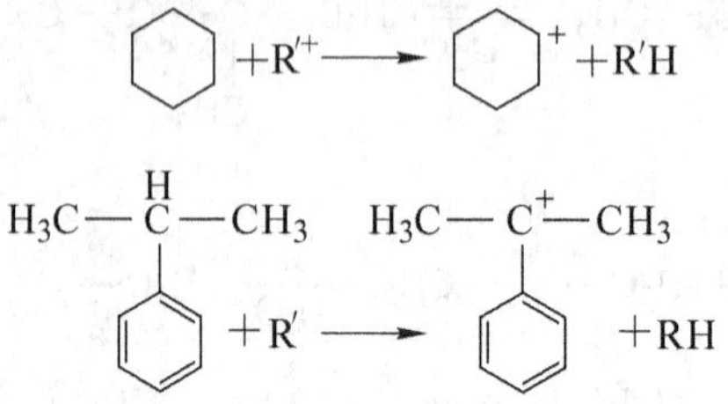

$$H_3C-\underset{\underset{\displaystyle \bigcirc}{|}}{\overset{\overset{\displaystyle H}{|}}{C}}-CH_3 + R' \longrightarrow H_3C-\underset{\underset{\displaystyle \bigcirc}{|}}{\overset{+}{C}}-CH_3 + RH$$

通过氢转移可生成新的正碳离子，并使原来的正碳离子转为烃类。

4.5.2.2　正碳离子的反应规律

正碳离子的反应规律如下：

　　（1）正碳离子可通过 1，2 位碳上的氢转移而改变正碳离子位置，或者通过反复脱 H^+ 或加 H 的方式，使正碳离子发生转变，活性位置发生迁移，最后脱 H^+ 生成双键转移了的烯烃，即产生双键异构化。例如：

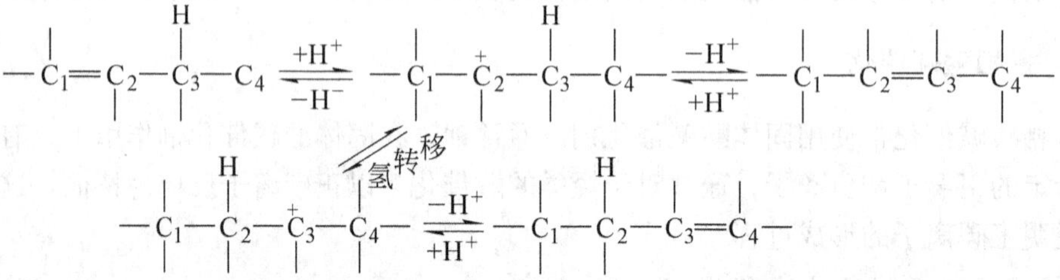

　　（2）形成烯烃的顺反异构。正碳离子中的 $C-C^+$ 为单键，因此可自由旋转，当旋转到两边的基团如甲基处于相反位置时，再脱去 H^+，就会产生烯烃的顺反异构化。例如：

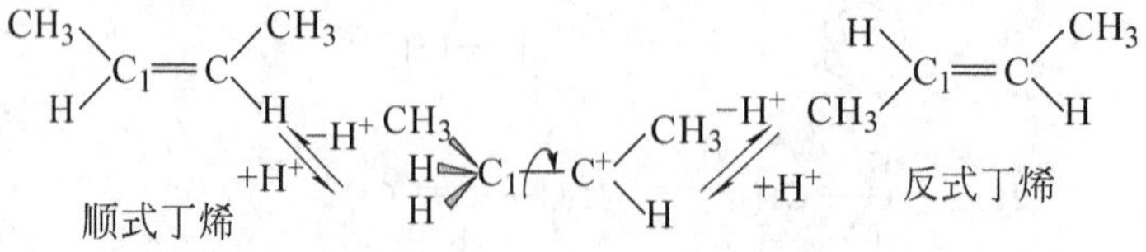

顺-反异构化速度很快，它与双键异构化速度为同一数量级。

　　（3）烷基迁移导致的烯烃骨架异构。这是指不同的烷基特别是甲基能够发生位置的变化，形成能量更低的构型。如：

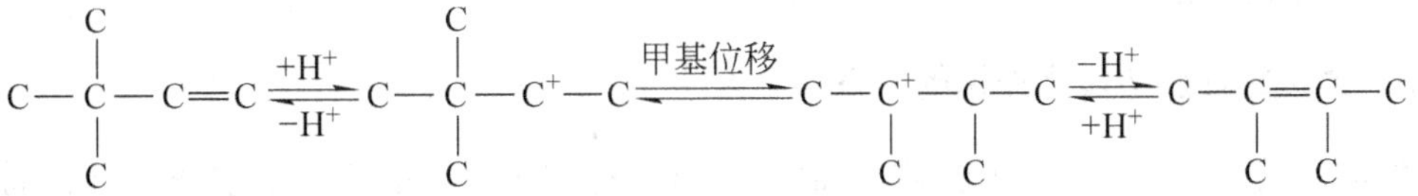

这种烷基在不同位置碳侧链上的位移，相对较容易。而烷基由测量转移到主链上，则需要较高的活化能和经历不易发生的反应历程。如：

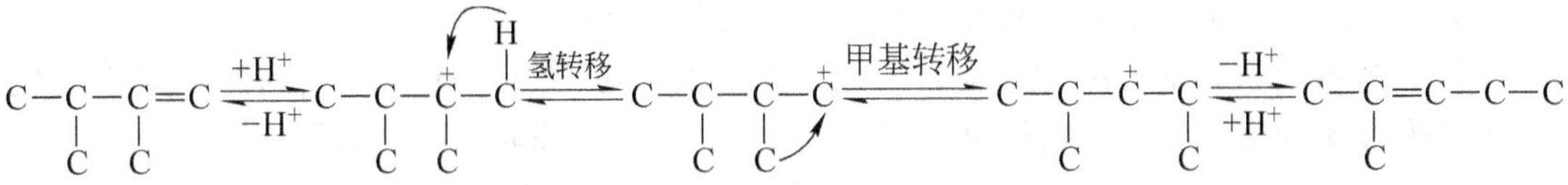

其根本原因可能是由叔碳正离子转变为伯碳离子不容易，因为叔碳正离子在反应过程中稳定性更高，相应地骨架异构化反应比较困难，一般要在较强酸中心作用下才能进行，因而在烯烃骨架异构化的同时，也会产生顺反异构和双键异构。

（4）正碳离子可与烯烃加成，生成新的碳正离子，后者脱掉 H^+，反应产生二聚体。例如：

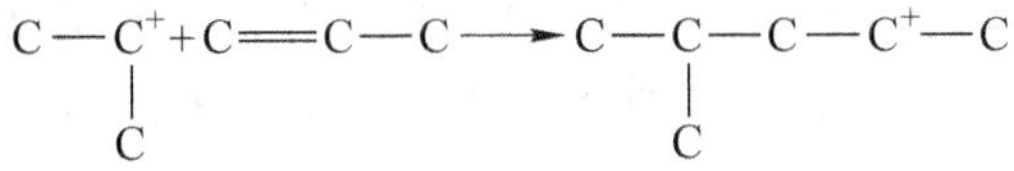

在合适的反应条件下，新的正碳离子还可继续与烯烃加成，导致烯烃聚合反应。反应条件一般对于反应物纯度、温度、催化剂条件等要求严格。

（5）正碳离子通过氢转移加 H^+ 或脱 H^+，可异构化，可发生环的扩大或缩小。例如环己烷进行一系列反应：

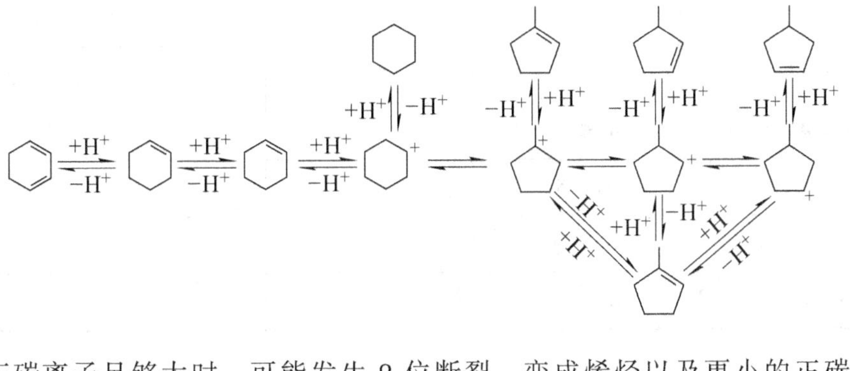

（6）正碳离子足够大时，可能发生 β 位断裂，变成烯烃以及更小的正碳离子。例如：

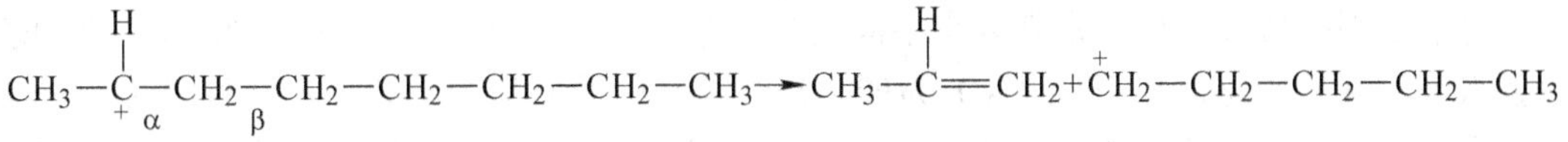

正碳离子的形成一般为反应控制步骤。不同的正碳离子有一个共同点就是其参与化学反应的活性还是比较强的，容易发生内部氢转移、异构化或与其他分子反应，这些反应速

度一般要大于正碳离子自身的形成速度。

4.5.3　酸位的性质与催化作用的关系

酸催化的反应，与酸位的性质和强度密切相关。不同类型的反应，要求酸催化剂的酸位性质和强度也不相同。

（1）大多数的酸催化反应是在 B 酸位上进行的。例如，烃的骨架异构化反应，本质上取决于催化剂的 B 酸位；单独 L 酸位是不显活性的，有 B 酸位的存在才起催化作用。不仅如此，催化反应的速率与 B 酸位的浓度之间存在良好的关联。

（2）各种有机物的乙酰化反应，要用 L 酸催化，通常的 SiO_2-Al_2O_3 固体酸对乙酰化反应几乎毫无催化活性。因此常用的催化剂 $AlCl_3$、$FeCl_3$ 等为典型的 L 酸。

（3）有些反应，如烷基芳烃的歧化，不仅要求在 B 酸位上发生，而且要求非常强的 B 酸。有些反应，随所使用的催化剂酸强度的不同，发生不同的转化反应。

（4）催化反应对固体酸催化剂酸位依赖的关系是复杂的。有些反应要求 L 酸位和 B 酸位在催化剂表面邻近处共存时才进行。例如重油的加氢裂化就是如此，该反应的主催化剂为 Co-MoO_3/Al_2O_3 或 Ni-MoO_3/Al_2O_3，在 Al_2O_3 中原来只有 L 酸位，引入 MoO_3 形成了 B 酸位，引入 Co 或 Ni 是为了阻止 L 强酸位的形成，中等强度的 L 酸位在 B 酸位共存下有利于加氢脱硫的活性。有时，L 酸位在 B 酸位邻近处共存，主要是增强 B 酸位的强度，也就是增加了催化剂的催化活性。表 4-12 列举了部分二元氧化物的酸强度、酸类型和催化反应的示例。

表 4-12　二元氧化物的酸强度、酸类型和催化反应的示例

二元氧化物	最大酸强度	酸类型	催化反应示例
SiO_2-Al_2O_3	$H_0 \leqslant -8.2$	B 酸	丙烯聚合，邻二甲苯异构化
		L 酸	异丁烷裂解
SiO_2-TiO_2	$H_0 \leqslant -8.2$	B 酸	1-丁烯异构化
SiO_2-ZnO（70%）	$H_0 \leqslant -3.2$	L 酸	丁烯异构化
SiO_2-ZrO_2	$H_0 \leqslant -8.2$	B 酸	三聚甲醛解聚
WO_3-ZrO_2	$H_0 = -14.5$	B 酸	正丁烷骨架异构化
Al_2O_3-Cr_2O_3（17.5%）	$H_0 \leqslant -5.2$	L 酸	加氢异构化

4.5.4　酸中心类型与催化活性、选择性的关系

对于不同的酸催化反应常常要求不同类型的酸中心（L 酸中心或 B 酸中心）。例如乙醇脱水制乙烯的反应，利用 γ-Al_2O_3 为催化剂时，其中的 L 酸起重要作用。红外吸收光谱以及质谱分子表明，乙醇首先与催化剂表面上的 L 酸中心形成乙氧基，乙氧基在高温下与相邻 OH 基脱水生成乙烯，而在温度较低或乙醇分压较大情况下，两个乙氧基相互作用生成乙醚，反应机理如下：

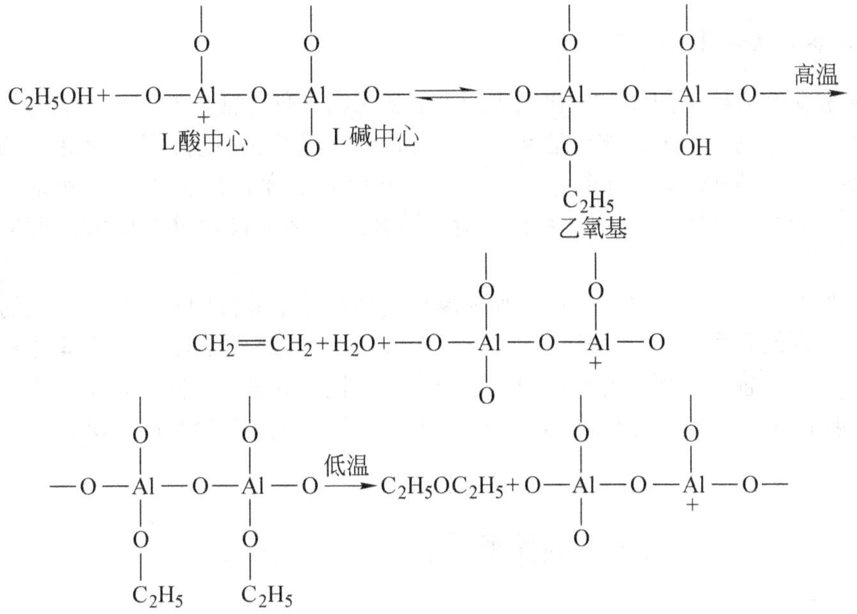

相反地，异丙苯裂解反应则要有 B 酸中心存在，反应机理如下：

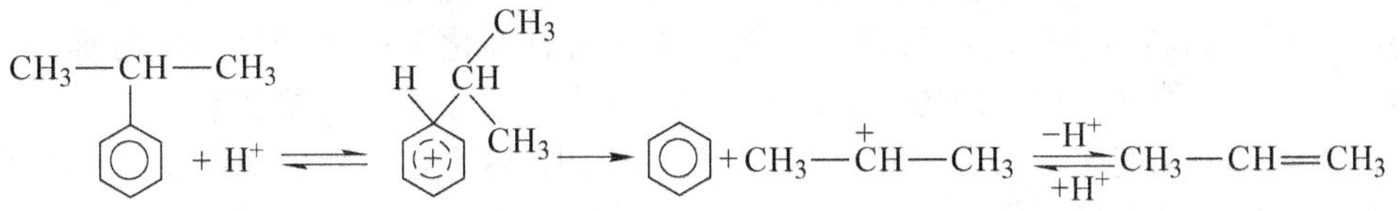

对另外一些反应，如烷烃裂化反应，则要 L 酸与 B 酸中心兼备。对于主要利用某一酸中心的催化反应，另外一类酸中心也不是越少越好。实际生产中催化剂再生时要有少量水蒸气，以保证 L 酸和 B 酸兼备。在调节 L 酸和 B 酸比例的过程中，不可避免对于材料的抗毒性、再生性能等有一定影响，因此要综合考虑。

4.5.5 酸中心强度与催化活性、选择性的关系

固体酸催化剂表面，不同强度的酸位有一定分布。不同酸位可能有不同的催化活性。例如，$\gamma\text{-}Al_2O_3$ 表面就有强酸位和弱酸位。强酸位是催化异构化反应的活性部位，弱酸位是催化脱水反应的活性部位。固体酸催化剂表面上存在着一种以上的活性部位，是它们的选择特性所在。

不同类型的酸催化反应对于酸中心强度的要求不一样。通过吡啶中毒方法使硅铝酸催化剂的酸中心强度逐渐减弱，并用这种局部中毒的催化剂进行各类反应，其活性明显不同。

不同的催化反应需要不同强度的酸中心。在有机反应中，骨架异构化需要的酸中心强度最强，其次是烷基芳烃脱烷基（裂化 B），再其次是异构烷烃裂化（裂化 A）和烯烃的双键异构化，脱水反应所需酸中心强度最弱。

需要指出的是，通过调节固体酸的酸强度和酸浓度可以调节酸催化反应的活性和选择性。

4.5.6 酸浓度与催化活性的关系

许多实验研究表明，固体酸催化剂表面上的酸量与其催化活性有明显的关系。一般来说，在酸强度一定的范围内，催化活性与酸浓度之间呈线性关系或非线性关系。例如，石油烃裂化活性（汽油收率）和喹啉的吸附量（酸中心浓度）成正比；又例如，苯胺在 ZSM-5 分子筛催化剂上与甲醇的烷基化反应，苯胺的转化率和 ZSM-5 的酸浓度呈现非线性关系。

催化活性与酸浓度的关系，也可由加入碱性物质覆盖了酸性中心使活性下降的结果看出，无机碱毒性的顺序为：$Cs^+ > K^+ \approx Ba^{2+} > Na^+ > Li^+$，这与离子半径大小及碱性有关，离子半径越大，碱性越大，覆盖的酸性中心也越多。有机碱的毒性，随有机碱吸附平衡常数 k 变化。一般 k 越大，毒性也越大。这表明，反应速率随着酸性中心被有机碱覆盖度增加而下降。

4.6　固体酸催化剂工业应用

4.6.1 石油裂解

现代石油化工主要是指裂解反应。原料在管式炉（或蓄热炉）中经过 $700 \sim 800\,℃$ 甚至 $1000\,℃$ 以上的高温加热，所得裂解产物通常称为石油化工一级产品，通常称为三烯、三苯、一炔、一萘（乙烯、丙烯、丁二烯、苯、甲苯、二甲苯、乙炔和萘）。

固体酸碱催化剂在石油烃裂解上得到广泛的应用，这个过程称为催化裂化。在催化剂的作用下，较大烃类分子反应生成相对分子质量较小的烃分子，同时伴随一定的副反应。这是将当前石油中 $200 \sim 500\,℃$ 之间的重馏分油（减压馏分油，直馏轻柴油，焦化柴油和蜡油等）加工成汽油的重要方法之一。一方面这个过程得到的汽油产量好，质量好，辛烷值可以达到 80% 以上；另一方面生成的烯烃是有机合成工业的宝贵原料。

催化裂化使用的固体酸催化剂的发展主要有三个阶段：（1）1936 年开始用的天然黏土催化剂，性能比较差。（2）20 世纪 40 年代后使用的无定型硅酸铝类催化剂，具有抗硫性能强，力学性能好，生产的汽油辛烷值高等优点，但容易结焦。（3）20 世纪 60 年代后沸石分子筛被应用，催化性能有显著提升。这是工业催化的一个重要突破。其优点在于活性高，选择性好，汽油质量好，裂化效率高，抗重金属污染性能好等。

石油烃的裂化主要指 C—C 键的断裂，因此是吸热反应，在热力学上高温时是有利的。这个裂化过程一般由一次反应和二次反应所构成。一次反应包含以下反应：

（1）烷烃裂化生成烯烃和较小的烷烃：

$$C_nH_{2n+2} \longrightarrow C_mH_{2m} + C_{n-m}H_{2(n-m)+2}$$

（2）烯烃裂化生成较小烯烃：

$$C_nH_{2n} \longrightarrow C_mH_{2m} + C_{n-m}H_{2(n-m)}$$

（3）烷基芳烃脱烷基生成苯和烯烃：

$$\bigcirc\!\!-\!C_nH_{2n+1} \longrightarrow \bigcirc + C_nH_{2n}$$

（4）烷基芳烃侧链断裂生成芳烃和烯烃：

$$\text{C}_n\text{H}_{2n+1} \longrightarrow \text{C}_m\text{H}_{2m+1} + \text{C}_{n-m}\text{H}_{2(n-m)}$$

（5）环烷烃（除了环己烷）裂化生成烯烃：

$$\text{C}_n\text{H}_{2n} \longrightarrow \text{C}_m\text{H}_{2m} + \text{C}_{n-m}\text{H}_{2(n-m)}$$

无固体酸催化剂存在时，石油烃的裂化都是通过高温热裂化的形式，这也是石油化工生产乙烯、丙烯和一部分芳烃的重要手段，热裂化与催化裂化所得产物不同与两者的反应机理不同有关。热裂化是自由基机理，而固体酸催化是正碳离子机理。

烷烃热裂化的起始步骤是 C—C 键的均裂：

$$\text{R}_1 - \underset{\underset{\text{H}}{|}}{\overset{\overset{\text{H}}{|}}{\text{C}}} - \underset{\underset{\text{H}}{|}}{\overset{\overset{\text{H}}{|}}{\text{C}}} - \text{R}_2 \longrightarrow \text{R}_1 - \underset{\underset{\text{H}}{|}}{\overset{\overset{\text{H}}{|}}{\text{C}}} \cdot \cdot \underset{\underset{\text{H}}{|}}{\overset{\overset{\text{H}}{|}}{\text{C}}} - \text{R}_2$$

断裂后的自由基按 β 断裂生成乙烯和一个少两碳的自由基：

$$\text{R}\dot{\text{C}}\text{H}_2 \overset{\beta}{+} \text{CH}_2 \overset{\alpha}{-} \text{CH}_2 \cdot \longrightarrow \text{R}\dot{\text{C}}\text{H}_2 + \text{CH}_2 = \text{CH}_2$$

较小的自由基在高温情况下，可以继续断裂一直到生成甲基。甲基可以从另一烃分子中得到一个氢，生成甲烷和一个仲烃自由基。自由基的显著特点是并不异构化，即不能使烷基转移或自由基从一个碳原子转移到相邻的碳原子上。因此，热裂化产物中乙烯产率高，甲烷也较高，而 α 烯烃较低；烯烃比例高，而异构体生成很少。

固体酸作用，石油烃可以在酸中心上形成正碳离子，伯碳离子经 H 转移变化为仲碳离子。

$$\text{R}_1 - \text{CH}_2 - \text{CH}_2 - \text{CH}_3 \xrightarrow{\text{L酸中心}} \text{R}_1 - \text{CH}_2 - \overset{+}{\text{CH}} - \text{CH}_3 + \text{HL}$$

正碳离子也按 β 键断裂，即

$$\text{R}_1 \overset{\beta}{+} \text{CH}_2 \overset{\alpha}{-} \overset{+}{\text{CH}} - \text{CH}_3 \longrightarrow \text{R}_1^+ + \text{CH}_2 = \text{CH} - \text{CH}_3$$

生成的新正碳离子可以继续发生 β 断裂，直到 C3 和 C4 正碳离子不能进一步形成 C1 和 C2 正碳离子，所以催化裂化产物中 C3 和 C4 烯烃为主而甲烷和乙烯较少。由于正碳离子容易发生氢转移和甲基转移，从而使汽油产物中饱和烃、异构烃比较多。

值得注意的是，催化裂解过程实际上是催化裂解反应和热裂解反应共存的过程，催化裂化按正碳离子反应机理进行，反应生成较多的丙烯和丁烯，热裂解按自由基机理进行，反应生成较多的乙烯；反应温度升高时，催化裂化和热裂解反应的速度均增大，但是增大幅度的不同相应地会影响最终得到的烯烃的成分。

4.6.2 杂多酸化合物及其催化作用

杂多酸作为均相体系的催化剂可用于多种类型的有机化学反应，如酯化、酯分解、酯交换、烯烃水合、烷基化、脱烷基化、异构化、环氧化合物的醚化及酚与醇的缩合脱水、醇醛缩合反应、醛类的缩聚、环化和醇的醚化等。

杂多化合物具有强氧化性，可以不连续地获得 1～6 个电子，且本身的阴离子结构不被破坏，其氧化性强弱由中心原子和配体中的多原子的性质决定。杂多酸的氧化性强弱顺序：（1）改变组成元素：含钒杂多酸>含钼杂多酸>含钨杂多酸；（2）改变结构，不同结构的杂多酸氧化性顺序为：Dawson 结构杂多酸>Keggin 结构杂多酸。

从催化剂的组成体系看，均相氧化催化体系有单组分和双组分杂多酸之分，单组分催化体系主要采用 O_2、H_2O_2 和有机过氧化物氧化剂，此类反应包括硫化物的氧化、芳烃的溴化、烷基芳烃氧化、烯烃氧化以及氨氧化反应等。双组分催化体系可用于催化如下反应：通过氧化阴离子化由烯烃合成醛酮或不饱和酸酯；由芳烃和酸合成酸酯；通过醇类氧化制取羧基化合物等。

多相氧化催化反应可以分为表面型和体相型，表面型反应活性与催化剂的比表面积成正比，而体相型反应与比表面积不成比例。

杂多酸虽然具有优异的催化性能，但是由于颗粒直径太小（约 10nm），制备困难，在固定床反应器中床层阻力太大而难以操作。杂多酸的比表面积较小，在酸性溶液中稳定，与碱共沸时易分解。因此在实际应用中，常常将杂多酸负载在合适的载体上，以提高其比表面积。负载型杂多酸催化剂的催化性能与载体的种类、酸的负载量和处理温度有关。能够用于负载的主要是中性和酸性载体，其中包括活性炭、SiO_2、TiO_2、离子交换树脂和介孔的 MCM-41 分子筛等。

4.6.2.1　活性炭负载杂多酸

活性炭因其具有非常高的比表面积和良好的稳定性而被广泛用作催化剂的载体。Lzumi Y 等的研究发现杂多酸对活性炭具有很强的亲和力，把活性炭浸渍于高浓度的杂多酸溶液后干燥，杂多酸不脱落。楚文玲等在研究液–固反应体系中负载在几种国产活性炭上具有 Keggin 结构的杂多酸对乙酸与正丁醇酯化反应的催化性能时发现，不同活性炭对杂多酸的负载牢固程度显著不同，所得催化剂具有较高的酸催化活性和选择性，不同类型杂多酸负载在活性炭上其催化活性亦不同：$H_3PW_{12}O_{40}/C>H_4SiW_{12}O_{40}/C>H_5BW_{12}O_{40}/C>H_{21}B_3W_{99}O_{132}/C$。

4.6.2.2　SiO_2 负载杂多酸

SiO_2 具有很大的比表面积和独特的孔结构，在吸附过程中，表面羟基对溶液中不同离子的吸附起重要作用。SiO_2 负载杂多酸具有较高的催化活性。在中国专利中报道，采用 SiO_2 负载磷钨酸和硅钨酸催化剂在气相体系中进行烯烃水合，并用负载磷酸的催化剂进行对照，结果负载型杂多酸作为催化剂对合成 3 种醇的催化活性都比负载型磷酸高，而且活性保持稳定。J. F. Knifton 将 SiO_2 载体负载磷钨酸和磷钼酸用于甲醇和叔丁醇一步合成 MTBE 效果较好。过氧化氢异丙苯的分解反应是由异丙苯制取苯酚和丙酮的重要反应。目前这一反应，工业上采用的是 H_2SO_4 催化剂，其收率为 90% 左右，而改用 SiO_2 负载杂多酸作催化剂，过氧化氢乙丙苯能定量转化，收率大于 99%。对苯二甲酸二辛酯（DOTP）是工业上最重要的增塑剂之一，国内外多采用浓硫酸催化生产技术，但存在着产品精制困难，浓硫酸腐蚀设备和废水污染环境等弊端。而采用 SiO_2 负载杂多酸为催化剂则克服了这些缺点，产品酸值低，综合性能好，催化剂可重复使用 15 次以上，成本大大下降。SiO_2 为载体的负载型杂多酸催化剂不仅可以选择结构调变性较大的不同杂多酸，而且也可以对载体进行化学和结构等性能的调变。如选择不同结构特征的 SiO_2 作载体，利用不同金属修饰载体以改变其催化性能等。

4.6.2.3　TiO_2 负载杂多酸

TiO_2 本身具有很好的催化活性，被用作负载杂多酸催化剂的载体是一种非常理想的材料。杨水金等以二氧化钛负载磷钨钼杂多酸为催化剂，丁酮和 1,2-丙二醇为原料，合成了丁酮 1,2-丙二醇缩酮。实验结果表明，二氧化钛负载磷钨钼杂多酸是合成丁酮 1,2-丙二醇缩酮的良好催化剂。吕宝兰等以自制二氧化钛负载磷钨杂多酸为多相催化剂，以苯甲醛和 1,2-丙二醇为原料合成苯甲醛 1,2-丙二醇缩醛，较系统地研究了原料物质的量比、催化剂用量、反应时间诸因素对产品收率的影响，在上述条件下，苯甲醛 1,2-丙二醇缩醛的收率为 80.7%。

4.6.2.4　新型分子筛负载杂多酸

A　MCM-41 分子筛负载杂多酸

MCM-41 分子筛具有分布均一的大孔径和很高的比表面积（$1192m^2/g$），规整的六方排列二维孔道，吸附性能优异，适用于大体积的分子反应。由于其孔壁是无定型结构，具有较弱的酸性，限制了其应用范围。杂多酸负载在 MCM-41 分子筛上，不仅能在液相氧化和酸催化反应中将催化剂从反应介质中方便地分离出来，而且还为这类均相催化反应的多相化创造了有利条件，使生产工艺简化。Kozhevnikov I V 等制备并表征了介孔分子筛磷钨酸催化剂 $PW_{12}/MCM-41$，载体上的磷钨酸分散极好，酸负载量达到 50% 仍无 PW_{12} 的晶相形成。在 4-甲基-2-叔丁基苯酚（TBP）的液相烷基化反应中 $PW_{12}/MCM-41$ 与 PW_{12} 和 H_2SO_4 相比表现出更高的催化活性和择形性。介孔分子筛负载适量杂多酸后，催化剂的活性大幅度提高，在相对较低的反应温度，介孔分子筛负载杂多酸催化剂对烷基化和异构化等反应都表现出较好的催化选择性。

B　沸石分子筛负载杂多酸

沸石晶体具有很开阔的硅氧骨架，在晶体内部形成许多孔径均匀的孔道和内表面积很大的孔穴，从而具有独特的吸附、筛分、阳离子交换和催化性能。蒋东梅等利用改性沸石负载杂多酸及贵金属 Pt 的双功能催化剂在正庚烷加氢异构化反应中效果显著，且异构化选择性可达 94%。

C　SBA-15 分子筛负载杂多酸

介孔分子筛 SBA-15 具有较大的孔径、较厚的孔壁以及较高的水热稳定性。但其表面酸性较低，对介孔分子筛 SBA-15 进行杂多酸改性可以得到比表面积较大和催化活性高的新型催化剂，因此受到广泛关注。Zhu Peter 等将杂多酸负载在 SBA-15 分子筛上，讨论了苯与十二碳烯的烷基化反应，其结果表明，SBA-15 分子筛表现出比 HY 沸石更高的催化性能及稳定性，其原因在于 SBA-15 分子筛的高比表面积及介孔性能，并且在催化反应过程中能够产生强酸中心。

4.6.3　离子交换树脂催化及其催化作用

离子交换树脂是具有反应性基团的轻度交联的体型聚合物，利用其反应性基团实现离子交换反应的一种高分子试剂，是由交联结构的高分子骨架与以化学键结合在骨架上的固定离子基团和以离子键为固定基团以相反符号电荷结合的可交换离子构成的。离子交换树脂根据其基体的种类可分为苯乙烯系树脂和丙烯酸系树脂；根据树脂中化学活性基团的种类分为阳离子交换树脂和阴离子交换树脂两大类，它们可分别与溶液中的阳离子和阴离子进行离子交换，从而形成阳离子、阴离子的转型树脂。

4.6.3.1　阳离子交换树脂

阳离子交换树脂分子结构中含有酸性基团，如—SO_3H、—PO_3H_2、—$COOH$ 等，能与溶液中阳离子进行交换。根据交换基团酸性的强弱，又可进一步把阳离子交换树脂分成以下几类：

（1）强酸性阳离子交换树脂，如含官能团—SO_3H、—CH_2SO_3H 等的树脂，其容易在溶液中离解出 H^+，故呈强酸性。树脂离解后，本体所含的负电基团（如 SO_3^{2-}）能吸附结合溶液中的其他阳离子，这两个反应使树脂中的 H^+ 与溶液中的阳离子互相交换。强酸性阳离子交换树脂酸性相当于硫酸、盐酸等无机酸，它在碱性、中性，甚至酸性介质中都显示离子交换功能。这类树脂在使用一段时间后，要进行再生处理，即用化学药品使离子交换反应以相反方向进行，使树脂的官能基团回复原来状态，以供再次使用。上述的阳离子树脂是用强酸进行再生处理，此时树脂放出被吸附的阳离子，再与 H^+ 结合而恢复原来的组成。

（2）弱酸性阳离子交换树脂，主要为含弱酸性基团—$COOH$、—CH_2OH、—OH 等的树脂。这类树脂能在水中离解出 H^+ 而呈酸性，树脂离解后余下的负电基团，如 R—COO—（R 为碳氢基团），能与溶液中的其他阳离子吸附结合，从而产生阳离子交换作用。这种树脂的酸性即离解性较弱，在低 pH 值下难以离解和进行离子交换，只能在碱性、中性或微酸性溶液中（如 pH = 5 ~ 14）起作用。这类树脂亦是用酸进行再生（比强酸性树脂较易再生）。

（3）中等酸性阳离子交换树脂，其介于强酸性阳离子交换树脂和弱酸性阳离子交换树脂之间，主要为含官能团—PO_3H_2、—PO_3H_3、AsO_3H_2 等的树脂。

4.6.3.2　阴离子交换树脂

阴离子交换树脂一般含有碱性基团，如—$N(CH_3)_3OH$、—$N(CH_3)_2C_2H_4OH$、—NH_2 等，能与溶液中的阴离子进行交换。阴离子交换树脂根据交换基因碱性的强弱分成以下两类：

（1）强碱性阴离子交换树脂。这类树脂含有强碱性基团，如—$N(CH_3)_3OH$、—$N(CH_3)_2C_2H_4OH$ 等，能在水中离解出 OH^- 而呈强碱性。其碱性较强，相当于一般的季胺碱。这种树脂的正电基团能与溶液中的阴离子吸附结合，从而产生阴离子交换作用。这种树脂的离解性很强，在不同 pH 值下都能正常工作，即在酸性、中性，甚至碱性介质中都可显示离子交换功能，用强碱（如 $NaOH$）可进行再生。

（2）弱碱性阴离子交换树脂。这类树脂含有弱碱性基团，如—NH_2、—NHR、—NR_2 等，它们在水中能离解出 OH^- 而呈弱碱性，其碱性次序为—NR_2 > —NHR > —NH_2。这种树脂的正电基团能与溶液中的阴离子吸附结合，从而产生阴离子交换作用。这种树脂在多数情况下是将溶液中的整个其他酸分子吸附。它只能在中性或酸性条件（如 pH = 1 ~ 9）

下工作。弱碱性阴离子交换树脂可用 Na_2CO_3、$NH_3 \cdot H_2O$ 进行再生。

4.6.3.3　离子交换树脂的转型

在实际使用上，常将这些树脂转变为其他离子形式，以适应各种需要。例如，常将强酸性阳离子树脂与 NaCl 作用，转变为钠型树脂再使用。工作时钠型树脂放出 Na^+，与溶液中的 Ca^{2+}、Mg^{2+} 等阳离子交换吸附，除去这些离子。反应时没有放出 H^+，可避免溶液 pH 值下降和由此产生的副作用（如蔗糖转化和设备腐蚀等）。这种树脂以钠型运行使用后，可用盐水再生（不用强酸）。又如阴离子树脂可转变为氯型再使用，工作时放出 Cl^- 而吸附交换其他阴离子，它的再生只需用食盐水溶液。

4.6.3.4　离子交换树脂酯化反应

离子交换树脂型催化剂主要以两种方式应用于酯化催化。一种是利用离子交换树脂本身作为催化剂；另一种是将常用的催化剂负载于树脂上，以此作为合成催化剂。从目前研究和应用来看，离子交换树脂催化一系列酯化反应都得到了较好的催化效果，已经广泛用于各类催化反应。

A　阳离子交换树脂酯化反应

阳离子交换树脂分子结构中含有酸性基团，因而能解离出 H^+，因此可以起到无机酸的作用而成为酸催化剂。目前几乎所有用 H_2SO_4 或 HCl 催化的酯化反应，均可用强酸性阳离子交换树脂代替。

以工业生产尼龙 66 副产物 C4～C6 混合二元酸为原料，强酸性阳离子交换树脂为催化剂，可合成混合二元酸二甲酯，工艺操作简单，反应条件温和，产率高达 90% 以上，具有显著的工业应用价值。邓德华等采用 HD-8 强酸性离子交换树脂催化合成了丁二酸二乙酯，可以多次重复使用，酯化率可达 76.4%。赵书煌等以强酸性阳离子交换树脂为催化剂，合成羟基乙酸正丁酯，在最佳反应条件下，产率可达 63.4%。宋国胜等在离子交换树脂条件下，研究了甘油与月桂酸的反应合成单甘酯的过程，单甘酯的合成受到树脂结构的影响，同时树脂的结构也受到反应物的影响。试验结果表明，在月桂酸中树脂的膨胀有利于生成单甘酯的反应，在反应过程中用分子筛吸水有利于反应向生成单甘酯的方向进行，同时过量的甘油也利于单甘酯的生成。所有结果表明，甘油与月桂酸进行的酯化反应在不同的催化剂条件下所产生的结果不同。

B　阴离子交换树脂酯化反应

阴离子交换树脂作为酯化反应的催化剂一般是将常用的催化剂负载于树脂上，以此作为合成催化剂。采用阴离子交换树脂为催化剂，羧酸盐与卤代烃反应制备酯，反应在氢氧化钠水溶液体系中进行。Wu 采用季胺树脂作为催化剂，研究了甲氧基苯乙酸与 n-溴代丁烷在 DCM/碱两相中进行的酯化反应。中科院兰州化学物理研究所邓友全等使用 NaOH、Na_2CO_3、KOH 或 K_2CO_3 修饰的强碱性苯乙烯离子交换树脂或大孔强碱性苯乙烯离子交换树脂负载金为催化剂，在反应温度 40～200℃，反应压力 0.1～6MPa，反应时间 1～48h 条件下，催化环氧化合物与二氧化碳环加成制相应环状碳酸酯。酯交换反应是不同酯的醇部分进行交换，这个反应是由高相对分子质量的酯和低相对分子质量的醇制低相对分子质量酯的反应。精制大豆油、猪油或者牛油在碱性阴离子交换树脂存在下进行酯交换。60% 的大豆油和 40% 的猪油在 50℃、150min 的反应条件下，由碱性离子交换树脂催化可以发生明显的酯交换。

    C　金属配合离子交换树脂催化酯化反应

    赵小军等以 D72 和 D61 大孔磺酸型树脂及无水 $AlCl_3$ 为原料,采用液固法进行配合反应制备了固体超强酸催化剂,对多种影响因素进行了考查,并进行了酯化应用研究。在液-固配合法中,使用了甲醇、乙醇作为溶剂,采用乙醇作为溶剂更为适宜。在反应温度 78℃,干燥时间 30h,反应时间 6h 的条件下,该催化剂铝含量可达 78%(质量分数)。催化酯化结果表明,该催化剂对部分羧酸酯化反应具有较好的催化作用。甘黎明以负载镧的离子交换树脂作催化剂,由乙酸和异戊醇合成乙酸异戊酯,结果表明此催化剂催化效率较高,酯化反应时间短,不用带水剂,产品易于分离,酯化率高达 99.3%。羧酸与醇反应是最常见的一种制备酯的方法,也是离子交换树脂催化剂非常广泛应用的领域。陶贤平以 $AlCl_3/D001$ 为催化剂催化乙酰乙酸乙酯和乙二醇反应合成苹果酯,苹果酯收率为 82.3%。柠檬酸三丁酯由丁醇和柠檬酸在大孔阳离子交换树脂催化下,产率大于 90%。除了醇,环氧化物也可以用于合成丙烯酸酯。甲基丙烯酸和环氧化物在酸性树脂催化下发生酯化反应可以得到甲基丙烯酸羟烷基酯,如甲基丙烯酸可以和环氧乙烷反应生成甲基丙烯酸羟乙酯。醇与金属离子配合的酸反应也可生成酯。聚苯乙烯磺酸树脂的酸性不足以顺利进行酯化反应,把它用金属离子部分交换能得到具有 L 酸和 B 酸双重酸性的树脂。羊衍秋在 $FeCl_3$ 配合强酸阳离子交换树脂催化下,由相应酸和醇合成了丁酸异戊酯。酸与烯烃反应也可以制备酯。乙酸和烯烃发生加成反应生成松香气味的乙酸异冰片酯,反应在无溶剂的液相中进行,可以采用 3 种磺化聚苯乙烯树脂(Dowex 50WX8,Am berlyst 15 和 Puro liteMN500)为催化剂。酸酐比酸具有更强的亲电性,邢孔强等通过研究乙酸酐与 9 种酚在大孔 $FeCl_3$ 配合树脂催化下的酯化反应发现,配合树脂催化剂比普通树脂对反应有显著的催化作用。

思　考　题

4-1　硅藻土在使用前为什么要用酸处理?

4-2　NH_3-TPD 法已成为一种简单快速表征固体酸性质的方法,试分析该测试方法的局限性。

4-3　吸附碱的红外光谱(IR)法如何测酸强度?

4-4　简述 Hammett 函数或酸强度函数的表示方法及意义。

4-5　Al_2O_3 酸中心是如何形成的?

4-6　正碳离子是如何形成的?

4-7　以杂多酸和离子交换树脂为例,分别说明杂多酸和离子交换树脂的催化作用。

5　金属催化剂及其作用机理

本章导读：

　　金属催化剂是固体催化剂的一大门类，也是研究最早、应用最广的一类催化剂。过渡金属、稀土金属及许多其他金属都可以用作催化剂。但几乎所有的金属催化剂都是过渡金属，这与金属的结构、表面化学有关，尤其是Ⅷ族金属为活性组分，可用于加氢、脱氢、裂解、氧化等反应。金属适合于作哪种类型的催化剂，要看其对反应物的相容性。发生催化反应时，催化剂与反应物要相互作用（除表面外），不深入体内，即为相容性。例如，过渡金属是很好的加氢、脱氢催化剂，因为 H_2 很容易在其表面吸附，反应无法进行到表层以下。但一般金属不能作氧化反应的催化剂，因为它们在反应条件下很快被氧化，一直进行到体相内部，只有铂系金属在相应温度下能抗拒氧化，可作氧化反应的催化剂。因此，对金属类催化剂的深入研究需要了解其化学键特性。本章介绍金属、合金类催化剂，包括其催化作用机理、特点和使用范围等。

5.1　金属催化剂的分类与特征

　　金属催化剂按活性组分是否负载在载体上分为：非负载型金属催化剂和负载型金属催化剂。非负载型金属催化剂是指不含载体的金属催化剂，按组成又可分单金属和合金两类。通常以骨架金属、金属丝网、金属粉末、金属颗粒、金属屑片和金属蒸发膜等形式应用。骨架金属催化剂，是将具有催化活性的金属和铝或硅制成合金，再用氢氧化钠溶液将铝或硅溶解掉，形成金属骨架。工业上最常用的骨架催化剂是骨架镍，1925 年由美国的 M. 雷尼发明，故又称雷尼镍。骨架镍催化剂广泛应用于加氢反应中。其他骨架催化剂还有骨架钴、骨架铜和骨架铁等。典型的金属丝网催化剂为铂网（图 5-1）和铂-铑合金网，应用在氨化氧化生产硝酸的工艺上。

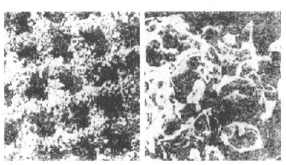

图 5-1　金属催化剂

　　负载型金属催化剂则是指金属组分负载在载体上的催化剂，用以提高金属组分的分散度和热稳定性，使催化剂有合适的孔结构、形状和机械强度。大多数负载型金属催化剂是将金属盐类溶液浸渍在载体上，经沉淀转化或热分解后还原制得。制备负载型金属催化剂的关键之一是控制热处理和还原条件。

　　金属催化剂按催化剂活性组分是一种或多种金属元素，可以分为：单金属催化剂和多金属催化剂。

　　单金属催化剂指只有一种金属组分的催化剂。例如 1949 年工业上首先应用的铂重整催化剂，活性组分为单一的金属铂负载在含氟或氯的 η-Al_2O_3 上。

　　多金属催化剂则是指催化剂中的组分由两种或两种以上的金属组成。例如负载在含氯的 γ-Al_2O_3 上的铂-铼等双（多）金属重整催化剂。它们比前述仅含铂的重整催化剂有更优越的性能，在这类催化剂中，负载在载体上的多种金属可形成二元或多元的金属原子簇，使活性组分的有效分散度大大提高。金属原子簇化合物的概念最早是从配合催化剂中来的，将其应用到固体金属催化剂中，可以认为金属表面也有几个、几十个或更多个金属原子聚集成簇。20 世纪 70 年代以来，根据这一概念，提出了金属原子簇活性中心的模型，用来解释一些反应的机理。在负载型和非负载型多金属催化剂中，若金属组分之间形成合金，称为合金催化剂。研究和应用较多的是二元合金催化剂，如铜-镍、铜-钯、钯-银、钯-金、铂-金、铂-铜、铂-铑等。可以通过调整合金的组成来调节催化剂的活性。某些合金催化剂的表面和体相内的组成有着明显的差异，如在镍催化剂中加入少量铜后，由于铜在表面富集，使镍催化剂原有表面构造发生变化，从而使乙烷加氢裂解活性迅速降低。合金催化剂在加氢、脱氢、氧化等方面均有应用。表 5-1 为金属催化剂按照制备方法划分的类型。

表 5-1　金属催化剂类型

催化剂类型	催化剂用金属	制造方法特点
还原型	Ni、Co、Cu、Fe	金属氧化物以 H_2 还原
甲酸型	Ni、Co	金属甲酸盐分解析出金属
Raney 型	Ni、Co、Cu、Fe	金属和铝的合金以 NaOH 处理，溶提去除铝
沉淀型	Ni、Co	沉淀催化剂：金属盐的水溶液以锌末使金属沉淀； 硼化镍催化剂：金属盐的水溶液以氢化硼析出金属
铬酸盐型	Cu（Cr）	把硝酸盐的混合水溶液以 NH_3 沉淀得到的氢氧化物加热分解
贵金属	Pt、Ru、Rh、Ir、Os	Adams 型：贵金属氯化物以硝酸钾熔融分解生成氧化物； 　载体催化剂：贵金属氯化物浸渍法或配合物离子交换法，然后用 H_2 还原
热熔融	Fe	用 Fe_3O_4 及助催化剂高温熔融，在 H_2 或合成气下还原

金属催化剂具有以下几个特征：

（1）有裸露着的表面，这一事实包含着以下三种含义：1）配合物中心金属的配位部位可以为包括溶剂在内的配体所全部饱和，而对具有界面的固体金属原子来说，至少有一个配位部位是空着的，如图 5-2 所示。2）金属配合物在溶液中总是移动着的，而且可互相碰撞，以至于在配体之间发生交换并保持一种微观的动态上的平衡。但是，固体表面的金属原子则是相对固定的，不能相互碰撞，因此，从能量上来说，处于各种各样的互稳状态。3）配体的性质不同，在固体金属中，金属原子四周的邻接原子——配体都是相同的金属原子本身，因此，与此相关的热力学上的稳定性也就不同。

（2）金属原子之间有凝聚作用。在金属中，金属原子之间有相互凝聚的作用。这是金属之所以具有较大导热性、导电性、延展性以及机械强度等的原因，同时，也反映了金属原子之间化学键的非定域性质，金属的这种性质使其获得了额外的共轭稳定化能，从而在热力学上具有较高的稳定性。所以金属是很难在原子水平上进行分散的。下面列举一些实验事实：

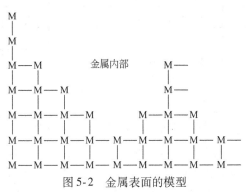

图 5-2　金属表面的模型

1）金属原子尽管在适当配体作用之下，可以避免进一步凝聚而形成所谓的原子簇化合物。从其结构化学以及化学键理论来看，可以看作金属催化剂的模型。但是，从含底物的催化体系的热力学稳定性的观点加以分析，它与真正的金属催化剂有着明显的区别。

2）金属原子通过金属键凝聚达到稳定的原动力，就在于金属原子之间有很强的集合在一起的倾向，这从金属的原子化热远大于相似配合物的键能得到证明。

3）在由浸渍法制取金属载体催化剂时，可以清楚地看到，原来的金属离子，是在分散状态下被还原成金属原子的；在还原过程中，产生的金属原子确实具有甩开载体而相互吸引的凝聚力。

4）以"相"的形式参与反应。当固体金属显示出有催化活性时，金属原子总是以相当大的集团，而不是像配合物催化剂那样以分子形式与底物作用。也就是说，金属是以相当于热力学上的一个"相"的形式出现的，这就是金属催化剂在热力学上的又一特征。

5.2　金属催化剂表面上的化学吸附及其应用

如前所述，吸附是多相催化过程中重要的环节，要详细了解催化反应机理，必须掌握有关金属催化剂表面的吸附作用与金属结构的关系。

5.2.1　金属的电子组态与气体吸附能力间的关系

通过研究常见气体在许多金属上的吸附，可以发现气体的化学吸附强度有以下次序：$O_2 > C_2H_2 > C_2H_4 > CO > H_2 > CO_2 > N_2$。

金属的吸附能力取决于金属和气体分子的结构以及吸附条件。把各种金属在 0℃ 时对上述气体的吸附能力分为七大类，可以得到表 5-2。

表5-2 部分金属对气体的化学吸附能力

分类	金属	气体						
		O_2	C_2H_2	C_2H_4	CO	H_2	CO_2	N_2
A	Ca, Sr, Ba, Ti, Zr, Hf, V, Nb, Ta, Mo, Cr, W, Fe, (Re)	○	○	○	○	○	○	○
B	Ni (Co)	○	○	○	○	○	○	×
C	Rh, Pd, Pt, (Ir)	○	○	○	○	○	×	×
D	Al, Mn, Cu, Au	○	○	○	○	×	×	×
E	K	○	○	×	×	×	×	×
F	Mg, Ag, Zn, Cd, In, Si, Ge, Sn, Pb, Sb, Bi	○	×	×	×	×	×	×
G	Se, Te	×	×	×	×	×	×	×

注：○表示可以被金属化学吸附；×表示不可以被金属化学吸附。

从表5-2中可见，在各种气体中，O_2是最活泼的，几乎被所有的金属化学吸附（唯有 Au 例外），而 N_2 只被 A 类金属化学吸附。

分析各类元素的外层电子结构，可以得到以下规律：

（1）A、B 和 C 类对表5-2 中气体有较强的吸附能力。其中，A 类金属能吸附表中所列的所有气体，其所处的位置排列在元素周期表的ⅣA、ⅤA、ⅥA 和Ⅷ族；吸附能力其次的 B 和 C 类金属为Ⅷ族，这些金属都是过渡金属。因此，强化学吸附能力与过渡金属的特性有关，这就是过渡金属最外层电子层中都具有 d 空轨道或不成对 d 电子，容易与气体分子形成化学吸附键，吸附活化能小，能吸附大部分气体。需要解释的是，N_2 只被 A 类金属化学吸附，而不被 B 和 C 类金属化学吸附，原因是 N_2 以原子形式化学吸附的高价数或 N_2 分子的高离解能要求金属原子外层 d 轨道有 3 个以上的空位，只有 A 类金属能满足这一点，而其他金属原子的 d 轨道没有这么多空位，其未结合 d 电子数和成键轨道数如表5-3 所示。

表5-3 A、B 和 C 三类元素未结合 d 电子数和成键轨道数

A 类	未结合 d 电子数	成键轨道	B, C 类	未结合 d 电子数	成键轨道
W	0	dsp	Ni	4	dsp
Ta	0	dsp	Pd	4	dsp
Mo	0	dsp	Rh	3	dsp
Ti	0	dsp	Pt	4	dsp
Zr	0	dsp	Ba	0	sp
Fe	2	dsp	Sr	0	sp
Ca	0	sp			

（2）D 类只有 Al、Mn、Cu、Au 对表 5-2 中的气体吸附能力较弱。Al（$3s^2sp^1$）不属于过渡金属，外层没有 d 电子轨道，只有 s、p 电子轨道，因此化学吸附能力小，只能吸附少数气体。Mn、Cu、Au 属于过渡金属，其最外层电子排布为 Mn$3d^54s^2$、Cu$3d^{10}4s^1$ 和

$Au5d^{10}6s^1$，共同特点是都具有 d^5 或 d^{10} 的外层 d 电子结构，d 层半充满或全充满，较稳定，不易和气体分子形成化学吸附键。

（3）E、F 和 G 对表 5-2 中气体的吸附能力最差。其原因在于外层均没有 d 轨道，只能吸附少量气体分子。

可见，过渡金属的外层电子结构和 d 轨道对气体的化学吸附起决定作用，有空穴的 d 轨道金属对气体有较强的化学吸附能力，而没有 d 轨道的金属对气体几乎没有化学吸附能力，根据多相催化理论，不能与反应物气体分子形成化学吸附的金属不能作催化剂的活性组分。

5.2.2　金属催化剂的化学吸附与催化性能的关系

催化反应中，金属催化剂先吸附一种或多种反应物分子，从而使后者能够在金属表面上发生化学反应。金属催化剂对某一反应活性的高低与反应物吸附在催化剂表面后生成的中间物的相对稳定性有关。一般情况下，处于中等吸附强度的化学吸附态的分子会有最大的催化活性，因为太弱的吸附使反应物分子的化学键不能松弛或断裂，不易参与反应；而太强的吸附则会生成稳定的中间化合物将催化剂表面覆盖而不利于反应继续发生，相当于使催化剂中毒或钝化。

金属催化剂在化学吸附过程中，反应物粒子（分子、原子或基团）和催化剂表面催化中心（吸附中心）之间伴随有电子转移或共享，使两者之间形成化学键。化学键的性质取决于金属与反应物的本性，化学吸附的状态与金属催化剂的逸出功及反应物气体的电离能有关。

5.2.2.1　金属催化剂的电子逸出功

金属催化剂的电子逸出功是指将电子从金属催化剂中移到外界环境所需做的最小功，或者说电子脱离金属表面所需要的最低能量。在金属能带图中表现为最高空能级与能带中最高填充电子能级的能量差，用 Φ 来表示。其大小代表金属失去电子的难易程度，或者说电子脱离金属表面的难易。金属不同，Φ 值也不相同。表 5-4 给出了一些金属的逸出功 Φ。

表 5-4　一些金属的逸出功 Φ

金属元素	Φ/eV	金属元素	Φ/eV	金属元素	Φ/eV
Fe	4.48	Cu	4.10	W	4.80
Co	4.41	Mo	4.20	Ta	4.53
Ni	4.61	Rh	4.48	Ba	5.10
Cr	4.60	Pd	4.55	Sr	5.32

5.2.2.2　反应物分子的电离势

反应物分子的电离势是指反应物分子将电子从反应物中移到外界所需的最小功，用 I 来表示。它的大小代表反应物分子失去电子的难易程度。在无机化学中曾提到，当原子中的电子被激发到不受原子核束缚的能级时，电子可以离核而去，成为自由电子。激发时所需的最小能量称为电离能，两者的意义相同，都用 I 表示。不同反应物有不同的 I 值，可通过相关工具书查询得到。

5.2.2.3　化学吸附键和吸附状态

根据 Φ 和 I 的相对大小，反应物分子在金属催化剂表面上进行化学吸附时，电子转移有以下 3 种情况，形成 3 种吸附状态，如图5-3所示。

（1）当 $\Phi > I$ 时，电子将从反应物分子向金属催化剂表面转移，反应物分子变成吸附在金属催化剂表面上的正离子。反应物分子与催化剂活性中心吸附形成离子键，它的强弱程度取决于 Φ 和 I 的相对值，两者相差越大，离子键越强。这种正离子吸附层可以降低催化剂表面的电子逸出功。随着吸附量的增加，Φ 逐渐降低。

（2）当 $\Phi < I$ 时，电子将从金属催化剂表面向反应物分子转移，使反应物分子变成吸附在金属催化剂表面上的负离子。反应物分子与催化剂活性中心吸附也形成离子键，它的强弱程度同样取决于 Φ 和 I 的相对值，两者相差越大，离子键越强。这种负离子吸附层可以增加金属催化剂的电子逸出功。

（3）当反应物分子的电离势与金属催化剂的逸出功相近，即 $\Phi \approx I$ 时，电子难以由催化剂向反应物分子转移，或由反应物分子向催化剂转移，常常是两者各自提供一个电子而共享，形成共价键。这种吸附键通常吸附热较大，属于强吸附。实际上 Φ 和 I 不是绝对相等的，有时电子偏向于反应物分子，使其带负电，结果使金属催化剂的电子逸出功略有增加；相反，当电子偏向于催化剂时，反应物稍带正电荷，会引起金属催化剂的逸出功略有降低。

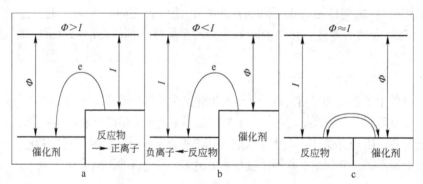

图5-3　化学吸附电子转移与吸附状态
a—电子从反应物转移到金属，形成吸附正离子；b—电子从金属转移到反应物，
形成吸附负离子；c—电子难转移，形成吸附共价键，强吸附

通常条件下，化学吸附后金属逸出功 Φ 发生变化，例如 O_2、H_2、N_2 和饱和烃在金属上被吸附时，金属把电子给予被吸附分子，在表面形成负电层：Ni^+N^-、Pt^+H^-、W^+O^- 等，使电子逸出困难，逸出功提高；而当 C_2H_4、C_2H_2、CO 及含氧、碳、氮的有机物吸附时，把电子给金属，金属表面形成正电层，使逸出功降低。

化学反应的控制步骤常常与化学吸附态有关。若反应控制步骤是生成的负离子吸附态时，要求金属表面容易给出电子，即 Φ 值要小，才有利于造成这种吸附态。例如，对于某些氧化反应，常以 O^-、O_2^-、O^{2-} 等吸附态为控制步骤，催化剂的 Φ 越小，氧化反应的活化能越小。反应控制步骤是生成的正离子吸附态时，则要求金属催化剂表面容易得到电子，即 Φ 要大些，才有利于造成这种吸附态。

对于不同反应，为达到所要求的合适的 Φ 值，可以通过向金属催化剂中加入助催化剂的方法来调变催化剂的 Φ 值，使之形成合适的化学吸附态，提高催化剂的活性和选择性。

5.2.2.4 金属催化剂化学吸附与催化活性的关系

金属催化剂表面与反应物分子产生化学吸附时，常常被认为是生成了表面中间物种，化学吸附键的强弱或者说表面中间物种的稳定性与催化活性有直接关系。通常认为化学吸附键为中等，即表面中间物种的稳定性适中，这样的金属催化剂具有最好的催化活性。因为很弱的化学吸附将意味着催化剂对反应物分子的活化作用太小，不能产生足够量的活性中间物种进行催化反应；而很强的化学吸附，则意味着在催化剂表面上将形成一种稳定的化合物，它会覆盖大部分催化剂表面活性中心，使催化剂不能再进行化学吸附和反应。

5.3 金属催化剂电子结构与催化作用的关系

在金属催化剂与反应物分子形成化学吸附的过程中，催化剂的电子或空穴参与了吸附态的形成，对催化剂的活性产生重要影响。因此，必须了解金属催化剂电子结构与催化作用的关系。研究金属催化剂电子结构的理论方法有三种：能带理论、价键理论和配位场理论。

5.3.1 能带理论

能带理论是目前研究固体中的电子状态，说明固体性质最重要的理论基础。它的出现是量子力学与量子统计在固体中应用最直接、最重要的结果。能带理论不但成功地解决了经典电子论和 Sommerfeld 自由电子论处理金属问题时所遗留下来的许多问题，而且成为解释所有晶体性质（包括半导体、绝缘体）的理论基础。

能带理论涉及以下一些概念。

能级（energy level）：在孤立原子中，原子核外的电子按照一定的壳层排列，每一壳层容纳一定数量的电子。每个壳层上的电子具有分立的能量值，也就是电子按能级分布。为简明起见，在表示能量高低的图上，用一条条高低不同的水平线表示电子的能级，称为电子能级图。

能带（energy band）：晶体中大量的原子集合在一起，而且原子之间距离很近，以硅为例，每立方厘米的体积内有 5×10^{22} 个原子，原子之间的最短距离为 0.235nm。致使离原子核较远的壳层发生交叠，壳层交叠使电子不再局限于某个原子上，有可能转移到相邻原子的相似壳层上去，也可能从相邻原子运动到更远的原子壳层上去，这种现象称为电子的共有化。从而使本来处于同一能量状态的电子产生微小的能量差异，与此相对应的能级扩展为能带。

禁带（forbidden band）：允许被电子占据的能带称为允许带，允许带之间的范围是不允许电子占据的，此范围称为禁带。原子壳层中的内层允许带总是被电子先占满，然后再占据能量更高的外面一层的允许带。被电子占满的允许带称为满带，每一个能级上都没有电子的能带称为空带。

价带（valence band）：原子中最外层的电子称为价电子，与价电子能级相对应的能带称为价带。

导带（conduction band）：价带以上能量最低的允许带称为导带。

导带的底能级表示为 E_c，价带的顶能级表示为 E_v，E_c 与 E_v 之间的能量间隔称为禁带 E_g。

导体或半导体的导电作用是通过带电粒子的运动（形成电流）来实现的，这种电流的载体称为载流子。导体中的载流子是自由电子，半导体中的载流子则是带负电的电子和带正电的空穴。对于不同的材料，禁带宽度不同，导带中电子的数目也不同，从而有不同的导电性。例如，绝缘材料 SiO_2 的 E_g 约为 5.2eV，导带中电子极少，所以导电性不好，电阻率大于 $10^{12}\Omega\cdot cm$。半导体 Si 的 E_g 约为 1.1eV，导带中有一定数目的电子，从而有一定的导电性，电阻率为 $10^{-3}\sim10^{12}\Omega\cdot cm$。金属的导带与价带有一定程度的重合，$E_g=0$，价电子可以在金属中自由运动，所以导电性好，电阻率为 $10^{-6}\sim10^{-3}\Omega\cdot cm$。

能带理论可以视为金属晶格中电子的状态及其运动的一种重要的近似理论。它把金属晶体中每个电子的运动看成是独立的在一个等效势场中的运动，即是单电子近似的理论；对于晶体中的价电子而言，等效势场包括原子核的势场、其他价电子的平均势场和考虑电子波函数反对称而带来的交换作用，是一种晶体周期性的势场。能带理论认为晶体中的电子是在整个晶体内运动的共有化电子，并且共有化电子是在晶体周期性的势场中运动。

为阐明金属键的特性，化学家们在 MO（Molecular Orbit）理论的基础上，提出了能带理论。现仅以金属 Li 为例定性讨论。Li 原子核外电子为 $1s^2 2s^1$。两个 Li 互相靠近形成 Li_2 分子。按照 MO 理论，Li 分子应有 4 个 MO。其中 $(\sigma 1s)^2$ 与 $(\sigma 1s^*)^2$ 的能量低，紧靠在 Li 是空着的（LUMO）。参与成键的 Li 原子越多，由于晶格结点上不同距离的 Li 核对它们的价电子有不同程度的作用力，导致电子能级发生分裂，而且能级差也越来越小，能级越来越密，最终形成一个几乎是连成一片的且具有一定的上、下限的能级，这就是能带。对于 N 个 Li 原子的体系，由于 1s 与 2s 之间能量差异较大，便出现了两条互不重叠或交盖的能带。这种具有未被占满的 MO 的能带由于电子很容易从占有 MO 激发进入空的 MO，故而使 Li 呈现良好的导电性能，此种能带称为导带。在满带与导带之间不再存在任何能级，是电子禁止区，称为禁带。电子不易从满带逾越此空隙区进入导带。显然，原子在形成简单分子时，便形成了分立的分子轨道，当原子形成晶体时，便形成了分立的能带。

不同的金属，由于构成它的原子有不同的价轨道和不同的原子间距，能带（空带）部分叠合，构成了一个未满的导带，因而容易导电，呈现金属性。由此看来，只要存在着未充满的导带（不管它本身是未充满的能带，还是由于空带-满带相互交盖而形成的未充满的能带），在外电场作用下便会形成电子定向流动，从而使材料呈导电性。当升温时，晶格上的原子（离子）振动加剧，电子运动受阻，导电能力降低。离域的电子的运动又可传递热端的振动能使金属具有良传热性。共享电子的"胶合"作用，使金属在受外力作用晶体正离子滑移时不致断裂，呈现良好延展性和可塑性。这与离子型晶体的脆性与易碎裂成为鲜明的对比。此外，金属中的离域电子容易吸收并重新发射很宽波长范围的光，使它不透明并具有金属光泽。

根据前面所叙述的内容，金属晶格中每一个电子运动的规律可用一个"Bloch 函数"表述，每一个金属轨道在金属晶体场内有自己的能级。由于有 N 个轨道且 N 很大，所以这些能级排列得非常紧密，以至于它们形成了连续的带。能级图如图5-4所示。

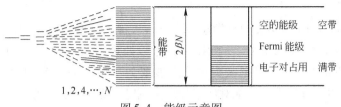

图5-4 能级示意图

能级图形成时是用单电子波函数，由于轨道的相互作用，能级会一分为二，故 N 个金属轨道会形成 $2N$ 个能级。电子占用能级时遵循能量最低原则和 Pauli 原则（即电子配对占用）。在绝对零度下，电子成对地从最低能量能级开始一直向上填充，电子占用的最高能级称为 Fermi 能级。

过渡金属晶体价电子涉及 s 能带和 d 能带。由于 d 能带是狭窄的，可以容纳的电子数较多；s 能带较宽，能级上限很高，可以容纳的电子数少，故能级密度小，而且 s 能带与 d 能带重叠。当 s 能带与 d 能带重叠时，s 能带中的电子可以填充到 d 能带中，从而使能量降低。

图5-5 表示金属镍和铜的 4s、3d 能带重叠。Cu 原子的价层电子组态为 $3d^{10}4s^1$，故金属铜只有 s 能带没有充满，d 能带是电子充满的，为满带；Ni 原子的价层电子组态为 $3d^8 4s^2$，当 Ni 原子单独存在时，3d 能级中有 8 个电子，4s 能级中有 2 个电子，可以看做 d 带中的空穴，称为"d 带空穴"。这种空穴可以通过金属物理实验技术（磁化率测量）测出。d 带空穴越多，接受反应物电子配位数目越强；d 带空穴越少，接受反应物电子配位数目越弱。由磁化率可得，3d 能带中平均每个原子填充 9.4 个电子，而 4s 能带中平均每个原子填充 0.6 个电子。于是 Ni 的 d 能带中每个原子含有 0.6 个空穴，即为"d 带空穴"。"d 带空穴"的概念对于理解过渡金属的化学吸附和催化作用是至关重要的，因为像 Cu 这样，d 轨道是全充满的，就难以成键。

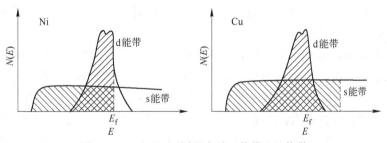

图5-5 Ni 和 Cu 不同程度的 d 能带和 s 能带

金属的能带模型，对于 Cu、Ag、Au 这类金属的能级密度分析，与实验测试结果基本相符。对于金属的导电和磁化率等物理性质，能较好地解释。但是，对于 Fe、Co 等金属的能级密度分析和表面催化的定量分析，相差甚远。此外，能带理论在阐明电子在晶格中的运动规律、固体的导电机构、合金的某些性质和金属的结合能等方面取得了重大成就，但它毕竟是一种近似理论，存在一定的局限性。例如某些晶体的导电性不能用能带理论解释，即电子共有化模型和单电子近似不适用于这些晶体。多电子理论建立后，单电子能带论的结果常作为多电子理论的起点，在解决现代复杂问题时，两种理论是相辅相成的。

5.3.2 价键理论

价键理论起源于 1916 年美国科学家 G. N. Lewis 提出的电子配对理论。1927 年德国科学家 W. Heitler 与 F. L. London 第一个用量子力学处理 H_2 分子，揭示了共价键的本质。1930 年前后 Pauling 和 Slater 等把这个理论发展成为一种全面的键理论，称为价键理论。金属的价键理论实质就是用电子配对法来处理金属键。这一理论在金属材料中有着重要的指导作用，它能帮助人们从电子结构和原子结构层次了解晶体结构，并以此寻找需要的金属新材料。因此，国内外科学家，在这方面做了大量的工作，鉴于价键理论的重要性，对其发展与应用做扼要的归纳与阐述。

价键理论是在 Pauling 离子晶体电价规则基础上发展起来的，它继承了电价规则中"原子的价分配在原子所连诸键上"的基本概念，同时允许原子所连键的键价做不均匀分配。价键的主要内容包括以下几个方面：

（1）在价键理论或价键法则中，将在反应中保持不变的最基本的实体称作原子。在由广义（Lewis）酸（阳离子）与广义碱（阴离子）组成的离子性化合物中，荷正电者为正价，荷负电者为负价。

（2）化学计量要求离子性（或酸碱）化合物中的总正价与总负价的绝对值相等，即化合物整体保持电中性的原理。

（3）原子以化学键与其近邻原子键合，其键连原子数称为该原子的配位数，此数亦为该原子参与化学键的成键数。

（4）价键理论认为，原子的价将分配在它所参与的化学键上，使每个键均有一定的键价，并符合价和规则。这一概念是价键理论最核心的内容。

（5）价键与键长等各种键的性质密切相关。其中最重要者乃是价键与键长间的指数关系。

价键理论从金属价键概念来分析金属的电子结构，认为金属原子间结合力来源于金属键，而金属键的存在一般以杂化轨道相结合，杂化轨道通常为 s、p、d 等原子轨道的线性组合，称为 spd 或 dsp 杂化。

以 Ni 原子形成金属为例来解释金属价键理论。Ni 原子的价电子共有 10 个（$3d^8 4s^2$）。金属 Ni 的原子是六价，Ni 原子形成金属时，每个 Ni 原子贡献 6e 形成金属键，这类电子叫做成键电子，还有 4e 没有参加成键作用，这类电子叫原子电子或未结合电子。根据测定，金属 Ni 有两种杂化轨道：$d^2 sp^3$ 和 $d^3 sp^2$；对应两种电子状态：Ni-A 和 Ni-B，分别占30% 和 70%，如图 5-6 所示。在 Ni-A 中，除 4 个原子电子占据 3 个 d 轨道外，杂化轨道 $d^2 sp^3$ 中 d 轨道成分为 $2/6 = 0.33$。在 Ni-B 中，除 4 个原子电子占据 2 个 d 轨道外，杂化轨道 $d^3 sp^2$ 和一个空轨道中，d 轨道成分为 $3/7 = 0.43$。金属 Ni 中，每个 Ni 原子的 d 轨道对成键贡献的分数为 $30\% \times 0.33 + 70\% \times 0.43 = 40\%$，这个分数叫做金属的分数（d%）。

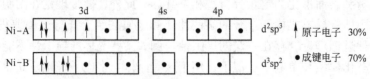

图 5-6 Ni 的外层电子排布方式

　　杂化轨道中 d 原子轨道所占的分数称为 d 特性分数，以符号 d% 表示，它是价键理论用以关联金属催化活性及其他物性的一个特征参数。金属的 d% 越大，相应的 d 能带中的电子填充越多，d 空穴就越少。d% 与 d 空穴是从不同角度反映金属电子结构的参量，且是相反的电子结构表征。它们分别与金属催化剂的化学吸附和催化活性有某种关联，就广为应用的金属加氢催化剂来说，d% 在 40% ~ 50% 之间为宜。表 5-5 为过渡金属的 d%。

表 5-5　过渡金属的 d%

金属	d%	金属	d%	金属	d%	金属	d%
Sc	20.0	Ni	40.0	Ru	50.0	W	43.0
Ti	27.0	Cu	36.0	Rh	50.0	Re	46.0
V	35.0	Y	19.0	Pd	46.0	Os	49.0
Cr	39.0	Zr	31.0	Ag	36.0	Ir	49.0
Mn	40.0	Nb	39.0	La	19.0	Pt	44.0
Fe	39.5	Mo	43.5	Hf	29.0	Au	—
Co	40.0	Te	46.0	Ta	39.0		

5.3.3　配位场理论

　　配位场理论是说明和解释配位化合物的结构和性能的理论。在有些配合物中，中心离子（通常也称中心原子）周围被按照一定对称性分布的配位体所包围而形成一个结构单元。配位场就是配位体对中心离子（这里大多是指过渡金属配合物）作用的静电势场。由于配位体有各种对称性，有各种类型的配位场，如四面体配位化合物形成的四面体场，八面体配位化合物形成的八面体场等。这里所说的配位场理论，是借用配合物化学中键合处理的配位场概念而建立的定域键模型。

　　在无配位场存在下的孤立金属原子，其电子云分布是球形对称的，5 个 d 原子轨道处于同一个能级，这叫简并态。当配合物形成，即存在配位场的作用下，这些 d 轨道能级就要发生分裂（即部分消除简并），一部分能级处于比原能级高的位置，另一部分能级则处于比原能级低的位置，这称为能级分裂。例如 CoF_6^{2-} 离子，在 6 个氟离子形成的八面体场作用下，过渡金属 Co 离子的 d 轨道能级分裂为两组，能级较高的一组有 2 个 d 轨道（$d_{x^2-y^2}$ 和 d_{z^2}），这组双重简并的 d 轨道用符号 e_g 表示；另一组能级较低，有 3 个 d 轨道（d_{xy}、d_{xz}、d_{yz}），用 t_{2g} 标记。这两组轨道的能级差，称为场分裂值。

　　d 能带以类似的形式在配位场中分裂成 e_g 和 t_{2g}。e_g 能带高，t_{2g} 能带低。因为它们是具有空间指向性的，所以表面金属原子的成键具有明显的定域性。例如，空的 e_g 金属轨道，与氢原子的 1s 轨道在两个定域相互键合，一个在顶部，另一个与原子层的 5 个 e_g 结合。利用该模型，原则上可以解释金属表面的化学吸附。例如之前讲到的 H_2 和 C_2H_4 在 Ni 表面上的吸附模式。不仅如此，它还能解释不同晶面之间化学活性的区别。

　　因为它们具有空间指向性，所以表面金属原子的成键具有明显的定域性。这些轨道以不同的角度与表面相交，这种差别会影响到轨道键合的有效性。用这种模型，原则上可以解释金属表面的化学吸附。不仅如此，它还能解释不同晶面之间化学活性的差别、不同金属间的模式差别和合金效应。如吸附热随覆盖度增加而下降，最满意的解释是吸附位的非均一性，这与定域键合模型的观点一致。Fe 催化剂的不同晶面对 NH_3 合成的活性不同，如（110）晶面的活性为 1，则（100）晶面的活性为它的 21 倍；而（111）晶面的活性更高，为它的 440 倍。

上述金属键合的三个模型，都可用特定的参量与金属的化学吸附和催化性能相关联，它们是相辅相成的。

5.4　金属表面几何因素与催化活性

根据前苏联的巴兰金提出的多位理论。他认为表面结构反映了催化剂晶体内部结构，并提出催化作用的几何适应性与能量适应性的概念。其基本观点为：反应物分子扩散到催化剂表面，首先物理吸附在催化活性中心上，然后反应物分子的指示基团（指分子中与催化剂接触进行反应的部分）与活性中心作用。于是分子发生变形，生成表面中间配合物（化学吸附），通过进一步催化反应，最后解吸成为产物。

除了电子因素外，反应物分子与金属表面键合的能力还与金属表面原子的几何排布方式有关，催化活性受到几何因素的影响。

5.4.1　原子间距

根据巴兰金的基本观点，为力求其键长、键角变化不大，反应分子中指示基团的几何对称性与表面活性中心结构的对称性应相适应；由于化学吸附是近距离作用，对两个对称图形的大小也有严格的要求。下面以乙烯在 Ni 金属上的加氢反应为例来说明。Ni 金属为面心立方晶格，有（111）、（110）、（100）三个晶面，当乙烯吸附到 Ni 金属表面后，存在两种吸附情况，此时表现在吸附后 θ 键角的不同，如图 5-7 所示。乙烯在镍表面吸附时，C—C 键长为 1.54×10^{-10} m，Ni—C 键长为 1.82×10^{-10} m。当 Ni—Ni 键长为 1.82×10^{-10} m 时，其 $\theta=105°41'$；当 Ni—Ni 键长为 3.51×10^{-10} m 时，其 $\theta=122°57'$。碳原子的结构为正四面体结构，键角为

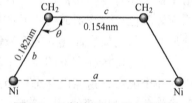

图 5-7　乙烯在 Ni 金属上的吸附

$109°28'$。所以，乙烯吸附在窄双位上时，对应较稳定的吸附，吸附热较大。对于表面吸附为控制步骤的催化反应，较低的吸附热对应较高的活性。故乙烯吸附在宽双位上时，受到较大的扭曲，对应较不稳定的吸附，能称为较为活泼的中间物，更有利于乙烯的催化加氢。

原子间距对催化反应的选择性亦有影响。例如，丁醇在 MgO 上可以发生脱氢反应和脱水反应。MgO 正常面心立方晶格常数 a 为 $4.16\times10^{-10}\sim4.24\times10^{-10}$ m。发现 a 增大将有利于脱水反应，反之则有利于脱氢反应，可以从空间因素来解释。因为脱水与脱氢所涉及的基团不同，前者要求断裂 C—O 键，其键长为 1.43×10^{-10} m；后者要求断裂 C—H 键，其键长为 1.08×10^{-10} m，故脱水要求较宽的双位吸附（图 5-8）。

5.4.2　晶格结构

在金属晶体中，质点排布并不完全按顺序整齐排列。受制备条件的影响，会产生各种缺陷，与吸附和催化性能密切相关的是点缺陷和线缺陷。

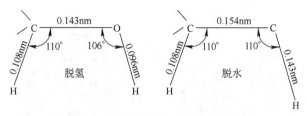

图 5-8 醇在脱氢与脱水时的吸附构型

点缺陷是最简单的晶体缺陷，它是在结点上或邻近的微观区域内偏离晶体结构的正常排列的一种缺陷。晶体点缺陷包括空位、间隙原子、杂质或溶质原子以及由它们组成的复杂点缺陷，如空位对、空位团和空位-溶质原子对等。

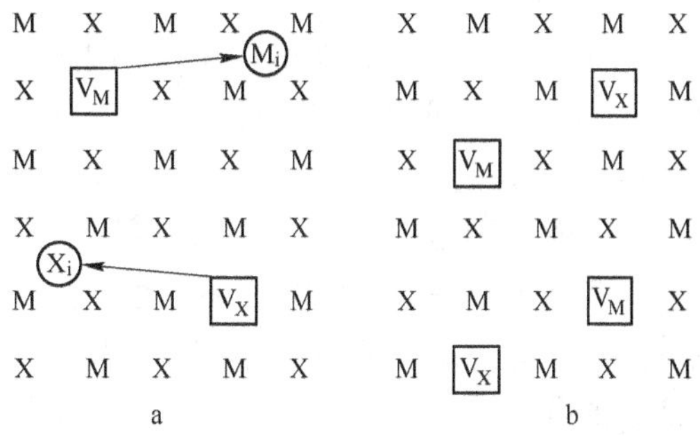

在晶体中，位于点阵结点上的原子并非是静止的，而是以其平衡位置为中心做热振动。原子的振动能是按几率分布，有起伏涨落的。当某一原子具有足够大的振动能而使振幅增大到一定限度时，就可能克服周围原子对它的制约作用，跳离其原来的位置，使点阵中形成空结点，称为空位。离开平衡位置的原子有两个去处，如图 5-9 所示：一是挤入点阵的间隙位置，而在晶体中同时形成数目相等的空位和间隙

图 5-9 点缺陷类型

a—弗兰克尔缺陷；b—肖特基缺陷

原子，称为弗兰克尔（Frenkel）缺陷；二是迁移到晶体表面或内表面的正常结点位置上，而使晶体内部留下空位，称为肖特基（Schottky）空位。另外，一定条件下，晶体表面上的原子也可能跑到晶体内部的间隙位置形成间隙原子。

线缺陷是指晶体内部结构中沿着某条线（行列）方向上的周围局部范围内所产生的晶格缺陷。它的表现形式主要是位错。位错是实际晶体中广泛发育的一种微观到亚微观的线状晶体缺陷，与点缺陷不同，点缺陷只扰乱了晶体局部的短程有序，位错则扰乱了晶体面网的规则平行排列，位错周围的质点排列偏离了长程有序的周期重复规律，即指：在晶体中的某些区域内，一列或数列质点发生有规律的错乱排列现象。

位错具有以下基本性质：（1）位错是晶体中原子排列的线缺陷，不是几何意义的线，是有一定尺度的管道；（2）形变滑移是位错运动的结果，并不是说位错是由形变产生的，因为即使是在一块生长看起来很完美的晶体中，其内部仍然存在很多位错；（3）位错线可以终止在晶体的表面（或多晶体的晶界上），但不能终止在一个完整的晶体内部；（4）在位错线附近有很大应力集中，附近原子能量较高，易运动。位错主要有两种：刃型位错和螺旋位错，图 5-10 展示了晶体中的线缺陷和 KTA（$KTiOAsO_4$）晶体的线缺陷。

螺旋位错有一螺旋轴，它与位错线相平行，它是由晶体割裂过程中的剪切力造成的。如此，晶体中原来彼此平行的晶面变得参差不齐，好像一个螺旋体。真实晶体中出现的位错，多是上述两类位错的混合体，并趋向于形成环的形式。一种多物质常由许多种微晶、且以不同的取向组合而成，组合的界面就是位错。

堆垛层错又叫面位错，是由晶位的错配和误位所造成的。对于一个面心立方的理想晶

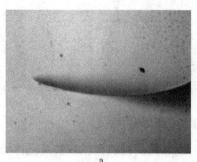

a   b

图 5-10   晶体中的线缺陷

a—晶体中的线缺陷；b—KTA（KTiOAsO$_4$）晶体中的线缺陷

格，其晶面就为 ABC ABC ABC 的顺序排列。如果其中少一个 A 面，或多一个 A 面，或多半个 A 面从而造成面位错。对于六方密堆晶格，理想排列为 AB AB AB 顺序，可能因缺面而造成堆垛层错。任何实际晶体，常由多块小晶粒拼嵌而成。小晶粒中部的格子是完整的，而界面区则是非规则的。边缘区原子排列不规则，故颗粒边界常构成面缺陷。

在多相催化中，晶体的不规整性与表面催化的活性中心有关。因为显现位错处和表面点缺陷处，催化剂原子的几何排布与表面其他地方不同，而表面原子的几何排布是决定催化活性的重要因素，边位错和螺旋位错有利于催化反应。

（1）晶格的不规整性与多相催化中的补偿效应和"超活性"。晶格缺陷与位错都造成了晶格的多种不规整性。晶体的不规整性对金属表面的化学吸附、催化活性、电导作用和传递过程等，起着极为重要的作用。晶格的不规整性往往与催化活性中心密切相关。至少有两点理由可以确信，晶格不规整性关联到表面催化的活性中心。其一是显现位错处和表面点缺陷区，催化剂原子的几何排列与表面其他部分不同，而表面原子间距结合立体化学特性，对决定催化活性是重要的因素；边位错和螺旋位错有利于催化反应的进行。其二是晶格不规整处的电子因素促使有更高的催化活性，因为与位错和缺陷相联系的表面点，能够发生固体电子性能的修饰。

（2）位错作用与补偿效应。补偿效应（the compensation effect）是多相催化中普遍存在的现象。在多相催化反应的速率方程中，随着指前因子 A 的增加，总是伴随活化能 E 的增加，这就是补偿效应。对于补偿效应的合理解释，其原因来源于位错和缺陷的综合结果，点缺陷的增加，更主要是位错作用承担了表面催化活性中心。

（3）点缺陷与金属的"超活性"。金属丝催化剂，在高温下的催化活性，与其发生急剧闪蒸后有明显的差别。急剧闪蒸前显正常的催化活性，高温闪蒸后，Cu、Ni 等金属丝催化剂显出"超活性"，约增加 105 倍。这是因为，高温闪蒸后，金属丝表面形成高度非平衡的点缺陷浓度，这对产生催化的"超活性"十分重要。如果此时将它冷却加工，就会导致空位的扩散和表面原子的迅速迁移，导致"超活性"的急剧消失。

5.4.3   金属催化剂催化活性的经验规则

5.4.3.1   d 带空穴与催化剂活性

金属能带模型提供了 d 带空穴概念，并将它与催化活性关联起来。d 空穴越多，d 能带中未占用的 d 电子或空轨道越多，磁化率会越大。磁化率与金属催化活性有一定关系，随金属和合金的结构以及负载情况而不同。从催化反应的角度看，d 带空穴的存在，使之有从外界接受电子和吸附物种并与之成键的能力。但也不是 d 带空穴越多，其催化活性就越大。因为过多可能造成吸附太强，不利于催化反应。例如，Ni 催化苯加氢制环己烷，催化活性很高。Ni 的 d 带空穴为 0.6（与磁矩对应的数值，不是与电子对应的数值）。若用 Ni-Cu 合金则催化活性明显下降，因为 Cu 的 d 带空穴为零，形成合金时 d 电子从 Cu 流向 Ni，使 Ni 的 d 空穴减少，造成加氢活性下降。又如 Ni 催化氢化苯乙烯制备乙苯，有较好的催化活性。如用 Ni-Fe 合金代替金属 Ni，加氢活性下降。但 Fe 是 d 空穴较多的金属，为 2.2。形成合金时，d 电子从 Ni 流向 Fe，增加 Ni 的 d 带空穴。这说明 d 带空穴不是越多越好。

5.4.3.2　d% 与催化活性

d% 与金属催化活性的关系，实验研究得出，各种不同金属催化同位素交换反应的速率常数，与对应的 d% 有较好的线性关系。但尽管如此，d% 主要是一个经验参量。

d% 不仅以电子因素关系金属催化剂的活性，而且还可以控制原子间距或格子空间的几何因素去关联。因为金属晶格的单键原子半径与 d% 有直接的关系，电子因素不仅影响到原子间距，还会影响到其他性质。一般 d% 可用于解释多晶催化剂的活性大小，而不能说明不同晶面上的活性差别。

5.5　负载型金属催化剂的催化活性

金属催化剂尤其是贵金属，由于价格昂贵，常将其分散成微小的颗粒附着于高表面和大孔隙的载体上，以节省用量，增加金属原子暴露于表面的机会，这样就给负载型金属催化剂带来了一些新的特征。在负载型金属催化剂中，载体对金属的催化作用可能产生各种不同的影响：载体仅作为惰性介质使金属活性组分达到高分散度；酸性载体与金属组分协同作用，形成多功能的催化剂；金属与载体之间可能发生强的相互作用。

5.5.1　金属分散度与催化活性的关系

对于多相催化反应，反应主要是在固体催化剂的表面上进行的。因此，金属原子能较多地分布在外表面层，就可大大提高这些金属原子的利用率，这就涉及金属的分散度。金属分散度指催化剂表面活性金属原子数与催化剂上总金属原子数之比，实际上常常和金属的比表面积或金属离子的大小相联系。晶粒大，分散度小；反之，晶粒小，分散度大。在负载型催化剂中分散度则是指金属在载体表面上的晶粒大小。

分散度用 D 表示，其定义为：

$$\text{分散度}(D) = \frac{\text{表面的金属原子数}}{\text{总的金属原子数(表相 + 体相)}} \bigg/ \text{g 催化剂}$$

因为催化反应都是在位于表面上的原子处进行，故分散度好的催化剂，一般其催化效果就好。当 $D = 1$ 时意味着金属原子全部暴露。

金属晶粒大小与分散度的关系在负载型催化剂中，分散度也可以理解为金属在载体表面上的晶粒大小。晶粒大，分散度小；晶粒小，则分散度大。晶粒大小除了影响表面金属原子数与总金属原子数之比，还能影响晶体总原子数和表面原子的平均配位数。这是因为，通常晶面上的原子有三种类型：（1）位于晶角上；（2）位于晶棱上；（3）位于晶面上。显然，位于角顶和棱边上的原子，较之位于面上的配位数要低。随着晶粒大小的变化，不同配位数的比例也会变，相对应的原子数也随之改变。这样的分布指明，涉及低配位数的吸附和反应，将随晶粒的变小而增加；而位于面上的位，将随晶粒的增大而增加。晶粒大小的改变会使晶粒表面上活性位比例发生改变，几何因素影响催化活性。晶粒越小载体对催化活性影响越大。晶粒越小可使晶粒上电子性质与载体不同从而影响催化性能。

通常情况下，科研工作者往往希望通过提高金属分散度以便获得满意的催化活性。但是，对于强放热反应或本身活性已经很高的催化剂，高的金属分散度反而成为破坏催化反应的不利因素。金属分散度与催化活性之间也非简单的正比关系，如环丙烷加氢的催化活性与 Pt 的分散度无关，甚至于对于某些催化反应，活性与分散度之间呈反比。

综上所述，在讨论金属催化剂晶粒大小（即分散度）对催化作用的影响时，可从下述三点考虑：

（1）在反应中起作用的活性部位的性质。由于晶粒大小的改变，会使晶粒表面上活性部分的相对比例变化，从几何因素来影响催化反应。

（2）载体对金属催化行为是有影响的。载体对催化活性影响越大，金属晶粒变得越小，可以预料载体的影响会变得越大。

（3）晶粒大小对催化作用的影响可从电子因素方面考虑，正如上面所述，极小晶粒的电子性质与本体金属的电子性质不同，也将影响其催化性质。

5.5.2   金属分散度的测定

金属分散度是表征金属在载体表面分散状态的量度。影响金属分散度的因素很多：

（1）载体的类型、载体的表面性质、载体的孔道结构和缺陷类型。

（2）催化剂的制备方法，如载体的预处理、浸渍液的性质、金属的负载量、金属的负载方式、金属的负载顺序、金属层的厚度、助剂的引入、焙烧温度和焙烧时间等。

（3）催化反应的工艺条件，如硫化、还原、老化、中毒和再生条件等。因此，金属分散度对于研究催化剂活性的产生、金属与载体间的相互作用、反应过程中活性衰减的原因、晶粒增长速率以及催化剂再生条件的考察等均具有非常重要的意义。

金属分散度的测定方法主要包括化学吸附法（包括静态和动态两种）、X 射线光电子能谱法（XPS）、X 射线衍射宽化法（XRD）和透射电子显微镜法（TEM）等。

5.5.2.1   化学吸附法

通常，对于负载型金属催化剂，只有位于载体表面的金属才有机会参与催化反应。但是，如果金属组分位于载体孔道直径较窄的内表面，受到孔径机械尺寸的限制，反应物接触不到金属组分，该类金属也就没有催化活性。也就是说，暴露在载体表面的金属原子数，并不等同于具有催化活性的金属原子数。化学吸附法与其他方法最大的区别在于该方法测定的是位于催化剂表面且具有催化活性的金属的分散度，因而更易于与催化剂的活性相关联。

化学吸附法是建立在某些探针分子（如 H_2、O_2、CO 等）能选择性地化学吸附在金属表面上，而不吸附在载体上，且符合一定的化学计量系数。因此，通过测定探针分子的化学吸附量，得到金属的分散度、金属比表面积和金属微晶平均尺寸。

化学吸附法用于单金属型催化剂分散度的研究已经十分有效。近年来，也有人将该方法用于双金属催化剂分散度的测定。但是，对于多金属催化剂则误差较大，需要考虑一些校正因素，这方面的文献报道也十分少见。

5.5.2.2　X射线光电子能谱法

催化剂的金属分散度可以用XPS峰的强度表征。影响XPS峰强度的因素很多，不可能由单一的谱峰强度定量某种原子的绝对含量，只能得到同一样品中某种原子与另一种原子的相对含量。因此，XPS法用金属组分与载体主元素的峰强之比表征金属组分的相对分散程度。

XPS法的优点是：

（1）样品用量少，分析速度快，结果可靠性高。

（2）信息丰富，可研究表层金属的分散度、价态、表面配合物以及金属与载体的相互作用等。如Mahatce等曾由X光电子峰增强现象，证明了Pd沸石催化剂中的Pd从空腔迁移到腔口凝聚的现象。

缺点是：

（1）受入射能量和电子逸出样品的平均自由程限制，XPS提供的信息只能取自样品表面几个单原子层的厚度，而且无法接收到催化剂小孔内的活性组分的信息。

（2）检测极限为表面元素相对含量在0.1%（摩尔分数）以上，因而不适于研究金属负载量极低的金属催化剂或催化剂中少量添加组分的测定。

（3）虽通用于各类催化剂，但须考虑组分重叠分布的影响。

5.5.2.3　X射线衍射宽化法

X射线衍射宽化法（LBA）已被广泛用于表征负载型催化剂中金属晶粒的分散程度。当X射线入射到小晶体时，其衍射线条将变得弥散而宽化，晶体的晶粒越小，X射线衍射谱带的宽化程度就越大，根据衍射峰的宽化程度，通过Scherrer方程，可以测定样品的平均晶粒度，见式5-1：

$$D = K\lambda / \beta \cos\theta \tag{5-1}$$

式中，D为平均晶粒大小，表示晶粒在垂直于hkl晶面方向的平均厚度，即晶面法线方向的晶粒大小，与其他方向的晶粒大小无关，nm；λ为X射线衍射波长，nm；β为衍射线的本征加宽度，又称晶粒加宽，即衍射强度为极大值1/2处的宽度，单位以rad表示；θ为衍射角。

对于单相体系，Scherrer公式测定范围一般为3～200nm。当晶粒大于200nm时，衍射峰宽化不明显，难以得出确切的结果；当晶粒小于3nm时，衍射峰很宽，并趋于消失。如果使用现阶梯扫描技术，测量下限可以下降到大约2nm。该方法受灵敏度限制，要求金属的负载量不能小于0.5%。

5.5.2.4　透射电子显微镜法

TEM法是通过拍摄显微图片，随机测量大量金属粒子的最大直径，再根据它们的粒径分布计算出金属粒子的算术平均直径，进而得到金属分散度的信息。

TEM法的优点是：

（1）直观，可以直接观测到金属粒子的形貌、结构、大小及分布情况。

（2）可以根据图像的衬度来估算金属粒子的厚度。

（3）能提供粒度分布信息，XRD 法只能测定粒子的平均大小，TEM 法则能够看到粒径分布的详细信息。

TEM 法的缺点是：

（1）TEM 法属于微区统计，必须选择具有代表性的区域进行大量、反复的测量，操作繁琐，随意性大。

（2）TEM 法是入射电子透过试样后形成的投影像，因而要求载体和金属组分之间必须形成足够高的衬度，才能达到清晰可辨的效果，一般适用于无孔或大孔载体的样品，如果是 Al_2O_3 负载金属氧化物的样品，其载体图像和金属氧化物的图像间会因衬度不足而不易区分，因此，常常需要先将金属氧化物硫化，通过测定金属硫化物的平均粒径，得到金属分散度。

（3）受仪器分辨率的限制，无法观测到小于 1nm 的粒子。

（4）由于 TEM 图像本质上属于投影像，因此无法了解金属粒子的三维结构，尤其是不能判断金属粒子的具体负载位置，即不容易判断出金属粒子是负载在载体表面还是在载体孔道内部。

5.5.3 金属催化反应的结构敏感行为

对于负载型催化剂，布达特和泰勒提出，把金属催化反应区分为两类：结构敏感反应（structure-sensitive）和结构不敏感反应（structure-insensitive）反应。若反应的转化数（每个金属原子每秒钟内转化的反应分子数）随金属颗粒大小的变化而变化，则称此反应为结构敏感反应，否则称为结构不敏感反应。判断反应是否结构敏感，首先必须排除所有由于传热、传质、中毒和金属-载体相互作用引起的干扰。一般说来，在催化反应速率控制步骤中涉及的键为 N—N 或 C—C 键的反应（例如烃类加氢、脱氢和异构化）属结构不敏感反应。

结构敏感反应：氨在负载铁催化剂上的合成是一种结构敏感性反应。该反应的转化频率随铁分散度的增加而增加。乙烷在 Ni-Cu 催化剂上的氢解反应随 Cu 量增多活性下降，也是一种结构敏感性反应。这类涉及 N—N、C—C 键断裂的反应，需要提供大量的热量，反应是在强吸附中心上进行的，这些中心或是多个原子组成的集团，或是表面上顶或棱上的原子，它们对表面的细微结构十分敏感。因此，利用反应对结构敏感性的不同，可以通过调整晶粒大小、加入金属原子或离子等来调变催化活性和选择性。

结构非敏感性反应：例如，环丙烷的加氢就是一种结构非敏感反应。用宏观的单晶 Pt 作催化剂与用负载于 Al_2O_3 或 SiO_2 的微晶（1~1.5nm）作催化剂，测得的转化频率基本相同。由于这类（C—H、H—H）键断裂的反应，只需要较小的能量，因此可以在少数一两个原子组成的活性中心上或在强吸附的烃类所形成的金属烷基物种表面上进行反应。

一般来说，仅涉及 C—H 键的催化反应对结构不敏感，而涉及 C—C 键或者双键（π）变化可发生重组的催化反应为结构敏感反应。

根据最近的总结，负载型金属催化剂的分散度（D）和以转换频率（TOF）表示的每个表面原子单位时间内的活性之间在不同催化反应中存在不同关系。总的可分为 4 类：
（1）TOF 与 D 无关；（2）TOF 随 D 增加；（3）TOF 随 D 减小；（4）TOF 对 D 有最大值。

各类典型反应见表 5-6。由表 5-6 可以看出，（1）类属于结构不敏感反应，（2）～（4）类属于结构敏感反应。

表 5-6　按 TOF 和 D 关系的反应分类

类　别	典　型　反　应	催　化　剂
TOF 与 D 无关	$2H_2 + O_2 \longrightarrow 2H_2O$	Pt/SiO_2
	乙烯、苯加氢	Pt/Al_2O_3
	环丙烷、甲基环丙烷氢解	Pt/SiO_2，Pt/Al_2O_3
	环己烷脱氢	Pt/Al_2O_3
TOF 大，D 大	乙烷、丙烷加氢分解	$Ni/SiO_2 \text{-} Al_2O_3$
	正戊烷加氢分解	$Pt/$炭黑，Rh/Al_2O_3
	环己烷加氢分解	Pt/Al_2O_3
	2，2-二甲基丙烷加氢分解	
	正庚烷加氢分解	
	丙烯加氢	Ni/Al_2O_3
TOF 小，D 小	丙烷氧化	Pt/Al_2O_3
	丙烯氧化	
	$CO + 0.5O_2 \longrightarrow CO_2$	Pt/SiO_2
	环丙烷加氢开环	Rh/Al_2O_3
	$CO + 3H_2 \longrightarrow CH_4 + H_2O$	Ni/SiO_2
	$3CO + 3H_2 \longrightarrow C_2H_5OH + CO_2$	Rh/SiO_2，Fe/MgO
TOF 对 D 有最大值	$H_2 + D_2 \longrightarrow 2HD$	Pd/C，Pd/SiO_2
	苯加氢	Ni/SiO_2

5.5.4　金属与载体之间的相互作用

1978 年陶斯特发现过渡金属钌、铑、钯、锇、铱负载于 TiO_2 上，在温度 773K 下用氢还原后，对 H_2、CO 的吸附量显著减少。他把这种经高温氢还原后金属表面积没有减小而吸附量显著减少的现象归因于金属与载体之间的强相互作用。

将金属活性组分负载于载体上，不仅可以提高催化剂的活性表面积、热稳定性、机械强度和化学稳定性，而且金属与载体之间还会发生相互作用，有可能改变催化性能。

金属-载体的相互作用有三种类型，如图 5-11 所示。第一类是两者相互作用局限在金属颗粒和载体的接触部位，在界面部位分散的金属原子可保持阳离子性质，它们会对金属表面原子的电性质产生影响，进而影响催化吸附和催化性能。该类型对于小于 1.5nm 的金属粒子有显著影响，而对较大颗粒影响较小；第二类是当分散度特别大时，分散为细小粒子的金属溶于载体氧化物的晶格，或生成混合氧化物。第三类是金属颗粒表面被来自载体的氧化物涂饰。载体涂饰物可能与载体化学组分相同，也可能被部分还原。此时会导致金属-氧化物接触部位的表面金属原子的电性质改变，进一步影响其催化性能。

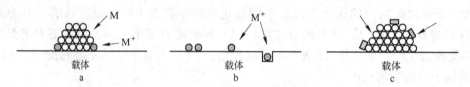

图 5-11　金属-载体相互作用情况

a—在金属颗粒和载体接缝处的 M^+ 阳离子中心；b—孤立金属原子核
原子簇阳离子中心；c—金属氧化物对金属颗粒表面的涂饰

金属-载体强相互作用的成因是金属与载体低价金属离子之间成键、金属与载体之间电子迁移和金属与载体之间的相互扩散。研究发现还原温度升高，负载型金属催化剂对 H_2 和 CO 的化学吸附量下降。易被还原的金属氧化物如 MnO、Nb_2O_5、TiO_2、V_2O_5 和 Ta_2O_5 等对氢的化学吸附抑制最强，难被还原的氧化物载体如 SiO_2、Al_2O_3 和 MgO 对氢的化学吸附的影响要小得多。

金属-载体强相互作用影响催化剂对 H_2、CO 的吸附能力，必然要改变其催化性能。实验表明，CO 加氢反应会因载体不同而得到不同产物；用 TiO_2 和 ZrO_2 负载时，生成甲烷的活性和选择性更高。

5.5.5　金属与载体之间的溢流现象

溢流现象是 20 世纪 50 年代初研究 H_2 在 Pt/Al_2O_3 上的解离吸附时发现的。O_2、CO、NO 和某些烃分子吸附时都可能发生这种溢流现象。溢流现象的研究是近二十多年来催化领域中最有意义的进展之一。

所谓溢流（spillover）现象，是指固体催化剂表面的活性中心（原有的活性中心）经吸附产生出一种离子的或者自由基的活性物种，它们迁移到别的活性中心处（次级活性中心）的现象。它们可以化学吸附诱导出新的活性或进行某种化学反应。如果没有原有活性中心，这种次级活性中心不可能产生出有意义的活性物种，这就是溢流现象。它的发生至少有两个必要的条件：（1）溢流物种发生的主源；（2）接受新物种的受体，它是次级活性中心。溢流物种发生的主源是指 Pt、Pd、Ru、Rh 和 Cu 等金属原子。催化剂在使用中是处于连续变化状态，这种状态是温度、催化剂组成、吸附物种和催化环境的综合函数。

氢溢流可以看做是吸附物种在表面（甚至浅体相中）的迁移或运动的形式之一，或者可以看作质子传递的一种特殊形式，其大小通过 H_2 吸附量来衡量。

氢溢流现象是 Khoobier 在 1964 年首次观察到的，后被 Sierfelt 和 Teicher 试验验证——检测气体中氢气组分的一个传统方法是将该气体通 673K 以上的 WO_3 粉末（黄色），如果该粉末变成蓝色，则说明有氢气组分存在，这时反应形成了氢与 WO_3 的非化学计量配合物，H_xWO_3（$x=0.35$）。他们发现，在室温下，用 H_2 和纯 WO_3 或 WO_3/Al_2O_3 时，没有反应发生，但若用 $H_2+WO_3/Pt\text{-}Al_2O_3$，则反应迅速发生，黄色的粉末变成蓝色。该研究认为：H_2 在 Pt 上被解离化学吸附成活性的原子态氢，而后通过表面迁移与 WO_3 反应。

氢溢流发生的条件：（1）能够产生原子态氢（如要求催化剂能够解离吸附氢）；（2）原子态氢能够顺利迁移运动（如固体粒子的间隙和通道，或质子传递链）。

氢溢流现象的研究，发现了另一类重要的作用，即金属、载体间的强相互作用，常简称之为 SMSI（strong-metal-support-interaction）效应。当金属负载于可还原的金属氧化物载体上，如在 TiO_2 上时，在高温下还原导致降低金属对 H_2 的化学吸附和反应能力。这是由于可还原的载体与金属间发生了强相互作用，载体将部分电子传递给金属，从而减小对 H_2 的化学吸附能力。如 Pt/Al_2O_3 环己烷脱氢过程活性对 Pt 负载的量变化不太敏感现象可以用"溢流氢"解释。溢流的作用使原来没有活性载体变成有活性的催化剂或催化成分。溢流现象也不局限于氢，氧也可以发生溢流，如 Pt/Al_2O_3 积炭反应有氧溢现象。受此作用的影响，金属催化可以分为两类：一类是烃类的加氢、脱氢反应，其活性受到很大的抑制；另一类是有 CO 参加的反应，如 $CO+H_2$ 反应，$CO+NO$ 反应，其活性得到很大提高，选择性也增强。后一类反应的结果，从实际应用来说，利用 SMSI 解决能源及环保等问题有潜在意义。研究的金属主要是 Pt、Pd、Rh 贵金属，目前研究工作仍很活跃，多偏重于基础研究，对工业催化剂的应用尚待开发。

5.5.6 金属与载体之间的调变

在金属催化剂制备时，使用了载体，把金属微粒负载在载体上。这样既提高了金属的分散度，又克服了粉末状金属催化剂的缺点。

载体对金属的催化性能的影响是多方面的，包括活性、选择性和稳定性。使用载体是调变金属催化剂催化性能的重要方法之一。

（1）提高稳定性。载体提高催化剂稳定性是通过提高催化剂的热稳定性和抗中毒能力来实现的。由于高分散度的金属是热力学不稳定体系，有自发降低比表面的倾向。氧化和加氢放热反应的"飞温"、高温反应条件等能使金属催化剂烧结，小晶粒合并为大晶粒，极大地降低了金属原子的利用率和催化活性。在 T_h 时，固体的表面扩散显著，在很小的单个粒子中可能形成接近球形的多面体，使表面平滑；在 T_t 时，固体的体相扩散很显著，粒子容易聚集，变为更大的颗粒。此处，T_t 温度约为物质熔点的绝对温度值的 50%；T_h 约为物质熔点的绝对温度值的 30%。

当温度相当于金属熔点 T_m 的 1/2 或 3/10 时，金属晶粒表面原子就开始离开平衡位置在表面上自由移动，当 2 个金属晶粒有接触部位时，表面移动的金属原子可以填平晶粒间的空隙，使 2 个晶粒合并为 1 个晶粒，发生烧结。使用载体，把微小的晶粒分散并脱离接触地负载在载体上就可以防止上述烧结过程。例如 Cu 和 Pt 单独用做加氢和脱氢催化剂，在 200℃ 使用，很快因烧结而活性下降，若负载于 Al_2O_3 上，则可在 300~500℃ 温度范围内长期使用。

把金属负载在载体上也可提高催化剂的抗中毒能力：1）金属的分散度提高后，降低了对毒物的敏感性，另外载体可以吸附毒物；2）若使用分子筛做载体，还可以把大分子毒物拒之孔外，使孔内晶粒接触不到毒物分子。

（2）提高催化剂的活性和选择性。把金属活性组分分散在载体上，提高金属催化剂的活性和选择性，其原因是载体能改变金属活性中心的几何性质和电子性质，其方法主要是通过载体的颗粒效应和金属-载体强相互作用来实现的。

金属-载体强相互作用，前面已经有所提及。而载体的颗粒效应则主要指金属催化剂活性组分颗粒大小和形状对催化性能的影响。随着金属分散度的提高，即晶粒的变小，不只是增加可利用原子的比率，表面原子的能量也在变化。根据金属结构的自由电子模型，金属原子聚集体越小，价电子被束缚得越紧，能量越高，成键能力发生变化。一般金属颗粒的直径在 1~15nm 范围内，为催化作用最佳范围。晶粒的大小也影响表面原子的几何排布和活性中心的几何性质。当晶粒小到以金属原子族的形式存在，则晶粒形状不均匀性不存在，活性中心的几何性质趋向一致。因此，随着晶粒变小，催化剂的选择性会提高。

此外，金属在载体上聚集体的大小和形状受多种因素的影响，主要为负载量，载体的比表面和孔结构，载体与金属之间界面能，催化剂的制备方法与烧结等。

（3）提供活性中心构成多功能催化剂。负载金属催化剂对载体的要求一般是惰性的，以防止副反应的发生。但是有些载体，尤其是具有酸中心的载体，负载金属后，能催化一些复杂反应。例如 Pt 负载在具有酸性中心的 γ-Al_2O_3 上，可以催化甲基环戊烷芳构化反应，通过对该反应机理的研究，目前确认该反应是由催化剂上金属中心和酸中心共同完成的。

5.5.7 负载型金属催化剂的应用

5.5.7.1 氨的合成

工业上采用的合成氨催化剂是以 α-铁为主催化剂，氧化铝、氧化钾、氧化钙、氧化镁为助剂的熔铁催化剂。它是 20 世纪初由德国的 F. 哈伯和 K. 博施研制出来的，一直沿用至今。该催化剂用天然磁铁矿 Fe_3O_4 和少量助剂（含量约百分之几）在电熔炉里熔融后经水冷而制得。一般认为，助剂氧化铝是结构助催化剂，氧化钾是电子助催化剂，氧化钙和氧化镁有抗烧结和抗毒化作用。

目前，虽然工业合成氨的工艺和催化剂的制备技术已有许多改进，但仍未改变其苛刻的（高温、高压）生产条件。因此，对现有熔铁催化剂的改性和寻找温和条件下的催化剂，仍在世界范围内继续研究。

5.5.7.2 一氧化碳加氢

用镍催化剂将一氧化碳加氢还原为甲烷，是由煤转化为液体燃料和化学燃料的重要途径。此法工业上用于除去氢气中的少量一氧化碳。1926 年德国的 F. 费歇尔和 H. 托罗普施用碱促进的铁或钴催化剂把一氧化碳加氢得到以液体烃为主的产物，称费-托合成：

（1）采用含有费-托催化剂的沸石或不同孔径的氧化铝作催化剂。这样，产物分子受到空腔的限制，不至于产生链太长的产物。例如，在 151℃和 6atm（1atm = 101.325kPa）下将一氧化碳和氢气通过钴-A 型沸石，只生成丙烯。

（2）将费-托催化剂（或合成甲醇催化剂）混以 HZSM-5 型沸石，使生成的烃类或含氧化物的中间产物经酸催化，按碳正离子机理转化为低级烃。

（3）添加化合物对费-托催化剂进行化学修饰，使产物为低级烃，例如采用铁-锰-锌-氧化钾催化剂，产物的碳原子数小于 C5。

（4）采用新型催化剂，例如采用二羰基乙酰丙酮根合铑作催化剂，从一氧化碳和氢合成乙二醇和甲醇。法国石油研究所用铜-钴-铬催化剂从一氧化碳和氢合成 C1~C4 混合醇。

5.5.7.3 烃类-蒸汽转化

气态或液态烃如天然气、焦炉气、石脑油等与一定比例的水蒸气，在高温（700℃以上）下通过催化剂床，转化为氢、一氧化碳、二氧化碳和少量甲烷混合物的反应过程。在工业上用于制造城市煤气和合成氨用的氢气。主要反应包括：

$$C_mH_{2n}+mH_2O \longrightarrow mCO+(m+n)H_2$$
$$CO+H_2O \longrightarrow CO_2+H_2$$
$$CO+3H_2 \longrightarrow CH_4+H_2O$$

副反应是积炭反应：

$$2CO \longrightarrow C+CO_2$$
$$CH_4 \longrightarrow C+2H_2$$
$$CO+H_2 \longrightarrow C+H_2O$$

烃类的蒸汽转化反应因原料烃的不同，所用催化剂也不同，但其活性组分都是周期表中Ⅷ族过渡金属，目前工业上都用镍。蒸汽转化过程是在高温、高压条件下进行的，所以要求载体必须能耐高温，机械强度好。常用氧化铝、氧化镁、氧化硅等耐火材料作载体。为了提高催化剂的活性、稳定性、抗硫性（硫使催化剂中毒）和抑制积炭，常加入助催化剂，如氧化镁、氧化铝、氧化铬、氧化钙等。

5.5.7.4 催化重整

由低辛烷值汽油馏分生成高辛烷值汽油或芳香烃的催化反应。三十多年来，催化重整工业迅速发展，它也是催化作用最重要的工业应用之一。重整原料是个复杂混合物，重整过程是几种反应类型组成的复杂反应。主要有：

（1）环烷烃脱氢芳构化反应：

（2）烷基环烷烃脱氢环化反应：

（3）烷烃脱氢环化反应：

（4）正烷烃异构化反应：

（5）烃类加氢裂化反应。（1）~（3）包含了脱氢和异构化过程，（4）、（5）包含了异构化和加氢裂化过程。因此，要求重整催化剂须具有双功能，即脱氢及加氢和异构化作用。1949 年美国首先采用金属组分铂（0.3% ~ 0.6%（质量分数））负载在氧化铝上，作为双功能重整催化剂。金属组分起脱氢及加氢作用；固体酸载体起异构化作用。

上述（1）~（3）生成芳烃的反应使体积增加，又是强的吸热反应。因此，低压、高温操作有利于反应。但这样的条件会加速炭在催化剂表面的沉积，使其失活。20 世纪 70 年代国际上广泛使用双金属（或多金属）催化剂，如铂-铼或铂-铱（约 0.3% ~ 0.5%（质量分数））负载于氧化铝上。铂-铼催化剂能在表面上高积炭情况下保持高活性，铂-铱催化剂则会抑制表面上积炭而保持高活性。双金属重整催化剂具有高活性、选择性和稳定性的特点。它们的应用是重整技术的重大发展。

5.5.7.5　环氧化

环氧化是烯烃转变为环氧化合物的反应。目前，工业上只采用直接氧化法由乙烯环氧化，生成环氧乙烷。此法以负载银为催化剂，空气或氧气为氧化剂。乙烯在加压下氧化为环氧乙烷，其主反应为：

$$CH_2=CH_2+\frac{1}{2}O_2 \longrightarrow CH_2\underset{O}{\overset{}{-}}CH_2$$

主要副反应为：

$$CH_2CH_2+3O_2 \longrightarrow 2H_2O+2CO_2$$

工业上银是乙烯直接氧化成环氧乙烷的唯一催化剂。因其反应（尤其是副反应）为强放热反应，易引起乙烯深度氧化和催化剂烧结，所以要求具有大孔、低比表面积（一般小于 $1m^2/g$）和耐高温的载体，如 α-氧化铝（刚玉）等。负载银催化剂由活性组分银、助催化剂和载体组成，一般采用浸渍法制备。活性组分银与载体结合的强弱、载体上银颗粒的大小和分布、催化剂的表面结构及电性能、银粒高温重结晶（即烧结）的难易等因素，显著影响催化性能。助催化剂和反应气中的二氯乙烷等促进剂，均影响氧的化学吸附，从而改变氧在银表面上的反应能力。目前，新型银催化剂能使生成环氧乙烷的选择性达 82% 以上。

5.6　合金催化剂及其催化作用

20 世纪 50 年代人们在调变金属催化剂的催化性能时，试图依据能带理论，采用合金办法调变金属催化剂的 d 带空穴，从而改变催化性能。将过渡金属含有 d 带空穴的组分（Ni、Pt、Pd），与不含 d 带空穴但具有未配对的 s 电子的第 I 副族元素（Cu、Ag、Au）组成合金催化剂（Ni-Cu、Pd-Ag、Pt-Au 等）。20 世纪 70 年代，随着表面分析技术的发展和合金理论研究的深入，人们开始从多方面去探讨合金的催化作用。

5.6.1　合金的分类

双金属催化剂往往称为合金催化剂。在反应条件下其实际形式不一定是合金。合金催化剂一般由活泼金属与惰性金属组成，它能够显示一种金属被另一种金属稀释的几何或集团效应，以及电子相互影响的"配位体"效应。如 Pt 催化剂加入 Sn 或 Re 合金化后，可以提高烷烃脱氢环化和芳构化的活性和稳定性。Pt 中加 Ir 催化剂使石脑油重整在较低压力下进行，且使较重的馏分油生成量增加。Cu 中加 Ni 的合金化使环己烷的脱氢活性不变，但可显著降低乙烷的氢解活性。

根据合金的体相性质和表面组成，可将合金分为 3 类：

（1）机械混合合金。各金属原子仍保持其原来的晶体构造，只是粉碎后机械地混在一起，这种机械混合常用于晶格构造不同的金属，它不符合化学计量。

（2）化合物合金。两种金属符合化学计量的比例，金属原子间靠化学力结合组成金属间化合物。例如由 La 和 Ni 可形成 5 种化合物：$LaNi_5$、La_2Ni_7、$LaNi_3$、$LaNi_2$、La_2Ni_3。

（3）固溶体合金。介于上述两者之间，这是一种固态溶液，其中一种金属元素可视为溶剂，另一种较少的金属元素可视为溶质。固溶体通常分为填隙式和替代式两种。当一种原子无规则地溶解在另一种金属晶体的间隙位置中，称之为填隙式固溶体。其中填隙的原子半径一般较小。当一种原子无规则地替代另一种金属晶格中的原子，称之为替代式固溶体。

5.6.2　合金催化剂的类型及其催化特征

金属的特性会因为加入别的金属形成合金而改变，它们对化学吸附的强度、催化活性和选择性等效应，都会改变。

5.6.2.1　合金催化剂的重要性及其类型

炼油工业中 Pt-Re 及 Pt-Ir 重整催化剂的应用，开创了无铅汽油的主要来源。汽车废气催化燃烧所用的 Pt-Rh 及 Pt-Pd 催化剂，为防止空气污染做出了重要贡献。这两类催化剂的应用，对改善人类生活环境起着极为重要的作用。

双金属系中作为合金催化剂主要有三大类：

第一类为第Ⅷ族和ⅠB族元素所组成的双金属系，如 Ni-Cu、Pd-Au 等；

第二类为两种第ⅠB族元素所组成的，如 Au-Ag、Cu-Au 等；

第三类为两种第Ⅷ族元素所组成的，如 Pt-Ir、Pt-Fe 等。

第一类催化剂用于烃的氢解、加氢和脱氢等反应；第二类曾用来改善部分氧化反应的选择性；第三类曾用于增加催化剂的活性和稳定性。

5.6.2.2　合金催化剂的特征及其理论解释

由于合金催化剂较单金属催化剂性质复杂得多，人们对合金催化剂的催化特征了解甚少。这主要来自组合成分间的协同效应（synergetic effect），不能用加和的原则由单组分推测合金催化剂的催化性能。例如 Ni-Cu 催化剂可用于乙烷的氢解，也可用于环己烷脱氢。只要加入 5% 的 Cu，该催化剂对乙烷的氢解活性，较纯 Ni 的约小 1000 倍。继续加入 Cu，活性继续下降，但速率较缓慢。这现象说明了 Ni 与 Cu 之间发生了合金化相互作用，如若不然，两种金属的微晶粒独立存在而彼此不影响，则加入少量 Cu 后，催化剂的活性与 Ni 的单独活性相近。

由此可以看出，金属催化剂对反应的选择性，可通过合金化加以调变。以环己烷转化为例，用 Ni 催化剂可使之脱氢生成苯（目的产物）；也可以经由副反应生成甲烷等低碳烃。当加入 Cu 后，氢解活性大幅度下降，而脱氢影响甚少，因此造成良好的脱氢选择性。

合金化不仅能改善催化剂的选择性，也能促进稳定性。例如，轻油重整的 Pt-Ir 催化剂，较之 Pt 催化剂稳定性大为提高。其主要原因是 Pt-Ir 形成合金，避免或减少了表面烧结。Ir 有很强的氢解活性，抑制了表面积炭的生成，维持了活性。

5.6.3 合金的表面富集

大多数合金都会发生表面富集现象，使其合金的表相组成与体相组成不相同。如 Ni-Cu 合金催化剂，当体相 Ni 原子分数为 0.9 时，表相 Ni 原子分数只有 0.1。可见大量 Cu 在 Ni 表面富集。表面富集产生的原因主要是：（1）自由能差别导致表面富集自由能低（升华热较低的）组分，因为表面自由能的很小差别就会造成很大的表面富集。（2）表相组成与接触的气体性质有关，同气体作用有较高吸附热的金属易于表面富集。例如，在苯乙烯加氢反应实验中发现随合金中 Cu、Ag、Au 含量增加，催化活性降低。认为其原因是 Cu、Ag、Au 等元素中的 s 电子填充到 Ni、Pt、Pd 的 d 带空穴中去，使过渡金属的 d 带空穴数减少。

5.6.4 合金的电子效应与催化作用关系

合金催化剂虽已广泛地得到应用，但对其催化特征了解甚少，同时不能用加和的原则简单地由单组分推测合金催化剂的催化性能。

工业上常用的合金催化剂有 Ni-Cu、Pd-Ag、Pd-Au 等。由此推测合金催化剂中一部分为过渡金属元素 Ni、Pt、Pd 等，它们的电子结构特点是原子轨道没填满电子，也就是说具有 d 带空穴；而另一部分如 Cu、Ag、Au 等，它们的电子结构特点是原子 d 轨道被电子填满，但具有未充满的 s 电子。合金催化剂组成的变化除了改变电子结构外，还可改变几何结构，即改变表面活性组分的聚集状态。从而也改变了合金的催化性能，达到调变催化剂活性、选择性和稳定性的目的。从能带理论出发，认为当两者形成合金时，Cu、Ag 和 Au 中的 s 电子有可能转移到 Ni、Pd、Pt 的 d 带空穴中，使得合金催化剂的 d 空穴数变小，从电子因素来看，这将会引起合金催化剂的催化活性发生变化。但是近 30 多年来的一些研究结果表明，对 Ni-Cu 合金，即使合金中 Cu 原子含量超过 60%，每个 Ni 原子的 d 带空穴数仍为 0.5±0.1。这说明合金中 Cu 电子大部分仍然定域在 Cu 原子中，而 Ni 的 d 带空穴仍大部分定域在 Ni 原子中。Ni 的电子性质或化学特性并不因与 Cu 形成合金而发生显著变化，这与能带理论的推测不相符。Ni 原子的电子结构不因 Cu 的引入形成合金而有很大变化，这是因为 Cu-Ni 是一种吸热合金，在此合金中可能形成 Ni 原子簇，而 Ni 和 Cu 的电子相互作用并不大。相反，对放热合金 Pd-Ag 而言，情况就不一样了。合金中 Pd 含量小于 35% 时，每个 Pd 原子的 d 带空穴数从 0.4 降至 0.15。而 X 射线光电子能谱的数据表明，随 Ag 的加入 Pd 的 d 带空穴被填满。这是因为 Pd-Ag 两个不同原子间成键作用比 Cu-Ni 合金大，所以 Pd 的电子结构受合金的影响会产生电子效应。

人们对 Cu-Ni 和 Pd-Ag 合金的电子因素和几何因素对金属催化剂催化作用的影响进行了较多研究，主要以烃类加氢、脱氢反应和氢解反应为例。图 5-12 给出了氢在 Cu-Ni

合金催化剂上的吸附与合金组成的关系。图 5-12 中强吸附是通过起始吸附等温线及随后抽真空后所得等温线之差求得的。结果表明，少量 Cu 的加入立即引起强吸附氢的剧烈减少。这说明富集的表面 Cu 尽管数量不多，但却覆盖了富镍相。当铜的含量大于 15%，发生相分离，而且富镍相完全被 Cu 包裹，此时外层富 Cu 相的组成不随 Cu 含量的增加而改变，即表面组成变化不大，所以总吸附氢量和强吸附氢量变化不大。由此可见，氢化学吸附不是电子效应引起的，而是 Cu 表面富集的作用。当 Ni 和 Cu 形成合金时，由于 Cu 的富集，Ni 的表面双位数减少，而且吸附强度降低，因而导致氢解反应速度大大降低。双位吸附减少是一种几何效应，而吸附强度降低是一种电子效应。由此可见合金中的几何效应和电子效应对催化作用都有影响。

此外，Pt-Au 合金化对催化作用中几何效应影响最显著。图 5-13 给出了 Pt-Au 合金的组成对正己烷反应选择性的影响。在 Pt 含量较低时，Pt 溶于 Au 中，并均匀地分散在 Au 中。由于 Au 的表面自由能较低，因而 Au 高度富集在表面层。由图 5-13 可见，当 Pt 在合金中含量为 1% ~4.8% 时，表面分散单个的 Pt 原子，或者是少量 Pt 原子簇。若将此合金负载于硅胶上，则只进行异构化反应。当合金中 Pt 含量为 10%，则异构化和脱氢环化反应同时进行，氢解反应却难以进行。而当 Pt 含量非常高抑或为纯 Pt 时，异构化、脱氢和氢解反应均可进行。三者活性最大的差异在于 Pt 的含量不同。此现象的出现，可从几何效应给出说明。因为氢解反应需要较多 Pt 原子组成的大集团，脱氢环化需要较少 Pt 原子集团，而异构化的发生，需要最少的 Pt 原子集团。如果异构化是按单分子机理进行的，在 Pt 原子高分散于大量 Au 原子中，单个 Pt 原子也能进行异构化；对脱氢环化反应至少需要在两个相邻的金属原子上进行。由于 Au 的分隔，这样活性中心变少，活性较异构化低；对于氢解反应，由于合金表面上存在较多 Au 原子，作为活性中心 Pt 大集团存在几率更小，所以 Pt 含量较低时氢解反应几乎不能进行。可见合金作用是调变金属催化剂的一种有效方法，除了影响催化活性外，还会影响反应的选择性。

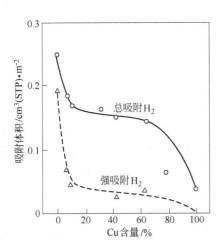

图 5-12　氢在 Cu-Ni 合金催化剂上
的吸附与 Cu 含量之间的关系

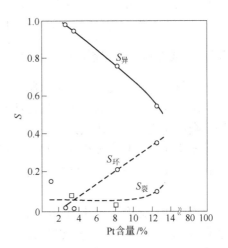

图 5-13　Pt-Au 合金在 360℃ 下对
正己烷反应选择性的影响

（$S_异$、$S_环$、$S_裂$ 分别表示转化为甲基环戊烷、
环化产物、氢解产物的分数）

5.7　合金催化剂的研究进展——非晶态合金

非晶态合金又称为金属玻璃或无定形合金，是在 20 世纪 60 年代初被发现的。这类材料大多由过渡金属和类金属（B、P、Si）组成，通常是在熔融状态下的金属经淬冷而得到类似于普通玻璃结构的非晶态物质，又称为金属玻璃。其微观结构不同于一般的晶态金属，在热力学上处于不稳定或亚稳定状态，从而显示出短程有序、长程无序的独特物理化学性质。但其在催化材料上的应用，则始于 20 世纪 80 年代初，1980 年 G. V. Smith 发表了第一篇有关非晶态合金催化性能的报告。自此以后，众多的研究者探讨了非晶态合金作为新的高活性催化剂的可能性，认为其表面上存在着结晶合金中所没有的催化活性中心，这可能是由几个原子团构成的活性中心，并且大多数情况下都是配位不饱和键。研究表明，其活性高于相应的晶态合金，有特殊的选择性，且成本较低，不会造成污染，是一种新型绿色催化材料。另外，它具有一般晶态合金所没有的特性，如较高的电阻率、半导及超导的特性、良好的抗辐射性能及抗腐蚀能力。现已引起催化界的极大关注。

5.7.1　非晶态合金催化剂的特征

非晶态合金也称无定形合金，其微观结构不同于晶态金属，并且在热力学上处于不稳或亚稳状态，从而显示出独特的物理化学性质：

（1）非晶态合金短程有序，含有很多配位不饱和原子，富于反应性，从而具有较高的表面活性中心密度。

（2）非晶态合金长程无序，是一种没有三维空间原子周期排列的材料。其表面保持液态时原子的混乱排列，有利于反应物的吸附。而且从结晶学观点来看，非晶态合金不存在通常结晶态合金中所存在的晶粒界限、位错和积层等缺陷，在化学上保持近理想的均匀性，不会出现偏析、相分凝等不利于催化的现象。

5.7.2　非晶态合金催化剂的研发热点

大多数的金属、类金属都可以制成非晶态合金，它的组成不受平衡的限制，并可在较宽的范围内变化，这就为调整其催化活性并寻求最佳配方提供了宽广的范围。虽然目前非晶态合金催化剂仍存在比表面积小，热稳定性差的缺点，但其对一些不饱和化合物的催化加氢性能明显优于晶态催化剂，是一类很有发展前景的新型催化材料。非晶态合金催化剂除了在石油化工中显示了广阔的应用前景外，在医疗中间体等的加氢反应中也有较好的应用前景。

目前，非晶态合金催化剂的研究热点之一是提高其活性和自身的抗硫性能。人们发现海泡石与 Ni-B 非晶态合金催化剂之间在表面相互作用，可使非晶态合金的还原性能和吸附性能发生改变，从而可以提高其催化性能和抗硫毒性。

非晶态合金催化剂的研究热点之二是纳米级非晶态合金。由于纳米级非晶态合金镍（Ni-P/Ni-B）自身的特点和长处，它集超细粒子与非晶态合金的特点于一体，因此具有代替工业用骨架镍催化剂的潜力，它的应用可以减少污染并大幅度地降低镍的消耗量，而这一点对于缺少镍金属的国情而言又具有特殊的意义。

思 考 题

5-1 载体是如何调变金属的催化性能的?

5-2 加氢反应中一般选择金属催化剂作为活性中心,试举例说明 H_2 在金属表面上的吸附与活化,以及化合物与活性氢之间的作用。

5-3 试论述载体对金属的催化性能的影响。

5-4 试举例说明几何因素在金属催化中的应用。

5-5 说明载体对金属的催化性能的影响。

5-6 简述非晶态合金催化剂的特征。

6 分子筛结构及其催化作用

本章导读：

多孔材料，由于具有较大的比表面积和吸附容量，而被广泛应用于催化剂和吸附载体中，在吸附、分离、催化等领域具有广泛的应用。根据国际纯粹和应用化学联合会（IUPAC）的规定，多孔材料按孔径大小可分成三类：微孔（micropore）小于 2.0nm；介孔（mesopore）2.0～50.0nm；大孔（macropore）大于 50.0nm。

孔径小于 2nm 的无机微孔材料一般包括硅钙石、活性炭、泡沸石等，其中最具典型的代表是人工合成的沸石分子筛，它是一类以 Si、Al 等为基的结晶硅铝酸盐，具有规则的孔道结构，如 Y 型、超稳 Y（USY）、ZSM-5 和 Beta 等。本章详细介绍了分子筛的结构及其催化作用。

6.1　分子筛的结构构型

分子筛是一种无机微孔材料，已经被矿物学家们研究了近 250 年。人类认识和研究分子筛的历史始于 1756 年辉沸石（stilbite）的发现。该矿石在快速加热条件下由于水分的快速流失看起来就像是沸腾了一样，故而名之"沸石"（zeolite）。直到 20 世纪 40 年代早期，人们才开始尝试人工合成沸石。

目前对分子筛并没有统一的定义，一般认为分子筛是由 TO_4 四面体之间通过共享顶点而形成的三维四连接骨架。骨架 T 原子通常是指 Si、Al 或 P 原子，骨架的负电性可以由腔穴内或孔道内的一价（二价）阳离子（质子）来中和，其阳离子具有可交换性，水分子存在于孔腔（穴）内。分子筛具有均匀的微孔，其孔径与一般分子大小相当。由于其孔径可以用来筛分大小不同的分子，故称为沸石分子筛。

表 6-1 列出了常用的几种分子筛（沸石）的型号、化学组成及孔径大小。不同硅铝比的分子筛耐酸、耐碱、耐热性不同。一般硅铝比增加，耐酸性和耐热性增加，耐碱性降低。硅铝比不同，分子筛的结构和表面酸性质也不同。

表 6-1　常用的几种分子筛（沸石）的型号、化学组成及孔径大小

型号	化 学 组 成	$n(Si)/n(Al)$	孔径/m
3A	$K_{64}Na_{32}[(AlO_2)_{96}(SiO_2)_{96}] \cdot 216H_2O$	1	约 3×10^{-10}
4A	$Na_{96}[(AlO_2)_{96}(SiO_2)_{96}] \cdot 216H_2O$	1	约 4×10^{-10}
5A	$Ca_{34}Na_{28}[(AlO_2)_{96}(SiO_2)_{96}] \cdot 216H_2O$	1	约 5×10^{-10}
13X	$Na_{86}[(AlO_2)_{86}(SiO_2)_{106}] \cdot 264H_2O$	1.23	$9 \times 10^{-10} \sim 10 \times 10^{-10}$

续表 6-1

型号	化 学 组 成	$n(\mathrm{Si})/n(\mathrm{Al})$	孔径/m
10X	$\mathrm{Ca_{35}Na_{16}\left[(AlO_2)_{86}(SiO_2)_{106}\right]\cdot 264H_2O}$	1.23	$8\times10^{-10}\sim9\times10^{-10}$
Y	$\mathrm{Na_{56}\left[(AlO_2)_{56}(SiO_2)_{136}\right]\cdot 264H_2O}$	2.46	$9\times10^{-10}\sim10\times10^{-10}$
M	$\mathrm{Na_8\left[(AlO_2)_8(SiO_2)_{40}\right]\cdot 24H_2O}$	5.0	$5.8\times10^{-10}\sim7.0\times10^{-10}$
ZSM-5	$\mathrm{Na_3\left[(AlO_2)_3(SiO_2)_{93}\right]\cdot 13H_2O}$	31.0	5×10^{-10}

6.1.1 分子筛的结构单元

分子筛的骨架结构可以被认为是由有限的成分单元和无限的成分单元组成的。其中有限单元包括次级结构单元 SBU 和结构性次单元（structural sub-unit，SSU）。无限单元可由不同的有限结构单元即周期性结构单元（periodic building unit，PBU）构建。有限或无限的结构单元通过转化，旋转或镜像形成分子筛的骨架。几个不同的骨架类型其结构单元可以是一样的，结构单元的概念使得骨架结构更易于被描述。

6.1.1.1 初级结构单元(primary building unit)

分子筛是由 $\mathrm{TO_4}$ 四面体之间通过共享顶点而形成的三维四连接骨架。骨架 T 原子通过 sp^3 杂化轨道与氧原子相连，形成以 T 原子为中心的四面体，称为初级结构单元，如图 6-1 所示，四面体顶角代表氧原子，T 原子在四面体内部。骨架 T 原子通常是指 Si、Al 或 P 原子，在少数情况下是指其他原子，如 B、Ga 等，这些 $[\mathrm{SiO_4}]$、$[\mathrm{AlO_4}]$或 $[\mathrm{PO_4}]$ 等四面体是构成分子筛骨架的最基本结构单

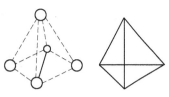

图 6-1　$\mathrm{TO_4}$ 四面体立体示意图

元。在这些四面体中，硅、铝和磷等都以高价氧化态的形式出现，采取 sp^3 杂化轨道与氧原子成键，Si—O 平均键长为 $1.61\times10^{-10}\mathrm{m}$，Al—O 平均键长为 $1.75\times10^{-10}\mathrm{m}$，P—O 平均键长为 $1.54\times10^{-10}\mathrm{m}$。因此，由 $[\mathrm{SiO_4}]$ 和 $[\mathrm{AlO_4}]$ 四面体构成的硅铝酸盐分子筛具有阴离子骨架结构，骨架负电荷由额外的阳离子平衡。硅铝酸盐分子筛的化学通式为：$\mathrm{A}_{x/n}$$[(\mathrm{AlO_2})_{12}(\mathrm{SiO_2})_{12}]\cdot N H_2O$，A 为阳离子，价态为 $+n$，阳离子和吸附水位于孔道中。由 $[\mathrm{AlO_4}]$ 和 $[\mathrm{PO_4}]$ 四面体严格交替构成的磷酸铝分子筛 $\mathrm{AlPO_{4-n}}$ 骨架具有电中性，不需要额外的阳离子来平衡骨架电荷，只有吸附水或模板剂分子存在于孔道之中。

6.1.1.2 次级结构单元(secondary building units，SBU)

分子筛的骨架可以被看做是由有限的成分单元或无限的成分单元（如链或层）构成。有限的结构单元，如次级结构单元（SBU）是由 Meier 和 Smith 引入。图 6-2 中给出了四面体骨架中所发现的 18 种有限的结构单元，即次级结构单元（SBU），这些 SBU 是由初级结构单元 $\mathrm{TO_4}$ 四面体通过共享氧原子按不同的连接方式组成的多元环。每个顶点代表一个 T 原子，两个 T 原子中间的氧原子被省略。每种 SBU 下的数字代表 SBU 的类型。如 3 代表 3 个 T 原子组成的三元环，4-4 代表两个四元环，5-1 代表一个五元环和一个 T 原子。一种骨架可能含有多种 SBU，例如在 LTA 中，它含有 4、8、4-2、4-4 和 6。25 种 SBU，用其中任何一种 SBU，都可以描述 LTA 的骨架结构。

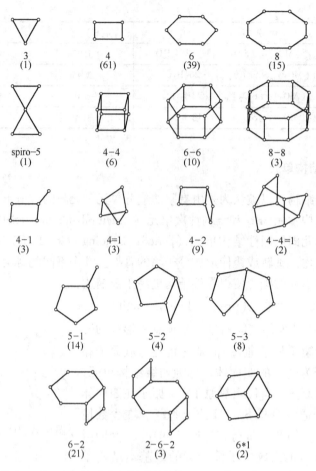

图 6-2　分子筛中常见的次级结构单元（SBU）及其符号
（括号中的数字为 SBU 在已知结构中出现的次数）

6.1.1.3　特征的笼形结构单元

由次级结构单元通过氧桥进一步结合，即成结构基体，它们大多数是中空笼状的多面体。图 6-3 给出了几种常见笼结构的示意图。笼形结构单元是根据确定它们多面体面的 n 元环来描述的。例如，一个截角八面体的方纳石（SOD）笼，它的表面是由 6 个四元环和 8 个六元环围成，因此被定义为 $[4^6 6^8]$ 笼。不同的分子筛骨架会含有相同的笼形结构单元，也就是说，同一笼形结构单元通过不同的连接方式会形成不同的骨架结构类型。例如，从 SOD 笼出发，SOD 笼间通过共面连接，形成 SOD 结构；SOD 笼间通过双四元环连接，会形成 LTA 结构；SOD 笼间通过双六元环连接，会形成 FAU 和 EMT 结构（图 6-4）。

在国外的有些书中，这些特征笼形结构单元也称为结构性次单元（structural sub-unit，SSU），SSU 比 SBU 复杂性更高，比如多面体笼。SSU 不同于 SBU，因为仅仅 SSU 无法构建起分子筛的骨架结构。通常，SSU 需要共享顶角、边缘或面来完成骨架。图 6-5 为采用棍球结构绘制的 SSU 结构图。α 笼是由 12 个四元环，8 个六元环和 6 个八元环构成的一个二十六面体，β 笼是由 6 个四元环和 8 个六元环所组成的十四面体。

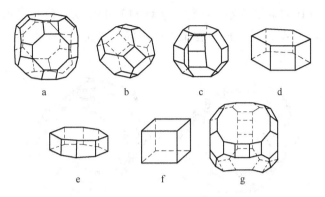

图 6-3　各种笼结构示意图

a—α笼；b—β笼；c—γ笼；d—六角柱笼；e—八角柱笼；f—立方体笼；g—八面沸石笼

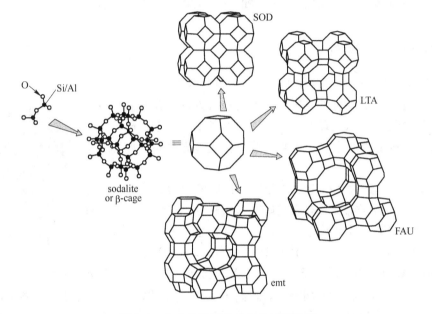

图 6-4　由方钠石笼构成的分子筛结构

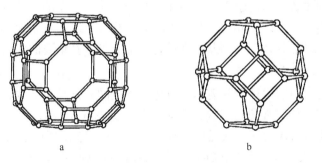

图 6-5　SSU 结构示意图

a—α 笼（48 T-atoms）；b—β 笼或方钠石笼（24 T-atoms）

6.1.1.4　周期性结构单元(periodic building unit，PBU)

由 PBU 经过简单的操作，如平移或旋转，可以很容易地构筑分子筛的骨架。不同于前面描述的 SBU，PBU 的重复单元，通常是多种 SBU 的聚结，PBU 的选择是相当任意的，通常可以选择不同的 PBU 来构筑同一骨架，而不同的骨架又可以由同一 PBU 构筑，如图 6-6 所示。

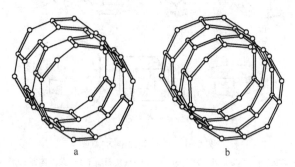

a   b

图 6-6　由 6 个机轴链构筑的 PBU（a）和由 24 个 T 原子构筑的 PBU（b）

6.1.2　分子筛的骨架结构

6.1.2.1　八面沸石型分子筛（FAU）的骨架结构

八面沸石分子筛的骨架结构是由 β 笼和六方柱笼围成的超笼，由 18 个四元环、4 个六元环和 4 个十二元环组成。β 笼中的 4 个六元环通过氧桥按正四面体方式相互连接，构成六方晶系，如图 6-7 所示。

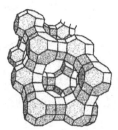

图 6-7　八面沸石型
分子筛的骨架结构

八面沸石笼的最大孔口为十二元环，孔道尺寸为 0.9nm。人工合成 X 型和 Y 型分子筛都具有天然矿物八面沸石笼的骨架结构，两者的区别在于硅铝含量比不同。八面沸石的单胞中所含硅、铝原子总数都是 192，习惯上把 SiO_2/Al_2O_3 摩尔比为 2.2～3.0 的叫做 X 型沸石，SiO_2/Al_2O_3 摩尔比大于 3.0 的叫做 Y 型分子筛。根据 X 型分子筛所含正离子类型的不同，又可分为 13X 和 10X 两种。若正离子为 Na^+，则称为 13X 型分子筛，若大部分 Na^+ 被 Ca^{2+} 取代，则称为 10X 型分子筛。在八面沸石型分子筛的晶胞结构中，阳离子的分布有三种优先占驻的位置，即位于六方柱笼中心的 S_I、位于 β 笼的六元环中心的 S_{II} 以及位于八面沸石笼中靠近 β 笼的四元环上的 S_{III}。由于八面沸石具有较大的空体积（约占 50%）和三维十二环孔道体系，因此它在催化方面有着极其重要的应用。

6.1.2.2　A 型分子筛

A 型分子筛的骨架结构是由 β 笼和立方体笼构成的立方晶系结构，β 笼的 6 个四元环通过氧桥相互连接，构成 A 型分子筛的主笼 α 笼，如图 6-8 所示。

α 笼的最大孔口为八元环，八元环孔径为 0.42nm，是 A 型分子筛的主要通道。A 型沸石的单胞组成为 $Na_{96}[(AlO_2)_{96}(SiO_2)_{96}] \cdot 216H_2O$。96 个 Na^+ 中有 64 个分布在 β 笼的六元环上，其余 32 个 Na^+ 分布在 α 笼的八元环上，分布在八元环上的 Na^+ 能挡住孔口，使 NaA 沸石孔径尺寸约为 0.4nm，称为 4A 分子筛。若 NaA 型沸石中 70% 的 Na^+ 被 Ca^{2+} 交换，八元环孔径可增至 0.55nm，称为 5A 分子筛。相反，若 NaA 型沸石中 70% 的 Na^+ 被 K^+ 交换，八元环孔径缩小到 0.3nm，此时称之为 3A 分子筛。A 型分子筛晶体中含有水分子，它们能占满笼中的空间，水分子可以通过在空气中加热至 350℃ 经 35h 除去。脱水后分子筛内表面很大。

6.1.2.3 M 型（丝光沸石）分子筛

丝光沸石分子筛的单胞结构是由大量双五元环通过氧桥连接而成的。图 6-9 表示晶体结构中的某一层（ab 面）。丝光沸石结构中没有笼，只有层状结构。丝光沸石的 ab 层沿 c 轴方向向上排列，构成平行于 c 轴的许多筒形孔。筒形孔道有两种，一种孔口由八元环组成，孔径约为 0.28nm，另一种由椭圆形十二元环组成，其长轴直径为 0.7nm，短轴直径为 0.58nm，平均为 0.66nm，它是丝光沸石的主通道。丝光沸石的主通道为一维孔道，故易堵塞。丝光沸石的单胞组成中有 8 个 Na^+，其中有 4 个位于主孔道周围的八元环的孔道中，另外 4 个 Na^+ 位置不定。

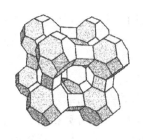

图 6-8　A 型分子筛的骨架结构

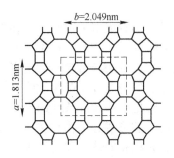

图 6-9　丝光沸石（$Na_8Al_8Si_{40}O_{96} \cdot 24H_2O$）孔截面

6.1.2.4 ZSM 型分子筛

ZSM 型分子筛是一个系列，常见的有 ZSM-4、ZSM-5、ZSM-11、ZSM-12、ZSM-23、ZSM-35、ZSM-38 等。最具实用价值的是 ZSM-5 型沸石。ZSM-5 的基本结构单元由 8 个五元环构成，如图 6-10a 所示；基本结构单元通过共用棱边连接成链，即为二级结构单元，如图 6-10b 所示；链与链之间通过氧桥按对称面关系连接构成片，如图 6-10c 所示；片与片之间通过二次螺旋轴连接成三维骨架结构，如图 6-10d 所示；三维骨架中包含两种相互交叉孔道体系，一种是平行于 c 轴的直孔道，孔口由椭圆形的十元环组成（52nm×58nm），另一种是平行于 ab 面的正弦形孔道，孔口近似为圆形（54nm×56nm），如图 6-10e 所示。

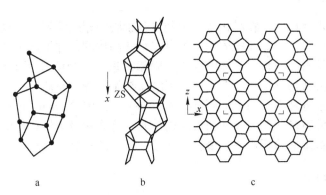

a　　　　　　b　　　　　　c

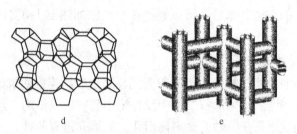

图 6-10 ZSM-5 分子筛的骨架结构

a—基本结构单元；b—链结构；c—在 ac 平面上的结构图；d—直筒孔道结构；e—孔道立体交叉结构

6.2 分子筛的生成机理

分子筛的合成多采用水热法在强碱性溶液中反应晶化而成，沸石分子筛生成过程与晶化机理的研究是一个既有理论意义又对实际有指导价值的科学问题，从长远观点来看，尽管目前已有大量的沸石被合成出来，但是要更广泛地开发新型沸石分子筛，直至对有特定结构、性能的新型分子筛能做到设计合成，必须展开对沸石生成过程与晶化机理的深入研究。沸石的生成涉及硅酸根的聚合态和结构；硅酸根与铝酸根间的缩聚反应；硅铝酸根的结构；溶胶的形成、结构和转变，凝胶的生成和结构；结构导向与沸石的成核，沸石的晶体生长；介稳相的性质和转变等。只有对上述科学问题的深入研究与了解才能从根本上认识沸石的生成过程与机理。

目前对传统沸石的合成机理主要有三种观点：一种称之为固相转变过程（solid hydrogel transformation mechanism），另一种称之为液相转变过程（solution- mediated transport mechanism）。前者认为硅酸根与铝酸根聚合成硅铝水凝胶后，在晶化条件下，凝胶固相中的硅铝酸根骨架重排晶化成沸石晶体骨架；后者认为在晶化条件下，硅铝水凝胶固相经溶解，溶液中的硅酸根与铝酸根离子重新晶化成沸石晶体。几十年来，始终存在着固相转变机理和液相转变机理的争论。20 世纪 80 年代之后，有人又提出了双相转变机理，以及不同晶化条件下不同生成机理的观点，包括上述科学问题的沸石晶化机理的研究还处于发展中，尽管人们尽可能地应用了各种现代化的测试与表征手段，然而至今，对其生成过程的基本理解仍没有得到统一的认识。

6.2.1 固相转变机理

固相机理的观点认为，在晶化过程中既没有凝胶固相的溶解，也没有液相直接参与沸石的成核与晶体生长。只是凝胶固相的本身在水热晶化的条件下产生硅铝酸盐骨架的结构重排，而导致了沸石的成核和晶体的生长。固相机理可以粗略地用图 6-11 表示。当各种原料混合后，硅酸盐与硅铝根聚合生成硅铝酸盐初始凝胶。与此同时，虽然也产生凝胶间液相，然而液相部分并不参与晶化反应。初始凝胶在 OH⁻ 离子的作用下发生解聚与结构重排，形成某些沸石晶化所需要的初级结构单元。这些初级结构单元围绕水合阳离子重排构成多面体，这些多面体再进一步聚合、连接，形成沸石晶体。

6.2.2 液相转变机理

液相机理认为：沸石晶核是在液相中或在凝胶的界面上形成的，晶核的进一步生长消

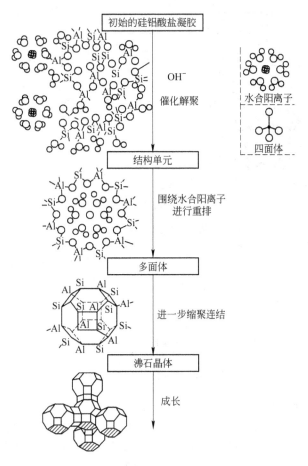

图 6-11　固相转化机理示意图

耗溶液中的硅酸根与铝酸根离子，溶液提供了沸石晶体生长所需要的可溶结构单元，晶化过程中液相组分的消耗导致了凝胶固相的继续溶解。

　　具体的液相机理可参看图 6-12。原料混合后，首先生成初始的硅铝酸盐凝胶。这种凝胶是高浓度条件下形成的，其形成速度很快，因此无序度很高，但是这种凝胶中可能含有某些简单的初级结构单元，如四元环、六元环等。这种凝胶和液相建立了溶解平衡。硅铝酸根离子的溶度积依赖于凝胶的结构和温度，当升温晶化时，建立起新的凝胶和溶液的平衡。液相中多硅酸根与铝酸根浓度的增加导致晶核的形成，为晶体成核和晶体生长消耗了液相中的多硅酸根与铝酸根离子，并引起硅铝凝胶的继续溶解。由于沸石晶体的溶解度小于无定形凝胶的溶解度，其结果是凝胶的完全溶解，而产物沸石晶体的完全生长。

6.2.3　双相转变机理

　　自 20 世纪 80 年代初期起，国内外对沸石的生成过程机理，存在固相转变与液相转变两种不同观点的同时，有人提出双相转变机理的观点，认为沸石晶化的固相化学转变和液相转变都是存在的，它们可以分别发生在两种晶化反应体系中，也可以同时在一个体系中发生。

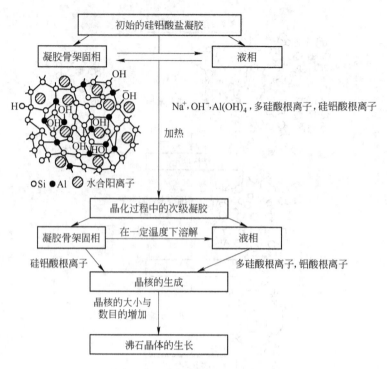

图 6-12　液相转化机理示意图

Oabelica Z 等 1981 年应用 X 射线衍射、化学分析和扫描电镜等多种测试方法，研究了合成 ZSM-5 型沸石的两种体系。他们认为，其中一种体系属于固相转变机理，而另一种体系属于液相转变机理。2000 年 Grieken R Van 等在研究纳米态 ZSM-5 晶化时又提出在此体系的晶化中既存在固相转变又有液相转变机制存在。

由于合成方法不同，合成溶液或组分不同及控制条件不同，合成机理变得非常复杂。综上所述，关于沸石或其他微孔化合物的晶化机理研究已经取得了相当的进展，但是目前仍处于发展中，远没有达到认识清楚以致可以得到结论的程度。

6.3　分子筛催化剂的择形催化作用

择形催化（shape- selective catalysis）概念是 1960 年 Weisz 和 Frilette 首次报道的。他们在研究小孔沸石的催化性能时，认为催化活性中心是在沸石分子筛晶体内部的孔道之内。还提出只有那些反应物和生成物分子在通过分子筛孔道扩散时不受阻碍，而且从反应物到形成产物分子仅需较小的过渡态反应，才可顺利进行下去，这称之为择形催化。特别是 20 世纪 70 年代以来，美国 Mobil 石油公司相继宣布合成了新型中微孔 ZSM-5 系列分子筛，并作为择形催化剂投入使用，呈现出异常显著的效果并将择形催化推向研究的热门。择形催化的研究体系，几乎包括了全部的烃类转化和合成，还有醇类和其他含氧、氮、硫有机化合物以及植物质的催化转化，开辟了基础研究、应用研究、工业开发的广阔天地。到目前为止，已有多种与择形催化有关的石油炼制或石油化工方法投入生产，如分子筛脱蜡、择形异构化、择形重整、甲醇合成汽油、甲醇制乙烯、芳烃择形烷基化等。择形催化方法的实际意义在于可用来增加目标产物的产量，或者有效地抑制副反应的进行。这一高度选择性的特点导致催化反应从以往按分子的化学类别进行向可以按照分子的形状进行转变，使许多化学反应的选择和控制可以通过分子工程设计的方法得以实现。按择形催化理论，可使反应向所需要获得的产物方向进行，这为直接合成所需产品或提高其产率提供了可能性。且其分离工艺过程简化，分离负荷量减少，可节省设备投资，降低能耗，提高经济效益。

分子筛的择形作用基础是它们具有一种或多种大小分立的孔径，其孔径具有分子大小的数量级，因而具有筛分效应。择形催化是一种将化学反应与分子筛吸附及扩散特性结合的科学，通过它可以改变已知反应途径及产物的选择性。从现有的实验数据和认识水平来看，择形催化产生的原因包括扩散约束作用和空间位阻作用，或者两种作用兼而有之。择形催化中，不仅由于分子穿透分子筛孔口受到限制而产生择形作用，而且在分子进入内孔后，还会受到传质的限制。特别是当反应物或产物分子直径与分子筛孔口直径接近时，由于受到内孔壁场的作用及各种能垒的阻碍，分子在晶内扩散将会受到各种限制。

空间位阻择形性的出现不同于约束择形过程的机理，它的活性中心在沸石微晶内所处的位置和空间的大小有关，因为反应能否进行要看反应分子与活性中心的碰撞机会，以及反应中间物能否在此空间生成。例如，二甲苯在 ZSM-5 分子筛上异构化的速率常数比歧化反应的速率常数大上千倍。这是由于前者为单分子反应，后者为双分子反应。而在受约束的空间内，在某一催化中心上提供成功的双分子碰撞并形成反应中间物，要比单分子困难得多。再如二烷基苯在丝光沸石上的烷基转移反应，产物中没有对称的三烷基苯，也是由于转化过程中所需要的二苯基甲烷中间物不能生成，而不是对称的三烷基苯不能通过分子筛催化剂的孔道。依据分子筛的孔大小和孔道体系的特点，目前发现的择形催化剂的反应有如下典型类型。

6.3.1　反应物择形性

当反应混合物中的某些能反应的分子，因过大而不能扩散进入催化剂孔腔内，只有那些直径小于内孔径的分子才能进入内孔，在催化剂活性部位进行催化反应，如图 6-13a 所示。例如，丁醇的三种异构体的催化脱水，如用非择形的催化剂 CaX，正构体较之异构体更难以脱水；若用择形催化剂 CaA，则 2-丁醇完全不能反应，带支链的异丁醇的脱水速率也极低，正丁醇则很快转化，因为正构体的分子线度恰好与 CaA 催化剂的孔径相对应。反应物的择形催化在炼油工业中已获得多方面的应用，油品的分子筛脱蜡、重油的加氢裂化等都是，反应物择形催化在工业上的重要应用是择形催化裂解。为提高汽油的辛烷值，需除去其中的正构烷烃，以增加异构烷烃的比例。采用反应物择形催化，异构烷烃不能通过沸石分子筛孔中，而是直接流出反应器，而正构烷烃可以进入孔道内，在催化剂内表面的酸中心上裂化成小分子逸出。

6.3.2　产物择形性

当产物混合物中的某些分子临界尺寸小于孔口直径，可从孔中扩散出来，成为最终产物，而临界尺寸大于孔径的产物分子，难以从分子筛催化剂的内孔窗口扩散出来而成为观测到的产物，就形成了产物的择形选择性，如图 6-13b 所示。这些未扩散出来的大分子，或者异构成线度较小的异构体扩散出来，或者裂解成较小的分子，乃至不断裂解、脱氢，最终以积炭的形式沉积于孔内和孔口，导致催化剂的失活。例如，Mobil 公司开发的碳八芳烃异构化的 AP 型分子筛择形催化剂，是一种大孔结构的分子筛，其窗口只允许对二甲苯（P-X）从反应区扩散出去，其余的异构体保留在孔腔内并主要异构成 P-X。这就是石化工业生产中由混合二甲苯经择形催化生产 P-X 的技术原理，它保证 P-X 产物极高的选择性。利用产物择形方法，Mobil 公司成功地开发了甲苯乙烯烷基化生产对甲乙苯的反应。对甲乙苯经脱氢后得到对甲基苯乙烯，该产品经聚合可得到性能优良的高分子材料。

反应生成物择形催化的例子还包括很多，如烷基苯歧化反应，甲苯甲醇烷基化反应，甲醇催化合成烃等。

6.3.3　约束过渡态择形性

有的书中也叫过渡状态限制的择形催化。有些反应的反应物分子和产物分子都不受催化剂窗口孔径扩散的限制，只是由于需要内孔或笼腔有较大的空间，才能形成相应的过渡状态，不然就受到限制，使该反应无法进行；相反，有些反应只需要较小空间的过渡态，就不受这种限制，这就构成了限制过渡态的择形催化。二烷基苯分子酸催化的烷基转移反应，就是这种择形催化的一例。反应中某一烷基从一个分子转移到另一个分子上去，涉及一种二芳基甲烷型的过渡状态，属双分子反应。产物含一种单烷基苯和各种三烷基的异构体混合物，平衡时对称的 1，3，5- 三烷基苯是各种异构体混合物的主要组分。在非择形催化剂 HY 和无定形硅铝中，这种主要组分的相对含量接近于该反应条件下非催化的热力学平衡产量分布。而在择形催化剂 HM（丝光沸石）中，对称的三烷基苯的产量几乎为零。表6-2 列出了相应的数据。这表明对称的异构体的形成受到阻碍。因为 HM 的内孔无足够大的空间适于体积较大分子的过渡状态，而其他的非对称异构体的过渡状态可以形成，因为需要较小的空间，如图 6-13c 所示。

表6-2　甲苯烷基、乙苯烷基转移反应过渡状态限制的择形催化

有催化剂或热反应	HM	HY	无定形硅铝	非催化（热力学平衡）
反应温度/℃	204	204	315	315
1，3-二甲基-5-乙基苯占 C10 总量的分数/%	0.4	31.3	30.6	46.8
1-甲基-3，5-二乙基苯占 C11 总量的分数/%	0.2	16.1	19.6	33.7

ZSM-5 催化剂常用于这种过渡状态选择性的催化反应，如用它催化的低分子烃类的异构化反应、裂化反应、二甲苯的烷基转移反应等。ZSM-5 催化剂的最大优点是阻止结焦，具有比其他分子筛或无定形催化剂更长的寿命，这对工业生产十分有利。因为 ZSM-5 只有直行通道，没有笼，孔内不易形成大个的分子，所以不利于焦生成的前驱物聚合反应所需的大过渡状态。在 ZSM-5 催化剂中，焦多沉积于外表面，而 HM 等大孔的分子筛，焦在内孔中生成，如图 6-13d 所示。为了发生择形催化，要求催化剂的活性部位尽可能在孔道内。分子筛的外表面积只占总表面积的 1% ~ 2%，外表面上的活性部位要设法毒化，使之不做出贡献。

反应物与产物的择形催化都是受扩散限制的，故其反应速率受催化剂颗粒大小的影响，而限制过渡态择形催化不受此影响，因此，可以利用颗粒度不同的催化剂，通过实验来区分上述三种择形催化的类型。

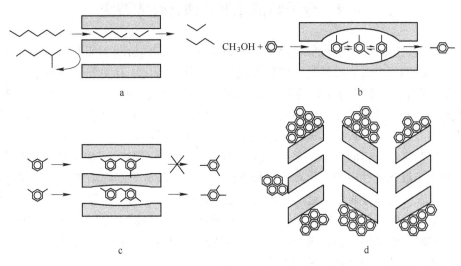

图 6-13　各种分子筛的择形催化

a—反应物择形；b—产物择形；c—过渡态择形；d—结焦部位的择形

6.3.4 分子穿行控制

在具有两种不同形状和大小的孔道分子筛中，反应物分子可以很容易地通过一种孔道进入到催化剂的活性部位，进行催化反应，而产物分子则从另一孔道扩散出去，尽可能地减少逆扩散，从而增大反应速率。这种分子交通控制的催化反应是一种特殊形式的择形选择性，称为分子穿行控制择形催化，如图 6-14 所示。例如，ZSM-5 催化剂和全硅沸石都具有两种类型的孔结构，一种接近于圆形，横截面为 0.54nm×0.56nm，呈"之"字形；另一种为椭圆形，横截面为 0.52nm×0.58nm，呈直筒形，与前者相垂直。反应物分子从圆形"之"字形孔道进入沸石晶体

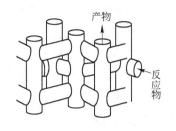

图 6-14　分子穿行控制的择形催化

（"之"字形通道 0.54nm×0.56nm；

直筒形通道 0.52nm×0.58nm）

内，而较大的产物分子则从椭圆形直筒形孔道逸出。这表明反应物及产物分子在沸石晶体内扩散受到分子通道的控制。

许多沸石如镁碱沸石、菱钾沸石等和 ZSM-5 一样，都是孔道尺寸不同的交叉通道体系。反应物分子可以从一类通道体系进入催化剂，而产物分子则由另一通道体系扩散出去。这样在催化反应中就可以减少相迎扩散，提高反应速率。这种择形反应类型首先是由 Derouance 和 Gabalica 提出来的。

他们运用这一概念来解释简单分子如甲醇在 ZSM-5 分子筛上催化转化的结果，认为反应速率不受相迎扩散的影响，较小的原料分子由"之"字形通道进入，而较大的产物分子则从直通道出去。尽管没有直接的证据证明这一效应的存在，但是在 TMA-菱钾沸石上得到的信息又表明确实存在这一效应。分子通行控制能否对某些特定的反应体系生效，

仍在不断地探索。

6.4　分子筛催化剂的催化性能调变

将分子筛用作催化剂进行催化反应始于 20 世纪 50 年代后期 Mobil 公司的实验室。分子筛催化材料的两个重要特性是固体酸催化与分子择形催化。有关分子择形催化的内容在 6.3 节已做了介绍。有些分子筛的窗口大小适合于择形催化，但在反应条件下可能遭到毁坏。例如，金属负载型的分子筛催化剂，在适当的温度下，金属离子向孔外迁移，活性中心也随之向外迁移，导致择形选择性的丧失。择形选择性的调变，可以通过毒化外表面活性中心；修饰窗孔入口的大小，常用的修饰剂为四乙基原硅酸酯；也可改变晶粒大小等。早期的静电场极化活性模型，又称静电场理论，提出沸石分子筛中阳离子是酸催化活性中心，阳离子在沸石晶体表面引起的静电场，能够把烃类分子诱导极化为正碳离子。静电场理论可以很好地解释阳离子交换沸石活性中心的产生及其酸催化作用，但却不能解释氢型沸石具有的酸催化活性。后来这个模型又演变为质子酸活性中心说。以下介绍的沸石分子筛的固体酸催化理论即是在此基础上建立起来的。

沸石分子筛催化剂属于固体酸碱催化剂的一种。利用硅铝分子筛的阳离子交换性能，将阳离子位上的钠或钾等碱金属离子用质子 H^+ 替换，得到显示酸性质的固体酸分子筛。少数情况下可以采用无机酸，直接用质子交换碱金属离子，得到酸性分子筛，如 ZSM-5、丝光沸石。但由于许多沸石骨架与酸的水溶液作用缓慢，且这种方法常导致分子筛骨架脱铝，所以更多的方法是用 NH_4^+ 交换碱金属离子，然后加热到 500～600℃ 释放 NH_3，留下质子，得到 H-沸石分子筛。

现以 NaY 型分子筛为例说明酸中心的成立。当沸石分子筛中的 Na^+ 被多价金属阳离子交换后，分子中含有的吸附水或结晶水与多价阳离子形成水合离子，当对分子筛进行干燥，使其失水到一定程度时，多价金属阳离子对水的极化作用逐渐增强，最后解离出 H^+，生成 B 酸中心。

综上，沸石分子筛经阳离子（NH_4^+，H^+，多价阳离子）交换后产生 B 酸中心，再经脱水可产生 L 酸中心，它们均能与反应物形成正碳离子，并按正碳离子机理进行催化转化，这一理论即为沸石分子筛的固体酸催化理论，这在第 4 章已经详细介绍了，这里就不再赘述。

分子筛酸性质的调变对催化反应的活性和选择性都有很大影响，在对分子筛的酸性进行调变时可以考虑有以下几种方法：

（1）合成具有不同硅铝比的分子筛，在一定硅铝比范围内，一般随硅铝比的增加，反应的活性和稳定性增加。

（2）通过调节交换阳离子的类型、数量，可以调节分子筛的酸强度和浓度，从而改变催化反应的选择性。

（3）如果载入过渡金属离子如 Cu、Ni 等，用 H_2 或者烃类还原时，可以产生质子酸，形成酸位中心，提高其催化活性。如用 H_2 还原 CuY 后 AgY 分子筛：

$$Cu^{2+} + H_2 \longrightarrow Cu + 2H^+$$

$$Ag^+ + H_2 \longrightarrow Ag + 2H^+$$

AgY 分子筛的催化活性，由于气相 H_2 的存在而得到很大的强化，高于 HY 分子筛，后者的活性不受 H_2 的影响。

（4）通过高温焙烧、高温水热处理、预积碳或碳中毒，可以杀死沸石分子筛催化剂中的强酸中心，从而改变沸石的选择性和稳定性。

（5）通过改变反应气氛，如反应中通入少量 CO_2 或水汽可以提高酸中心的浓度。

6.5 分子筛催化剂的制备

6.5.1 分子筛催化剂的合成方法

分子筛微孔材料一般采用水热晶化法合成，即通过模板剂和前驱物水解在静电作用下分子自组装生成。常规的水热体系是在 $100 \sim 200\,^{\circ}\mathrm{C}$ 自生压力下进行，水热晶化合成的一般过程为：

（1）生成比较均匀的表面活性剂和无机物种的复合产物。

（2）水热晶化处理提高无机物种的缩聚程度，提高产物结构的稳定性。

（3）焙烧或溶剂抽提产物中的表面活性剂后得到分子筛。

对于硅铝酸盐型分子筛而言，氧化硅常来自于硅溶胶、硅酸钠（水玻璃）或 $Si(OEt)_4$，氧化铝来自氢氧化铝、$Al(OEt)_3$、铝酸钠或其他三价铝盐。通常采用有机碱充当模板剂，如四甲基铵 TMA、四乙基铵 TEA、四丙基铵 TPA 等。模板剂也叫有机结构导向剂，当晶体成长时，模板剂被截留或包含在结构孔隙内，见图 6-15。分子筛的孔径和形状可以通过分子筛在模板上的生长加以控制。

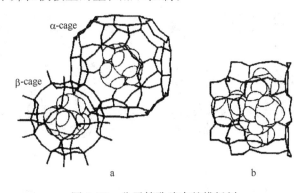

图 6-15　分子筛孔隙内的模板剂
a—TMA^+ in ZK-4；b—TPA^+ in ZSM-5

硅铝分子筛制备具体过程为：氧化硅和铝酸盐在氢氧化钠或有机碱的存在下形成凝胶，而后凝胶在高温（通常 $100 \sim 200\,^{\circ}\mathrm{C}$）密闭的水热系统中结晶。系统压力一般是自生压力，大约等于指定温度下水的饱和蒸汽压。结晶所需要的时间可能是几小时，也可能是几天。结晶完成后，物料被输送至过滤器进行过滤分离和洗涤。洗涤后的滤饼被传送至加料斗，和黏土黏结剂混合，进成型设备以生产球状或珠状产品。这些产品再经过干燥、筛分，进入旋转窑加热除水活化。表 6-3 列举了几种沸石分子筛典型的原料配比和合成温度。

表6-3 几种沸石分子筛典型的原料配比和合成温度

沸石分子筛类型	原料配比（$Na_2O : SiO_2 : Al_2O_3 : H_2O$）	温度/℃
NaX	2：2：1：35	100
NaY	10：15：1：300	120
NaM	2：12：1：55	180
ZSM-5	1.2：8：1：400	200

由于碱性硅铝胶向分子筛晶体转化时，一部分 SiO_2 从固相进入液相，无法利用，所以投料中的 SiO_2/Al_2O_3 比应略高于产品中的 SiO_2/Al_2O_3 比。

磷铝分子筛的合成方法基本上类似于前述硅铝分子筛的制备方法，其氧化铝多来自活性水合氧化铝，磷多来自磷酸。两者混合形成溶胶后加入有机模板剂。磷铝分子筛大多在弱酸性或中性（pH=6~7）的介质中结晶。大多数分子筛不会长成大的单晶结构，而是形成多晶结构。晶体结构可以通过 SEM、粉末衍射、电子显微镜或固态 NMR 光谱技术获得。图 6-16 为常见分子筛的 SEM 图。

图 6-16 分子筛样品的 SEM 照片
a—ZK-4；b—X 型分子筛；c—方钠石 SOD；d—沸石 MFI

随着分子筛合成研究的发展，又逐渐出现了一些非传统的合成方法，如微波辐射合成法、室温合成法、高温焙烧法、干粉合成法、凝胶焙烧法、相转变法以及在非水相体系中的合成方法。

微波辐射合成法即在水热合成完成第一步后，将制得的凝胶体系置于微波辐射范围内，利用微波对水的介电加热作用进行分子筛合成。采用微波辐射的方法微波合成体系能够同时大量成核，且能够缩短晶化时间获得均匀细小的晶粒。室温合成法，即不经过高压釜中的水热过程，而在室温条件下直接合成分子筛。高温焙烧法即将胶体直接通过干燥，然后通过高温焙烧的方法制备分子筛，这种方法合成工艺相对简单，合成速度较快。干粉焙烧法是不加入任何溶剂，模板剂以气相吸附态的形式进入反应体系。在整个晶化过程中无液体相，反应体系始终呈干粉状态，从而有效提高了产率，降低了合成成本和环境污染。非水相合成法即不以水为反应介质，而改用其他溶剂中进行的自组装及晶化过程的合成方法。

非水体系是与水热合成相对的另一种新的沸石合成方法，其特点为合成体系中以一种或多种有机物（如醇、胺等）代替水作为溶剂和促进剂进行分子筛合成。但体系中并非绝对无水，因为所用试剂中含有水，而且在合成过程中甚至需要加计量的水以促进前体的水解和缩聚。极浓体系、干粉体系合成都指在合成体系中，液固比降低至仅呈湿润状态或完全没有液相溶剂及分散介质，组分分子在极浓或固相环境中形成分子筛材料，有利于节省能源和保护环境。蒸汽相体系合成是指将硅源、铝源和无机碱置于溶剂和有机模板剂的蒸气气氛中进行分子筛的合成。

合成沸石分子筛的基本原料为水玻璃和铝酸钠，而在一定条件下经过成胶、晶化（形成结晶）、过滤、洗涤、成型即活化等工序制得。沸石分子筛的合成受很多因素的影响，如合成方法、模板剂的选择、合成溶液的组成、溶液酸碱度、晶化时间、晶化温度等。不同方法合成的沸石分子筛在结构和形貌及热性能上均有较大的差异。如采用先喷涂晶种再水热合成的沸石分子筛，表面晶粒排列有序，整齐地连成致密层，无裂缝、针孔等缺陷。合成溶液的组成直接影响合成沸石分子筛的种类，研究已经表明，通过改变模板剂（烷基季铵盐阳离子表面活性剂）与硅酸盐之比可得到一系列分子筛成员。晶化温度不但影响分子筛结构转变，也影响成核速率和晶体生长速率，温度越高，分子筛的成核和生长速率越快，形成的分子筛的颗粒越大，结晶度越好。合成分子筛的某些重要影响因素分析如下：

（1）硅铝比。硅铝比是各类型分子筛借以相互区别的主要指标。不同分子筛都有固定范围的硅铝比。硅铝比是分子筛中 SiO_2 的物质的量与 Al_2O_3 的物质的量的比值。A 型分子筛的硅铝比为 2.0 左右，X 型分子筛为 2.2 ~ 2.3，Y 型分子筛为 3.3 ~ 6.0。为了得到所需型号的分子筛，在投料时还应严格控制反应物的硅铝比，否则达不到目的后得不到结晶产品。对 A 型分子筛，投料硅铝比为 2.0 ~ 2.05，低于 1.8 则不能结晶。对于 X 型分子筛，投料硅铝比为 3.5 ~ 7.0。对于 Y 型分子筛，投料硅铝比为 8 ~ 30。

（2）基数。指晶化过程中，反应物混合液中碱的浓度，一般以 Na_2O 的物质的量表示，也有以过量碱的分数表示。如碱度为 M_{Na_2O}，基数为 $M_{Al_2O_3}$，则过量碱分数 $G_{Na}\%$ 如式 6-1 所示：

$$G_{Na}\% = \frac{M_{Na_2O} - M_{Al_2O_3}}{M_{Al_2O_3}} \times 100\% \tag{6-1}$$

生产 A 型分子筛，要求碱度为 Na_2O 的物质的量在 0.60 ~ 0.85mol，过量碱分数为 200% ~ 300%。生产 X 型分子筛，碱度为 1.00 ~ 1.40mol，过量碱分数为 300% ~ 500%。生产 Y 型分子筛，碱度为 0.85 ~ 1.5mol，过量碱分数为 300% ~ 1400%。

（3）成胶温度。实验证明，成胶温度越高，越易成胶，晶化也易完成。一般 A 型分子筛的成胶温度为 30℃ 以上，X 型、Y 型分子筛的成胶温度为室温。

（4）晶化温度。生产分子筛过程中，晶化温度和晶化过程长短有密切关系。温度高则时间短，温度低则时间长。生产 A 型分子筛，如在室温下晶化，则需很长时间；如在

100℃晶化，则只需 3～6h 即可。目前生产 A 型分子筛的晶化温度为 100～110℃。而 X 型和 Y 型分子筛的晶化温度分别为 80～100℃和 97～100℃。

除上述诸因素外，搅拌、洗涤、交换温度与交换浓度（对离子交换的分子筛而言）、成型黏合剂以及活化条件等，也都会影响分子筛的制备。

6.5.2　常用分子筛的制备

4A 分子筛：将水玻璃和铝酸钠在过量 NaOH 存在条件下，在高于 30℃温度下搅拌混合 30min，使成凝胶。再于（100±5）℃静置晶化 6h，然后过滤，用水洗至 pH=9～10，最后在 100℃烘干，即得 4A 分子筛原料。

13X 分子筛：与制 4A 分子筛相似，将水玻璃和铝酸钠-氢氧化钠的混合物在 75℃剧烈搅拌 0.5h 使成凝胶。再于 80℃静置两天进行晶化，经过滤、洗涤至 pH=10 左右，最后在 100℃干燥，即得 13X 原料。

Y 型分子筛：于成胶罐中，放入定量的浓度合格的水玻璃，在搅拌下，快速将铝酸钠溶液和氢氧化钠溶液的混合物倒入其中。此时应保持投料硅铝比和碱的过量数一定，以得 Y 型分子筛。成胶过程应在常温下搅拌 2h。成胶后，升温至 100℃左右进行水热反应约 14h，即为晶化过程。晶化后将清液倾出，所余固体物经水洗、过滤、干燥，即得 Y 型分子筛原料。

丝光沸石：是单斜晶系结晶，硅铝比为 10～13 的分子筛。丝光沸石有极高的耐酸性能，在浓盐酸、浓硝酸、浓硫酸中浸泡若干小时结构仍然保持完整，所以丝光沸石又称耐酸分子筛。它的热稳定性亦相当高，如在 1000℃高温时才会出现结构破坏的情况，而 A 型、X 型和 Y 型分子筛在 920℃就已破坏。合成丝光沸石应将投料比控制在 $Na_2O : Al_2O_3 : SiO_2 : H_2O = 1.8 : 1 : 13.8 : 150$，其晶化温度为 250℃左右，晶化 30h，溶液的 pH 值为 10～11。

6.6　介孔分子筛催化剂及其催化应用

6.6.1　介孔分子筛的合成

尽管微孔沸石分子筛拥有上述优点，但其较小的孔径（一般小于 1.2nm）极大地限制了其在有机大分子参加的化学反应中的应用，如重油化工、生物制药等领域。传统意义上的一些多孔材料如二氧化硅凝胶、氧化铝和柱状黏土等有较大的平均孔径，但其孔道极不规则，且孔尺寸分布也很不均一，因而它们在分离及催化等领域的实际应用也受到了很大的限制。因此，合成孔道结构规则和孔径分布均一的介孔分子筛，一直是材料、化学、物理和生物等领域科学家多年来努力的目标和共同的愿望。1990 年，日本的 Yanagisawa 等最早合成了具有狭窄孔径分布的三维介孔材料，但因其制备程序复杂且结构不理想，并没有引起人们的注意。

1992 年，美国 Mobil 公司的 Kresge 等利用长链季铵盐表面活性剂作为模板剂，采用直接水热方法合成了高度有序的介孔分子筛 MCM-41S，包括六方相的 MCM-41、立方相的 MCM-48 和层状相的 MCM-50。这三种介孔分子筛的结构见图 6-17。这种新颖的介孔材料不仅突破了原有的沸石分子筛孔径范围过小的局限，还具有以下一些特点：孔道大小均匀、规则排列有序；孔径在 2 ~ 10nm 范围内可以连续调节；具有高的比表面积；具有较好的热稳定性和水热稳定性，从而将分子筛的规则孔径从微孔领域（<1.5nm）拓展到了介孔领域（>2nm）。1998 年，Stucky 和 Zhao 研究组使用非离子型嵌段聚合物在酸性条件下合成了一系列介孔材料。这个系列的介孔材料以六方结构（P6mm）的 SBA-15 和三维结构（Im3m）的 SBA-16 为代表（SBA 代表 Santa Barbara，USA），其具有规则的孔径分布，大的孔径（可以达到30nm）和较厚的孔壁（3 ~ 9nm），同时其（水）热稳定性也较 M41S 系列介孔材料有了很大的提高。此后又有大量具有不同结构的有序介孔材料被成功开发，如 HMS、MSU 和 USY 等多种系列。这些具有分布均一的介孔孔道、高的比表面积和结构类型繁多的介孔材料的问世，为很多在微孔沸石分子筛中难以完成的大分子吸附、分离和催化等过程开辟了新的方向。同时介孔材料规则的、可调节的纳米级孔道结构可作为纳米材料的"微型反应器"，为人们从微观角度研究纳米材料的小尺寸效应、表面效应和量子效应等奇特性能提供了坚实的物质基础。简而言之，有序介孔材料的出现引起了工业界的极大兴趣，同时也吸引了化学、物理和生物等领域科学家的极大兴趣，成为了当今科学界的研究热点。

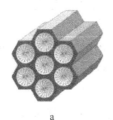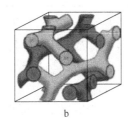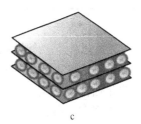

图 6-17　M41S 系列介孔材料结构简图

a—MCM-41；b—MCM-48；c—MCM-50

有序介孔材料具有一些其他多孔材料所不具备的特性：

（1）具有高度有序的孔道结构，基于微观尺度上的高度孔道有序性；

（2）孔径呈单一分布，且孔径尺寸可以在很宽的范围内调控（1.3 ~ 30nm）；

（3）可以具有不同的结构、孔壁组成和性质，介孔可以具有不同的形状；

（4）经过优化合成条件，可以具有很好的热稳定性和水热稳定性；

（5）无机组分的多样性，高比表面，高孔隙率；

（6）颗粒可能具有规则外形，可以具有不同形体外貌，并且可以控制；

（7）在微结构上，介孔材料的孔壁多为无定形，这与微孔分子筛的有序骨架结构有很大的差别。

介孔分子筛的合成同样需要无机源、模板剂、酸或碱、水和溶剂，进行掺杂或装载时还需要其他物质源。典型的合成过程分为两个主要阶段：

（1）液晶相的生成。有机-无机液晶相的生成是利用具有双亲性质的模板剂与无机源在一定的合成环境下自组装生成有机物与无机物的液晶织态结构相，此结构相具有纳米尺寸的晶格常数。

（2）模板剂的去除。利用高温热处理或其他物理化学方法去除有机模板剂，留下的无机骨架即构成介孔孔道结构。

在介孔分子筛的合成过程中，模板剂的选用是一个关键因素，一般选用表面活性剂作为模板剂。不同的表面活性剂具有不同的结构和电荷性质，随浓度和反应条件不同，在溶液中会形成不同的存在形态，从而控制介孔分子筛的形态结构。根据亲水基的带电性质，表面活性剂可分为带正电、负电和电中性三大类。选用不同的表面活性剂，可以有不同的合成途径，如表6-4所示。

表6-4   不同类型的无机源与表面活性剂的相互作用

物 质 源	相互作用类型	例 子
S^+I^-	S^+I^- 静电力	MCM-41、FSM-16、MCM-48
$S^+X^-I^+$	$S^+X^-I^+$ 静电力	SBA-1、SBA-2、SBA-3
S^-I^+	S^-I^+ 静电力	氧化铝
$S^-M^+I^-$	$S^-M^+I^-$ 静电力	氧化锌、氧化铝
S^0I^0	S^0I^0 氢键	HMS
$(S^0H^+)\ X^-I^+$	$(S^0H^+)\ X^-\ I^+$	SBA-15
SI	SI 共价键	Nb、Ta 氧化物

注：S 表示表面活性剂；I 表示无机源；X^- 表示过渡阴离子；M^+ 表示过渡阳离子。

S^+I^- 型，在碱性条件下，使用阳离子表面活性剂，带负电的无机硅酸根离子可直接和表面活性剂结合，形成 S^+I^- 形式的介孔中间相，经过 S^+I^- 途径合成 MCM-41 介孔分子筛，具有规则排列的介孔孔道结构。

$S^+X^-I^+$ 型，在强酸性条件下，无机硅酸根离子可能携带正电，并通过中间过渡离子，如 Cl^-、Br^- 等与亲水基头部带正电的表面活性剂结合为介孔中间相，如在高浓度 HCl 存在时，CTMABr 和硅酸根离子通过 Cl^- 结合为介孔中间相，合成 MCM-41 介孔分子筛。

S^-I^+ 型，阴离子表面活性剂 S^- 通过静电作用，可以和带正电的无机离子 I^+ 结合。如使用 $C_{16}H_{33}SO_3H$ 为表面活性剂合成含 Pb 和 Fe 的介孔分子筛。

$S^-M^+I^-$ 型，在强碱条件下，带负电的表面活性剂离子可以通过金属阳离子 Na^+、K^+ 等作为中间过渡离子，与带负电的无机离子结合。如 $CH_3(CH_2)_{16}COO^-M^+(M=Na^+、K^+)$ 在碱性条件下与 $Zn(OH)_4^{2-}$ 结合，得到层状的介孔材料。

S^0I^0 型，利用中性表面活性剂 S^0 通过氢键与中性无机离子 I^0 结合，可以得到 S^0I^0 型的介孔分子筛，如使用中性伯胺十二烷基胺为表面活性剂，与正硅酸乙酯 TEOS 合成的 HMS 介孔分子筛。

$(S^0H^+)\ X^-I^+$ 型，利用中性表面活性剂 S^0，在酸性条件下，得到 $(S^0H^+)\ X^-I^+$ 型介孔分子筛，如在 pH<1 的条件下，使用 P123 为表面活性剂，与正硅酸乙酯 TEOS 合成的 SBA-15 介孔分子筛。

SI 型，由表面活性剂 S 和无机离子 I 还可以通过共价键直接合成得到 S-I 型介孔材料。

6.6.2 介孔分子筛的合成机理研究

由上述内容可知介孔材料主要通过可溶性硅源与表面活性剂胶束通过自组装的方式形成。为解释介孔材料的形成机理人们提出了多种模型，其中较有代表性的有液晶模板机理、棒状自组装机理、协同作用机理和电荷密度匹配机理。

6.6.2.1　液晶模板机理

液晶模板机理是介孔材料的发现者 Beck 等，为了解释 MCM-41 的合成机理，根据介孔材料的微结构与表面活性剂在水溶液中形成的液晶结构相似性而提出的，主要认为介孔分子筛的合成是以表面活性剂的不同溶质液晶相为模板，其示意图如图 6-18 所示。在该机理中，他们认为表面活性剂首先在溶液中形成棒状胶束，并规则地排列成为六方结构的液晶相。其次，在加入无机硅源物质后，它们沉积在棒状胶束的周围，从而形成以液晶相为模板的有机-无机复合物（图 6-18 途径 a）。但是考虑到表面活性剂的液晶结构对溶液的性质非常敏感，他们又提出了另外一种可能的反应途径：硅源物质的加入导致它们与表面活性剂胶束一起，通过自组装作用而形成六方有序结构（图 6-18 途径 b）。根据 LCT 机理，可利用表面活性剂胶束的有效堆积参数与不同溶质液晶相结构之间的关系来指导如何利用不同结构的表面活性剂或加入助剂来设计合成不同结构的介孔分子筛。

但是在实际的合成过程中，使用表面活性剂的浓度一般远低于表面活性剂形成液晶相所需要的最低浓度，例如在合成 MCM-41 的过程中所用的表面活性剂十六烷基三甲基溴化铵 CTAB 的浓度仅为 2%，而 CTAB 形成六方相的浓度在 28% 以上，形成立方相的浓度则在 80% 以上。因此通过途径 a 来合成介孔材料是几乎不可能的。尽管途径 b 能解释六方结构介孔相的形成过程，但也无法合理解释表面活性剂与无机源的不同比例对介孔结构的影响。因此，随着介孔材料研究的不断深入，LCT 机理的适用性受到了限制。

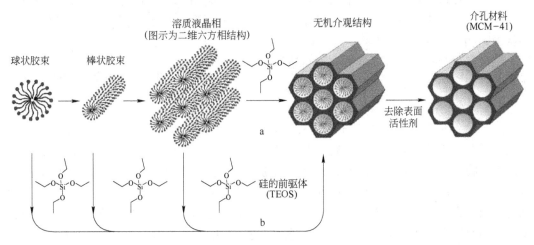

图 6-18　液晶模板机理示意图

a—液晶模板机理；b—协同作用机理

6.6.2.2　棒状自组装机理

Davis 等利用原位[14]N 核磁共振谱技术对表面活性剂浓度大于棒状胶束形成的临界浓度时的介孔材料合成过程进行分析，断定在合成过程中溶液不存在表面活性剂的液晶相，从而否定了液晶模板机理中途径 a 发生的可能，而途径 b 也不准确。他们认为，硅酸根离子的引入对液晶结构构成至关重要，硅源物质与随机分布的有机棒状胶束通过库仑力相互作用，在其表面形成 2~3 层氧化硅，而后，这些无机-有机的棒状胶束复合物通过自组装作用而形成长程有序的六方排列结构。随着反应时间的延长、温度的升高，硅醇键能够进一步缩合，使棒状胶束自发地组装并进行结构调整，从而获得长程有序度良好的介孔材料。反之，如果反应时间较短，则硅醇键不能充分缩合，棒状胶束无法进行充分的结构调整，这样得到的介孔材料的长程有序度就不是很好，但是材料的比表面积仍旧非常高，这与很多实验中的情况是一致的。该理论的示意图如图6-19所示。

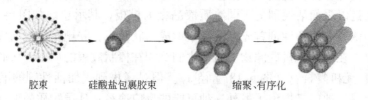

胶束　　　　　　硅酸盐包裹胶束　　　　　　缩聚、有序化

图6-19　棒状自组装机理示意图

6.6.2.3　电荷密度匹配机理

Monnier等在液晶模板机理的基础上，对表面活性剂浓度较低的反应体系进行研究。他们认为层状结构是六方结构的前体之一，该机理认为，层状中间相中较低聚合程度的硅酸根聚集体有较高的电荷密度，可以和较多的表面活性剂分子相互作用。但随着硅酸根聚集体进一步聚合，聚合体的电荷密度降低，为了维持电荷密度平衡，因而导致硅氧层起皱以增大界面面积来匹配表面活性剂的电荷密度，从而使有机-无机的层状中间相向六方结构转变，如图6-20所示，这一结果可对介孔材料合成过程中不同晶相的转化给予较合理的解释。

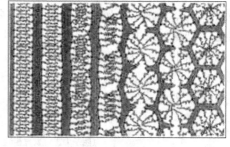

■ SiO₂ ▭　　　反应历程　　⇒

图6-20　电荷密度匹配机理示意图

6.6.2.4　协同作用机理

这是Stucky等在结合众多研究成果的基础上，逐步发展起来的一种较为广泛接受的介孔材料形成机理。他们认为，硅酸根多聚体首先同表面活性剂通过电荷匹配作用，在表面活性剂胶束表面协同成核，形成有机-无机胶束聚集体，从而改变了无机层的电荷密度，这使得表面活性剂的疏水链相互接近，无机物种和有机物种之间的电荷匹配控制表面活性剂的排列方式。他们还认为，该体系所形成的结构由有机、无机物种的不同形式的匹配的离子对间的动力学作用决定。按照这种理论，电荷密度的匹配对自组装作用和终产物的结构起决定作用，并由此推断出无机-有机离子相互作用的几种方式。这种机理有助于解释介孔分子筛合成中的许多实验现象，具有一定的普遍性，因此成为一种较为广泛接受的介孔材料的形成机理。

6.6.2.5　其他合成机理

除以上四种合成机理外，也有其他几种机理被提出。Attard等提出了"直接液晶模板"（direct liquid crystal templating）机理，但是该机理对于大多数在液相中进行的介孔粉体材料合成过程并不适合。Pinnavaia等还提出了在中性条件下合成介孔材料的"氢键作用机理"，即S^0I^0或N^0I^0，其中S^0是中性胺，N^0是非离子表面活性剂，I^0是水合的TEOS。利用该机理合成的介孔材料往往有序性很差，但孔尺寸分布均一，材料的热稳定性和水热稳定性较好。

6.6.3　介孔分子筛的改性

从原子水平上，介孔分子筛的骨架主要由无定形 SiO_2 组成。故而通常条件下，不能直接当做催化剂应用于催化反应；从分子水平上看，其表面含有硅羟基：孤立的、孪式的（geminal）和氢键的羟基等三类羟基，而只有自由的硅羟基（如：孤立的硅羟基—SiOH 和孪式的硅羟基 ＝SiOH ）具有高的化学反应活性。从化学水平上看，具有化学活性的硅羟基是表面化学改性的基础，通过表面硅羟基与活性组分相互作用，把催化活性位引入孔道或骨架，使其具有一定的催化活性。为此，改性的方法有直接法和后嫁接法，从而使其具有强酸中心或氧化中心，获得催化活性。

图 6-21 包括了所有的改性方法，包括杂原子掺杂体系及有机官能化体系等。杂原子掺杂（主要是金属原子的掺杂）是介孔分子筛改性的主要手段。按照引入催化活性中心的方式，大体可分为直接水热合成法和后嫁接合成法两大类。直接水热合成法是指在合成介孔分子筛的同时完成改性过程，后嫁接合成法是指在介孔分子筛合成之后再对其进行改性。

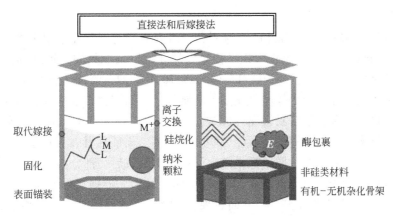

图 6-21　介孔材料催化改性途径示意图

6.6.3.1　直接水热合成法

直接水热合成法是最为常用的方法之一，通过该前驱体在合成体系中的原位水解以及由此产生的杂原子物种与硅骨架的结合，可将杂原子嵌入介孔分子筛的骨架。如在 SBA-15 骨架中掺杂三价金属离子（B^{3+}、Fe^{3+} 和 P^{3+}）等可以在 SBA-15 的骨架中引入酸性中心。这是因为三价金属离子掺杂在 Si^{4+} 周围，产生电荷失衡，可产生较强的质子酸中心或路易斯中心。如掺杂一些具有氧化还原性能的变价金属离子如 Ti^{4+}、V^{5+}、Mo^{4+} 等，则可以在骨架中引入具有氧化还原活性的催化活性中心。这是制备具有高分散骨架催化活性位的 SBA-15 的一种非常有效的途径，目前通过上述过程嵌入硅基骨架的原子有 B、Fe、Ti、Zr 等。由此衍生出多种新型的催化材料已在石油加工、大宗化学品生产以及精细化学品制备方面显示出良好的应用前景。

直接水热合成法按合成体系的介质可分为碱性体系、中性体系及酸性体系等。目前合成的研究体系主要集中在碱性体系和中性体系，因为碱性体系和中性体系下不存在金属离子的流失问题。原则上可以引入大量的金属离子，但当金属离子的引入量较大时，容易引起孔道的有序度降低，甚至骨架的坍塌，去除模板剂后，容易造成金属离子从骨架中脱落，不易得到含高度隔离骨架杂原子的介孔材料。酸性条件下合成金属掺杂的介孔材料的研究报道较少，主要是因为酸性条件下金属—氧键容易断裂，不易合成，在酸性条件下更容易得到高度隔离的金属催化活性中心。

6.6.3.2 后嫁接法

后嫁接法是在合成介孔材料并去除模板剂以后通过金属氯化物、金属醇盐、有机金属化合物及金属的配合物同介孔材料表面的硅醇键 Si—OH 进行反应，形成 M—O 共价键而将金属固定在介孔材料的骨架上。此方法能够在孔道中引入大量的金属离子或其他的催化活性中心。

当然后嫁接方法也存在一定的局限性，在我们的研究中发现由于它是通过介孔材料表面的硅羟基嫁接催化活性中心，所以引入的活性中心分散不易均匀，容易堵塞孔道，造成有序孔道的坍塌。

6.6.4 介孔分子筛的催化应用

6.6.4.1 酸催化反应

以 SBA-15 与 SBA-16 介孔材料作为例子，研究介孔分子筛的催化性能。SBA-15 与 SBA-16 介孔材料具有较大的比表面积、相对大的孔径以及规整的孔道结构，显示出优于沸石分子筛的催化活性。因此，SBA-15 与 SBA-16 为重油、渣油等催化裂化开辟了新天地。作为酸催化剂，在改善固体酸催化剂上的结炭，提高产物扩散速度的同时，还能改进固体酸催化剂稳定性差、设备易被腐蚀的缺点。但 SBA-15 与 SBA-16 只具有弱酸性，相对于烷基化、异构化、缩合等反应所需的酸强度不高。需要在其骨架中引入一定量的 Al、Sn、Ga、B 等原子。由于这些原子都是缺电子结构，负载后一部分与介孔分子筛表面羟基脱水产生 L 酸中心，作为电子对或者 H^- 的接受体，另一部分则与骨架氧结合，产生 B 酸中心，从而具备了酸催化的能力。下面主要介绍 SBA-15 与 SBA-16 在酸催化反应中的应用。

Liu 等制备了不同磷钨酸负载量的 SBA-15，该催化剂与纯磷钨酸相比，对萘与异丙醇的异丙基化反应有更高的活性。Zhao 等利用—SO_3H 合成了 SBA-15-SO_3H，在环己酮的 Beckmann 重排反应中，具有好的催化活性，且在循环使用 4 次后其反应物的转化率和产物选择性仍能保持不变，说明该催化剂具有较好的热稳定性。另外，Romero 等通过凝胶-溶胶法合成了 Ga-SBA-15、AlGa-SBA-15 两类酸催化剂。通过甲苯和苯甲醇烷基化反应评估了 Ga-SBA-15 和 AlGa-SBA-15 的酸活性。结果表明，该催化剂对液相傅克酰基化反应有较高的活性和热稳定性。Xiao 等在对 Zr-SBA-15 的硫化研究中发现，经过硫化处理后的 Zr-SBA-15 酸催化活性相比于未经处理的 Zr-SBA-15 明显提高。这主要归因于硫化处理后，Zr 以 Zr^{4+} 的离子形态存在；而未经硫化处理的，则以 Zr 的不定型存在，显然 Zr^{4+} 更利于形成酸性中心。

Shen 等通过浸渍的方法合成了甲基修饰的 Nafion/SBA-16 型催化剂，并将其作为酸催化剂应用于异丁烯制备丁烯的烷基化反应中。催化结果表明：在相同条件下，甲基修饰的 Nafion/SBA-16 催化活性胜过二维孔道结构的 Nafion/SBA-15。催化活性高的原因在于，

SBA-16 的三维孔道结构便于物料的传输以及 SBA-16 表面有更多的硅羟基，便于负载更多的催化活性中心。Jiang 等利用微波辐射法直接合成了 Zr-SBA-16 和 Sn-SBA-16。Zr 和 Sn 在 SBA-16 骨架内产生了极强的酸性中心。在催化反应中，Zr-SBA-16 和 Sn-SBA-16 对产物的选择性几乎达到了 100%。

由此可见，酸改性的 SBA-15 与 SBA-16 介孔类催化剂在催化过程中既解决了一般酸催化剂催化活性弱的缺点，又解决了催化剂循环使用的问题，既节省了能源，又有效减少了对环境的污染，有很广阔的应用前景。

6.6.4.2 氧化还原反应

某些催化反应涉及催化剂得电子或失电子或既得又失电子，即有电子的传递和氧离子的迁移。催化剂本身也在氧化态和还原态间周而复始变化。如果对 SBA-15 与 SBA-16 进行功能化修饰，使其具有氧化还原性能，则是又一重要应用领域，如烯烃的选择氧化、环氧化反应等。

Huang 等利用原位法成功合成了 Ni-Mo/SBA-15，并应用于双苯噻吩的 HDS 反应中。作者将催化性能的提高归因为 SBA-15 具有较大的孔径和比表面积。在 HDS 反应中形成的 MoS_2 既不会堵塞孔道，也不会降低反应的产率。Popova 等合成了 Cr/Cu-SBA-15，研究结果表明当金属负载量为 3% Cr（质量分数）和 7%（质量分数）Cu 时，在甲苯的氧化反应中具有最好的催化效果。Ji 等在合成 Ni/SBA-15 的基础上，利用浸渍法合成了 Ni/Cu/SBA-15。在甲烷氧化反应中发现，Cu 的引入对催化剂活性的提高比较明显。在 850℃ 下，甲烷的转化率可达 97.9%，对 CO 和 H_2 的选择性分别达到了 98% 和 96%。

Chen 等报道了 Au-Pd 双金属负载 SBA-16 的合成。报道指出 SBA-16 的"超笼"型结构对金属粒子的生长起到了限制作用，使金属粒子能够产生小尺寸效应，提高其催化活性。在苯甲醇催化氧化反应中，Au-Pd/SBA-16 的 TOF 值最高达到了 $8667h^{-1}$。此外，作者还通过 SEM 和 TEM 表征，对 Au-Pd 在 SBA-16 孔道内的生长机理进行了分析。Yang 等将钯和胍的配合物共同负载于 SBA-16 上。发现该催化剂应用于交叉偶联反应和醇类的氧化，相对于单一的配合物催化剂，催化活性提高了 15 倍。

综上所述，此类催化剂在温和条件下通过氧化还原反应制备精细化学品方面，有着广泛的应用。

6.6.4.3 光催化反应

TiO_2 作为一种传统的光催化剂，由于其稳定、无毒、氧化能力强、合适的电子和能带结构以及成本低廉等因素，在光催化等领域获得了重要的应用。但其本身存在量子效率低、选择吸附性能差等缺点，制约了 TiO_2 作为光催化剂的应用发展。在过去十几年间，Ti 改性 SBA-15 的研究一直是光催化剂合成研究的重点和热点。Wang 等以环己烷作为介质，利用多次浸渍法，制得 TiO_2 含量为 24.4% 的 TiO_2/SBA-15。雌激素和苯酚的光降解反应结果表明：TiO_2/SBA-15 具有良好的催化效果。Busuioc 等利用异丙氧基钛作为钛源，将 TiO_2 引入到 SBA-15 孔道内。XRD 和 BET 的测试结果表明合成后的样品，保持了 SBA-15 的介孔结构，将其应用于 Rhodamine 6G 染料降解中并对吸附和光降解效率进行了动力学模拟。与传统的 TiO_2 相比，该催化剂在光降解速率上有了一定的提高。

Shah 等合成了不同 Ti 负载量的 Ti/SBA-16。结构测试表明，样品具有很好的热稳定性，并且比表面积在 642.3～691.5m²/g 范围内，且在光催化反应中具有较为理想的重复利用性。Zhao 等以 F127 为模板剂，在酸性条件下同样合成出了高负载量的 Ti/SBA-16。随着 Ti 负载量的增加，SBA-16 的三维立方相的构型没有发生明显的改变。Ti/SBA-16 的成功合成，为 SBA-16 在光催化领域的应用提供了新的方向。关于 SBA-15 与 SBA-16 在光降解制氢方面的研究报道较少。2009 年 Eswaramoorthi 等将 Pd-Zn 催化剂负载于 SBA-15上，并应用于甲醇氧化制氢中。在一系列研究后，发现当 Pd 和 Zn 的负载量分别为 4.5%（质量分数）和 6.75%（质量分数）时，Pd-Zn/SBA-15 的制氢效果最佳。作者还提出反应原料中 O_2/CH_3OH 的配比对 CH_3OH 的转化率和 H_2 的选择性起到了关键作用。

6.6.4.4 其他催化反应

由于工业发展对手性化合物的需求逐年增加，所以人们对手性化合物的合成研究也逐渐增多。与匀相催化相比，多相不对称催化比较容易实现手性催化剂与反应体系的分离，而且易于回收利用。最近，利用 SBA-15 与 SBA-16 规整的孔道，将手性催化剂引入到有序孔道中的文献报道也较多，是目前一个崭新的研究领域。Liu 等利用 Rh 和 Ru 的有机配合物 RhCl［(R) MonoPhos (CH₂)-(3) Si (OMe) (3)］［(R，R)-DPEN］和 RuCl₂［(R)-MonoPhos (CH₂) (3) Si (OMe) (3)］［(R，R) DPEN］分别将 Rh 和 Ru 固载于 SBA-15 的孔道中。在不对称芳香酮加氢反应中，催化活性均达到了 97% 以上，光学选择性也达到了 33%～54%。Kim 等利用 SO₃H-SBA-16，通过静电相互作用力将手性的 Co（Ⅲ）盐负载于 SBA-16 的孔道内，也实现了多相不对称催化。

思 考 题

6-1 简述分子筛材料的构型组成。

6-2 以 HZSM-5 为例，说明沸石分子筛 B 酸中心和 L 酸中心的形成过程。

6-3 试用实例说明，分子筛的择形催化作用。

6-4 以 MCM-41 为例，说明介孔分子筛的合成机理。

6-5 举例说明常用分子筛的制备方法。

6-6 比较沸石分子筛与介孔分子筛的特征，说明两者之间存在的差异性。

7 燃料工业催化技术与环境友好催化技术

本章导读:

以往,催化剂的应用领域集中于石油炼制和化学工业。最近,催化剂的应用范围不断扩展,有了很大变化。从 20 世纪 70 年代开始,提出了诸如节约石油,开辟新能源等问题,实质上是要寻求化学原料转化的新途径和开发可以取代"化石燃料"的新能源,这就为更加积极的开发和应用新的催化剂提供了广阔的活动范围。不仅如此,由于人类生产实践的不断扩大,在地球范围内,出现了一系列与保护环境有关的新问题。例如,有害气体如 NO_x、SO_x 的消除,汽车尾气的处理等,更为开发适用于这些具有特殊要求的催化剂提供了新的领域,甚至在家用电器中,也正在广泛地使用催化剂。本章将从环保催化、能源催化、化学传感器、家庭用催化剂等几个新领域中使用催化剂的情况作详细介绍。

7.1 当前能源的结构及存在的问题

能源是当今社会发展的三大支柱(材料、能源、信息)之一,是人类生存、经济发展、社会进步不可缺少的重要物质资源,是关系国家经济命脉和国防安全的重要战略物资,是社会经济发展的基础和动力。它对国民经济的持续快速发展和人民生活水平的不断提高起着举足轻重的作用。人类发展依赖于各种各样的能源资源,还形象地把能源喻成现代经济发展的"粮食"和"血液"。能源是指人们提供某种形式能量的自然资源,能源的形式有很多,如燃料、核能、太阳能、水力、地热能等。能源的分类有许多种:

(1)按能源的基本形态可分为一次能源和二次能源。一次能源是指在自然界现成存在,不改变原形态而可直接使用的能源,如石油、天然气、煤炭、水能、风能、太阳能、地热能、生物质能等;二次能源是指由一次能源加工、转换而成的另一种形态的能源产品,如电力、汽油、煤油、煤气、焦炭等。

(2)按能源的再生性可分为再生能源和非再生能源。再生能源是指能持续生产或经历一段时期可循环再生的能源,如太阳能、水能、风能、海洋能、化学能等;非再生能源是指埋藏于地壳经长期地质作用而形成的能源,其储量随着能源的开发利用而逐步减少,一时又无法再生,如石油、煤炭、天然气等。

(3)按能源的利用程度可分为常规能源和非常规能源。常规能源是指已被当今社会广泛应用的能源,如石油、煤炭、天然气、水能等;非常规能源,又称新能源,是指刚开始开发利用或正在积极研究、有待推广的能源,如太阳能、风能、地热能、沼气、氢能、核能、激光能等。

(4)按能源消费后是否污染环境又可分为污染型能源和清洁型能源。属于前者的能源有石油、煤炭等；属于清洁型能源的有太阳能、氢能、水能、沼气等。

人类进入工业化社会以来，所消耗的一次能源仍主要靠化石能源，需求则主要是热和动力、交通发动机燃料和有机化工原料三大块。从能源结构上看，化石燃料——煤炭、石油与天然气，合计占全球现在使用的能源总量的85%以上，而其进行开采和加工的产业也就是我们常说的燃料工业（如煤炭工业、燃料气体工业等）。随着能源资源勘探开发和转换技术的进步，一方面，能源的消耗量过快增长；另一方面，从18世纪到21世纪，在经济和环境污染压力下，经历了从以煤为主向石油、气体燃料为主的转变。当今，在发达国家，化石类燃料以及其他种类商业能源占支配地位，而在发展中国家，生物质燃料为主要能源，化石燃料次之，水力能和核能虽在一些国家有重要地位，但就全球水平而言仍是相当小的能源组分。

我国是世界上的一个能源生产大国，但同时也是一个能源消费大国。2011年我国能源消费总量就为34.78亿吨标准煤，比2010年增加2.29亿吨标准煤，同比增长7.0%。2011年我国能源消费总量已经超过了美国，但在人均能耗上，我国仍明显低于发达国家。目前，我国经济还正处于重化工业阶段，对能源的需求将持续快速增加，国内供应缺口将进一步加大，能源供应的稳定性、安全性问题十分突出。我国能源结构存在着以煤炭能源为主、能源效率低、资源运用浪费、人口多人均占有少、地区性能源短缺以及结构性污染等问题，严重制约着国民经济的发展和产业结构的提升。因此，深入推进我国的能源结构调整势在必行。

7.2   资源和环境对能源开发的制约

任何一种能源的开发和利用通常都会给环境造成一定的影响。比如化石能源，它所包含的天然资源有煤炭、石油和天然气，是由古代生物的化石沉积而来的，为一次能源。化石燃料不完全燃烧后，都会散发出有毒的气体，却是人类必不可少的燃料。一方面化石能源是目前全球消耗的最主要能源；但另一方面，由于化石能源的使用过程中会新增大量温室气体 CO_2，同时可能产生一些有污染的烟气，威胁全球生态。例如，水能开发利用可能造成地面沉降、地震、上下游生态系统显著变化、水质发生变化等；低热能的开发利用能引起地面下沉，使地下水或地表水受到卤化物、硫酸盐、碳酸盐、二氧化硅的污染等。因此，人类在与自然界进行质能转换时，有必要慎重考虑尽可能降低不可再生能源的消耗速度，充分利用可再生能源以促进其循环再生，同时减少能源消耗对环境的危害，以达到人类对自然环境的持续利用。

未来的能源政策以可再生能源为基础，提高能源利用效率，节约能源，缓解能源供求矛盾，有益于减少对环境的污染。根据环境保护的制约和经济可持续发展的要求，能源的发展必然要采用清洁能源和可再生能源，尽可能地代替石油、煤炭等化石能源。发展清洁能源是时代的要求，主要包括太阳能、风能、生物质能、地热能、潮汐能等。此类能源消耗之后可以恢复再生，并且不产生环境污染物，是未来理想能源的基础。从广义和现实的角度而言，低污染的天然气、洁净技术处理过的洁净煤也属于清洁能源的范畴，特别对于我国这种富煤、少气、缺油的能源结构，大力发展氢能具有巨大潜力和重要意义。

7.3 氢能与"氢经济"

氢能（Hydrogen energy）是氢气和氧气反应所产生的能量。氢能是最理想的能源，它有别于太阳能、核能、地热能、海洋能、生物质能等新型能源，可直接燃烧，是一种含能体能源。而且它燃烧热量高，无污染，来源广，是煤炭、石油、天然气等传统能源所无法比拟的。氢燃烧时变成 H_2O 不污染环境，热效率高；在电化燃烧时热效率更高。从根本上解决世界能源问题与环境问题，氢能是最理想的，其能源利用途径如图 7-1 所示。

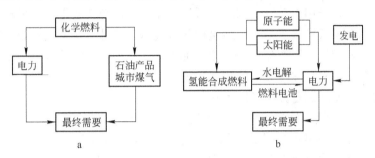

图 7-1 新能源利用途径

a—现在解决能源的途径；b—未来解决能源的途径

7.3.1 氢的性质及特点

化学元素氢（Hydrogen，H），在元素周期表中位于第一位，它是所有原子中最小的。氢是宇宙中最常见的元素，氢及其同位素占到了太阳总质量的84%，宇宙质量的75%都是氢。

由于H—H键键能大，在常温下，氢气比较稳定。除氢与氯可在光照条件下化合及氢与氟可在冷暗处化合外，其余反应均在较高温度条件下才能进行。虽然氢的标准电极电势比 Cu、Ag 等金属低，但当氢气直接通入其盐溶液后，一般不会置换出这些金属。在较高温度（尤其存在催化剂时）下，氢很活泼，能燃烧，并能与许多金属、非金属发生反应，其化合价为+1。

氢具有高挥发性、高能量以及高导热性，是良好的能源载体和燃料，同时氢在工业生产中也有广泛应用。现在工业每年用氢量为 5500 亿立方米，氢气与其他物质一起用来制造氨水和化肥，同时也应用到汽油精炼工艺、玻璃磨光、黄金焊接、气象气球探测及食品工业中。液态氢可以作为火箭燃料，因为氢的液化温度在−252.77℃。氢的燃烧热值异常高，每千克氢可产生热能 $1.4×10^5$ kJ，是汽油的 3 倍，除核燃料外，所有的矿物燃料或化工燃料均望尘莫及；氢燃烧性能好，点燃快，与空气混合时有广泛的可燃范围，而且燃点低，爆发力强，燃烧速度快。与其他燃料相比，氢燃烧时清洁，不会对环境排放温室气体，除生成水和少量氮化氢外，不会产生诸如 CO、CO_2、碳氢化合物、铅化物和粉尘颗粒等对环境有害的污染物质。

氢气具有可储存性，就像天然气一样，可以气态、液态或固态的形式出现，可以很容易被大规模储存并满足各种应用环境的不同要求。这是氢能和电能、热能最大的不同。这样，当电力过剩时，可以以氢的形式将电或热储存起来，这也使氢在可再生能源的应用中起到其他能源载体所起不到的作用。氢由化学反应发出电/热能并生成水，而水又可由电解转化为氢和氧；如此循环，永无止境，因此氢能具有很好的可再生性。

7.3.2　氢的生产、储存和运输

自然界中不存在纯氢，它只能从其他化学物质中分解、分离得到。由于存在资源分布不均的现象，制氢规模与特点呈现多元化格局。现在世界上的制氢方法主要是以天然气、石油、煤为原料，在高温下使其与水蒸气反应或通过部分氧化法制得。我国目前的氢气来源主要有两类：一是采用天然气、煤炭、石油等蒸汽转化制气或是甲醇裂解、氨裂解、水电解等方法得到含氢气源，再分离提纯这种含氢气源；二是从含氢气源如精炼气、半水煤气、城市煤气、焦炉气、甲醇尾气等用变压吸附法（PSA）、膜分离技术、深冷分离法、水合物法或者变压吸附与深冷分离的联合工艺来制取纯氢。

目前国内外主要的制备方法有以下几种：

（1）催化重整制氢。目前世界上大多数氢气通过天然气、丙烷、石脑油、甲醇、乙醇等重整制得。经过高温重整或部分氧化重整，天然气中的主要成分甲烷被分解成 H_2、CO_2、CO。这种路线占目前工业方法的 80%，其制氢产率为 70%~90%。目前烃类催化重整制氢多用镍系催化剂，而醇类重整制氢多用铜基催化剂（如 $Cu/Zn/Al_2O_3$）。

（2）煤气化制氢。煤气化制氢曾经是主要的制氢方法，随着石油工业的兴起以及天然气蒸汽转化制氢方法的出现，煤气化制氢技术呈现逐步减缓的发展态势。但随着石油气天然气资源的日益枯竭，煤炭资源利用仍具现实意义。尽管煤炭气化制氢在我国化工合成等行业已经得到广泛应用，但就煤炭气化技术水平而言，总体落后于世界先进水平。煤气化制氢主要包括三个过程：造气反应、水煤气变换反应、氢的纯化与压缩。煤气化是一个吸热反应，反应所需热量由氧气与碳氧化反应提供。煤气化工艺有多种，如汽铁法、流化床法等。近年来还研究开发了多种煤气化的新工艺，如利用煤气化的电导膜制氢新工艺、煤气化与高温电解相结合的制氢工艺、煤的热裂解制氢工艺等。水煤气变换反应则是生成的 CO 再与水蒸气作用，进一步生成 H_2。该反应能被煤的表面和地下气化系统中许多无机盐所催化，特别是铁的氧化物。

（3）电解水制氢。这是已经成熟的一种传统制氢方法。其生产成本较高，所以目前利用电解水制氢的产量仅占总产量的 1%~4%。电解水制氢具有产品纯度高和操作简便的特点，其生产历史已有八余年。电解池是电解制氢过程的主要装置，近年来对电解制氢过程的改进都集中在此，如电极、电解质的改进研究。

（4）微生物制氢。利用微生物自身的生理作用，在一定的环境条件下，通过新陈代谢获得氢气。根据生物制氢技术使用产氢微生物的不同，可分为光合制氢和发酵制氢。

（5）生物质气化制氢。生物质气化或转化为沼气是大有潜力的制氢技术，特别适合发展中国家。生物质气化一般是指将生物质通过热化学方式转化为高品质的气体燃气或合成气，生物质通常含有很低的灰分，几乎不含硫，因此生物质比煤更适合于气化加工，气化时活性气化剂一般为空气、富氧空气或氧气，并常与水蒸气一同添加，这样的产品主要为 H_2、CO、少量 CO_2、水和烃。

（6）太阳能光解水制氢。太阳能光解水制氢以半导体光催化分解水制氢为代表。自

1972 年日本学者 Fujishima 和 Honda 发现光照 TiO_2 电极能分解水获得氢气以来，光催化分解水的研究得到长足发展，人们先后开发出 $SrTiO_3$、ZrO、$K_4Nb_6O_{17}$、$K_2La_2Ti_3O_{10}$、$BaTi_4O_9$ 等多种催化剂。虽然这种技术离实用化还有一定的距离，但半导体光催化方法是最经济、清洁、实用而富有前途的技术。

贮氢输氢是发展氢能技术的关键之一，也是氢能应用的前提。氢在一般的条件下以气态形式存在，且易燃易爆，这就为储存和运输带来了很大的困难，故氢的储存和运输是氢能系统的关键。早期的高压贮氢或液化贮氢都是危险且成本高的方法，新近国际上发展了贮氢材料，如高容量的金属氢化物材料、纳米级石墨纤维、特种活性炭、有机氢化物贮氢等目前都有一定进展，使低成本、高效、安全贮氢成为可能。总体来说，氢气储存可分为物理法和化学法两大类。

物理储存法主要有高压氢气储存、液氢储存、活性炭吸附储存、碳纤维和碳纳米管储存、玻璃微球储存、地下岩洞储存等。气态高压储氢是目前最普通和最直接的储氢方法，通过减压阀的调解就可以直接将氢气释放出来。目前，我国使用容积为 40L 的钢瓶在 15MPa 压力下储存氢气。高压储氢的缺点是能耗高，而且需要消耗其他的能量来压缩气体。液氢可以作为氢的储存状态，它通过高压氢气绝热膨胀而成。液氢沸点仅有 20.38K，气化潜热小，仅为 0.91kJ/mol，因此液氢的温度与外界的温度存在巨大的产热温差，稍有热量渗入容器，即可快速沸腾而损失。短时间储存液氢的储槽是敞口的，允许少量蒸发以保持低温，即使使用真空绝热储槽，液氢也难长时间储存。

化学储存方法主要有金属氢化物储存、非金属氢化物储存、无机物储存、铁磁性材料储存等。实验发现，许多金属或合金化合在一定温度和压力下会大量吸收氢，而生成金属或合金化合形成金属氢化物，该反应具有很好的可逆性，适当地升高温度和减小压力即可发生逆反应，释放出氢气。金属氢化物储存，使氢气跟能够氢化的金属或合金相化合，以固体金属氢化物的形式储存起来。金属氢化物储氢是氢以原子状态储存于合金之中，重新释放出来时经历扩散、镶边、化合等过程。受热效应与速度的制约，金属氢化物储氢比液氢和高压氢气安全，并且有很高的储存容量。例如镁基储氢合金，它属于中温性储氢合金，其吸、放氢性能比较差，但储氢量大、质量小、资源丰富、价格便宜和无污染，目前已有多种新型镁基储氢材料被不断开发；钛基储氢合金也受到很大的重视。Ti-Mn 系储氢合金的成本较低，是一种适合于大规模工程应用的无镍储氢合金。而且我国是富产钛的国家，在实际工程应用中，Ti-Mn 多元合金以其较大的储氢量、优异的平台特性得到了较为广泛的应用。另外由于氢的化学性质活泼，它能与许多非金属元素或化合物作用，生成各种含氢化合物，可作为人造燃料或氢能的储存材料。例如氢可与 CO 催化反应生成烃和醇，这些反应释放热量和体积收缩，加压和低温有利于反应的进行。在高性能催化剂作用下完成反应的压强逐渐降低，从而降低了成本；氢可与氮生成氮的含氢化合物氨、肼等，它们既是人造燃料，也是氢的寄存化合物。氢和硼、硅形成的化合物也可以储氢。

氢的储存可以有高压气态、液态以及化合物状态。但到目前为止，还没有一项现有技术能满足最终用户对储氢的要求。在我国，利用罐状容器来储存高压氢是最为成熟的工业技术，但它的容量密度低。为此，可以通过提高氢气的压强到 350～700 MPa 的办法来解决，但同时增加了对材料强度、结构设计和密封性等技术的要求。氢的输送系统，包括管道运输、气罐、管状拖车、低温罐车等运输工具，目前我国还没有氢能的供应网络，亟须在全国形成和建立氢能的供应体系，安全可靠、成本合理地将氢运送到各地用户。

7.3.3 粉末半导体对水的光催化分解制氢

水完全光解成氢和氧具有明显的学术和社会意义：

（1）可作为燃料的分解产物 H_2，不同于碳质燃料，由于燃烧时不生成 CO_2 气体，可以解决现在和将来地球的温室效应问题。

（2）自然界中光合成的初期过程是水在光的作用下产生氢并继之将二氧化碳还原固定，因此，了解水的光解过程是实现人工光合成关键的第一步。

（3）有无限的资源，可以从根本上解决能源问题。水的分解反应：$2H_2O \longrightarrow 2H_2 + O_2$ 是氢燃烧的逆反应，属吸热反应，每 1mol 水分解时需吸热约 240kJ。在无催化剂的情况下，反应需要在温度达 2000℃ 时才能进行。

水分子在光激发下直接进行光解需有波长小于 185nm 的高能量光（~7eV 真空紫外光）。阳光在无第二物质存在时，是不能直接分解水的。因为水直接分解时如按反应：$H_2O \longrightarrow OH^- + H^+$ 进行，这时 O—H 键断裂需要能量 5.08eV，相当于要吸收波长为 244nm 的光，而水是不能吸收这种光的，水能直接吸收的光的波长是 185～190nm，而达到地面的阳光并不含有这种波长的紫外光。

如果水不是按生成自由基而是通过双分子反应：$2H_2O \longrightarrow 2H_2 + O_2$ 分解，那么能量应为 2.44eV，相当于波长为 507nm 的可见光，但是这个反应进行需要有适当的光催化剂，使两分子水结合成一个中间化合物才可能。但用阳光并借助于催化剂使水分解的效率太低，只有 1%～2%，因此，还常常需用某种光敏剂以提高其效率。在催化剂存在下，水的光解反应如图 7-2 所示。

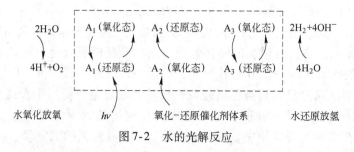

图 7-2 水的光解反应

实现这个过程关键是选择好氧化-还原催化体系。已经研究过多种这样的催化体系：（1）金属盐类体系；（2）半导体体系；（3）金属配合物体系。其中以半导体体系研究得最深入而且被认为最有应用前景。

半导体体系：例如 N 型半导体 TiO_2 的禁带宽为 3.00eV，相当于波长为 415nm 的光，当 TiO_2 吸光时即可使价电子激发，生成自由电子和空穴，并发生如下反应：

$$TiO_2 + 2h\nu \longrightarrow 2e^- + 2p^+$$

氧化 TiO_2：
$$2p^+ + H_2O \longrightarrow \frac{1}{2}O_2 + 2H^+$$

还原 TiO_2：
$$2e^- + 2H^+ \longrightarrow H_2$$

在半导体粉末上（光催化剂）可以发生形形色色的去氧化反应。粉末半导体光催化剂一般地说制造比较简单，价格便宜，而且容易使用，效率也不低。例如，纯水在 Pt/TiO$_2$ 上的光解（N 型半导体），并通过同位素实验获得了确认。

7.4 燃料电池

燃料电池（fuel cell，FC）是一种将存在于燃料与氧化剂中的化学能直接转化为电能的发电装置，又称电化学发电器。燃料和空气分别送进燃料电池，电就被奇妙地生产出来。它从外表上看有正负极和电解质等，像一个蓄电池，但实质上它不能"储电"而是一个"发电厂"。1839 年英国的 Grove 发明了燃料电池，并用这种以铂黑为电极催化剂的简单的氢氧燃料电池点亮了伦敦讲演厅的照明灯。1889 年 Mood 和 Langer 首先采用了燃料电池这一名称，并获得 200mA/m^2 电流密度。由于发电机和电极过程动力学的研究未能跟上，燃料电池的研究直到 20 世纪 50 年代才有了实质性的进展，英国剑桥大学的 Bacon 用高压氢氧制成了具有实用功率水平的燃料电池。20 世纪 60 年代，这种电池成功地应用于阿波罗登月飞船。从此氢氧燃料电池广泛应用于宇航领域，同时兆瓦级的磷酸燃料电池也研制成功。20 世纪 70 年代后，由于石油危机和环境问题，迫使世界各国重新重视其燃料电池的研发。从 20 世纪 80 年代开始，各种小功率电池在宇航、军事、交通等各个领域中得到应用。现今，燃料电池作为新型能源，作为除火力、水力、核能发电以外的第四种发电方式为全世界重视，研究、开发和装机，发展速度越来越快，应用领域越来越广，前景更是无限广阔。

7.4.1 燃料电池的工作原理

燃料电池含有阴、阳两电极，分别充满电解质，而电极间则为具有渗透性的薄膜所构成。H$_2$ 由燃料电池的阳极进入，O$_2$（或空气）则由阴极进入燃料电池。经由阳极表面催化的作用，使得阳极的 H 原子分解成两个 H$^+$ 和两个 e$^-$，其中 H$^+$ 被 O"吸引"到薄膜的另一边，e$^-$ 则由外电路形成电流后到达阴极。在阴极表面催化的作用下，H$^+$、O、e$^-$ 发生反应形成水分子，因此可以说，水是燃料电池唯一的排放物，真正实现了高效、无污染。燃料电池的基本工作原理如图 7-3 所示，其一般结构表达为：燃料（负极）| 电解质（液态或固态）| 氧化剂（正极）。

FC 中的阳极反应或为 H$_2$ 直接氧化，或为甲醇氧化。间接氧化是通过一重整步骤发生的。阴极反应总是 O$_2$ 还原。在绝大多数情况下，氧来自于空气。对该反应已进行过众多研究，O$_2$ 还原的完整机理仍未充分了解，但已提出许多种不同的可能途径。对于一般的 H$_2$–O$_2$ 燃料电池的基本反应如下：

阳极反应：$\qquad 2H_2 \longrightarrow 4H^+ + 4e^-$

阴极反应：$\qquad O_2 + 4H^+ + 4e^- \longrightarrow 2H_2O$

总反应：$\qquad O_2 + 2H_2 \longrightarrow 2H_2O$

在理想状态下，所做的功相当于氢燃料反应：

$$\Delta G = -nEF$$

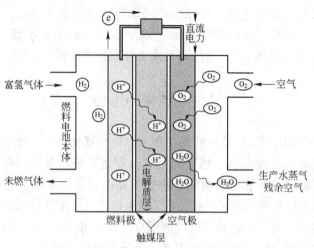

图 7-3   燃料电池的基本工作原理

$$E = -\frac{\Delta G}{nF}$$

式中，F 为法拉第常数；n 为电子得失数。

燃料反应的焓变为 $\Delta_r H_m$，所以理论上能量的转换效率：

$$\eta_{max} = \frac{\Delta G}{\Delta H} = \frac{\Delta_r G_m}{\Delta_r H_m} = \frac{-228.72}{-241.095} = 0.95$$

一般热机的效率较低，如蒸汽机仅为 0.1，内燃机为 0.4，而燃料电池由于不是通过热机转化能量，因而能量转换效率理论上要比一般热机的发电效率高得多。但是实际的电池电压要比理论值小一些，这时因为把电流导出时，由于电极反应的不可逆性，体系将偏离平衡状态（活化电极和浓差极化），同时为了克服电池内电解质的欧姆电阻，也有一定的能量损失。所以达到这一目的，要求使用含高活性催化剂的阳、阴电极以及改善电极结构以减少物质传递的阻力。

对于多种燃料电池，燃料极为负极，也称阳极（或氢电极），由对燃料的氧化过程有电催化作用的材料组成，如贵金属、石墨等，具有多孔结构，以增加电极的比表面积。在该极表面发生燃料的氧化反应，生成正离子进入电池内回路，并释放出电子进入外电路，经负载做出电功流往负极。氧化剂极为正极，又称阴极（或氧电极），由对氧化剂的还原过程有电催化作用的材料组成，如 Pt、Al、石墨等，具有多孔结构。在该极表面氧化剂接受电子，发生还原反应，生成负离子从电池内回路流向阳极，与燃料正离子反应，生成化合物。电解质为离子导体，有液态的、固态的，有酸性的、碱性的。它连接着正、负极，构成电池内回路。

FC 中燃料的种类有很多：气态如氢气、一氧化碳和碳氢化合物；液态如液氢、甲醇、高价碳氢化合物以及液态金属；还有固态如碳等。按电化学强弱，燃料的活性排列次序为：肼>氢>醇>一氧化碳>烃>煤，实际应用中，燃料的化学结构越简单，建造燃料电池可能出现的问题就越少。FC 中的氧化剂一般为纯氧、空气、过氧化氢等。电解质则是离子导电材料而非电子导电材料，液态的电解质分为碱性或酸性两种，固态的电解质又有质子交换膜、氧化铬隔膜等。在液体电解质中应用的微孔膜厚度为 0.2~0.5mm，固态电解质则为厚约 20μm 的无孔膜。

燃料电池的反应为氧化还原反应，电极的作用一方面是传递电子，形成电流；另一方面，在电极表面发生多相催化反应，但反应不涉及电极材料本身，这与一般的化学电池中电极参与化学反应是不同的。燃料电池工作的中心问题是燃料和氧化剂在电极过程中的反应活性问题。对于气体电极过程必须采用多孔气体扩散电极和高效催化剂，提高比表面积，增加反应活性，从而提高电池的比功率。

7.4.2 燃料电池的类型

随着材料科学制造工艺技术的发展出现了多种类型的燃料电池，而燃料电池的种类可以按照使用的方式、运行时的温度、燃料的种类和电解质的种类等来分类。按照使用方式来分，可以分为固定式燃料电池和便携式燃料电池；按照运行时的温度来分，可以分为低温燃料电池、中温燃料电池和高温燃料电池，低温指小于1000℃，中温指1000~3000℃之间，高温指5000~10000℃之间；按照燃料的种类来分，可以分为氢气燃料电池和重整氢燃料电池两种，第一种是指直供给的燃料是氢气，第二种是指供给的燃料是甲烷天然气之类的气体。但通常使用的分类方法都是按照燃料电池内部电解质的种类进行分类。电解质的种类也直接决定了燃料电池的工作温度以及发生所需供给的燃料类型。按电解质的种类划分，燃料电池大致可分为：碱性燃料电池（alkaline fuel cell，AFC）、磷酸型燃料电池（phosphoric acid fuel cell，PAFC）、熔融碳酸盐型燃料电池（molten carbonate fuel cell，MCFC）、质子交换膜燃料电池（polymer electrolyte fuel cell，PEFC）和固体氧化物燃料电池（solid oxide fuel cell，SOFC）和质子交换膜燃料电池（proton exchange membrane fuel cell，PEMFC）。目前研发得较多的是 SOFC、PEFC 和 MCFC。各种燃料电池类型和特征汇总如表7-1所示。

表7-1 燃料电池类型和特征

FC 类型	AFC	PAFC	MCFC	SOFC	PEMFC
电解质	氢氧化钾（KOH）	磷酸（H_3PO_4）	熔融碳酸盐（$LiCO_3+K_2CO_3$）	固态稳定的氧化锆（$ZrO_2+Y_2O_3$）	离子交换膜（特别质子交换膜）
导电离子	OH^-	H^+	CO_3^{2-}	O^{2-}	H^+
工作温度/℃	50~100	190~200	600~700	1000	80~100
腐蚀性	中	强	强	无	中
寿命/h	10000	15000	13000	7000	100000
使用形态	基片浸渍	基片浸渍	基片浸渍	薄膜状	膜
催化剂	镍、银类	铂类	无	无	铂类
燃料、氧化剂	氢气、氧气	天然气、沼气、双氧水、空气	天然气、沼气、煤气、双氧水、空气	天然气、沼气、煤气、双氧水、空气	氢气、氧气或空气
电化学效率/%	60~70	55	65	60~65	40~60
功率输出	0.3~5kW	200kW	2~10MW	100kW	1kW

直接甲醇燃烧电池（direct methanol fuel cell，DMFC），是基于 PEMFC 技术的低温电池的一种特殊形式，直接使用甲醇而无须预先重整。甲醇在阳极转换成二氧化碳、质子和

电子，如同标准的质子交换膜燃料电池一样，质子透过质子交换膜在阴极与氧反应，电子通过外电路到达阴极，并做功（图 7-4）。其操作温度类似于 PEMFC，也可以略高一些，取决于进料系统和所用的电解质。在 DMFC 中，甲醇直接进入燃料电池，不需要经过重整转换成氢的中间步骤。甲醇本身是一种很适宜的燃料，易于由天然气或生物质再生资源获得，本身有很高的能量密度，在操作温度下自身是液体，在阳极表面可直接电化学转化，也可用水将甲醇稀释或采用气相进料，重要的是保持燃料浓度恒定。如果发展了中温（250～350℃）质子导体，也可制造中温 DMFC。用于甲醇氧

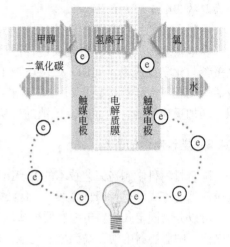

图 7-4　DMFC 的原理示意图

化的电极材料是 Pt 基催化剂，加入第二组分的促进作用是在电极表面促使羟基的吸附生成，而载体对促进活性也很重要。

7.4.3　燃料电池的应用前景

燃料电池十分复杂，涉及化学热力学、电化学、电催化、材料科学、电力系统及自动控制等学科的有关理论，具有发电效率高、环境污染少等优点。总的来说，燃料电池具有以下特点：

（1）能量转化效率高。直接将燃料的化学能转化为电能，中间不经过燃烧过程，因而不受卡诺循环的限制。目前燃料电池系统的燃料-电能转换效率在 45%～60%，而火力发电和核电的效率大约在 30%～40%。

（2）环境友好，噪声小。有害气体 SO_x、NO_x 及噪声排放都很低，CO_2 排放因能量转换效率高而大幅度降低，无机械振动。

（3）燃料适用范围广。燃料电池本身功率密度高，运行时对周围环境几乎没有任何要求，适用于各种工作场合。

（4）机动性强便于维护。规模及安装地点灵活，燃料电池电站占地面积小，建设周期短，电站功率可根据需要由电池堆组装，十分方便。燃料电池无论作为集中电站还是分布式电站，或是作为小区、工厂、大型建筑的独立电站都非常合适。

（5）负荷响应快，运行质量高。燃料电池在数秒钟内就可以从最低功率变换到额定功率，而且电厂离负荷可以很近，从而改善了地区频率偏移和电压波动，降低了现有变电设备和电流载波容量，减少了输变线路投资和线路损失。

（6）原料资源充足。燃料电池的主要消耗物是氢气和氧气，而氢能的储量非常充足，并且氢气制备方法多样。

燃料电池应用领域可以归结为发电系统、运输工具、便携式电源以及定置型发电系统等领域。据统计，在全球燃料电池应用市场中，以发电系统和便携式电子产品为主，而近年以运输工具和可携式电子产品应用需求增长较快。其中发电系统市场占有率最高为 44%，其次为可携式电子产品占 27%，产业用定置型发电系统及叉举车等特定用途动力

系统占 15% ，汽机车占 14% 。与国外不同的是，国内燃料电池应用市场重点在运输工具领域，占到整个应用领域的 74% ，而便携式电源占 16% ，发电系统电源占 10% 左右。目前国内有 60 多家机构在从事燃料电池的研究，这些机构中的大多数为研究所，研究的重点多是 PEMFC 技术。国内实现产业化生产的燃料电池企业很少，规模较大的主要有大连新源动力股份有限公司、上海神力科技有限公司等，它们的产品主要集中在质子交换膜燃料电池，包括此类燃料电池的双极板、质子交换膜和相关的实验设备等。所生产出的燃料电池往往应用于市政新能源汽车，如公交车和政府用车等。

7.4.4 燃料电池使用的催化剂

从催化剂角度看，MCFC 和 SOFC 等高温型燃料电池，由于电极反应速度相当快，目前催化剂对反应速度的影响并不清楚，除了使用电极外，还没有添加催化剂的要求。相反，对 PEFC、AFC 和 PAFC 等，由于工作温度相对低，必须有催化剂。在这些电池中使用的催化剂，其种类、形态因电极种类而异。

电极催化剂是燃料电池的核心部分，其催化性能对燃料电池的功能有重大影响。为了使其有电催化功能，催化剂本身要具有电导性，否则，就必须将其分散负载在具有电导性的载体上。在这种情况下，由于催化剂载体涉及气体扩散电极的结构，而导电性对催化剂活性的发挥以及气体、液体的相互扩散又都有较大影响。可见要解决好这类燃料电池的电极催化剂，除了选用好催化剂本身以外，还必须很好地设计并制备出满意的气体扩散电极，两者密切结合才能制得满意的燃料电池用的电极催化剂，可见电极催化剂有相当的独立性，不同于一般使用的固体催化剂。

在 PEFC、AFC 和 PAFC 三种燃料电池中，除了 AFC 电池由于使用碱性电解质（KOH），可以使用非贵金属催化剂有其特点外，PEFC 和 PAFC 使用的都是碳负载的铂催化剂（Pt/C），而且 AFC 使用的碱性电解质（KOH）和 PAFC 所用的酸性电解质（H_3PO_4）都被负载在高分子上，和 PEAC 使用的高分子固体电解质有很多类似之处。

（1）PEFC。PAFC 的电极催化剂，是以离子交换膜为电解质的最古老的一种燃料电池，美国首先将其用于双子座三号载人宇宙飞船中作为电源，可以说是最早使用的燃料电池。这种电池的阳极和阴极均为碳负载的铂，为了提高其疏水性，需与聚四氟乙烯（PTFC）粉末一起分散在多孔性的碳质纸上制成扩散电极，最后再与离子交换膜通过热压结合在一起。所以这类燃料电池中无论是阳极还是阴极都只能使用铂为催化剂。在初期组装的 PEFC 中，使用的铂量较大，（虽然已从 $35mg/cm^2$ 减至约 $4.0mg/cm^2$ ），但是还无法扩大用于民间。根据估算，只有铂用量阴极能降低至 $0.25mg/cm^2$ ，阳极降低至 $0.5mg/cm^2$ 以下才有可能。因此，在研究这类燃料电池的电极催化剂中首先期待解决的是铂用量问题。

从催化角度看，要降低催化剂用量就必须增大催化剂的表面积，提高催化剂的利用率和在反应过程中增大三相界面。其次为了提高铂的抗 CO 中毒能力，除了提高工作温度以外，还研究过在铂中添加其他贵金属，如 Rh、Ru、Pd、Ir、Au 等与铂组成合金以及添加具有抗 CO 能力的氧化物和复合氧化物，如 WO_3、MoO_3、V_2O_5、$CoMoO_4$ 等。为了提高铂电极的稳定性，还系统研究过除碳类以外的各种载体，如 TiC、SiC 等的适用性等。为了达到取代贵金属的目的，还研究过诸如 Ti、V 等催化剂的活性和寿命问题。虽然取得了一些成果，但都赶不上铂的催化性能，远未能达到使用的目的。

（2）AFC。AFC 属于低温氢氧性，也是古老和最早用于空间技术的一种燃料电池。这种燃料电池使用中的最大问题是必须应用高纯度燃料氢，否则就会因生成固体碳酸盐，使电池的性能降低。因此，AFC 这种电池目前还只能在特殊用途中使用，或许只有将来进入氢能时代才有可能将这种电池用于民间。这种电池的特点是使用的电解质为碱性的，工作温度又不高，因此不一定使用铂催化剂，可以使用 Ni、Ag 等较廉价的金属，甚至可以用这些金属直接制成电极。

（3）MCFC 中的催化剂。这类燃料电池的优点是可以利用烃类或煤经重整后的改性气体作燃料。电池阴极为添加 Cr 和 Co 的烧结 Ni，阳极则用 Ag 和 Ni(Li) O 等，在开发这样的电池过程中，解决好包括结构材料在内的防腐蚀问题最为重要。

（4）SOFC 中的催化剂。SOFC 作为新型电池，期望能对包括制备方法在内的电解质、内接电极材料等方面进行更深入的基础研究，并获得重大进展。目前电解质主要有稳定化的氧化锆。作为阴极材料，有 Co 与稳定氧化锆制成的金属陶瓷等材料，阳极则有 $LaCoO_3$、$PrCoO_3$、In_2O_3 等。

7.5 环境友好的催化技术

目前，人们对自己生活的地球环境已经大体上弄清楚了空气、水和土壤中存在哪些可以招致污染的物质以及这些物质来自何处的问题。关键是利用何种办法来消除、减轻或者根绝这些物质。显然，化学催化的方法在解决这样的问题中起着核心的作用。从战略上说，解决这样的问题基本上有三种途径，即：

（1）将排放出的污染物转化成无害物质，或者回收加以重新利用；

（2）在生产过程中尽可能地减少污染物的排放量，甚至无污染排放；

（3）用新的化学制品取代对环境有害的物质，从根本上排除污染问题。

原则上讲，对不同污染物可以采用不同的途径，以及由于污染发展史不同，在不同的发展阶段采用不同的方法等。尽管目前地球环境问题已发展到相当严重的地步，但对各种污染物的处理还大都采用第一种路线，即二次防范的办法。在这一路线中可选择的方法也是多种多样的。

下面列举处理在环保中使用的催化剂。

7.5.1 环保催化

7.5.1.1 SO_2 和 NO_x 的消除

A 脱 SO_2

SO_2 几乎全部由煤和石油燃烧时产生。利用催化剂可在重油使用前先回收 30% ~ 90% 的硫。燃烧排放的硫目前国际上大都采用石灰石泥浆吸收法以及其他一些修正方法将硫转化为石膏。用这种方法估计脱去 1t SO_2 需用 1000 美元。全世界每年 SO_x 的排放量为 1000 万吨，需 100 亿美元，这是一般经济实力的国家负担不起的。因此，亟待开发廉价的催化脱硫方法。

已提出了两种催化方法：

（1）将 SO_2 以 V_2O_5 为催化剂氧化制成硫酸（cat-ox 法）；

（2）用 $CeO_2/nMgO \cdot MgAl_2O_4$ 为催化剂，先将 SO_2 氧化为 SO_3，再和固相 MgO 反应生成 $MgSO_4$ 以控制 SO_x 的排放量。

B 脱 NO_x

这是环保中防止形成酸雨的最重要的问题，也是环保催化研究中最活跃的课题。目前工业上广泛使用的是催化还原法，即在固体催化剂存在下利用各种还原性气体（H_2，CO 烃类，NH_3）以致碳和 NO_x 反应使之转化成 N_2 的方法。因所用还原性气体不同又可分为两种。

a 选择催化还原（SCR）

这主要用于工业排放尾气脱 NO_x。由于工业排放气体中氧的浓度较高，一些还原性气体如 H_2、CO 和烃类将首先和氧反应，无法达到去 NO_x 的目的。因此改用还原性气体 NH_3，在催化剂存在下于 $300 \sim 400{}^\circ\text{C}$ 使 NO_x 有选择地定量转化成无害气体 N_2 和水：

$$NO + NH_3 + \frac{1}{4}O_2 \longrightarrow N_2 + \frac{3}{2}H_2O$$

通过氨使 NO_x 选择催化还原的反应可以除去 80% NO_x。工业使用的催化剂有 V_2O_5-TiO_2，这种催化剂用于处理煤燃料产生的尾气，空速为 $2500h^{-1}$，寿命可达 $5 \sim 6$ 年；用于重油燃料时，尾气空速为 $5000h^{-1}$，寿命可达 $7 \sim 10$ 年。

b 非选择催化还原

在以 H_2，CO 以及烃类为还原剂时，氧浓度又不高的情况下（0.2% ~ 0.5%），NO_x 可以非选择地还原成 N_2 和各种无害气体，例如：

$$2CO + 2NO \longrightarrow 2CO_2 + N_2$$
$$烃类 + NO \longrightarrow CO_2 + H_2O + N_2$$

这和净化汽车尾气中的一部分反应相当。

除了上述催化还原法外，NO_x 还可以通过催化剂直接分解成 N_2 和 O_2：$NO(g) \longrightarrow \frac{1}{2}N_2 + \frac{1}{2}O_2$；$\Delta_r G_m^{\ominus} = -86.9\text{kJ/mol}$（$25{}^\circ\text{C}$），这是被认为最简单而且最彻底的排除 NO_x 的方法。由于不需用还原剂和氧化剂，因此也是最经济的。因此，早在 50 年前就有人利用固体催化剂研究过这个反应，但迄今尚未找出实用的催化剂。其原因是无论是分解生成的还是排放气体中的氧都能够使催化剂中毒，阻碍 NO 的进一步进行。至今最有成效的催化剂和结果列于表 7-2 中。

表 7-2 分解 NO 的活性催化剂

催 化 剂	反应温度/℃			
	500	600	700	800
	分解率/%			
Co_3O_4（3g）	6.2	26	53	—
Ag-Co_3O_4（1g）	30	4.1	—	—

催化剂	反应温度/℃			
	500	600	700	800
	分解率/%			
$BaFeO_3$-λ （3g）	—	0.6	5	18
$La_{1.5}Sr_{0.5}CuO_3$ （1g）	≤0.8	—	—	40
$La_{0.8}Sr_{0.2}CoO_3$ （1g）	—	—	45[①]	72[①]
$YBa_2Cu_3O_Y/MgO$ （0.5g）	5[②]	7[②]	18[②]	40[②]
Pt/Al_2O_3 （2.4g）	12	33	56	—
Cu-ZSW-5 （1g）	39[③]			

注：表中 NO 占混合气体的含量为 3.13%。

[①] NO 占混合气体的含量为 1.0%，流速为 $30cm^3/min$。

[②] NO 占混合气体的含量为 3%，流速为 $15cm^3/min$。

[③] NO 占混合气体的含量为 0.23%，流速为 $20cm^3/min$。

贵金属 Pt 等以及钙钛石型复合氧化物在高温下有较高的活性，但催化剂中毒的影响很大。有应用前景的是经铜离子交换的分子筛（Cu-ZSM-5），该催化剂在 300~500℃ 的较低温度下，即有较高的活性，但依然有氧中毒的问题，因为在较低温度下，氧也不容易从活性中心 Cu^{2+} 上脱附。

C 同时脱 NO_x/SO_2

对同时除去排放气流中的 NO_x/SO_2 已有一些工艺，但是基本上是把 SO_x 和除 NO_x 的工艺结合起来。比如在工业上使用的有：由脱 NO_x 的选择催化还原法和脱 SO_x 的石灰石法相结合，可同时除去 SO_x 和 NO_x。

近来还提出了三个一步脱 NO_x/SO_2 的工艺：

（1）活性炭法。这时活性炭被同时用作反应物和催化剂。作为反应物，活性炭在 20℃ 吸附 SO_2 并在有水的情况下氧化成 H_2SO_4，NO_2 则在吸附后被还原为 $NO+CO_2$，吸附饱和后的活性炭再在惰性气氛下于 650℃ 加热再生，这时放出的 SO_3 再用炭还原成浓缩的 SO_2，后在另一个设备中再被进一步用 NH_3 还原成 N_2。这时，活性炭起了催化剂的作用，这个方法的缺点是生产能力很低。

（2）$NO_x SO$ 法。这种方法是用浸渍 Na_2CO_3 的 γ-Al_2O_3 为催化剂，于 90~150℃ 将 NO_x 和 SO_x 同时转化为 NO_3^- 和 SO_4^{2-}。当催化剂用 H_2 或 CH_4 再生时，610℃ 即可除去 SO_2、H_2S、S。再通过 Clause 反应（$SO_2+2H_2S \longrightarrow 3S+2H_2O$）又可从后两者回收 S，$NO_x$ 则返回燃烧炉内。这种方法的缺点是：设计相当复杂，温度变化范围又很大（470℃），且操作很不方便。

（3）第 3 种方法是将浸渍 6.5% CuO（质量分数）的 γ-Al_2O_3 同时用作 SO_2 的吸附剂和氧化催化剂以及 NH_3 还原 NO_x 的催化剂，生成的 $CuSO_4$ 再用 CH_4 再生和再氧化成 CuO。

7.5.1.2 机动车尾气净化催化剂

20 世纪 60 年代后半期，由于机动车（主要是汽车用汽油机）排放的气体已成为大气污染物质的主要来源之一，因此，提出了开发净化它的技术。通过对净化汽车尾气催化剂的大量研究，至 1975 年就达到了实际应用的目的。目前，美国和日本生产的汽车都已采用了这种新技术。欧洲各国也都开始应用，它已作为一种环保催化剂进入了市场。

现在减少汽车排放尾气中有害气体的有效方法都是采用将烃类（HC）、CO 和 NO_x 同时进行氧化和还原的"三效"催化剂。催化剂是在粒状或蜂窝状载体上涂覆载有活性组分的氧化铝制成的，活性组分则大都由 Pt、Pd、Rh 组分并添加作为贮氧组分的氧化铈所组成。

20 世纪 90 年代以来，由于地球规模的环境污染问题，对机动车排放的尾气，提出了一系列新的净化要求，用于净化的催化剂也有了明显的革新，在这方面最引人瞩目的主要有用于汽车尾气净化的 Pd-三效催化剂。

在贵金属 Pt、Pd、Rh 中，Rh 对 NO_x 的还原性能最高，在三效催化剂中一般均采用 Pt/Rh 或 Pd/Rh 组合，和单组合贵金属相比较，对 NO_x 净化活性，Pd、Rh 的性质比较接近，因此有可能开发出单独使用 Pd 的三效催化剂。然而 Pd 和 Pt/Rh 相比较，存在着对还原气氛中 NO_x 的净化效率低、在高温耐久性差的问题，所以开发 Pd-三效催化剂需要作很大的改进。这主要有提高对 NO_x 的净化活性和耐热性的方法。

在还原气氛下，Pd-催化剂对净化 NO_x 的活性不及 Pt/Rh 催化剂好，比较多的工作集中在 Pd-催化剂中添加助催化剂，添加一些碱土和稀土金属氧化物，特别是 Ba 和 La，可以明显提高催化剂的净化活性。通常 Pd-催化剂在还原气氛下活性常常下降的主要原因是烃类有机物中毒，添加 Ba 和 La 后中毒就可以得到抑制。另外，添加 Ba 或 La 的 Pd-催化剂，对 NO_x 的吸附量也明显增加，在氧化性气体（NO，O_2）中，NO 反应的选择性显著增大，可明显改进净化 NO_x 的活性。

有关提高 Pd-催化剂的耐热性问题，主要需抑制贵金属晶粒因受热而增大的作用。曾对载担 Pd 的载体氧化铝和助催化剂氧化铈的耐热性作为系统研究，结果表明在氧化铝中添加 La 和在氧化铈中添加 Zr 都有很好的效果。

7.5.1.3 CO_2 的处理

CO_2 气体的处理问题，不同于消除 SO_x、NO_x 和 CFCs 等，这是因为它的排放量太大，从燃烧尾气中除去 CO_2 意味着数十亿吨的量，相当于 SO_x 的数百倍，实际上根本无法实现。所以，提倡节能和开发新的非化石燃料，如核能、太阳能等，远比回收、利用、固定 CO_2 等二次防范措施重要得多。

CO_2 的回收、固定和再利用的途径主要是通过生物和化学反应两种途径。而化学固定 CO_2 又有多种方法，如纯化学的、光化学的和电化学的等，但不管利用何种方法，都要借助于催化剂。

CO_2 的光催化固定是最吸引人的课题，这是对自然界绿色植物光合作用的人工模拟过程，其基本结构由三部分组成，即：（1）高效率吸光体系；（2）电子转移和电荷分离中心；（3）多电子迁移反应的催化剂部位。使用的催化剂有半导体、配合物、光电催化剂等，但目前固定效率还很差，催化剂和可见光能量之间不易匹配，量子效率低，另外稳定性也不好，都需要作进一步研究。

7.5.1.4 关于氯氟烃（CFCs）化合物的问题

氯氟烃类化合物被认为是破坏高空臭氧层以及牵涉温室效应的主要污染物。因此，除了减少排放、分解、回收和再利用之外，最彻底的办法是开发新的可取代它们的化合物。

目前已经找到了几种可以取代 CFCs 的化合物，如 HCF-123（CF_3CHCl_2）可以取代 CFC-11（$CFCl_3$ 发泡剂），HFC-1340（CF_3CFH_2）可取代 CFC-12（CF_2Cl_2 冷冻剂）等，大都是它们的氢化物。制备这些化合物大都通过催化的途径，因此，制备 CFCs 的取代物已被认为是催化研究中非常吸引人的一个新领域。

7.5.1.5　水质净化

天然水体一般通过以下几种途径进行水质转化，达到污染物自然净化的目的：

（1）大部分挥发性有机污染物能自动地从环境水系向大气挥发而消失，通过自然界微生物的分解变成挥发性和无害物质；

（2）被水中悬浊体或堆积物所吸附；

（3）通过光化学或水解进行化学分解。

现在最广泛使用的先进的净化水质的工艺是利用化学的氧化剂或还原剂以及光化学反应，将水中有机或无机污染物进行氧化或还原以达到无害化的目的。在这些过程中，如果添加包括生物微生物或酶在内的催化剂就可以大大强化净化的效果。例如，在对难降解的或高浓度的有机废水的湿式氧化处理以及生物氧化的前处理工艺中，添加高效的催化剂或者酶，就可以在低温常压，甚至常温常压下达到水质净化的目的。显示出催化剂在水质净化中的作用。目前利用这些方法，对消除水中一些含氯溶剂如氯仿、二氯乙烯、三氯乙烯以及防腐剂和杀虫剂的含氯有机化合物如一氯联苯或三氯乙烷以及它们的副产品二氯联苯乙烯、五氯苯酚、氯代邻苯二酚等都取得了很好的效果。

7.5.2　化学传感器

传感器分为化学传感器、物理传感器和生物传感器。化学传感器是通过电（电化学）、光的信号检知被测气体、离子、液体分子的成分浓度和组成的一种选择性好、灵敏度高的监测仪器，同时具有识别功能和发生信号功能。

识别功能主要控制仪器的选择，发生信号功能主要控制仪器灵敏度。就其应用领域而言，则大致分为气体、湿度和氧三大类。例如，最早的化学传感器是用于检测气体的半导体传感器，始于 1962 年日本清山哲郎对半导体 ZnO 薄膜的研究，为了解决家庭用的煤气报警传感器。但初期可使用的传感器可信度不太高，常常发生因酒精、香烟等误报的事件，而且使用的寿命也短。

目前，根据使用目的不同，化学传感器大致可分为计量用传感器和控制用传感器两类。它们单独或组合起来，细分为环保用的、生产用的、医疗用的、家庭用的等。在农业上，为了控制如室温中的 CO_2 浓度和湿度，也正在采用气体传感器和湿度传感器。可以预料传感器在社会各个方面的实际应用中将会不断的活跃起来。

化学传感器应同时具有识别和发生信号两种功能，迄今为止，以开发出同时具有这两种功能的多种传感器。其中仅固体气体传感器就占很多种。由于这类传感器和催化化学有着不可分割的关系，我们将主要介绍这类传感器。

固体气体传感器的识别功能通常就是利用固体传感元件表面对被检气体的吸附作用的反应，而信号发生功能则是利用固体吸附气体或和气体反应后的物理或化学性质的变化。

例如：

（1）半导体气体传感器就是通过半导体表面或半导体–金属界面对被检气体的吸附或反应而识别的，因为半导体吸附气体后，以电信号显示的半导体的电阻、功函数、极化作用等一系列的参数也会发生相应的变化。

（2）催化燃烧型传感器是利用可燃性气体燃烧时的温度的变化。

（3）压电传感器以及光导纤维传感器是利用气体在感应膜上的吸附质量和光学物性的变化。

（4）固体电解质传感器是利用因电极反应电池产生的电动势的变化。除这些识别功能之外，还要加入适当的信号发生功能。

因此可看出，化学传感器实质上只是利用物质的吸附作用和表面化学反应来识别不同的化学物质的。而其中绝大多数的吸附过程和表面化学反应和催化化学有着密切的联系。这就意味着化学传感器本来就是催化剂应用的一大领域，而且诸如活性、选择性、稳定性和寿命等一系列在催化领域内早为人熟知的因素在化学传感器领域内也同等重要。

除此之外，还应强调指出的是催化剂在许多场合中还可以作为传感器的一种辅助手段使用。例如汽车尾气中同时存在着可燃性气体和氧，为了使尾气反应完全和达到平衡化，就必须通过测定空燃比来控制。所谓的半导体空燃比就是用来测定达到这种平衡需要添加氧的量的，这时，通过使用一种氧化催化剂（贵金属）就可以提高传感器的应答速度。另外，为了有选择地消除有害气体，将对传感器不活性的成分转化为活性的成分，例如在SO_x传感器中将SO_2氧化成SO_3也要应用催化剂。

到目前为止，传感器的研究还停留在经验阶段，主要以开发和应用为重点。相当于催化化学的最初研究阶段，"技艺"性很强，缺乏基础性的了解，其中许多问题都期待利用催化化学的研究成就予以解决。

（1）阐明传感器的工作原理。目前对固体传感器的工作原理有许多方面是推测的。需要说明化学成分怎样与固体相互作用，又怎样变为信号的。这对传感器的理解及改进无疑是不可缺少的基础。目前未阐明的问题有：在半导体的传感器中氧及被检气体的吸附反应点，表面的氧化-还原以及酸-碱性的影响，添加贵金属的存在状态以及增感机理。另外，对固体电解质传感器中的电极催化剂的作用，新型传感器的电动势的产生机理等也有所研究。

（2）开发高选择性元件。在固体传感器中，对气体的选择性还不十分理解。例如，至今尚未开发出只对CO选择氧化的催化剂或电极催化剂，那人们就渴望解决这个问题。无论对传感器还是对催化反应，在很多感兴趣的材料以及研究对象中，化学成分相互组合的例子虽然很多，然而对化学传感器来说还极少有立竿见影的催化化学依据。今后的课题之一就是要开发与高感度传感器有关的制备高选择性媒体的方法。

（3）开发能控制精细结构的制备方法。半导体传感器以及陶瓷湿度传感器使用的多孔烧结元件、表面的精细结构粒径分布、添加剂的分散度等对传感器的灵敏度和应答速度有明显的影响。因此，尽早从基础上确定可以说明和控制的方法十分必要，至于薄膜元件，精细结构的影响及其控制也是重要的研究课题。

（4）开发元件的高稳定性的方法。化学传感器有时需在极苛刻的条件下使用，因此不断地改进它对热、湿度、毒物等的抵抗能力，因此，有必要通过材料的选择、改进元件的结构、制备方法以及添加稳定剂等多方面进行研究。

（5）探索新的传感材料。在传感器的改良和开发中寻求新的传感器材料将是一个长远的研究课题。化学传感器至今还是一个新的领域，因而发现优良的材料看来有很大的可能性，特别是对新的待测物质探索新的传感材料更有必要。

现在化学传感器已进入第二代的阶段。目前对可以检测到 ppb（$\mu L/m^3$）级的 1s 应答的限制电流式氧传感器、数秒应答的生物传感器、离子型传感器以及可以在室温下工作的固体传感器等正大力开发并已获得迅速发展。围绕这些传感器的开发，除了追求传感器所必须具备的高灵敏度、高选择性、高稳定性和高应答速度等性能外，对传感器的微型化、集成化、效率化以及智能化等也提出了新的要求。为了达到这些目的，对气体传感器还正在大力开发厚膜以至薄膜的膜型元件和解决气体感应材料、增感剂、黏结剂、基板选择和成膜方法以至稳定方法和集成等多方面的问题。

7.5.3 家电用催化剂

近年来人类赖以生存的社会环境正在发生着深刻的变化。譬如，由于地球环境日趋恶化和自然资源逐渐枯竭，不仅已严重影响到人类的生产实践和社会的发展，而且也日益危及人类本身的生存。

尽管如此，生活在现代文明社会中的个人和家庭还是在不断地追求文明，安逸、舒适、健康的生活。为了达到这个目的，每个人和家庭都负有消除环境污染、节约能源以及净化周围生活环境的职责。在这样的前提下，为每个家庭提供的现代生活设备，要注意到公害、环保、节能、净化的要求，反映出高附加值的发展。为了满足上述家庭对环保、节能、净化的要求。近期的实践证明，应用家（电）用催化剂是一个特别行之有效的途径。

下面将介绍与生活特别有关的具有代表性的四类催化剂：

（1）用于家庭环保的催化剂。远红外线是眼睛看不到的波长为 $3 \sim 25\mu m$ 的一种红外线，这种红外线被特别称为远红外线，和通常的对流传热和传导热相比较有可能大大改善热效率和提高热的附加价值（表现在加热物体的颜色、触觉、香味、臭味等方面）。因此。像家电用催化剂就可以设计成同时兼有催化燃烧功能和远红外放射功能的材料。一般地说，人体以及人类生活周围物体的主要组成成分都很容易吸收远红外能量。这就是说，人体、食品、衣料的组成能与这些物质吸收光谱相对应的远红外发射发生共振吸收，这样一来，被加热物体就可能有很好的加热效果，已设计出的家（电）用催化剂其远红外发射能力要比金属的高数倍。图 7-5 为同时具有催化净化和远红外净化功能的烤炉的剖面。这种机器用的催化剂是 TiO_2/Al_2O_3 或铂族催化剂，它同时具有催化净化和热浸透性远红外发射功能，可以达到改善烹调速度和菜肴的味道等。

以往用的烤炉都是利用本生灯的青色火焰将不锈钢制成的炽热网加热，由于利用不锈钢不能很好地调节红外线的发射功率，因此，有盐分产生的氧化破坏作用十分严重：1985年以来许多烤炉都采用了图 7-5 所示的催化剂，这样一来，除了具有净化排气的特点外，还同时达到通过红外线改善烹调特性和提高能量利用率的目的。

（2）自身净化型催化剂。自净化催化剂（self- cleaning catalyst，SC- 催化剂）基本上由催化剂耐热性黏结剂和泥浆（多孔性）所组成，烧粘在开口式燃具内壁后，在烹调鱼肉时能将飞溅的油脂，在烹调温度下催化转化成水蒸气和二氧化碳，从而消除污染和臭味。如 SC- 催化剂由陶瓷质构成，那么还能发射出如前面所述的红外线，即有可能节省能

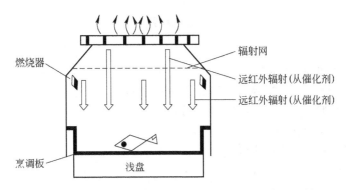

图 7-5　同时具有催化净化和远红外净化功能的烤炉的剖面

量和改善菜肴的味道。正在开发中的一种 SC-催化剂，这种催化剂是在考虑食品安全性的要求下使用了无铅的 Li-Si 系低软化点玻璃，由于这种新制品的开发成功，同时达到降低成本、提高功效和节能的目的。

（3）同时具有远红外线和催化功能的多功能发热件。1990 年开发出一种多功能的发热体，由于在石英管表面上形成了陶瓷性多孔物质的关系，使近红外线的能量向远红外线一侧转移，这样使之同时具有脱臭功能和远红外功能。这种多功能发热体发出的氨、异缬草酸以及醋酸等恶臭成分，通过催化燃烧有效地被净化。这种多功能发热体从 1991 年开始已在日本一家生产红外线暖炉的全部商品中采用，而且获得了好评。以往冰箱中使用的除霜装置都是在加热其表面涂覆一层以 Al_2O_3、SiO_2 或分子筛为主要成分的多孔性物质。

这些多孔性物质上还负载有铂系催化剂。而现在开发出的多功能发热体的特点是对冰箱中发生的恶臭同时具有吸附和氧化的功能。其组成主要也是具有吸附功能的 Al_2O_3 或分子筛和具有氧化功能的铂系催化剂。但这种发热体吸附的臭气成分脱附的时候即被氧化精华。它的特点是：先通过吸附除臭，再在除霜加热器工作时将脱附的臭气成分通过催化氧化除去并使之再生。过去是在冰箱中使用活性炭脱臭，需要进行交换和再生。

这种在暖炉和冰箱中使用的多功能发热体是在原有石英加热器外表面上涂覆上催化剂载体和催化剂而成的，可以得到很好的效果。这里用的催化剂是通过制浆成型、干燥等简单的工艺制成。

（4）催化燃烧器。经过第二次能源危机之后，世界各国为了达到节能的目的，都在千方百计地改进可以节能的家用石油燃烧炉。这种燃烧炉的特点是：催化剂表面的温度取决于燃烧速度。空燃比对此也有影响。催化燃烧和通常的燃烧相比较，燃烧排出的气体中的 NO_x 的含量几乎可以接近于 0，当空燃比为 1:5 时，这种红外辐射率也有可能获得改善，可以提高 2~3 倍。如果燃烧在催化剂表面温度 800~900℃进行，那么还可以使 NO_x 进一步降低和大大延长燃烧炉的使用寿命。这样，就有希望为将来家庭取暖提供一种小型的清洁能源。另外，由于这种催化燃烧还有很好的红外射线和清洁燃烧等特点，在用作野外无电源热机和在蔬菜保鲜装置中用作热源也是很有希望的。

但是确认这种催化燃烧炉的实用、耐久和具有可使用长达 15000~20000h 长寿命等特点还需要进一步改进。

思 考 题

7-1 举例说明生物质能源。

7-2 举例说明化学品-能量通产的概念。

7-3 以化学传感器为例,说明催化技术在环境保护中的应用。

7-4 试说明 CO_2 的零排放技术及其可以利用的催化技术。

7-5 说明可获得新兴燃料-氢能的途径。

7-6 举例说明催化剂在燃料电池中的应用。

8 工业催化中的冶金技术及其应用

本章导读：

冶金工业是指对金属矿物的勘探、开采、精选、冶炼以及轧制成材的工业部门，包括黑色冶金工业（即钢铁工业）和有色冶金工业两大类。它是重要的原材料工业部门，为国民经济各部门提供金属材料，也是经济发展的物质基础。

催化剂在冶金工业中也起着不可忽视的作用。例如：尾气净化催化装置中铂族金属的回收；在催化作用下，硫化铜矿浸出工艺研究等。此外，随着工业化的进步，国家对于环境保护越来越重视，目前雾霾污染越来越严重，这与冶金工业过程中所排放的 SO_2、CO_2、NO_x 和粉尘等多种有害成分有关，如何通过现代化的催化技术，例如光催化，有效治理生态环境，实现经济发展与环境治理的双赢，是人们密切关注的热点。本章就工业催化中的冶金技术及其应用进行了论述，对生物催化以及光催化也有所涉及。

8.1 尾气净化催化装置中铂族金属的回收

随着发达国家对环境保护的日益重视，治理汽车尾气污染成为改善空气质量的焦点问题。一些国家相继对汽车排放尾气中 CH_x、CO、NO_x 三种有害成分的限制作出了立法要求。生产净化器时用作催化剂（以下称汽车催化剂）的铂、钯、铑用量开始明显增大。汽车催化剂已成为了铂族金属最大的应用领域和最重要的二次资源，不仅数量大、价值高，而且铂族金属含量比最富的矿体含量高得多，提取流程相对较短，规模也较小。

因此，世界上各主要工业发达国家都很重视汽车催化剂回收，此项工作成为世界性课题。从失效汽车催化剂中回收铂族金属的方法，可分为火法和湿法两大类。火法过程包括等离子体熔炼、金属捕集、氯化挥发等。湿法溶解包括溶解载体和选择性溶解铂族金属等。这些方法各有优缺点，有的方法已产业化，有的仍处于试验研究阶段。

8.1.1 火法过程

8.1.1.1 等离子体熔炼铁捕集

用等离子体熔炼失效汽车催化剂，富集回收铂族金属，是 20 世纪 80 年代中期才出现的技术。等离子体熔炼过程中，由于等离子弧的热通量高，熔炼过程效率及速率明显提高。美国于 1984 年建成 3MW 功率的等离子电弧熔炼炉，此法用极高的温度使得载体熔化造渣，温度可达到 2000℃以上，使汽车催化剂中 1~2kg/t 的铂族金属富集，捕集料中的品位提高到 5%~7%，回收率达到 90%以上，而最终炉渣中的铂族金属品位低于 5g/t。

等离子熔炼后，熔体沉淀，渣与金属相之间的密度差别大而分离较好。由于汽车催化剂中铂族金属含量低，分散程度高可保证高的金属回收率。金属经过粒化或粉化使其表面积增大以利于浸出。铁合金用硫酸或硫酸加空气溶解，留下含铂族金属的浸渣，溶解时在渣中保留少量金属铁可保证铂族金属不溶，过滤即得到铂族金属富集物。滤液经过中和处理及固液分离后排放。

等离子体熔炼回收技术的特点是富集比大、流程简短、生产效率高、无废水和废气污染，因而在火法处理失效汽车催化剂方面发展潜力很大。但是，等离子体熔炼法用于处理蜂窝状堇青石载体汽车催化剂时，存在两方面的不足：一是堇青石生成的渣黏性大，金属与渣分离困难；二是在熔炼温度下，如果存在碳，堇青石中的二氧化硅（至少一部分）被还原为单质硅，与作为铂族金属捕集剂添加的铁生成高硅铁，硅铁与铂族金属形成新合金相，此合金具有极强的抗酸、抗碱性质，使后续工艺十分困难。目前，国际上只有少数企业能处理等离子物料。日本曾向美国连续 3 年购买这种物料进行提取研究，但最后因技术未过关而停止购买。1995 年我国昆明贵金属研究所开发出一种处理这种陶瓷型载体等离子熔炼捕集料的新工艺，从原始物料到铂族金属富液，工艺流程短，铂族金属回收率指标分别达到：Pt 和 Pd 回收率大于 99%，Rh 回收率大于 98%。处理 90kg 批量的扩大验证试验，产出 6.2kg 三元混合铂族金属产品，回收率达到 98%。这种可处理含硅高、抗腐蚀性极强物料的新工艺，解决了国际上公认的一大难题，使我国在这方面的回收提取技术处于国际领先水平。

8.1.1.2　金属捕集法

与等离子体法类似，金属捕集法也使用金属基体捕集铂族金属。捕集金属的选择，一般要考虑其与铂族金属的互溶性、熔点、炉渣夹带金属损失和捕集金属的化学性质。通常除前述的铁外，还包括铜、镍、铅和镍冰铜等。高温下铂族金属进入捕集金属熔体，载体物质和熔剂形成易分离的炉渣，以达到分离目的。

金属捕集对物料适用范围广，特别是处理难溶载体和载铂族金属含量非常少的废催化剂，此方法更适用。与等离子体法相比，金属捕集法温度较低，有利于控制渣的组分，渣的腐蚀性较低，还原气氛较弱，排除了二氧化硅还原的可能性。优点是：催化剂可直接送铜、镍冶炼厂处理，无需另外基建投资，仅需调整炉料即可，不会增加额外负担，而且操作费用低。缺点是：铑回收率低（65% ~70%），由于今后含铑三元催化剂用量将上升，需加强对其回收的深入研究。

（1）铜捕集。铜捕集通常在电弧炉内进行，铜作为捕集剂。炉渣采用 CaO-FeO-SiO$_2$-Al$_2$O$_3$。大部分铅将进入渣中，减少了铅的排放控制问题。但用作捕集剂的铜价格高，必须回收和返回使用。对于蜂窝状汽车催化剂，熔炼时需加 15% ~20% 的 CaO 和 FeO，使渣 MgO 含量调到 8% ~10%，以便使熔化温度降到 1300 ~1400℃。对于小球状催化剂需加入 50% 的 CaO 和 3% ~5% 的 SiO$_2$，有利于保护炉衬。

熔炼前需将催化剂破碎并磨细，进行配料。根据催化剂的组成混入不同数量的 SiO$_2$、石灰和氧化铁（FeO）。金属捕集剂以碳酸铜形式加入，氧化铜也同样适用，如果能利用氧化铜矿则更好。熔炼产出的铜和合金可出售给冶炼厂回收提取铂族金属。熔炼需要的温度较低（约 400 ~500℃），有可能使用煤作燃料或进行电弧熔炼。转炉顶吹进一步熔炼富集铂族金属。铜与渣分离后，趁熔融状态用空气或水淬，然后在硫酸溶液中浸出，以空气作氧化剂，获得含少量铜的铂族金属富集物。

此法要从处理铜阳极泥工艺中提取铂族金属。由于一般铜厂规模很大，冶炼流程很长，难以查清在熔炼渣中和铜电解过程中贵金属的损失，无法正确评价经济效益，因此未见实际生产中采用的报道。

日本专利介绍了一种改进的铜捕集法。将含 Pt 1.0kg/t，Pd 0.4kg/t，Rh 0.1kg/t 的汽车催化剂（蜂窝状堇青石 80%，γ-Al_2O_3 15%，其他氧化物 5%）与一定量的助熔剂（硅砂、碳酸钾、氧化铁）和还原剂（焦炭粉、氧化铜粉）混合后在电炉中加热至 1350℃，保持熔融状态 4h，倾出上层玻璃状氧化物，下层金属铜层则移入加热的氧化炉中，吹入富氧气体（40% 氧）进行氧化，除去氧化铜层，如此反复多次，直至金属铜中含 Pt 33%，Pd 12%，Rh 3.2%（质量分数），此过程约需 20h。氧化渣中含 Pt 小于 1g/t，Pd 小于 0.2g/t，Rh 小于 0.1g/t。产生的氧化铜返回使用，可大大降低成本。如果用铜片熔炼并铸锭电解，从阳极泥中回收铂族金属的方法，全部过程需 25 天。

（2）镍捕集。把废催化剂与其他炉料同在电弧炉中混合熔炼，铂族金属富集在冰镍中，陶瓷基体以炉渣放出。从冰镍中回收铂族金属按常规方法进行。该法仅限制对某些含铅高的催化剂的处理。目前该法已在一些冶炼厂采用，铂族金属的回收率未见报道。

（3）铅捕集。铅捕集铂族金属可用鼓风炉或电弧炉。常用 C 和 CO 造成炉中还原气氛，铅在从化合物被还原为金属铅的过程中捕集铂族金属，催化剂载体在高温下和溶剂造渣分离除去，得到捕集了铂族金属的粗铅。然后，在灰吹炉或转炉中选择性地氧化铅，富集铂族金属。鼓风炉熔炼铂族金属损失比电弧炉要大一些。

用重有色金属冰铜作捕集剂。镍冰铜对铂族金属是非常好的捕集剂。此法熔炼温度低，冰铜对铂族金属的浸润能力强，后续处理方法多。该法应是今后火法大规模单独处理废汽车催化剂除等离子熔炼法外比较理想而有效的方法。

8.1.2　湿法过程

汽车催化剂的载体近年来主要有金属（长矩形卷成圆柱状）和堇青石（圆柱形蜂窝状）两种，以后者居多。前者的回收技术可用酸溶，获得含铂族金属很高的渣。后者的主成分为 $2FeO \cdot 2Al_2O_3 \cdot 0.5SiO_2$ 或 $2MgO \cdot 2Al_2O_3 \cdot 0.5SiO_2$，属陶瓷性质，酸或碱均难以有效溶解。铂族金属以微细粒子附着在高熔点的硅铝酸盐载体表面，高温使用中铂族金属向内层渗透，部分被烧结或载体表面釉化包裹，对氧化、硫化、磷化作用呈惰性，富集提取铂族金属必须使之与载体有效分离。

8.1.2.1　溶解载体法

载体溶解法适用于处理载体 γ-Al_2O_3 的粒状和压制的催化剂。由于铝是两性元素，溶解氧化铝载体又有酸溶和碱溶之分，生产中可用常压溶解法和加压溶解法。

对于酸法溶解，常用硫酸作浸出剂。硫酸沸点高，挥发性小，与 γ-Al_2O_3 作用力强。催化剂颗粒首先在球磨机或棒磨机中湿磨至约 74μm，然后用硫酸溶解、过滤，滤液用铝粉（在二氧化锑存在下）置换溶解的铂族金属和铅。硫酸铝溶液经过蒸发浓缩制取水处理厂用的明矾。滤渣与置换物合并用盐酸和氯气浸出提取铂族金属。浸出液中的铂族金属用 SO_2 沉淀，获得铂族金属富集物。残液加热过滤，使氯化铅留在溶液中，滤液冷却，氯化铅结晶出来，盐酸溶液倾析返回使用。

酸法的特点是铂族金属回收率较高（Pt 88% ~ 94%，Pd 88% ~ 96%，Rh 84% ~

88%），处理费用低，副产品明矾可出售，但过程复杂，方法经济性与副产品销售有关。

碱溶解法一般需要加压，对设备要求较高，溶液浓度大、固液分离困难，试剂消耗大且 NaOH 较贵，产出的铝酸钠价值不大。

另外，对于经高温煅烧后的难溶 α-Al_2O_3，可先用 NaOH 熔融转化（称消化）后再水浸。前苏联专利曾提出将汽车催化剂破碎后，加入 Na_2O，350℃下焙烧 1h，再用水浸溶解大部分载体物质，从渣中回收铂族金属。

8.1.2.2 从载体中选择性溶解铂族金属

选择性溶解载体中的铂族金属一般是在盐酸介质中加入一种或几种氧化剂（如 HNO_3、NaClO、$NaClO_3$、HOCl、Cl_2 或 H_2O_2）直接浸出汽车催化剂中的铂族金属，使其以 $PtCl_6^{2-}$、$PdCl_4^{2-}$、$RhCl_6^{3-}$ 氯配离子形式进入溶液，也可在盐酸介质中添加氟离子强化铂族金属的浸出。

选择性浸出前的预处理很重要。由于汽车催化剂在使用过程中发生一系列物理化学变化而中毒失效，如：在催化反应过程中氧化铝载体中的铂族金属微粒处于内外移动的动平衡状态，由于热扩散，铂族金属向内层渗透，进入荃青石基体；汽车催化剂高温使用中铂族金属部分被烧结或载体表面釉化包裹，铂族金属微粒周围的 γ-Al_2O_3 转变为 α-Al_2O_3，冷却后，铂族金属包裹在难溶的 α-Al_2O_3 中间；铂族金属发生氧化、硫化、磷化作用转为惰性或形成特殊的合金、化合物；吸附有机物并带入其他杂质，如汽油中的 Pb 和 S 及润滑油中的 P，发动机在低效率下操作造成催化剂表面积炭等。针对上述情况，为提高铂族金属浸出回收率，需采用不同预处理措施及强化溶解过程，如细磨、溶浸打开包裹、氧化焙烧、硫酸化焙烧、还原焙烧、试剂还原、转化、高温加压浸出等。

8.1.3 加压高温氰化

利用氰化物高温加压直接从失效汽车催化剂中选择性浸出回收铂族金属的方法是最近几年才提出的新工艺。

氰化法从 19 世纪末就用于提取金。目前世界上 85% 以上的金矿采用常温常压氰化法处理，用活性炭吸附、锌粉置换或阴离子交换树脂吸附等方法从氰化液中回收金。多年来，化学及冶金界曾努力寻求用类似氰化提金的方法用氰化物来直接处理含铂族金属矿物。但由于在常压下，氰化钠溶液基本上不能浸出铂和钯。

加压氰化（或称高温氰化）靠提高反应温度来加快浸出速度，使常温常压下不能氰化的铂发生氰化反应。目前技术进展是，主要处理的物料包括含铂族金属氧化矿、自然钯矿、锑钯矿及铂钯铁合金矿物等。

与处理含铂族金属矿物相比，汽车催化剂成分简单、铂族金属含量高、提取流程短、规模小。因此，用加压氰化处理含铂族金属汽车失效催化剂的技术已表现出较好的应用前景。

利用加压氰化直接从废汽车催化剂中选择性优先浸出回收铂族金属，铂族金属回收率高，对物料适应性强，无有害废渣和废气排放，废液易处理，排放污染很小，属清洁、短流程新工艺，符合冶金行业可持续性发展的要求。该技术流程短，投资回收周期短，操作环境好，使用设备少，厂房面积小，建设投资小，加工成本低，能耗低，可使废汽车催化剂的处理有满意的经济效益，具有推广意义。虽然氰化物有剧毒，但氰离子氯化破坏的最终产物是二氧化碳、氮气和氯离子，基本上没有污染。氰化工艺若加强生产管理，研制先进的反应工程设备，将是有很强生命力的，在未来铂族金属提取回收领域将占据一席之地。

8.2 硝酸催化氧化氯化物浸出黄铜矿

黄铜矿是最主要的硫化铜矿物类型，也是最难浸出的矿物之一。能否合理地处理黄铜矿是判定铜新型湿法冶金工艺是否成功的标准。酸性氯化物体系是黄铜矿的有效浸出介质，此介质中浸出黄铜矿的控制性步骤是浸出剂的再生，即浸出液中亚铜和亚铁离子的氧化过程。现工艺多采用空气直接氧化和氧气加压氧化，前者反应时间长，后者设备投资大。开发催化作用下氧化再生浸出剂的新工艺是硫化铜矿浸出的一个重要课题。硝酸催化氧气氧化工艺的氧化能力很强，在金矿浸出预处理和锌矿处理中国内外都进行了研究，通过测定不同条件下的氧化反应速率和矿物中铜浸出率，分析了催化氧化浸出过程的有关影响因素和动力学机理，确定了优化反应条件。

8.2.1 浸出过程化学反应原理

黄铜矿的酸性氯化铜法浸出工艺包括浸出、氧化再生铜离子等。

浸出反应：$CuFeS_2 + 3CuCl_2 + 4NaCl \longrightarrow 4NaCuCl_2 + FeCl_2 + 2S$

氧化反应：$2NaCuCl_2 + 1/2O_2 + 2HCl \longrightarrow 2CuCl_2 + 2NaCl + H_2O$

NO_x 催化氧化：$2NaCuCl_2 + NO_2 + 2HCl \longrightarrow 2CuCl_2 + 2NaCl + H_2O + NO$

$$NO + 1/2O_2 \longrightarrow NO_2$$

实际的催化氧化反应比上反应式复杂得多，中间反应物有 HNO_2、N_2O_3、HNO_3 等。

8.2.2 氧化反应动力学原理

无催化剂下氧气直接氧化再生浸出剂时，因氧气在反应液中溶解度较低，氧分子反应活化能较高，氧化反应速率较慢。硝酸催化下氧气氧化再生浸出剂过程，用在反应液中溶解度较大的硝酸（氧化氮）代替氧气与亚铜、亚铁离子反应，反应速率有较大的提高。反应机理包括两种。

（1）气液两相催化。氧化机理：当氧气从气相导入反应器时，$NO(g)$ 在气相被 $O_2(g)$ 氧化为 $NO_2(g)$；$NO_2(g)$ 溶于液相，在液相氧化再生浸出剂等。外观上反应器的气相显黄色至棕红色。

（2）液相直接催化氧化机理：当氧气从溶液底部导入时，反应生成的 $NO(aq)$ 与溶于液相的 $O_2(aq)$ 反应生成 $NO_2(aq)$；从液面逸出的 $NO(g)$ 在气液界面层附近区域被 $O_2(g)$ 氧化，生成的 $NO_2(g)$ 随即溶于液相，再进一步反应。外观上反应器的气相基本无色。实验表明液相氧化机理起作用时催化效率更高。

反应控制步骤分析浸出过程在不同条件和不同阶段可分别表现为：浸出剂再生（氧化）控制，表面反应（浸出）控制或混合控制。相应的反应过程中浸出剂 Cu^{2+}、Fe^{3+} 浓度和溶液电位的变化特征各不相同。依据反应液电位开始阶段下降量，平衡阶段电位的高低、维持时间、电位变化速率等的综合分析来判断反应控制类型。

8.3 金铜精矿中性催化加压浸出预处理工艺

8.3.1 中性催化加压浸出原理

采用氮类物为催化剂在水溶液中进行催化氧化浸出，其原理可能为：当在实际反应中添加或由反应物产生氮中间物 NO^+ 时，NO^+ 与矿物反应会使硫化物氧化生成单质硫，在高温或高浓度氮类物的作用下单质硫完全氧化为硫酸盐：

$$2MeS(s) + 4NO^+(aq) \longrightarrow 2Me^{2+}(aq) + 2S^0 + 4NO(g)$$

反应生成的 NO 气体在加压氧化体系中聚集在反应釜上部空间，与供给的氧发生反应生成 NO_2，然后再与 NO 反应生成 NO^+，反应为：

$$2NO(g) + O_2(g) \longrightarrow 2NO_2(g)$$
$$2NO_2(g) \longrightarrow 2NO_2(aq)$$
$$2NO_2(aq) + 2NO(aq) + 4H^+ \longrightarrow 4NO^+(aq) + 2H_2O$$

由于 NO^+ 是连续再生的，因此总净反应为：

$$2MeS(S) + 4H^+ + O_2(g) \longrightarrow 2Me^{2+}(aq) + 2S^0 + 2H_2O$$

氮类物在总反应中的作用是 NO^+ 充当媒介将氧送到固体硫化物颗粒表面，使反应在升高的氧化还原电位下（$\varphi^\ominus(NO^+/NO) = 1.45V$）进行，因此无需高温和高压即可将硫化物氧化为硫酸盐，反应中氮类物氧化作用并不明显，主要为催化作用。

8.3.2 金铜精矿催化加压浸出机理

根据前面所述催化基本原理，金铜精矿在氮类物作用下，可能发生如下反应：

$$CuFeS_2 + 4NO^+ \longrightarrow Cu^{2+} + Fe^{2+} + 2S^0 + 4NO$$
$$FeS_2 + 4NO^+ \longrightarrow Fe^{2+} + 2S^0 + 4NO$$

硫化物矿物在氮类物作用下被氧化生成相应金属离子、单质硫及 NO：

$$S^0 + 3/2O_2 + H_2O \longrightarrow H_2SO_4$$
$$2FeSO_4 + H_2SO_4 + 1/2O_2 \longrightarrow Fe_2(SO_4)_3 + H_2O$$
$$Fe_2(SO_4)_3 + 3H_2O \longrightarrow Fe_2O_3 + 3H_2SO_4$$

硫在高温和氧的作用下最后可被氧化为 SO_4^{2-} 进入溶液，与水中释放的 H^+ 形成 H_2SO_4。浸出液的酸性主要来源于矿物中的硫和铁的水解，硫氧化为 SO_4^{2-} 的比例越大，则浸出液的酸性越大。铁在溶液中的产物为 $FeSO_4$ 和 $Fe_2(SO_4)_3$，在低酸度和高温条件下，可产生一系列水解产物于氧化渣中，其中主要为赤铁矿。

8.3.3 催化条件对加压浸出的影响

8.3.3.1 温度、氧分压对催化加压浸出的影响

温度、压力两个因素在反应过程中起主导作用。提高温度，有利于打破硫化物晶格；氧分压不足，不能使硫化物充分氧化。因此首先对不同温度、压力的交互影响予以讨论，试验结果见图 8-1。由图 8-1a、b 可知：当氧分压一定、温度开始增高时，浸液中 Cu 浸出率和 $\rho(\sum Fe)$ 分别增加和下降很快，150℃后浸出率增加和 $\rho(\sum Fe)$ 下降变缓。从动

力学观点分析，温度对硫化矿加压浸出的影响取决于其对浸出限制步骤的影响。在催化剂作用下随温度升高反应速度迅速加快。因此，浸液中 Cu 浸出率及残留的 ΣFe 迅速提高和下降；当继续提高温度时，如 150～180℃，矿物表面产物的增加，影响了溶解氧扩散和吸附到矿物表面的速度，受溶解态氧扩散步骤控制，Cu 的浸出和 Fe 的氧化速度变慢。180℃以上，即使再提高氧分压，也无法提高浸出效果。

因此影响浸出的决定因素为温度。当温度一定时，随氧分压升高，可使 Cu 浸出率增加，ΣFe 的含量下降。根据反应机理，金属硫化物的氧化产物为 $S^{2-} \rightarrow S^0 \rightarrow SO_4^{2-}$，Cu 为 Cu^{2+}，Fe 为 $Fe^{2+} \rightarrow Fe^{3+} \rightarrow Fe_2O_3$。其中：$S^0/S^{2-}$ 的标准氧化还原电位 -0.48mV，SO_4^{2-}/S^{2-} 为 0.357mV，Fe^{3+}/Fe^{2+} 为 0.771mV。从电对的标准电位分析，S^0 氧化为 SO_4^{2-} 和 Fe^{2+} 氧化为 Fe^{3+} 的电位值都较高，相应体系的氧化能力对浸出影响较大，因此温度一定时，氧分压即为主要因素。升高氧分压使溶液中 Cu 浸出率增高，$\rho(\Sigma Fe)$ 降低。

图 8-1c 显示，浸液 pH 值随温度和氧分压提高开始变化较慢，当温度为 180℃、氧分压为 1.8MPa 和 200℃、2.0MPa 时，浸液中 pH 值突然下降，是因为浸液 pH 值由硫的氧化和铁的水解所致，间接说明此条件下氧化浸出效果最好，综合各因素确定此条件为加压氧化适宜的温度和氧分压。

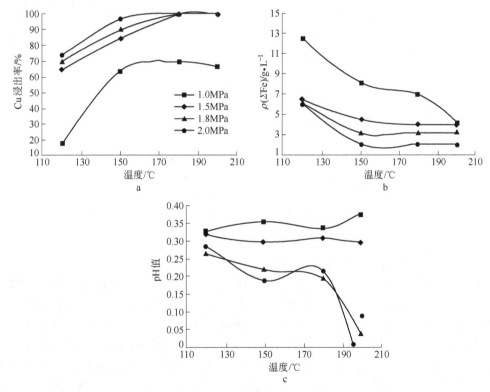

图 8-1　Cu 浸出率、浸液中 ΣFe 及浸液 pH 值与浸出温度及氧分压的关系
a—Cu 浸出率；b—浸液中 ΣFe；c—浸液 pH 值

8.3.3.2　时间对催化加压浸出的影响

根据前面确定的温度和氧分压条件，选择了 150℃和 1.5MPa 进行浸出时间对比试验，结果见图 8-2。由图 8-2a、b 可见：在温度为 180℃、氧分压为 1.8MPa 和 200℃、2.0MPa

时的浸出结果好于温度150℃、氧分压1.5MPa，并随时间的增加Cu浸出率上升和浸出液中的$\rho(\sum Fe)$下降很快，浸出2h后，其结果基本保持不变，进一步说明温度和氧分压是加压浸出的关键因素。由于在密闭容器内当温度大于100℃后氧气溶解度随温度、氧分压增加呈上升趋势，使氧化能力增强，因此Cu浸出率随温度、氧分压升高而提高，浸液中$\rho(\sum Fe)$也随之下降，即当温度和氧分压确定之后，氧化能力即确定。因此可认为在温度180~200℃、氧分压1.8~2.0MPa的条件下，只需浸出2h，Cu浸出率即达到99%以上，浸出液中残留的$\rho(\sum Fe)$为3g/L左右。图8-2c浸液的pH值随时间增加逐渐下降，说明在合适的温度和氧分压条件下，随时间增加硫氧化能力和铁的水解反应渐强。

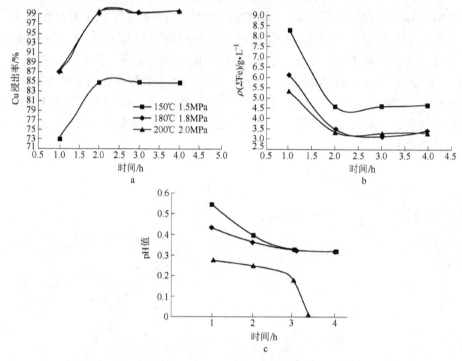

图8-2　Cu浸出率、浸液中$\sum Fe$及浸液pH值与浸出时间的变化关系
a—Cu浸出率；b—浸液中$\sum Fe$；c—浸液pH值

8.3.3.3　催化剂对反应速度的影响

根据反应机理，催化剂的加入会使反应速度迅速增加，并可使系统氧化还原电位升高，在较低的温度和氧分压下，可将硫化物氧化。本试验以加与不加催化剂分别进行试验（温度180℃，氧分压1.8MPa，固液比为1∶10），结果见图8-3。由图8-3可知：不加催化剂时，3h后才开始反应，6h后Cu浸出率才达到99.8%，浸液中残留$\rho(\sum Fe)$为3.56g/L；而加催化剂只需2h反应即可达到此结果。不加催化剂浸液中电位值仅为449mV，6h后才升至548mV，加催化剂后电位值为592mV，反应结束可达713mV；由此可见，氮类物的加入确实使反应在升高的氧化还原电位下进行，从而明显提高了反应速度。

8.3.3.4　催化剂用量试验

根据试验确定催化加压浸出时间为2h，在此条件下进行催化剂用量试验，结果见图8-4。由图8-4可见：铜的浸出率随着催化剂用量的增加而增大，浸液中残留的$\sum Fe$在催化剂用量大于0.07mol/L时迅速下降，超过0.2mol/L时又逐渐上升；氧化还原电位随催化剂用量的增加而增加，当超过 0.2mol/L 趋于不变。催化剂浓度为 0.14mol/L 时，铜的浸出率为 99.8%，浸液中残留的 $\rho(\sum Fe)$ 为 3.2g/L，因此以此条件为宜。

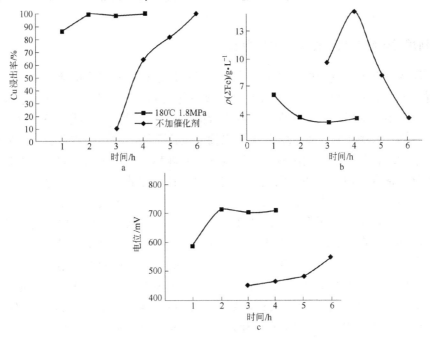

图 8-3　催化剂对 Cu 浸出率、浸液中残留 ∑Fe 及氧化还原电位的影响

a—Cu 浸出率；b—浸液中残留的 ∑Fe；c—浸液电位

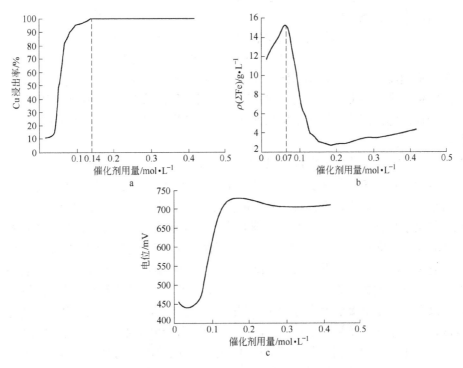

图 8-4　催化剂用量对 Cu 浸出率、浸液中残留 ∑Fe 及浸液电位的影响

a—Cu 浸出率；b—浸液中残留的 ∑Fe；c—浸液电位

8.4　新催化技术在冶金工业的应用

8.4.1　利用粉体纳米晶化促进低温冶金反应

　　铜阳极泥是铜电解过程的副产品，由铜电解精炼过程中不发生电化学溶解的金、银等有价金属、杂质及铜粉组成，产率约占阳极板质量的 0.2%～1%，是铜冶炼综合回收稀贵金属的主要中间原料。铜阳极泥中各种成分的组成变化很大，物质形态十分复杂，处理工艺多种多样。采用高新技术和高效装备以简化生产工序、缩短稀贵金属占压周期、提高金银直收率和综合利用率是铜阳极泥处理技术的发展趋势。近年来，国内外铜阳极泥处理工艺技术及装备有了很大发展。但纵观各类流程，其最初的工艺步骤都是先将其中的铜分离出来，以利于金、银等贵金属有效回收。这一阶段即为铜阳极泥的预处理工艺过程。世界上已应用于工业生产的铜阳极泥预处理工艺主要有：硫酸化焙烧水浸工艺，氧化焙烧酸浸工艺，空气氧化直接硫酸浸出工艺，氧压酸浸工艺等。这些工艺各有特点，但从高效、环保、综合利用考虑，氧压酸浸工艺将是今后铜阳极泥预处理的发展趋势。

　　阳极泥预处理脱铜的流程是：来自电解系统的阳极泥经洗涤过滤，滤液返回电解，滤渣浆化后泵入加压釜进行硫酸浸出；加压浸出为间断操作，氧气纯度为 94%，温度为 165℃，压力为 0.86MPa，浸出时间为 8h，铜浸出率为 95% 左右。

8.4.1.1　铜阳极泥硫酸直接浸出脱铜的基本化学反应过程

　　铜阳极泥预处理直接酸浸脱铜工艺是以硫酸为浸出剂，以氧气或空气中的氧为气相氧化介质进行反应。脱铜反应如下：

$$2Cu + 2H_2SO_4 + O_2 \Longrightarrow 2CuSO_4 + 2H_2O$$
$$2Cu_2O + 4H_2SO_4 + O_2 \Longrightarrow 4CuSO_4 + 4H_2O$$

　　控制反应速度的关键过程是氧溶解于水的速度。在常压下，氧气在水中的溶解度非常小，且随温度升高而降低。在有盐、酸或碱存在时，氧的溶解度一般随着溶液中这些组分的浓度增加而降低。因此，以上反应虽然在常温常压下即可进行，但反应速度慢且反应进行不彻底。

8.4.1.2　铜阳极泥加压酸浸预处理过程强化的基本原理

　　加压浸出是在高于大气压力条件下使浸出作业的温度高于常压液体的沸点的湿法冶金过程。对于多相反应而言，升高反应系统的温度对反应速度产生明显的影响，温度升高将促进粒子热运动加强，增加反应产物的溶解度，提高活化分子比率，降低溶液的黏度，增大扩散推动力以及减薄扩散层等，多种推动因素使反应速度的温度系数的值大于 1（1.2～1.5）。反应速度由此可以获得更大的提高速率；当密闭容器中的压力提高时，氧在水中的溶解度也会随之而增大。在高温高压下，气体在水中的溶解度随压力和温度的升高而增大，这对高温高压下的湿法冶金过程是有利的；高压釜内由于气相氧化介质的高速鼓入并充分分散，矿浆始终处于被氧饱和的情况下，氧化速度将不取决于气体在液体中的扩散，而是取决于在被氧化的固相组分表面上进行化学反应的速度。同时，也与在溶液中氧的浓度和催化剂存在与否有关，如果在溶液中有催化剂存在，则金属及许多金属矿物的氧化过程便明显加速。上述各种因素的综合作用，决定了铜阳极泥加压酸浸工艺属于湿法冶金的强化过程。因此，在加压条件下，阳极泥中的硫化物也发生如下反应：

$$2CuS + 2H_2SO_4 + O_2 = 2CuSO_4 + 2H_2O + 2S^0$$

$$Cu_2S + 2H_2SO_4 + O_2 = 2CuSO_4 + 2H_2O + S^0$$

在高酸度条件下，部分单体硫与氧发生反应生成硫酸：$2S^0 + 3O_2 + 2H_2O = 2H_2SO_4$。

在酸性介质中，通常铜离子和铁离子一同作为催化剂，铜盐的催化作用可以用下列方程说明：

$$MeS(s) + 2Fe^{3+} = Me^{2+} + S^0 + 2Fe^{2+}$$

$$2Fe^{2+} + 2Cu^{2+} = 2Fe^{3+} + 2Cu^+$$

$$4Cu^+ + O_2(l) + 4H^+ = 4Cu^{2+} + 2H_2O$$

8.4.1.3　铜阳极泥连续加压酸浸半工业试验工艺流程

阳极泥按试验工艺控制条件经浆化、过滤、调酸、调浆后，用耐腐蚀矿浆隔膜计量泵按照预定的流量，连续泵入加压釜，釜内按工艺控制条件保温、保压。压缩空气用移动式空压机供给，氧气用杜瓦罐经液氧气化器气化后供给。矿浆经浸出后通过出料管持续排至 $\phi2000mm \times 2000mm$ 闪蒸槽卸压、降温，然后经板框压滤机过滤，滤液返回电解系统；滤渣（脱铜渣）送下步工序处理。半工业试验的工艺流程见图 8-5。

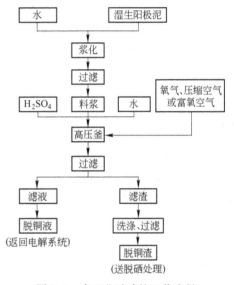

图 8-5　半工业试验的工艺流程

8.4.2　湿法冶锌新浸取技术及其进展

锌及其相关产品广泛应用于我国航天、化工、电镀、涂料、饲料等许多工业。随着社会的不断发展和消费水平的迅速提高，全球年锌需求量近年来持续攀升，但由于地下矿资源的长期开采和冶炼，使得可采锌精矿品位正逐年下降，这一趋势如今表现得更为明显。单纯采用传统的火法冶炼技术，已经无法充分满足人们对锌成品的需要和环境保护及可持续性发展的客观要求。因此，国内外冶金研究人员越来越重视湿法炼锌技术的开发和应用。

近几十年来，国内外研究人员围绕浸出这一冶炼关键问题运用了很多技术方法。根据浸出体系环境的不同，传统浸取技术有焙烧-酸浸出、酸法浸出、碱法浸出、盐浸出等，现代新浸取技术有 O_2-Cl_2 混合气体浸出、过硫酸盐直接氧化浸出、催化浸出、细菌浸出、悬浮电解浸出、微波辐射浸出等。

催化浸出是指在浸出剂中加入对浸出有催化作用的物质，构成催化浸出体系，催化剂通常是铁、铜、钴等元素。在伴生矿中，这些元素也具有催化作用。

8.4.2.1　铁催化浸出体系

通过添加二价铁或伴生的磁黄铁矿和黄铁矿于浸出体系中，可较大地提高锌浸出率。一般认为，其催化机理有二：一是"载氧体"作用机理。在硫酸浸出体系中，溶解的铁在加速锌浸出的过程中主要起着传递氧的所谓"载氧体"作用。另一机理是能带理论空穴导电机理。能带理论认为，在导电能带与价键能带之间存在一个铁杂质能带，在电场作用下，空穴在二价铁与三价铁之间跳跃迁移，从而引起铁闪锌矿的导电作用。

8.4.2.2　重金属铜、钴、银的催化浸出体系

铜的催化作用主要表现在两个方面：首先是在酸浸体系中与其他氧化剂如 NO_x 一起协同催化浸出反应，另一方面是置换硫化锌中的锌而产生催化溶解作用。钴的催化机理可能是二价钴取代闪锌矿表面的锌离子而形成电化学微电池，使浸出反应加快，在矿物的阳极结点生成元素硫，而在阴极结点得出二价锌，浸出过程为扩散控制过程。

8.4.2.3　协同催化氧化浸出体系

铁离子、铜离子和氮氧物等电子传递媒介组成协同催化体系，以氧气作氧化剂，在液固界面、气固界面参加反应，同时在气相、液相及两者界面再生，极大地提高浸出速率。实验证明浸出初期浸出过程是由表面化学反应动力学控制，随着反应的进行，固液相界面中的扩散过程变为浸出过程的控制步骤。温度、粒度、酸度、催化剂浓度对浸出速度均有影响，锌回收率达 95% 以上。其优点在于对矿物品位和形态无严格要求，可处理复杂矿和低品位矿，过程中不排灰尘、二氧化硫等有毒烟气，可在常压下反应，设备不易腐蚀。

8.4.3　冶金工业废水、废气处理中的催化技术

现行的冶金生产，伴随着大量的能源消耗和温室气体的排放。所以冶金生产技术的发展与能源技术息息相关，或者说能源技术是冶金技术的一个重要基础。例如，高炉炼铁技术的诞生和发展依赖于大规模的煤焦化工业，氧气转炉炼钢技术的产生和发展与大规模的空分技术的发展和应用直接相关，电炉炼钢生产是现代电力工业发展的直接后果。

此外，火法冶金工业生产中，存在着大量 CO_2 废气的产生。据报道，2011 年有色冶金行业 CO_2 排放总量约为 3.2 亿吨，钢铁冶金行业 CO_2 排放总量则更多。随着排向大气中的 CO_2 越来越多，自然的平衡被打破，导致大气中 CO_2 浓度不断增加，全球变暖-温室效应增加。同时冶金行业这个高耗能行业，消耗了国家大量能耗，造成燃料资源日益匮乏。能源专家预测，到 2030 年全球 CO_2 的排放量可能超过 380 亿吨，由此引发的温室效应将严重威胁人类的生存。可以预见清洁能源冶金技术必将促使冶金生产技术发生全面深刻的变化。

CO_2 催化加氢合成甲醇是处理冶金工业排放 CO_2 气体最经济的过程之一。甲醇用途广泛，是重要的基础化工原料和优质燃料。利用 CO_2 制备甲醇，不仅可以缓解对石油燃料的需求压力，更可以减轻 CO_2 对环境造成的负面影响。目前，通过 CO_2 合成甲醇的方法主要包括：（1）由 CO_2 和 H_2 反应制备甲醇；（2）由 CO_2 和甲烷合成制备甲醇；（3）人工模拟植物光合作用，由光催化 CO_2 和 H_2O 直接制备甲醇。在这三种方法中，由光催化 CO_2 和 H_2O 直接制备甲醇有着明显的优势，且已成为近年来研究的热点。由于工业排放的 CO_2 广泛存在于大气之中，水也广泛存在于地球上，因此该反应所需要的原料来源丰富。此外，由于 CO_2 是碳的最高价态氧化物，分子结构十分稳定，若要将其转化为其他化合物，需要输入大量的能量；如果该转换能量来自石油燃料，则又会生成新的 CO_2，造成恶性循环，得不偿失。光催化 CO_2 和 H_2O 直接制备甲醇法利用 H_2O 代替 H_2 作为氢源，既降低了成

本，又节约了能源。更为重要的是，该过程
利用了取之不尽、用之不竭的清洁能源——
太阳能，并将太阳能通过这种转换储存固定
在碳氢燃料中，这也为综合利用太阳能提供
了一条新的研究途径。图 8-6 为光催化 CO_2
和 H_2O 直接制备甲醇的研究方案示意图。

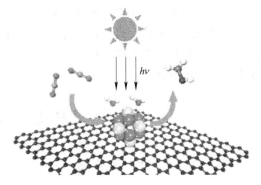

图 8-6　光催化 CO_2 和 H_2O 直接制备
甲醇的研究方案示意图

光还原 CO_2 的研究起始于 Halmannn。
1978 年，他采用 p 型半导体 GaP 作为光电
极，以还原 CO_2 水溶液为 CH_3OH。1979 年，
Inoue 等发展了基于 TiO_2、ZnO、CdS 等半导
体悬浮液光催化反应体系，还原了 CO_2 和气
态 H_2O。

到目前为止，CO_2 和 H_2O 直接合成甲醇仍是一个很具有挑战性的工作。在众多的光催
化剂家族中，二氧化钛（TiO_2）具有无毒、活性高和成本低等特点，已成为使用最为广
泛的光触媒。近十年来，国内外广泛开展了以 TiO_2 为核心材料的光催化剂应用于 CO_2 资源
化的研究。

日本的 Yamashita 在利用紫外光催化还原 CO_2 方面作了一系列研究工作。研究发现
$TiO_2(100)$ 比 $TiO_2(110)$ 具有更强的光还原性，CO_2 和 H_2O 反应时通过 Ti^{4+} 的还原产物
Ti^{3+} 进行电子转移来完成。TiO_2 晶体的（100）面催化时产物主要有甲烷和甲醇，产率相
对较高。晶面的不同，引起表面与反应物分子的接触情况不同，最终导致两种单晶表面的
催化性能显著不同。此外，铜基催化剂在光催化 CO_2/H_2O 合成甲醇这一反应体系中占有
重要的地位。反应的机理是：Cu^+–Cu^0 物种是合成甲醇的活性中心，在相同条件下，Cu^+
的催化能力优于 Cu^0。虽然光催化还原 CO_2 的研究起步较早，但因为 CO_2 具有高度稳定性
和惰性而难以活化，传统的光催化剂均存在着量子效率低、反应产率低和反应选择性差等
问题。在单一 TiO_2 光催化剂的基础上，在其表面负载金属可有效提高其光谱响应和光化
学反应效率。如：银、铜、铂的引入，可提高催化剂对可见光的吸收，而且在金属-半导体
界面形成的肖特基能垒有助于光生电子-空穴的分离，降低它们的结合率，提高光催化效率。
Koči 课题组系统研究了贵金属掺杂对 TiO_2 光催化还原 CO_2 的影响，结果表明 14nm 的 TiO_2 作
为催化剂时，甲醇的收率最高。目前，对于人工模拟光合作用反应体系，为了提高光催化效
率，在深入了解光致表面催化反应机理的基础上，设计及制备在常温常压条件下具有高催化
活性和高选择性的光催化固体材料及反应体系是亟待解决的关键问题。

人工模拟植物光合作用系统如果真正进入实际应用阶段，必须首先解决几个关键问
题：提高催化剂表面对 CO_2 的吸附性能，制备具有可见光范围响应的半导体催化剂，提高
光催化反应的量子效率。对于非均相催化反应，反应物在催化剂表面的吸附和活化是非常
重要的；而只有在催化剂表面上发生化学吸附活化的物质方能与迁移到表面的光生载流子
及其次生物种发生更进一步的氧化还原反应。在以往的大多数研究中，研究者仅试图通过
掺杂和修饰半导体催化剂的方法来减小禁带宽度，提高 CO_2 的转化效率，但因为忽略了
CO_2 在光催化剂表面的吸附和活化，效果并不明显，CO_2 的转化效率一直很低。近年来，
寻找性能优良的光催化剂载体受到了广泛的关注。新型光催化剂载体除了应具有稳定性、

高强度和大的比表面积外，还应该具有很强的吸附能力，使 CO_2 在载体上的催化剂表面尽可能地被吸附和活化，提高光催化反应的量子效率。碳基载体，如炭黑、碳纤维和碳纳米管等，因具有稳定的结构、独特的光电特性、较大的比表面积和较强的吸附性能已成为较理想的光催化剂载体。

8.5　生物催化浸出技术在铜工业中的应用

8.5.1　生物催化浸出铜技术发展概况

8.5.1.1　国外生物催化浸出铜技术发展概况

生物湿法冶金在无意识的情况下已经使用了很长的时间。罗马人、腓尼基人以及其他早期文明就已知道从流经采矿场或矿体的水中回收铜。当初的人们并不知道生物细菌在铜提取过程中起着非常重要的作用。直到 20 世纪 40 年代末期，人们才认识到生物细菌在提取铜过程中具有加强 Fe^{2+} 的氧化作用的能力。如今，世界各国通过运用生物湿法冶金的方法从低品位原料（如废石）中回收铜金属已经达到了前所未有的规模。

8.5.1.2　我国生物催化浸出铜技术发展概况

我国从 20 世纪 60 年代开始研究采用湿法冶金技术从难选冶和低品位铜矿中提取铜。首先在安徽铜官山铜矿进行了地下生物催化浸出试验，70 年代完成了工业实验。90 年代中后期在江西德兴铜矿建成我国第一家年产 2000t 电铜的低品位铜矿生物提取堆浸厂，于 1997 年 10 月产出了质量达到 A 级铜标准的电铜。"生物催化浸出—萃取—电积全湿法提铜"工艺（硫化矿石中细菌浸出铜达到 80% 以上，氧化矿的浸出率达到 90% 以上）已通过专家论证。

8.5.2　生物催化浸出过程中的细菌

生物浸矿技术是生物、冶金、化学、矿物等多学科交叉技术。从开发到部分工业应用尽管国内外已有二三十年的历史，该领域的科研工作者从浸矿微生物与矿物的作用等方面展开了研究，至今对微生物浸矿过程的机理、浸矿微生物的种类及其特征尚不十分清楚。有许多微生物，而且其中一部分还是未知的，均可用于矿物的细菌浸出作业。铜矿物浸出常用菌种如下：

（1）自养型。自养型以 CO_2 为碳源，以 NH_4^+ 等形式提供氮源。作用机理：酶催化氧化（直接作用）；应用领域：有色金属硫化物氧化溶解。主要微生物见表 8-1。

表 8-1　自养型菌类举例

菌　　种	作用机理	应用领域
氧化亚铁硫杆菌	$Fe^{2+} \rightarrow Fe^{3+}$（氧化剂，间接作用） 氧化：$S^{2-} \rightarrow SO_4^{2-}$ 或 S^0	含 Fe^{2+} 矿物氧化溶解
氧化硫硫杆菌	氧化还原态硫	硫化矿溶解
氧化亚铁钩端螺旋菌	$Fe^{2+} \rightarrow Fe^{3+}$	硫化矿溶解

续表 8-1

菌　　　种	作用机理	应用领域
硫化芽孢磺杆菌	$Fe^{2+} \rightarrow Fe^{3+}$、$S^{2-} \rightarrow SO_4^{2-}$	硫化矿溶解
叶硫球菌、叶硫球古细菌	$Fe^{2+} \rightarrow Fe^{3+}$、$S^{2-} \rightarrow SO_4^{2-}$	硫化矿溶解

（2）异养型。异养型以氧化有机物获得能源，以 CO_2 为碳源，主要微生物有：真菌、霉菌、藻类等。作用机理：代谢产物溶解作用，常见的代谢产物包括有机酸、配合物等。应用领域：从硅酸盐、碳酸盐矿物提取金属、浸出金，作矿物浮选剂、絮凝剂、离子交换吸附剂用于净化等。

一般所说的生物冶金是指铜、镍、锌等硫化矿的生物提取方法，即在相关微生物存在时，由于微生物的催化氧化作用，应用浸矿微生物存在的酸性溶液使硫化矿物氧化分解浸出金属，溶液中的有价金属离子则通过萃取-电积或其他湿法冶金方法制备高纯金属。目前生物冶金技术已广泛应用，并在铜的提取上实现了工业应用。

微生物是地球上生物链中的一环，由其担当矿物中有用金属离子溶解的催化剂，具有对低品位资源的经济开发利用和无环境污染的特点，因而生物氧化在对矿物中有用金属直接提取过程中的应用，成为国内外矿业领域开发研究的重点。

根据 Falmouth Associates 最新完成的调查研究表明，世界上每年有 20 亿美元以上的金属是用生物技术提取的，其中以铜为主，并且每年以 12% ~ 15% 的速度增长。通常情况下，生物催化浸出生产电铜的成本比火法生产电铜的成本低 20% ~ 25%。

至今，真正用于生产的微生物主要是氧化亚铁硫杆菌、氧化铁硫杆菌及嗜热嗜酸的硫化裂片菌。尤其是前者，几乎对所有硫化矿物均有氧化分解作用，但分解的程度和速度还有待提高。为此，不少学者开展了强化浸出方面的研究：如以硝酸盐形式添加 0.5% 的银离子，铜浸出率可由 16% ~ 61% 提高到 57% ~ 100%；向溶液中添加少量磷酸盐和抑制铁溶解的药剂，加速尾矿中铜的浸出；电场和磁场可以强化细菌浸矿过程。

我国中南工业大学邱冠周主持的"我国铜矿生物提取专属菌种选育及提铜产业化应用"，通过揭示浸矿菌种的分子遗传标志，不同能源基质下不同浸矿菌种的氧化生理特性及界面作用的电子传递规律，发明了磁性矿质能源培育菌种等新方法，首次培育出对原生硫化铜矿专属性作用强的耐高温（75℃）浸矿菌种。用选育出的菌种浸出原生硫化铜矿，电铜的生产成本为 6000 元/t 铜左右，低于美国等国外次生铜矿产铜的生产成本，并且电铜质量优于国外产品。

8.5.3　生物催化浸出过程中作用机理

微生物对硫化物的氧化作用是一个复杂的过程，这一机理至今尚不完全清楚；同时还具有原电池效应及其他化学作用。但现在有两种氧化作用是肯定的，这就是直接氧化作用和间接氧化作用。

直接氧化作用是指在浸出过程中，微生物附于矿物表面通过蛋白分泌物或其他代谢产物直接将硫化矿氧化分解的作用。间接氧化作用是指微生物将硫化矿物氧化过程产生的及其他存在于浸出体系的 Fe^{2+} 氧化成 Fe^{3+}，产生的 Fe^{3+} 具有强氧化作用，其对硫化矿进一步氧化，硫化矿物氧化析出有价金属及铁离子，铁离子被催化氧化。许多科学工作者认为细菌浸矿以间接作用为主，对于直接作用与间接作用的讨论仍在进行之中，生物催化浸出电化学的研究十分活跃。

研究发现：严格调控浸出体系的外加电位，可增加细菌的活性和生长速度，从而促进酸性介质中硫化矿物的生物催化浸出，提高浸出速度，还可以进行硫化矿物的选择性浸出。生物催化浸出的电化学研究对铜湿法冶金技术长期稳定的发展将具有战略意义。

将微生物工程用于铜矿物提取加工，已广泛应用于工业生产。但目前尚存在一些技术与工艺问题亟待进一步研究解决，这也是铜浸矿技术研究和发展的方向，主要包括：

（1）关键技术之一是高效生物氧化器的研制及过程的模型模拟与仿真，在这个氧化器中各操作参数都能够实现自动控制，从而细菌可以在优化的环境中快速繁殖。

（2）关键技术之二是需要有能够耐受更高温度的菌种，生物催化浸出铜精矿需要能够耐受 40~50℃ 的中温菌种，甚至需要能耐受 70~80℃ 的高温菌种。高性能菌种的选育是提高浸矿速率及回收率，改善成分分离的关键。应用传统微生物技术及现代分子生物学、遗传工程技术选育新菌种，包括细菌、真菌、藻类及其在生理特性方面符合矿冶工艺要求的菌种。

（3）微生物矿物提取机理的研究。包括酶催化机理、矿冶工艺中的生物代谢过程、微生物培育生长及工艺条件的匹配等。

（4）生物提取过程热力学、动力学和生物化学等方面的研究。

（5）露天及地下堆浸工程的开发。

思 考 题

8-1 详述尾气净化催化装置中铂族金属的回收方法。

8-2 详述黄铜矿的酸性氯化铜法浸出过程化学反应原理及动力学原理。

8-3 简述催化剂对加压浸出的影响。

8-4 查阅相关文献，说明粉体纳米晶化如何促进低温冶金反应。

8-5 以有机废水为例，说明光催化是如何起作用的。

8-6 简述生物浸出过程中，微生物的作用机理。

8-7 举例说明催化在湿法冶锌浸取中的应用。

9　工业催化剂的制备

本章导读：

　　催化剂是催化工艺的灵魂，它决定着催化工艺的水平及其创新程度。因此催化剂的制备成为影响催化性能的重要因素。

　　催化剂的制备与使用是催化工业发展的两个主要方面，只有制得性能优良的催化剂并正确使用，才能发挥催化剂的最大效能。例如，相同组成的催化剂如果制备方法不一样，其性能可能会有很大的差别。即使是同一制备方法，加料顺序的不同都会导致催化剂性能很大的不同。所以，本章除介绍工业催化剂的一些制备方法外，还讨论了工业催化剂的使用及再生。适用于制备工业催化剂的材料很多，可以是无机材料如金属、金属氧化物、硫化物、酸、碱和盐等；也可以是金属有机化合物。不同材料，自然要有不同的制备方法，但基本上都是化工生产中单元操作的组合，即溶解、熔融、沉淀、浸渍、离子交换、洗涤、过滤、干燥、混合、成型、焙烧、还原等组合。目前普遍采用的催化剂方法：沉淀法、浸渍法、凝胶-溶胶法和混合法等。

9.1　沉　淀　法

　　沉淀法是制备固体催化剂最常用的方法之一。广泛用于制备高活性组分含量的非贵金属、金属氧化物、金属盐催化剂或催化剂载体。严格地说，几乎所有的固体催化剂，其生产过程中的某一单元操作是由沉淀法构成的。

9.1.1　沉淀法类型

　　对于大多数固体催化剂来说，通常都是将金属细小颗粒负载于氧化铝、氧化硅或其他物质载体上而形成负载型催化剂，也有非负载型的金属氧化物型催化剂，还有先制成氧化物，然后用硫化氢或其他硫化物处理使之转化成硫化物催化剂。这些过程可用多种方法实现，一般来说，以沉淀操作作为关键和特殊步骤的制造方法称为沉淀法。

　　沉淀法是制备固体催化剂最常用的方法之一，沉淀法开始阶段总要先将两种或更多种溶液或固体物质的悬浮液加以混合，有时也使用简单的非沉淀的干法混合，导致沉淀。接着进行过滤、洗涤、干燥、成型与焙烧等工艺。而采用焙烧等高温处理时，会产生热扩散和固态反应，使各物种之间密切接触，催化剂才能分布更均匀。如果最终有载体存在，或在溶液中有一种最终要转化成载体的化合物或悬浮物存在，则沉淀要在这些悬浮的极细载体参与下进行。例如在沉淀期间，可将可溶性铝盐转化成氢氧化铝悬浮物后，再转成氧化铝制成催化剂。对于负载型的镍催化剂，可以从硝酸镍和氧化铝的悬浮液，通过氢氧化铵沉淀来制取。一般来说，都希望用煅烧过的氧化铝盐形式，因为用没焙烧的氧化铝盐作反应物会增加催化剂与载体产生其他副反应的机会，这是人们不希望产生的。为此人们常常使用硅溶胶悬浮液作载体制催化剂，由于氧化硅不活泼，就不会产生其他不希望的副反应，以后的阶段，还可以加入黏合剂、胶结剂、冲模润滑剂、触变器等便于下步工艺进行。

沉淀法的优点是：可以使各种催化剂组分达到分子分布的均匀混合，而且最后的形状与尺寸不受载体形状的限制，还可以有效地控制孔径大小和分布。缺点是：当两种或两种以上金属化合物同时存在时，由于沉淀速率和次序的差异，会影响固体的最终结构，重现性较差。

9.1.2　典型沉淀法生产工艺

用沉淀法制造催化剂，首先要配好金属盐溶液，接着用沉淀剂沉淀，具体工艺如图9-1所示。

在此工艺中关键步骤是配制金属盐溶液、中和沉淀、过滤洗涤和干燥焙烧。

（1）金属盐溶液的配制。一般采用硝酸盐、硫酸盐和少量金属氯化物、有机酸盐及金属复盐。工业上用沉淀法制催化剂大多采用硝酸溶解金属形成硝酸盐的方法，因为硝酸根杂质经热处理分解可得高纯度催化剂，同时硝酸盐溶解度大，不会在贮槽或管路阀门中形成阻塞。

（2）中和和沉淀。用沉淀剂把溶解的金属沉淀下来，是催化剂生产中的关键工序，直接

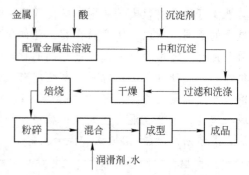

图 9-1　沉淀法生产工艺示意图

影响催化剂的表面结构、热稳定性、选择性、机械强度、成型性能及寿命等。其过程控制因素也很多，沉淀剂、中和方法、温度、时间、溶液浓度、沉淀剂浓度、中和液酸碱度、热煮和老化温度等，都会影响中和和沉淀的效果。

（3）过滤和洗涤。中和液过滤可使沉淀物与水分离，同时除去硝酸根、硫酸根，氯根及钾、钠、铵等共同形成的盐类。这些盐都溶于水，过滤时可大部分除去，过滤后的滤饼尚有 60% ~ 80% 的水分，这些水中仍含有一部分盐类，如果是硝酸金属盐或碳酸铵、氢氧化铵作沉淀剂沉淀的滤饼，洗涤后送干燥工序，可在热处理过程中除掉。银硝酸根离子及铵离子均能在热处理时分解掉，而其他离子如硫酸根、氯根及钾、钠离子，必须经充分洗涤才能达到要求。

过滤设备常用板框过滤机、离心过滤器、回转真空吸滤机等。使用中需根据要求认真选择，过滤设备选用不当，不仅过滤后的滤饼水分高，还会加重干燥、焙烧等工序负荷，还可能使杂质洗涤不净，影响催化剂的质量。

9.1.3　沉淀物和沉淀剂的选择

沉淀作用是沉淀法制备催化剂过程中的第一步，也是最重要的一步，它给予催化剂基本的催化属性。沉淀物实际上是催化剂或载体的"前驱体"，对所得催化剂的活性、寿命和强度有很大影响。

沉淀过程是一个复杂的化学反应过程，当金属盐类水溶液与沉淀剂作用，形成沉淀物的离子积浓度大于该条件下的溶度积时产生沉淀。要得到结构良好且纯净的沉淀物，必须要了解沉淀形成的过程和沉淀物的形状。

研究发现，沉淀物的形成包括两个过程：一是晶核的生产；二是晶核的长大。前一过程是形成沉淀物的离子相互碰撞生成小的晶核，晶核在水溶液中处于沉淀与溶解的平衡状态，因而溶解度比晶粒大的沉淀物溶解度大，形成过饱和溶液。如果在某一温度下溶质的饱和浓度为 c^*，在过饱和溶液中的浓度为 c，则 $s = c/c^*$ 称为过饱和度。晶核的生成是溶液达到一定的过饱和度后，生成固相的速率大于固相溶解的速率，瞬时生成大量的晶核。溶质分子在溶液中扩散到晶核表面，晶核继续长大成为晶体。图 9-2 表明晶核生成是从反应后 t_i 开始，所以 t_i 称为诱导时间。在 t_i 瞬间生成大量晶核，随后新生成的晶核数目迅速减少。应当指出，晶核生成速率和晶核长大速率的相对大小，直接影响到生成沉淀物的类型。如果晶核生成的速率远远超过晶核长大的速率，则离子很快聚集为大量的晶核，溶液的过饱和度迅速下降，溶液中没有更多的离子聚集到晶核上，于是晶核迅速聚集成细小的无定形颗粒，这样就会得到非晶型沉淀，甚至是胶体。反之，如果晶核长大的速率远远超过晶核生成的速率，溶液中最初形成的晶核不是很多，有较多的离子以晶核为中心，依次排列长大而成为颗粒较大的晶型结构。由此可见，得到什么样的沉淀，取决于沉淀过程的两个速率之比。

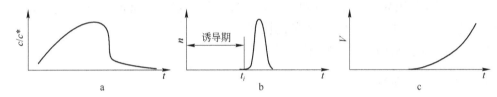

图 9-2 难溶沉淀物的生产速率

a—过饱和度（$s = c/c^*$）与时间（t）的关系；b—晶核生成数目（n）与时间（t）的关系；
c—晶核长大的总体积（V）与时间（t）的关系

沉淀法实施是否顺利，与沉淀物和沉淀剂选择合适与否关系很大。如果控制一定的条件，将金属盐的水溶液与氢氧化铵或碳酸铵等碱性水溶液接触，就会产生不溶性金属氢氧化物或碳酸盐等，这些沉淀物经加热，再转化成氧化物。沉淀法的关键工艺是制造沉淀物和选择沉淀剂。被选择的这些化合物应易得，并具有高水溶性，这样可防止引进有害元素，即毒物，如卤素就是常见的毒物。另外钠元素的存在则会引起催化剂的烧结，而对于负载性催化剂，则不希望金属硫酸盐生成，因为硫酸盐易被还原成硫化物而成为金属催化剂的毒物，因为硝酸盐便宜、易得、水溶性好，所以通常使用金属硝酸盐比较合适，缺点是加热时会产生氢氧化物，要注意加以控制。也可以使用甲酸盐和草酸盐类有机盐，效果也不错，但价格较贵，而且加热分解产生的有机物会吸附在催化剂上而引起部分失活，要引起注意。另外沉淀生成之后需洗涤以去除多余的阴离子，这样会有废水产生，需进行水处理，一般使用氢氧化铵较好，不会有阴离子残留，减少污水排放。

最常用的沉淀剂是 NH_3、$NH_3 \cdot H_2O$ 及（NH_4）$_2CO_3$ 等铵盐，因为它在沉淀后的洗涤和热处理时易于除去而不残留。而若用 KOH 或 NaOH 时，则要注意这些会使催化剂存在 K^+ 和 Na^+ 的残留物。当然如果允许，使用 NaOH、Na_2CO_3 提供 OH^- 和 CO_3^{2-} 是比较经济实用的，且晶体沉淀易于洗净。

选择合适的沉淀剂是沉淀工艺重要环节，选择原则有以下几点：

（1）形成沉淀要便于洗涤和过滤。对于碱类沉淀剂，沉淀粒子较细，常常生成非晶形沉淀，比较难于洗涤过滤。硅酸与铝、铁等金属形成的粉状体，也使过滤和水洗纯化非常困难，可用电解质解聚，破坏胶体，洗净杂质及电解质之后，再重新分散成胶体溶液。因此硅的胶体可用盐酸清洗，而氢氧化铝则用硝酸铵清洗，都可使之保持离子形态。形成晶形沉淀就比较容易清洗。晶粒大小会影响负载型金属催化剂的最后颗料尺寸，晶粒细，可获大的表面积，但太细难于过滤，需陈化，将沉淀放一段时间，进行重结晶，会使小的、无定形颗粒长成较大颗粒，形成粗晶粒，有利于过滤和洗涤。

（2）沉淀剂的溶解度要大。这样才使可能被沉淀物吸附的量少，洗涤残余沉淀剂才会容易，也可以制成较浓溶液而提高沉淀设备利用率；沉淀物的溶解度应很小，沉淀物溶解度越小，沉淀反应越完全，原料消耗量越小，生产原料成本降低，尤其是那些稀贵金属。金、铂、钯、铱等稀贵金属不溶于硝酸，但可溶于王水，形成王水溶液后即得到相应氯化物，这些氯化物的浓盐酸溶液，即为对应的氯金酸、氯铂酸、氯钯酸和氯铱酸等，并以这种特殊的形态提供对应的阴离子。氯钯酸等稀贵金属溶液可用于浸渍沉淀法制备负载型催化剂。将溶液先浸入载体，而后加碱沉淀。在浸渍-沉淀反应完成后，贵金属阳离子转化为氢氧化物而被沉淀，而氯离子则可用水洗去。

（3）尽可能使用易于分解挥发的沉淀剂。选择例如氯气、氨水、铵盐、二氧化碳和碳酸盐、碱类及尿素等易于分解挥发的沉淀剂。

（4）沉淀剂必须无毒，不会造成环境污染。

9.1.4   影响沉淀的因素

影响沉淀的主要因素有过饱和度、过冷度、pH 值和加料顺序。

（1）过饱和度。理论上讲只有达到溶液的饱和浓度，才可产生沉淀，但实际中的沉淀，都是从过饱和溶液中产生的，即生成沉淀的溶液浓度要超过饱和浓度。晶体析出时，过饱和度越大，晶粒形成的越细，晶粒的分散度越大。因此要根据需要的晶粒大小来调整过饱和度，而对于非晶形沉淀要尽量不形成胶体溶液，一旦形成胶体溶液，需在适当含量的电解质溶液中沉淀，因为电解质可使胶体聚沉，产生便于洗涤的粒子。

由上述讨论所得，晶核生成速率和晶核长大速率都与过饱和度有关，它们的关系如图 9-3 所示。曲线 1 表示晶核生成速率和溶液过饱和度的关系，随着过饱和度的增加，晶核生成速率急剧增大。曲线 2 表示晶核长大速率随过饱和度增加缓慢增大的情况。总的结果是曲线 3，随着过饱和度的增加，生成晶体颗粒越来越小。因此，为了得到预定组成和结构的沉淀物，沉淀应在稀释的溶液中进行，这样沉淀开始时，溶液的过饱和度不致太大，可以使晶核生成速率减小，有利于晶体的长大。另外，在过饱和度不太大时（$s = 1.5 \sim 2.0$），晶核主要是离子沿晶格长大，形成完整的晶体。当过饱和度较大

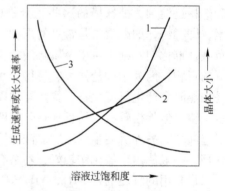

图 9-3   晶核生成速率、晶核长大速率
与溶液过饱和度的关系
1—晶核生成速率；2—晶核长大速率；
3—晶体颗粒大小

时，快速的晶格长大速率易导致晶格缺陷和位错，也易包藏杂质。在刚开始沉淀时，沉淀剂加入时应不断搅拌且缓缓加入，以避免局部过浓，同时维持一定的过饱和度。

（2）过冷度。与浓度影响一样，理论上讲达到溶液的凝点才可产生沉淀，但实际中的沉淀都是在过冷溶液中进行的。溶液过冷度越大，生成三度晶核的动力就越大，产生的晶粒就越细小，一般要获得小颗粒就需加大过冷度，而一旦形成晶粒，则需提高温度，因为温度高些有利于晶粒的成长，即有利于二度晶核的成长。所以温度低些有利于晶粒的生成，而温度高些有利于晶粒的成长。非晶形沉淀宜在较热的溶液中形成沉淀，可以使离子的水合程度较小，获得紧密凝聚的沉淀，以防止胶体溶液的形成。另外提高温度有利于生产效率的提高，缩短沉淀时间，当然要低于水溶液的沸点，一般 70℃ ~ 80℃ 为宜，它们的关系如图9-4所示。

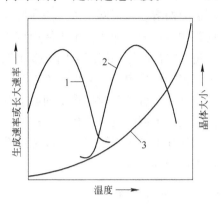

图9-4　晶核生成速率、晶核长大速率与溶液温度的关系
1—晶核生成速率；2—晶核长大速率；
3—晶体颗粒大小

（3）pH 值。用各种碱性物作沉淀剂时，沉淀过程要受 pH 值的影响，形成氢氧化物沉淀所需 pH 值相差很大（表9-1）。沉淀过程，pH 值局部会有较大的变化很可能使沉淀物质不匀，为此可以把一种原料溶在酸性溶液中，而另种原料溶在碱性溶液中，如氧化硅和氧化铝共沉淀可以用硝酸铝与硅酸钠的稀溶液混合制得。此外，如铝盐用碱沉淀，在其他条件相同、pH 值不同时，可以形成三种产品。

$$Al^{3+} + OH^- \begin{cases} \xrightarrow{pH<7} & Al_2O_3 \cdot mH_2O & \text{无定形胶体} \\ \xrightarrow{pH=9} & \alpha\text{-}Al_2O_3 \cdot H_2O & \text{针状胶体} \\ \xrightarrow{pH>10} & \beta\text{-}Al_2O_3 \cdot nH_2O & \text{球状晶体} \end{cases}$$

表9-1　形成氢氧化物沉淀所需要的 pH 值

氢氧化物	形成沉淀物所需要的 pH 值	氢氧化物	形成沉淀物所需要的 pH 值
$Mg(OH)_2$	10.5	$Be(OH)_2$	5.7
$AgOH$	9.5	$Fe(OH)_2$	5.5
$Mn(OH)_2$	8.5 ~ 8.8	$Cu(OH)_2$	5.3
$La(OH)_3$	8.4	$Cr(OH)_3$	5.3
$Ce(OH)_3$	7.4	$Zn(OH)_2$	5.2
$Hg(OH)_2$	7.3	$U(OH)_4$	4.2
$Pr(OH)_3$	7.1	$Al(OH)_3$	4.1
$Nd(OH)_3$	7.0	$Th(OH)_4$	3.5
$Co(OH)_2$	6.8	$Sn(OH)_2$	2.0
$U(OH)_3$	6.8	$Zr(OH)_4$	2.0
$Ni(OH)_2$	6.7	$Fe(OH)_3$	2.0
$Pd(OH)_2$	6.0		

（4）加料顺序。加料顺序不同对沉淀物的性能也有很大的影响。加料顺序可分为顺加法、逆加法和并加法。将沉淀剂加入到金属盐溶液中，称为顺加法，但由于几种盐沉淀所需要的溶度积不同，该方法易发生先后沉淀现象，应尽量避免。将金属盐溶液加入到沉淀剂中，称为逆加法，由于使用该方法，溶液的 pH 值总在变化，操作不稳定，也应尽量避免。将盐溶液和沉淀剂同时按比例加入则成为"并加法"。为了维持溶液 pH 值，使整个工艺操作稳定，一般采用该方法。

此外，沉淀时搅拌强度的调节在生产制备中是必需的。搅拌强度大，液体分布均匀，但沉淀粒子可能被搅拌浆打碎；搅拌强度小，液体不能混合均匀。对于晶形沉淀的形成，应在搅拌下均匀缓慢加入，以免局部过浓；而非晶形沉淀的形成，沉淀剂应在搅拌下迅速加入而得到。

9.1.5 沉淀法类型

随着催化实践的进展，沉淀的方法已由单组分沉淀法发展到多组分共沉淀法，并且产生均匀沉淀法、超均匀沉淀法、浸渍沉淀法和导晶沉淀法等，使沉淀法更趋完善。

（1）单组分沉淀法。本法是通过沉淀与一种待沉淀组分溶液作用以制备单一组分沉淀物的方法，是催化剂制备中最常用的方法之一。由于沉淀物只含一个组分，操作不太困难，再与机械混合或其他操作单元相配合，既可用来制备非贵金属单组分催化剂或载体，又可用来制备多组分催化剂。

（2）多组分共沉淀法（共沉淀法）。共沉淀法是将催化剂所需的两个或两个以上组分同时沉淀的一种方法，其特点是一次可以同时获得几个组分，而且各个组分的分布比较均匀。有时组分之间能够形成固溶体，达到分子级分布，分散均匀度极为理想。所以本方法常用来制备高含量的多组分催化剂或催化剂载体。

共沉淀法的操作原理与沉淀法基本相同，但由于共沉淀物的化学组成比较复杂，要求的操作条件也就比较特殊。为了避免各个组分的分步沉淀，各金属盐的浓度、沉淀剂的浓度、介质的 pH 值以及其他条件必须同时满足各个组分一起沉淀的要求。如用此法制备 Cu-ZnO 系催化剂时，由于在不同的 pH 值范围内共沉淀物各组分的比例是不一样的，就会出现分步结晶的现象。催化剂组分混合金属盐与沉淀碱式碳酸盐反应时，不仅可能形成金属碳酸盐（如碳酸镍或碱式碳酸镍）与氢氧化物（如氢氧化铝）共沉淀混合物，而且可能含有少量复合金属碳酸盐（如碱式镍铝碳酸盐），如表 9-2 所示。当使用 Na_2CO_3 沉淀剂从 Cu、Zn、Fe、Ni、Mg、Ca 金属盐沉淀两个金属元素时，这类复盐可能会出现，例如可能形成 Cu-Al 或 Cu-Zn 碳酸盐（不会形成 Cu-Mg 或 Cu-Ca 碳酸盐）。

表 9-2 共沉淀时是否可形成复合碳酸盐的金属

金属	Al	Mg	Ca	Zn	金属	Al	Mg	Ca	Zn
Cu	是	否	否	是	Zn	是	否	否	×
Fe	是	是	否	否	Mg	是	×	是	否
Ni	是	是	否	否	Ca	否	是	×	否

注：×表示两种金属物质相同，无法反应。

（3）均匀沉淀法。该法首先使待沉淀溶液与沉淀剂母体充分混合，造成一个十分均匀的体系，然后调节温度，逐渐提高 pH 值，或在体系中逐渐生成沉淀剂等方式，创造形成沉淀的条件，使沉淀缓慢进行，以制得颗粒十分均匀而比较纯净的固体，这不同于以上介绍的两种沉淀法，不是把沉淀剂直接加入到待沉淀溶液中，也不是加沉淀后立即产生沉淀，因为这样操作难免会出现沉淀剂与待沉淀组分混合不均，造成体系各处过饱和度不一，造成沉淀颗粒粗细不等，杂质带入较多的现象。例如，为了制取氢氧化铝沉淀，可在铝盐溶液中加入尿素，混合均匀后加热升温至 $90 \sim 100 \, ^\circ\!\mathrm{C}$，此时溶液中各处的尿素同时水解放出 OH^- 离子：

$$\underset{\text{（母体）}}{(NH_4)_2CO + 3H_2O} \xrightarrow{90 \sim 100 \, ^\circ\!\mathrm{C}} \underset{\text{（沉淀剂）}}{2NH_4^+ + 2OH^- + CO_2}$$

于是氢氧化铝沉淀可在整个体系内均匀地形成。尿素的水解速度随温度的改变而变化，调节温度可以控制沉淀反应在所需的 OH^- 离子浓度下进行。

均匀沉淀不限于利用中和反应，还可以利用酯类或其他有机物的水解、配合物的分解、氧化还原反应等方式来进行。均匀沉淀常用的沉淀剂母体列于表 9-3 中。

表 9-3　均匀沉淀法使用的沉淀剂母体

沉淀剂	母 体	沉淀剂	母 体
OH^-	尿素	S^{2-}	硫代乙酰铵
PO_4^{3-}	磷酸三甲酯	S^{2-}	硫 尿
$C_2O_4^{2-}$	尿素与草酸二甲酯 HC_2O^-	CO_3^{2-}	三氯乙酸盐
SO_4^{2-}	硫酸二甲酯	CrO_4^{2-}	尿素与 $HCrO_4^-$
SO_4^{2-}	磺酰胺		

（4）超均匀沉淀法。针对沉淀法、共沉淀法中粒度大小和组分分布不够均匀这些缺点，人们提出了超均匀沉淀法。本方法是基于某种缓冲溶液的缓冲作用而设计的，即借助缓冲剂将两种反应物暂时隔开，然后快速混合，在瞬间内使整个体系各处同时形成一个均匀的过饱和溶液，使沉淀颗粒大小一致，组分分布均匀，达到超均匀效果。

如制备苯选择加氢超均匀 $Ni-SiO_2$ 催化剂的方法。在沉淀槽底部装入硅酸钠溶液（浓度 $3mol/L$），中层隔以硝酸钠缓冲剂（20%），上层放置酸化硝酸镍（$\rho = 1.1$），然后骤然搅拌，静置一段时间（几分钟至几小时），便可析出超均匀的沉淀物（母液 $pH = 6.6 \sim 8.4$），经洗涤、干燥、焙烧（$900 \, ^\circ\!\mathrm{C}$）、还原（$600 \, ^\circ\!\mathrm{C}$），就得到均匀分布的、活性温和的高选择性 $Ni-SiO_2$ 催化剂。这种催化剂的特点是可以使苯加氢制环己烷，但又不使 $C—C$ 键断裂。

（5）导晶沉淀法。本法是借晶化导向剂（晶种）引导非晶型沉淀转化为晶型沉淀的快速而有效的方法，流程如图 9-5 所示。最近普遍用来制备以廉价易得的水玻璃为原料的高硅钠型分子筛，包括丝光沸石、Y 型、X 型合成分子筛。

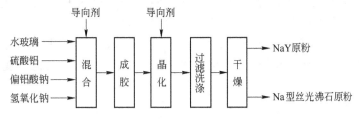

图 9-5　导晶沉淀法流程示意图

9.1.6　沉淀的后处理过程

沉淀法制备催化剂的后处理包括：过滤、洗涤、干燥、焙烧、成型等操作。

（1）过滤与洗涤。悬浮液的过滤可使沉淀物与水分开，同时除去 NO_3^-、SO_4^{2-}、Cl^- 及 K^+、Na^+、NH_4^+ 等离子，酸根与沉淀剂中的 K^+、Na^+、NH_4^+ 生成盐类均溶解于水，在过滤时大部分随水除去。

过滤后的滤饼尚含有 60%～80% 的水分，这些水分中仍含有一部分盐类，同时在中和沉淀时一部分被沉淀物吸附，因此过滤后的滤饼必须进行洗涤，洗涤的主要目的就是从催化剂中除去杂质。一般来说，杂质存在的形态为：1）机械参杂；2）表面粘着；3）表面吸附；4）内部包藏；5）化学组分杂质。各种杂质的清除，随上述顺序越来越难。前三种形态的杂质可采用洗涤除去，后两种则不能用洗涤的方法除去。

洗涤沉淀的方法，是将除去母液后的沉淀物滤饼放入大容器内，加水强烈搅拌，过滤，如此反复多次，直至杂质含量达到要求为止。一般可采用升温、适当延长洗涤时间等方法加强洗涤效果。

（2）干燥。干燥是固体物料的脱水过程，通常在温度 60～200℃ 下的空气中进行，一般对化学结构没什么影响，但对催化剂的物理结构产生大的影响（尤其是孔结构、机械强度）。

经过滤洗涤后的沉淀物还含有相当一部分水分，有润湿水分、毛细管水分和化学结合水。润湿水分是指物料外表面附着水分，毛细管水分是指沉淀物微粒内、孔隙内、晶体内孔腔的水分，化学结合水则是指沉淀物阳离子结合的水分。干燥时，大孔中的水分由于蒸汽压较大而首先蒸发，当较小的孔中的水分蒸发时，由于毛细管作用，所减少的水分会从较大的孔中抽吸过来而得到补充。因此，在干燥过程中，大孔中的水分总是首先减少，大孔中的水分蒸发完毕后，较小的孔中可能还会存有水分。这时，如采用较高温度下的快速干燥，常会导致颗粒强度降低和产生裂缝。因此要达到较好的干燥效果，要求干燥在逐步升温和逐步降低周围介质湿度的条件下，用较长的时间来完成，并且尽量将湿物料不断进行翻动。

干燥过程可分为两个阶段：水凝胶脱水阶段、干凝胶脱水阶段。水凝胶脱水阶段：当从开始到水降至 50% 左右的阶段，失水速率基本恒定，滤饼基本不结皮；干凝胶脱水阶段：当水含量降至 50% 左右时，滤饼开始收缩、结皮，水分的蒸发受制于毛细管力。此时如果蒸发太快，水分锁闭在较小的孔中，将产生很大的蒸汽压，最后导致孔结构破裂，伴随而至的将是孔容和表面积的减少。

（3）焙烧。经干燥后的物料通常含有水合氧化物（氢氧化物）或可加热分解的碳酸盐、铵盐等。一般来说，这些化合形态既不是催化剂所要求的化学状态，也尚未具备适宜的物理结构，没有形成活性中心，对反应不起催化作用。当把它们进一步焙烧或再进一步还原处理，使之具有符合生产要求的化学价态、相结构、比表面积和孔结构以及活性中心。因此，焙烧是使催化剂具有活性的重要步骤，过程中既发生化学变化也发生物理变化。

焙烧有三个作用：

1）热分解。除去化学结合水和挥发性物质（主要是 CO_2、NO_2、NH_3 等），使之转化为所需要的化学成分或化学形态。

2）借助于固态反应、互溶、再结晶获得所需的晶型、粒度、孔径、比表面。

3）使微晶适当烧结，提高机械强度，获得较大的孔隙率。

（4）成型。催化剂的几何形状和颗粒大小是根据工业过程的需要而定的，因为它们受到反应器内的流动阻力（压降）的影响。因此需要正确选择催化剂的外形及成型方法，以获得良好的工业催化过程。催化剂常见的形状有球状（圆球）、片状（多为圆片或两端稍有凸起的鼓状）、柱状（直条形）、环状（主要是环柱状）、条状（一般不太长）、网状（只有铂、银等贵金属采用此形状）、无定型颗粒状（类似于球型、椭圆形等）、异形状（车轮、舵盘、三叶草、蛋白、蛋黄、蛋壳）等。

催化剂的成型方法通常由破碎（将大的颗粒破碎成无定型的小颗粒）、压片（由打片机压成片状）、挤条（由挤条机挤成条状）、滚涂（由滚涂机滚涂成所需形状）、凝聚成球（靠表面张力凝聚成球）、喷雾成球（先喷成雾状，靠表面张力凝聚成球）、研粉（由研磨机研成粉状）、织网（编织成网）、其他特殊方法（如化学腐蚀等）。

9.2 浸 渍 法

以浸渍为关键和特殊步骤制造催化剂的方法称浸渍法，也是目前催化剂工业生产中广泛应用的一种方法。浸渍法是基于活性组分（含助催化剂）以盐溶液形态浸渍到多孔载体上并渗透到内表面，而形成高效催化剂的原理。通常将含有活性物质的液体去浸各类载体，当浸渍平衡后，去掉剩余液体，再进行与沉淀法相同的干燥、焙烧、活化等工序后处理。经干燥，将水分蒸发逸出，可使活性组分的盐类遗留在载体的内表面上，这些金属和金属氧化物的盐类均匀分布在载体的细孔中，经加热分解及活化后，即得高度分散的载体催化剂。

活性溶液必须浸在载体上，常用的多孔性载体有氧化铝、氧化硅、活性炭、硅酸铝、硅藻土、浮石、石棉、陶土、氧化镁、活性白土等，可以用粉状的，也可以用成型后的颗粒状的。氧化铝和氧化硅这些氧化物载体，就像表面具有吸附性能的大多数活性炭一样，很容易被水溶液浸湿。另外，毛细管作用力可确保液体被吸入到整个多孔结构中，甚至一端封闭的毛细管也将被填满，而气体在液体中的溶解则有助于过程的进行，但也有些载体难于浸湿，例如高度石墨化或没有化学吸附氧的碳就是这样，可用有机溶剂或将载体在抽空下浸渍。

浸渍法有以下优点：

（1）附载组分多数情况下仅仅分布在载体表面上，利用率高、用量少、成本低，这对铂、铑、钯、铱等贵金属型负载催化剂特别有意义，可节省大量贵金属。

（2）可以用市售的、已成型的、规格化的载体材料，省去催化剂成型步骤。

（3）可通过选择适当的载体，为催化剂提供所需物理结构特性，如比表面、孔半径、机械强度、热导率等。

可见浸渍法是一种简单易行而且经济的方法。广泛用于制备负载型催化剂，尤其是低含量的贵金属附载型催化剂。其缺点是其焙烧热分解工序常产生废气污染。

9.2.1 浸渍法工艺

浸渍法可分为粉状载体浸渍法和粒状载体浸渍法两种工艺，其特点可由流程图看出。粒状载体浸渍法工艺如图 9-6 所示。粒状载体浸渍前通常先做成一定形状，抽空载体后用溶液接触载体，并加入适量的竞争吸附剂。也可将活性组分溶液喷射到转动的容器中翻滚到载体上，然后可用过滤、倾析及离心等方法除去过剩溶液。粉状载体浸渍法与粒状载体浸渍法类似，但需增加压片、挤条或成球等成型步骤，其流程见图 9-7。浸渍的方法对催化剂的性能影响较大，粒状载体浸渍时，催化剂表面结构取决于载体颗粒的表面结构，如比表面、孔隙率、孔径大小等，催化反应速率不同，对催化剂表面结构的要求也不同。

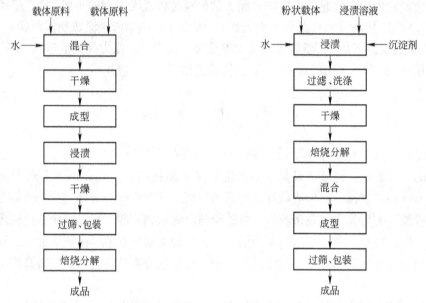

图 9-6   粒状载体浸渍法工艺流程图   图 9-7   粉状载体浸渍法工艺流程图

沉积在催化剂载体金属的最终分散度取决于许多因素的相互作用，这些因素包括浸渍方法、吸附的强度，以吸留溶质形式存在的金属化合物相比于吸附在孔壁上的物种的程度，以及加热与干燥时发生的化学变化等。

虽然浸渍过程中，大多数金属试剂都可以不同程度地吸附在载体上，但是吸附过程相当复杂，不同类型的吸附都可能发生，可以是金属离子与含有羟基的表面吸附；也可以是含有碱金属及碱土金属离子的表面进行阳离子交换。载体的表面结构还可能因浸渍步骤不同加以改变，从而更改表面的吸附特性。这些在工艺实施过程中必须加以考虑。若载体遭受浸蚀，情况会更复杂，在高 pH 值下硅胶要受浸蚀，而高表面积的氧化铝则无论在过高或过低 pH 值下都要受浸蚀，在用酸性液体浸渍氧化铝载体的过程中，部分氧化铝会首先发生溶解，并随着 pH 值的增高接着要发生沉淀，最好用缓冲剂来控制这个效应。

例如，铂试剂氯铂酸 H_2PtCl 常吸附在氧化铝或活性炭上，但在硅胶上则不能吸附，采用初湿法（吸干浸渍），可以使氧化铝颗粒的外部沉积上很薄的铂壳层，用于防止快速反应的扩散是很有好处的。如要取得更均匀的分散可以用竞争吸附的方法，即往溶液中加入硝酸或盐酸来降低氯铂离子的吸附性，由此造成更为均匀的沉积。另外，铂

可以 $Pt(NH_3)_4Cl_3$ 形式与氧化铝作用，在此情况下，铂是处于阴离子形式。它不太容易吸附在氧化铝上，但可较强地吸附在硅胶上。如想制备不含卤素的催化剂，则可选用如二氨基二硝基铂 $Pt(NH_3)_2(NO_2)_2$ 这样的化合物，通过往浸渍液中加入有机酸，例如柠檬酸。这样既能在催化剂颗粒靠里边的地方埋置一层催化剂的物质，也可抑制有毒物沉积在催化剂载体外壳表面，增加催化剂的寿命。用于汽车发动机排气污染物氧化的负载型铂催化剂就是一例。

一般来说，若试剂有充分时间扩散，副反应不为主的话，使用过量溶液的浸渍法可使吸附物基本上均匀沉淀。倘若最初的吸附不均匀，并且吸附作用不强的话，即使载体小球离开溶液，扩散还要继续，会使分布更均匀。

9.2.2 浸渍法分类

9.2.2.1 过量浸渍法

本法是将载体泡入过量的浸渍溶液中，即浸渍溶液体积超过载体可吸收体积，待吸附平衡后，滤去过剩溶液，干燥、活化后便得催化剂成品。通常借调节浸渍溶液的浓度和体积控制附载量，附载量的计算有两种方法：

一是从载体出发，令载体对某一活性物质的比吸附量为 W（每克载体的吸附量），由于孔径大小不一，活性物质只能进入大于某一孔径的孔隙中，以 V 代表这部分孔隙的体积，设 m 为活性物质在溶液中的浓度，则吸附平衡后载体对该活性物质的附载量 W_i 为：$W_i = V_m + W$，如果吸附量很小，则 $W_i = V_m$。

二是从浸渍溶液考虑，附载量等于浸渍前溶液的体积与浓度之乘积减去浸渍后溶液的体积与浓度之乘积。然而，这两种计算方法不甚准确，仅供参考。

9.2.2.2 等体积浸渍法

将载体浸入到过量溶液中，整个溶液的成分将随着载体的浸渍而被改变，释放到溶液中的碎物可形成淤泥，使浸渍难于完全使用操作溶液。因而工业上使用等体积浸渍法（吸干浸渍法），即将载体浸到初湿程度，计算好溶液的体积，做到更准确地控制浸渍工艺。工业上，可以用喷雾使载体与适当浓度的溶液接触，溶液的量相当于已知的总孔体积，这样做可以准确控制即将掺入催化剂中的活性组织的量。各个颗粒都可达到良好的重复性，但在一次浸渍中所能达到最大负载量，要受溶剂溶解度的限制。在任何情况下，制成的催化剂通常都要经过干燥与焙烧。在少数情况下，为使有效组分更均匀地分散，可将浸渍过的催化剂浸入到一种试剂中，以使发生沉淀，从而可使活性组分固定在催化剂内部。

本法将载体与它可吸收体积的浸渍溶液相混合，由于浸渍溶液的体积与载体的微孔体积相当，只要充分混合，浸渍溶液恰好浸透载体颗粒而无过剩，可省略废液的过滤与回收。但是必须注意，浸渍溶液体积是浸渍化合物性质和浸渍溶液黏度的函数。确定浸渍溶液体积，应预先进行试验测定。等体积浸渍可以连续或间断进行，投资少，生产能力大，能精确调节附载量，所以工业上广泛采用。

9.2.2.3 多次浸渍法

本法即浸渍、干燥、焙烧反复进行数次。采用这种方法的原因有两点：第一，浸渍化合物的溶解度小，一次浸渍不能得到足够大的附载量，需要重复浸渍多次；第二，为避免多组分浸渍化合物各组分间的竞争吸附，应将各个组分按秩序先后浸渍。每次浸渍后，必须进行干燥和焙烧，使之转化为不溶性的物质，这样可以防止上次浸渍在载体的化合物在下一次浸渍时又溶解到溶液中，也可以提高下一次浸渍时载体的吸收量。例如，加氢脱硫 $CO_2O_3 - MoO_3/Al_2O_3$ 催化剂的制备，可将氧化铝先用钴盐溶液浸渍，干燥、焙烧后再用钼盐溶液按上述步骤处理。必须注意每次浸渍时附载量的提高情况。随着浸渍次数的增加，每次附载增量将减少。

多次浸渍法工艺过程复杂，劳动效率低，生产成本高，除非上述特殊情况，应尽量少采用。

9.2.2.4　浸渍沉淀法

本法是在浸渍法的基础上辅以均匀沉淀法发展起来的一种新方法，即在浸渍液中预先配入沉淀剂母体，待浸渍单元操作完成之后，加热升温使待沉淀组分沉积在载体表面。此法可以用来制备比浸渍法分布更加均匀的金属或金属氧化物负载型催化剂。

9.2.2.5　流化床喷洒浸渍法

浸渍溶液直接喷洒到流化床中处于流化状态的载体中，完成浸渍以后，升温干燥和焙烧。在流化床内可一次完成浸渍、干燥、分解和活化过程。流化床内放置一定量的多孔载体颗粒，通入气体使载体硫化，再通过喷嘴将浸渍液向下或用烟道气对浸渍后的载体进行硫化干燥，然后升高床温使负载的盐类分解，逸出不起催化作用的挥发组分，最后用高温烟道气活化催化剂，活化后鼓入冷空气进行冷却，然后卸出催化剂。该法适用于多孔载体的浸渍，制得的催化剂与浸渍法没有区别，但具有流程简单、操作方便、周期短、劳动条件好等优点。不足的是成品率低（在80%～90%以下）、催化剂易结块、性质不均匀等。

9.2.2.6　蒸气相浸渍法

除了溶液浸渍之外，亦可借助浸渍化合物的挥发性，以蒸气相的形式将它附载到载体上。这种方法首先应用正丁烷异构化过程中的催化剂，催化剂为 $AlCl_3$/铁钒土。在反应器内先装入铁钒土载体，然后以热的正丁烷气流将活性组分 $AlCl_3$ 气温升高，而有足够的 $AlCl_3$ 沉淀在载体铁矾土上后气化，并使 $AlCl_3$ 微粒与丁烷一起通过铁矾土载体的反应器，当附载量足够时，便转入异构化反应。用此法制备的催化剂，在使用过程中活性组分也容易流失。为了维持催化性能稳定，必须连续补加浸渍组分。适用于蒸气相浸渍法的活性组分沸点通常比较低。

9.2.3　影响浸渍法的因素

把载体浸渍（浸泡）在含有活性组分（和助催化剂）的化合物溶液中，经过一段时间后除去过剩的液体，再经干燥、焙烧和活化（还原或硫化）后即得催化剂。

9.2.3.1　载体的选择

浸渍催化剂的物理性能在很大程度上取决于载体的物理性质，载体甚至还影响催化剂的化学性质。因此正确地选择载体和对载体进行必要的预处理，是采用浸渍法制备催化剂时首先要考虑的问题。一般而言，可以从物理因素和化学因素两个方面考虑载体的选择制备。

从物理性质考虑首先是颗粒的大小、表面积和孔结构。通常采用已成型好的、具有一定尺寸和外形的载体进行浸渍。浸渍前载体的比表面积和孔结构与浸渍后催化剂的比表面积和孔结构之间存在一定的关系。如图 9-8 所示，对于 Ni/SiO₂ 催化剂，Ni 组分的比表面积随载体 SiO₂ 的比表面积增大而增大，而 Ni 粒径随载体 SiO₂ 的比表面积增大而减小。这证明，首先需要根据催化剂成品性能的要求，选择载体的颗粒大小、表面积和孔结构。其次要考虑载体的导热性，这对于强放热反应而言，可以防止催化剂因反应器内部过热而失活。再者要考虑催化剂的机械强度，载体要经得起热波动、机械冲击等因素。

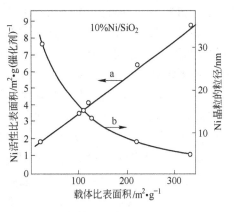

图 9-8　载体的比表面积对 Ni 比表面积（a）、晶粒大小（b）的影响

从化学因素考虑，根据载体性质的不同可以区分以下三种情况：

（1）惰性载体，这种情况下载体的作用是使活性组分得到适当的分布，使催化剂具有一定形状、孔结构、机械强度等。

（2）载体与活性组分具有相互作用，它使活性组分有良好的分散并趋于稳定，从而改变催化剂的性能。

（3）载体具有催化作用。载体除了具有负载活性组分的功能外，还与所负载的活性组分一起发挥自身的催化作用。

一般购入或储存过的载体，由于与空气接触后性质会发生变化而影响负载能力，因此在使用前需要进行预处理。预处理条件应根据载体本身的物理化学性质和使用要求而定。例如，热处理的过程可使载体结构稳定。此外，如有特殊需要，还可以对载体进行一定的扩孔处理和增湿处理，保证载体孔径的扩大，使载体内外扩散速率均匀。但对于人工合成载体一般不需要作化学处理。

9.2.3.2　浸渍液的配制

进行浸渍时，通常并不是用活性组分本身制成溶液，而是用活性组分金属的易溶盐配成溶液。所选用的活性组分的要求：

（1）选用的活性组分化合物应易溶于水或其他溶剂。

（2）焙烧时能分解成所需的活性组分或还原后变成活性组分。

（3）无用组分能在焙烧或还原过程中挥发除去。因此最为常用的是硝酸盐、铵盐、有机酸盐（乙酸盐、乳酸盐）。一般以去离子水为溶剂，但当载体能溶于水或活性组分不溶于水时，则可用醇或烃作为溶剂。

浸渍液的浓度必须控制恰当。所以在制备金属负载催化剂时，用高浓度浸渍溶液，活性组分在孔内分布不均匀，易得到较粗的金属颗粒且粒径分布不均匀。当浸渍的溶液浓度过低，一次浸渍达不到要求，必须多次浸渍。

9.3　共 混 合 法

共混合法是工业上制备多组分固体催化剂时常采用的方法。其原理是将组成催化剂的各相分以粉状粒子的形态在球磨机或碾合机内，边磨细，边混合，使各组分粒子之间尽可能均匀分散，保证催化剂主体与助催化剂及载体的充分混合。混合的目的是促进物料间的均匀分布，提高其分散度。因此，在制备时应尽可能使各组分混合均匀。即使如此，单纯的机械混合，组分间的分散度都不及其他方法。为了提高催化剂的机械强度，所以在混合过程中应加入一定量的黏结剂。

共混合法分干混法和湿混法两类。干混法操作步骤最为简单，是把催化剂活性组分、助催化剂、载体等放在混合器内进行机械混合、过筛、成型、挤条、滚球、压片等工序，再经干燥、焙烧、过筛包装即为成品。混合过程是在带有搅拌装置的密封容器内进行，充分混合后加入少量水，过筛后先成型再进行干燥和焙烧。例如，天然气蒸汽转化制合成气的镍催化剂，便是典型的干混法工艺制备的。湿混法的制备工艺要复杂一些。活性组分往往以沉淀盐或氢氧化物的形式再加上干的助催化剂或载体，进行湿式黏和，然后进行挤条成型、干燥、焙烧、过筛、包装即为成品。目前国内 SO_2 接触氧化使用的钒催化剂，就是由 V_2O_5、碱金属硫酸盐和硅藻土共混而成的。

影响共混合法的因素有：催化剂原料的物化性质、原料混合的程度、干燥焙烧的温度等。

用共混合法制备催化剂时，原料的物化性质是影响催化剂性质的重要因素。例如干混法制备 ZnO 催化剂时，作为主催化剂的 ZnO 的性能对催化剂性能的影响极大，利用白菱锌矿焙烧得到的 ZnO，比用硝酸锌、甲酸锌等制取的活性更高。这是因为在干混法制备过程中，白菱锌矿中含有的 CdO 被还原成 Cd，具有较高蒸气压，在反应过程中易被产品带走而使 ZnO 的晶格中出现空隙，从而增加了催化剂的活性。

同时考虑到共混合法使用的载体多为 Al_2O_3，不仅 pH 值、浓度、沉淀剂对 Al_2O_3 表面积和空隙率有很大的影响，而且不同的热处理温度得到不同的 Al_2O_3 相形，应根据需要选择不同的处理温度。

混合的均匀程度对催化剂活性的保持、稳定及抗毒性都有很大影响。因为该法是通过简单的机械混合，将各组分原料及载体混匀，避免出现混合不匀的现象，直接影响催化剂的催化性能。

混合法的优点是方法简单、生产量大、成本低，适用于大批量催化剂的生产；缺点是生产过程粉尘大、劳动条件恶劣，尤其是毒性大的催化剂，对工人身体损害很大，再加上很难使催化剂各组分混合均匀，活性、热稳定性较差。

9.4 熔 融 法

熔融法是在高温条件下进行催化剂组分的熔合，使其成为均匀的混合体、合金固熔体等，以制备高活性、高稳定性和高机械强度催化剂的一种方法。在熔融温度下，金属、金属氧化物均呈流体状态，有利于它们的混合均匀，促使助催化剂在主活性相上的分布，无论在晶相内或晶相间都达到高度分散，并以混晶或固熔体出现。目前主要用于制备骨架型催化剂，如骨架镍催化剂、合成氨用熔铁催化剂、费托合成催化剂等。

熔融法制备工艺，顾名思义即是在高温下的反应过程。因此温度是关键性的控制因素。熔融温度的高低，视金属或金属氧化物的种类和组分而定。其特征操作工序为熔炼，通常在电阻炉、电弧炉等熔炉中进行。该法制备的催化剂活性好、机械强度高且生产能力大。其制备程序一般为：固体的粉碎，高温熔融或烧结，冷却、破碎成一定的粒度，活化。例如，目前合成氨工业中使用的熔铁催化剂，是将助催化剂 Al_2O_3 和 K_2O 加到熔融的磁铁矿中（1700～3000℃），然后将熔融物倾出成薄层，冷却固化后粉碎，并筛选所需要的颗粒，冷却后破碎，然后在氢气或合成气下还原即得 Fe_3O_4-K_2-O-Al_2O_3。

9.5　溶胶-凝胶法

溶胶–凝胶法（Sol-Gel method）是制备材料的湿化学方法中新兴起的一种方法，是将易于水解的金属化合物（金属盐、金属醇盐或酯）在某种溶剂中与水发生反应，通过水解生成金属氧化物或水合金属氧化物，胶溶得到稳定的溶胶，再经缩聚（或凝结）作用而逐步胶凝化，最后经干燥、焙烧等后处理制成催化剂。其初始研究可追溯到 1846 年，J. J. Ebelmen 用 $SiCl_4$ 与乙醇混合后，发现在湿空气中发生水解并形成了凝胶。这个发现当时未引起化学界的注意，直到 20 世纪 30 年代，W. Gffcken 证实用这种方法，即金属醇盐的水解和胶凝化，可以制备氧化物薄膜。1971 年德国 H. Dislich 报道了通过金属醇盐水解得到溶胶、经胶凝化、再于 650～700℃ 和 100N 的压力下处理，制备 TiO_2-B_2O-Al_2O_3-Na_2O-K_2O 多组分玻璃，引起了材料科学界的极大兴趣和重视。1975 年 B. E. Yoldas 和 M. Yamane 等仔细地将凝胶干燥，制得了整块陶瓷材料以及多孔透明氧化铝薄膜。20 世纪 80 年代以来，Sol-Gel 技术在玻璃、氧化物涂层、功能陶瓷粉料，尤其是传统方法难以制备的复合氧化物材料、超导材料的合成中均得到成功的应用。可以认为，Sol-Gel 方法已经成为无机材料合成中的一个独特的方法，必将日益得到有效的利用。

9.5.1　溶胶-凝胶法的优缺点

Sol-Gel 方法是湿化学反应方法之一，其制备工艺如图 9-9 所示。其特点是用液体化学试剂（或将粉状试剂溶于溶剂）或溶胶为原料，而不是用传统的粉状物体，反应物在液相下均匀混合并进行反应，反应生成物是稳定的溶胶体系，不应有沉淀发生，经放置一定时间转变为凝胶，其中含有大量液相，需借助蒸发除去液体介质，而不是用机械脱水。在溶胶或凝胶状态下即可成型为所需的制品，再在低于传统烧成的温度下烧结。

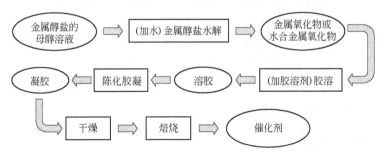

图 9-9　金属醇盐胶溶法制备催化剂的 Sol-Gel 过程

优点：
（1）制品的均匀度高，尤其是多组分的制品，其均匀度可达分子或原子尺度；
（2）制品的纯度高，因为所用原料的纯度高，而且溶剂在处理过程中易被除去；

（3）烧成温度比传统方法低约 $400 \sim 500℃$ ，因为所需生成物在烧成前已部分形成，且凝胶的比表面积很大；

（4）反应过程易于控制，大幅度减少支反应、分相，并可避免结晶等；

（5）从同一种原料出发，改变工艺过程即可获得不同的制品，如纤维、粉料或薄膜等。

缺点：

（1）所用原料大多数是有机化合物，成本较高，有些对健康有害，若加以防护可消除；

（2）处理过程的时间较长，常达 $1 \sim 2$ 个月；

（3）制品易产生开裂，这是由于凝胶中液体量大，干燥时产生收缩引起；

（4）若烧成不够完善，制品中会残留细孔及 OH^- 或 C，后者使制品带黑色。

上述缺点正在或已经解决，例如有时可用无机原料代替有机物，金属醇盐已形成行业，价格在降低。凝胶收缩问题可用热压成型解决，或用过量细溶胶粒作填料亦很有效。至于多余细孔或 OH^- 对形成玻璃虽不利，但对陶瓷并无多大危害，OH^- 可作玻璃陶瓷的触媒剂，而且对制造电子器件膜还有利，但过程太长的缺点还没有找到有效的解决方法。

9.5.2   基本原理

不论所用的前驱物为无机盐或金属醇盐，其主要反应步骤是前驱物溶于溶剂中（水或有机溶剂）形成均匀的溶液，溶质与溶剂产生水解或醇解反应，反应生成物聚集成 1nm 左右的粒子并组成溶胶，后者经蒸发干燥转变为凝胶。最基本的反应有：

（1）溶剂化。能电离的前驱物——金属盐的金属阳离子 M^{Z+} 将吸引水分子形成溶剂单元 $M(H_2O)_n^{Z+}$（Z 为 M 离子的价数），为保持它的配位数而有强烈地释放 H^+ 的趋势：

$$M(H_2O)_n^{Z+} \Longrightarrow M(H_2O)_{n-1}(OH)^{(Z-1)+} + H^+$$

这时如有其他离子进入就可能产生聚合反应，但反应式极为复杂。

（2）水解反应。非电离式分子前驱物，如金属醇盐 $M(OR)_n$（n 为金属 M 的原子价）与水反应：

$$M(OR)_n + xH_2O \Longrightarrow M(OH)_x(OR)_{n-x} + xROH$$

反应可延续进行，直至生成 $M(OH)$。

（3）缩聚反应。缩聚反应可分为：

失水缩聚： $—M—OH + HO—M \Longrightarrow —M—O—M + H_2O$

失醇缩聚： $—M—OR + HO—M \Longrightarrow —M—O—M + ROH$

反应生成物是各种尺寸和结构的溶胶体粒子。

9.5.3   溶胶-凝胶法的过程

它的全过程可以用图 9-10 表示。从均匀的溶胶，经适当处理可得粒度均匀的颗粒 1。溶胶 2 凝胶转变得湿凝胶 3，经萃取去溶剂或蒸发，分别得到气凝胶 4 或干凝胶 5。后者经烧结得致密陶瓷体 6。从溶胶 2 直接可以纺丝成纤维，或者作涂层，再凝胶化和蒸发得干凝胶 7。加热后得致密薄膜制品 8。全过程揭示了从溶胶经不同处理过程可得到不同的制品。

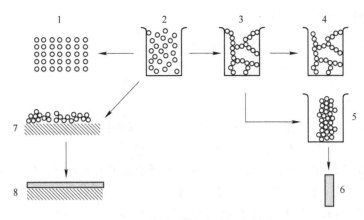

图 9-10 溶胶-凝胶法过程示意图

9.5.3.1 水解反应

在溶胶凝胶法中所用的前驱物既有无机化合物又有有机化合物,它们的水解反应有所不同,故分别作介绍。

A 金属无机盐在水溶液中的水解

金属盐在水中的性质常受金属离子半径大小、电负性、配位数等影响。能用于溶胶凝胶法的金属盐很多,如 Si、Al 的盐,它们溶解于纯水中常电离析出 M^{Z+} 离子,并溶剂化,如 Al^{3+} 在 pH<3 的溶液中和水形成 $[Al(OH_2)_6]^{3+}$ 离子。如 pH 值增高,产生水解:

$$[Al(OH_2)_6]^{3+} + hH_2O \longrightarrow [Al(OH)_h(OH_2)_{(6-h)}]^{3+} + hH_3O^+$$

$$hH_3O^+ + hHO^- \longrightarrow 2hH_2O$$

这反应继续进行时将会产生氢氧桥键 $H—M—O—M—H$ (上方带 H),称为氢氧桥键合。根据溶液的酸度,相应为电荷转移大小,水解反应有以下的平衡关系:

$$[M—(OH_2)]^{Z+} \rightleftharpoons [M—OH]^{(Z-1)+} + H^+ \rightleftharpoons [M≡O]^{(Z-2)+} + 2H^+$$

水合   氢氧化   氧化
（aquo）   （hydroxo）   （oxo）

B 金属醇盐的水解

硅醇盐的水解机理已用同位素 ^{18}O 验证,认为是水中的氧原子与硅原子作亲核结合,即:

$$—Si—OR + H^{18}OH \rightleftharpoons —Si—^{18}OH + ROH$$

这里同样有溶剂化效应,溶剂的极性、极矩和对活泼质子的获取性在水解过程中均很重要。通常,把醇盐的水解看做是两个分子的亲核取代反应,如是硅酸盐,反应写作 S_N2-Si,它们在不同的介质中反应有所差异。

水解是可逆反应,如在反应时排除掉醇与水的共沸组成可以阻止逆反应的进行。如溶剂的烷基不同于醇盐的烷基时会产生转移性酸化反应:

$$R'OH + Si(OR)_4 \longrightarrow Si(OR)_3(OR') + ROH$$

这反应对合成多组分化合物是重要的,铝醇盐的水解与硅酸盐的不同点主要在于前者在水解前已缔合成齐聚物，有：

$$
\begin{array}{ccccc}
RO & & OR & & OR \\
& \diagdown & | & \diagup & | \\
& & Al & & Al \\
& \diagup & | & \diagdown & | \\
RO & & OR & & OR
\end{array}
$$

9.5.3.2　聚合反应

硅、铝、磷、硼以及许多过渡金属元素 Ti、Fe 等的醇盐（或无机盐）在水解的同时均会发生聚合反应，像失水（醇）缩聚就是聚合反应。

以硅酸聚合的研究为例，硅酸聚合经反应逐渐形成聚合物粒子，生成稳定溶胶，颗粒长大连接成为链状，组成三维网络而成了凝胶。

R. K. Iler 把 $[SiO_4]^{4-}$ 的聚合按 pH 值划为三个区域，把 pH = 2 和 pH = 8 作为边界。这是因为 SiO_2 的等电点 IEP（isoelectric point，SiO_2 粒子电性迁移为零）和零电荷点 PZC（point of zero charge，表面电荷为零）均处于 pH = 1 ~ 3 之间。而在 pH>7 的溶液中，SiO_2 溶解度和溶解速率均最大，且 SiO_2 将电离，粒子虽长大，但不聚集也不凝聚。

（1）当 pH = 2，是介稳定区。pH<2 时的聚合速率 $\propto [H^+]$，此时将会产生 $-\overset{|}{\underset{|}{Si}}{}^+$ 离子：

$$-\overset{|}{\underset{|}{Si}}-OH + H_3O^+ \longrightarrow -\overset{|}{\underset{|}{Si}}{}^+ + 2H_2O$$

$$-\overset{|}{\underset{|}{Si}}{}^+ + -\overset{|}{\underset{|}{Si}}-OH \longrightarrow -\overset{|}{\underset{|}{Si}}-O-\overset{|}{\underset{|}{Si}}- + H^+$$

硅醇盐水解时还可能生成 $-\overset{|}{\underset{|}{Si}}-\overset{\overset{H}{|}}{O}R(OH)_2^+$ 过渡离子。当加入微量催化剂，如 HF，可以缩短胶凝时间。

（2）pH 值在 2 ~ 7 之间，因为 pH 值在 2 ~ 6 之间，胶凝时间稳定地降低。所以在大于 IEP 的 pH 值溶液中，聚合速率 $\propto [OH^-]$，如下式：

$$-\overset{|}{\underset{|}{Si}}-OH + OH^- \xrightarrow{\text{快}} -\overset{|}{\underset{|}{Si}}-O^- + H_2O$$

$$-\overset{|}{\underset{|}{Si}}-OH + -\overset{|}{\underset{|}{Si}}-O^- \xrightarrow{\text{慢}} -\overset{|}{\underset{|}{Si}}-O-\overset{|}{\underset{|}{Si}}- + OH^-$$

上式表明，形成二聚体的速率是慢的，但一旦形成，却又很快地聚合为三聚体、四聚体……这时颗粒长大到 2 ~ 4nm 就不再长大了。

（3）pH>7 时 SiO_2 溶解度高，$[SiO_4]^{4-}$ 聚合后的多聚物发生加成反应，而不是粒子间的聚集，在几分钟内可长到 1 ~ 2nm 大小的粒子。但是，在此 pH 值下，已聚合的试样会解离，当提高温度或延长放置时间，粒子将按 Ostward 熟化机理长大。

9.5.3.3　溶胶

溶质溶于溶剂水解和发生聚合作用产生颗粒，当条件得当，就形成稳定的溶胶。有两种形成溶胶的方法。

A 颗粒法

金属醇在水解和聚合过程中，有时会生成较大颗粒而沉淀，于是就得不到稳定的溶胶。颗粒最终的状态取决于它的粒径大小、体系的温度和溶液的 pH 值。粒径小，颗粒的溶解度大。特别是小于 5nm 的颗粒，会在溶解后沉淀于大颗粒上。SiO_2 在 pH 值大于 7 的溶液中，通过溶解、再沉淀，体系中 SiO_2 平均粒径在 5 ~ 10nm，而在 pH 值较低的溶液中，2 ~ 4nm 的颗粒一般不再长大了。提高体系的温度和压力（Si—OH 的缩聚反应是放热过程），有利于 SiO_2 的溶解，使得 SiO_2 的最终粒径增大。小于 5nm 的 SiO_2 粒子中，50% 以上的 Si 原子是处于表面，必然有一个或更多的 Si—OH 键，使粒子间聚合概率加大。如溶液中有其他离子吸附在表面，形成了相同电荷的粒子和双电层，颗粒就相互排斥，这样就形成了稳定的溶胶。一般在制备 Al_2O_3、ZrO_2、TiO_2 等溶胶时采用此法较多。

B 聚合法

与上述颗粒法的不同在于醇盐水解后的产物与反应物之间发生聚合反应，生成 M—O—M 键，形成聚合物颗粒，但是颗粒不大于 1nm（而颗粒法的颗粒粒径一般在 1 ~ 5nm）。

9.5.3.4 凝胶化过程

溶胶向凝胶的转变过程，最简单地可描述为：缩聚反应形成的聚合物或粒子聚集体长大为小粒子簇（cluster），后者在相互碰撞下，联结成为大粒子簇，充满整个容器就可称为凝胶。最初是溶胶相中的粒子簇，逐渐地相互联结成三维网络，凝胶硬化。因此可以把凝胶化过程看做是两个大的粒子簇之间生成了一个横跨整体的簇，形成连续的固体网络。

凝胶干燥时，在表观现象上产生收缩、硬固，同时产生应力，并可能使凝胶开裂。干燥过程中，包裹在胶粒中的大量液体要排出，凝胶同时收缩，一般排出的液体体积相当于凝胶收缩体积，却往往在干凝胶中留下大量气孔，既有开口气孔，也有闭口气孔，它们对以后烧结有一定关系。

9.6　催化剂制备新技术

随着催化新反应和新型催化材料的不断开发，微乳液技术、超临界技术、等离子技术等都认为是与催化剂制备直接或间接相关的新技术，这些技术均各有特点，且各种技术常可相互关联运用并取得令人满意的结果，因此受到人们广泛的关注。

9.6.1　微乳液技术

1943 年 Hoar 和 Schulman 用油、水和乳化剂以及醇共同配制得到透明均一的体系，当时他们并未称之为微乳液，直到 1959 年他们才将该体系命名为微乳液，此后微乳体系的研究和应用获得了迅速发展。微乳液（microemulsion）通常是由油（通常为碳氢化合物）、表面活性剂、助表面活性剂（通常为醇类）、水（或电解质水溶液）四个组分在合适的比例下自发形成的均一稳定的各向同性的（如双折射性质、电解性质）、外观透明或者近乎透明的胶体分散体系，其微观上是由表面活性剂界面膜所构成的一种或两种稳定液体。

微乳体系的分散相质点为球形，半径通常在 10 ~ 100nm 范围，由于分散相尺寸远小于可见光波长，因此微乳液一般为透明或半透明的。微乳液是热力学稳定体系，因而稳定性很高，长时间存放也不会分层破乳，甚至用离心机分离也不会使之分层。微乳液的另一个显著特征是其结构的可变性大。

对于微乳液的结构，人们普遍认可的是 Winsor 相态模型。根据体系油水比例及其微观结构，可将微乳液分为四种，即正相（O/W）微乳液与过量的油共存（WinsorⅠ），反相（W/O）微乳液与过量的水共存（WinsorⅡ），中间态的双连续相微乳液与过量油、水共存（WinsorⅢ）以及均一单分散的微乳液（WinsorⅣ）。根据连续相和分散相的成分，均一单分散的微乳液又可分为水包油（O/W）即正相微乳液和油包水（W/O）即反相微乳液。

在上述的几种微乳体系中，一般选用反相微乳液（W/O）作为制备催化剂微粒的软模板。所谓反相，就是将表面活性剂和助表面活性剂溶解在非极性或极性很低的有机溶剂中，当表面活性剂超过一定量 CMC（临界微胶束浓度）时，形成亲水极性头朝内、疏水链朝外的液体结构，此时溶液能显著地增溶极性液体（如水、水溶液）。反相微乳液中的每一个组分对其自身的形成都有重要影响。水相中的电解质会压缩微乳液的双电层，使液滴变小；油相的极性影响 CMC，极性较大时与表面活性剂中亲水基团相互作用，影响聚集数，对水的增溶不利；表面活性剂是制备微乳液的核心。选用亲水亲油平衡值（HLB）较小的，即油溶性较强的表面活性剂，以利于 W/O 型微乳液的形成，同时要求表面活性剂的亲水基团要有较强的侧向吸引力，以利于形成凝胶膜；助表面活性剂在降低界面张力方面起关键作用，可使界面张力降到很低的值或负值，增强界面膜的流动性，以便能使乳化自发进行且所形成的微乳液比较稳定，由于碳链较短的醇易大量溶于水，且烃基易与水形成氢键，对加强膜的稳定性不利，而碳链较长的醇水溶性差，使用不便，因此常选用C5 ~ C7 的醇。

9.6.1.1   微乳液中纳米微粒的形成机理

在微乳内形成超细粒子可以有以下三种情况，如图 9-11 所示。

（1）纳米微粒的制备是通过混合两个分别增溶反应物胶团实现的。含不同反应物的两个胶团混合后，由于胶团颗粒不停地做布朗运动，胶团颗粒间的碰撞使组成界面的表面活性剂和助表面活性剂的碳氢链可以互相渗入，从而引起了核内和核壳的化学反应。由于反相胶束的半径是固定的，不同胶束内的晶核和粒子之间的物质交换不能实现，所以水核内粒子尺寸得到了控制。

（2）一种反应物增溶在水核内，另一种以水溶液形式与前者直接或滴定混合，水相反应物穿过微乳液或直接与微乳液表面的活性剂配位，并在此处与另一反应物作用，产生晶核并长大。产物粒子的最终粒径是由胶团的尺寸决定的。

（3）一种反应物增溶在水核内或吸附在胶团表面上，另一种反应物为气体。将气体通入液相中，充分混合，使两者发生反应，可以制得纳米粒子。

9.6.1.2   反相微乳液制备纳米粒子的特点及反应机理

反相微乳液（W/O）中的"水池"（water pool）或称为液滴（droplet）为纳米级空间，以此空间为反应场可以作为合成 10 ~ 100nm 的纳米粒子的微型反应器。液滴的尺寸取决于增溶水的量，两者在一定范围内成正比关系。反应物被限制在"水池"内，因此可以通过改变微乳液的组成控制最终所得颗粒的大小。由于微乳液属于热力学稳定体系，在一定条件下胶束具有保持特定稳定小尺寸的特性，即使破裂后还能重新组合，这类似于

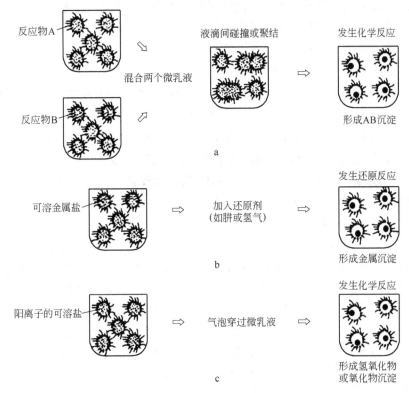

图 9-11　微乳液中纳米微粒的形成机理

a—用两种微乳液；b—向微乳中加入还原剂；c—将气体鼓入微乳液

生物细胞的一些功能（如自组织性、自复制性），因此又将反相微乳液的微型反应器称为智能反应器。因此反相微乳液制备纳米微粒具有如下特点：由于反应物是以高度分散状态供给的，可防止反应物局部过饱和现象，从而使微粒的成核及长大过程能均匀进行，且可通过调节影响微反应器的外界因素而制备出较理想的单分散微粒。

把反相微乳液作为微反应器时，反应物的加入方式主要有直接加入法和共混法两种，这两种方法的反应机理分别为渗透反应机理和融合反应机理。以 A+B $\longrightarrow$ C↓+D 为反应模型，A、B 为溶于水的反应物质，C 为不溶于水的沉淀，D 为副产物。直接加入法的渗透反应机理：首先制备增溶 A 的 W/O 型的微乳液体系，然后向其中加入反应物 B，经过扩散和渗透，A、B 在水池中反应生成纳米粒子。该反应过程受到渗透扩散的控制。例如在 PEG/正丁醇/正庚烷/NaAlO$_2$水溶液体系 W/O 型微乳液中通入 CO$_2$，将制得的凝胶焙烧后制备出了纯度大于 99.9%、粒度小于 80nm 的 Al(OH)$_3$凝胶与 Al$_2$O$_3$超细粉体。共混法的融合反应机理：混合含有相同水油比的两种反相微乳液，一种增溶 A，另一种增溶 B，两种微乳液液滴通过碰撞、融合、分离、重组并使产物生核、成长，最后得到纳米颗粒。如水/环己烷/曲拉通-100/正己醇四元油包水微乳体系中，通过分别增溶在微反应器中的氧氯化锆和沉淀剂（氨水）相混合反应，可以制备出粒径分布均匀、球形度较好的纳米级超细氧化锆粉体。

9.6.1.3　微乳液在制备纳米颗粒上的应用

应用 W/O 型反相微乳液制备纳米微粒适用范围很广。自从 1982 年 Boutonnet 等首次正式报道了用肼或氢气还原微乳水核中的金属盐制备出 Pt、Pd、Rh 等单分散金属纳米微粒以来，微乳体系作为纳米粒子的制备方法已被用来制备催化剂、半导体、超导体、聚合物、磁性材料等，并且应用的领域正在不断发展扩大。

A　单质金属及合金纳米微粒的制备

利用微乳体系可以制备金属单质和合金。例如在 AOT/H_2O/n-Heptane 体系中，一种微乳液中含有 0.1mol/L 的 $NiCl_2$，另一种微乳液中含有 0.2mol/L 的 $NaBH_4$，经混合反应，产物经分离干燥在 300℃ 惰性气体保护下结晶可得到 Ni 纳米颗粒。又如采用 SDS/异戊醇/二甲苯/水体系，用水合肼还原硝酸银制备了纳米银粒子。如果将含有 0.05mol/L $FeCl_2$ 和 0.2mol/L $NiCl_2$ 的微乳液与含有 0.5mol/L $NaBH_4$ 的微乳液混合反应，产物经庚烷、丙酮洗涤可制得微粒直径为 30nm 的 FeNi 合金。

B　金属氧化物纳米微粒的制备

在水-环己烷-正己醇-TritonX-100 的微乳体系中由氧氯化锆制备了纳米级氧化锆微粒。现配制物质的量比为 1∶6.3∶43.1 的 TritonX-100、正己醇、环己烷的混合微乳液，然后取两份上述溶液，分别加入一定量的 0.4~1.0mol/L 氧氯化锆（$ZrOCl_2 \cdot 8H_2O$）溶液或氨水，搅拌至澄清即可获得氧氯化锆溶液的微乳液和氨水的微乳液，接着在强烈搅拌下，向含有锆盐的微乳液中缓慢加入含氨水的微乳液，进行水解反应，然后将反应后混合物在 75℃ 下回流 6h，过滤，并用乙醇和水洗涤几次，最后将产物再烘干和焙烧，制得粒径为 5~10nm 的 ZrO_2 微粒。利用 TritonX-100/正己醇/环己烷/水体系中以钛酸正丁酯为原料，制备了粒径小、分散均匀的 TiO_2 纳米粒子。

C　金属硫化物纳米微粒的制备

例如在二硫化碳-苯-乙二胺-二十烷基酸体系中合成了直径为 4~7nm，长度为 150~200nm 的 CdS 星型纳米棒。在二硫化碳-水-乙二胺体系中，在超声波的作用下，二硫化碳和乙二胺反应，产生了 H_2S 气体，与 $CdCl_2$ 中的 Cd^{2+} 作用，从而合成了 CdS 纳米粒子。以甲苯作为微乳液的油相，等物质的量比混合的乙酸锌与硫代乙酰胺（ATT）水溶液（0.05mol/L）作为水相，利用氯化十二烷基苄基二甲胺（DDBAC）和溴化十六烷基吡啶（CPB）为阳离子表面活性剂，可以制备出粒子尺寸小于 20nm 的 ZnS 纳米粒子。在聚乙二醇辛基苯基醚（OP）/异辛醇/环己烷/水溶液所形成的微乳体系中控制合成出了 PbS 纳米粒子。

D　无机纳米微粒的制备

徐建等人在 TritonX-100-环己烷-正戊醇微乳体系中合成了 $CaSO_4$ 纳米棒。王学松等在 Span80 和 Tween60 作为复合乳化剂的微乳体系中合成了纳米尖晶石 $MgFe_2O_4$。向含有 Ca$(OH)_2$ 反相微乳体系中通入 CO_2 气体，CO_2 溶入微乳液并扩散到胶束中发生反应，生成 $CaCO_3$ 颗粒，产物粒径为 8~20nm。宋方平等在 TritonX-100/正己醇/环己烷/水体系中合成了纳米级的球形钛酸钡颗粒。Ohde 等在水和超临界二氧化碳微乳体系中制备了 AgX（X=Cl，Br，I）纳米粒子。

E　聚合物纳米微粒的制备

微乳液合成有机纳米微粒的典型例子是微乳液聚合法制备聚丙烯酰胺。在 20mL 的 AOT/正己烷溶液中加入 0.1mL N，N′-亚甲基双丙烯酰胺（浓度为 2mg/mL）和丙烯酰胺

（浓度为 8mg/mL）的混合物，再加入少量过硫酸铵作引发剂，在氮气保护下聚合。一般每个微乳胶束中至多包含有一个聚合物微粒，所得微粒与微乳液"水池"大小相近，分散性良好。

F 高温超导微粒的制备

例如在水-CTAB-正丁醇-辛烷微乳体系中，一种含有有机钇、钡和铜的硝酸盐水溶液中三者比例为 1:2:3，将另外一种含有草酸铵的溶液作为水相，混合这两种微乳液，产物经分离、洗涤、干燥并在 820℃灼烧 2h，可以得到 Y-Ba-Cu-O 超导体，该超导体的 T_c 为 93K。另外在阴离子表面活性剂 lgegalCO-430 微乳体系中，混合 Bi、Pb、Sr、Ca 和 Cu 的盐及草酸盐溶液，最终可以制得 Bi-Pb-SR-Ca-Cu-O 超导体，经 DC 磁化率测定，可知其超导转化温度 T_c 为 112K，和其他方法制备的超导体相比，它具有更为优良的性能。

9.6.1.4 影响微乳法制备纳米微粒的因素

利用反相微乳液法制备的纳米微粒是在两亲分子聚集体表面或内部生长，因而颗粒的大小、形态、化学组成和结构等都将受到微乳体系的组成和结构的显著影响，因此人们通过对这些影响因素的调控来设计颗粒的大小和形态。一般来说，影响纳米微粒制备的因素主要有以下几个方面：

（1）W/O 值的影响。研究表明液滴半径与 W/O 值呈线性关系，液滴的大小随 W/O 值的增大而增大，由于纳米微粒的生成是在液滴中进行的，因而液滴的大小直接决定了所生成的纳米颗粒的尺寸和结构。Pileni 等人在利用 AOT/异辛烷反胶束体系制备 CdS 纳米微粒过程中，通过 TEM 观察到，当 W/O 值从 1 增大到 10 时，生成的 CdS 纳米微粒的半径从 2nm 增大到 10nm。可见通过 W/O 值的变化可以改变液滴的大小，从而进一步控制生成的纳米微粒的粒径大小。

（2）反应物浓度的影响。适当调节反应物的浓度，可使纳米粒子的大小受到控制。在 CTAB/n-Hexanol/H_2O 的微乳体系中用 $NaBH_4$ 还原 Fe^{3+} 制备 FeB 的纳米颗粒时，随着 Fe^{3+} 浓度的升高，制得的 FeB 粒径增大。这是因为当反应物浓度较高时，反应速度比较快，成核过程中形成核的数量比较多，大量的核聚集在一起形成大核，之后在自催化的作用下形成较大的产物粒子，成核与生长过程分离；当反应物浓度较低时，成核过程中形成的核比较少，之后在自催化的作用下成长，成核和成长过程同时进行。

（3）反胶团或微乳液界面膜的影响。影响界面强度的主要因素有：

1）W/O 值，即微乳液的含水量。

2）界面醇的含量。作为助表面活性剂存在于界面与表面活性剂之间的醇，可以调节表面活性剂的 HLB 值，提高微乳液的稳定性。

3）醇的碳氢链长短。通常醇的碳氢链比表面活性剂的短。醇的碳氢链越短，界面空隙越大，界面强度就越小，反之，界面强度增大。综合考虑以上三个因素，选择合适的表面活性剂和助表面活性剂对纳米微粒的合成至关重要。一般的配备原则是要求表面活性剂的 HLB 值与微乳液中油相的 HLB 值接近。另外，表面活性剂的成膜性能要合适，否则颗粒碰撞时微乳液界面膜易被打开，导致不同水核内的固体或超微粒子之间的物质交换，难以控制超微粒子的最终粒径。

4）其他因素的影响。反应时间、环境温度等，都对纳米微粒的形成有着复杂的影响。此外，微乳液的相行为、化学反应速率、微乳液的 pH 值、陈化时间等因素也会对纳米微粒产生影响。

微乳液技术上的简易性和应用上的广泛适用性为纳米微粒的制备提供了一条便利的途径，其优越性能已引起了化学和化工科技人员的极大兴趣。对于这一特定的制备体系，应深入研究微乳液的结构和性质、反应机理和反应动力学等问题，寻求效率高、成本低、易回收的表面活性剂；将微乳液技术同其他纳米微粒的制备技术相结合，优势互补，建立适应工业化生产的低成本的反应体系，这些都将是基础理论研究和工程应用开发研究工作者的努力方向。

9.6.2 超临界技术

超临界化学反应技术作为一种新型的化学工程技术，实际的应用仅有十几年的历史，发展较晚，然而随着新的超临界溶剂不断被发现，良好性能的揭示，新应用领域的研发开拓，尤其是绿色化工工业、新型催化剂材料的制备的迫切需求以及它本身显示出的高新技术特色，超临界化学工程技术已在化学和化学工业领域显示出十分诱人的应用前景。可以预料，超临界化学反应工程技术将会成为新的研究热点。

9.6.2.1 超临界状态物质的特性

一般说来，物质有四种状态，即固态、液态、气态和超临界状态，它们随着温度和压力而改变。当流体的温度和压力处于它的临界温度和临界压力以上时，称该流体处于超临界状态，此状态下的流体称为超临界流体（SCF）。在临界点以上，气液两相界面消失。SCF 是介于气体和液体之间的特殊液体，兼有气体和液体的双重物性：SCF 的扩散系数约为 $10^{-4} cm^2/s$，比一般液体的扩散系数 $10^{-3} cm^2/s$ 高 1 个数量级，而黏度约为 $10^{-4} Pa \cdot s$，要比一般液体（$10^{-3} Pa \cdot s$）低 1 个数量级；与一般液/液萃取相比，在超临界状态下，物质的温度和压力均处于对应的临界温度（T_c）和临界压力（P_c），处于这种状态的物质既像稠密液体，又呈现出非黏性，像气体那样容易压缩。SCF 系统具有较快的传质和萃取速度，因此能有效地对固体样品进行萃取分离。SCF 的密度随着温度和压力而改变，从而导致它的溶解度参数发生改变。一般而言，SCF 能有效地溶解非极性固体，它亦能按溶质的极性作选择性的萃取，这使它在化学分离和分析化学领域用途广泛。超临界流体兼具流体和气体的优点：密度接近液体；黏度是气体的几倍，远小于液体；扩散系数比液体大 100 倍左右，因而有利于传质。此外，超临界流体具有非常低的表面张力，较易通过微孔介质材料。

9.6.2.2 超临界化学反应

近年来，超临界水氧化法（SCWO）用于环保方面较多，而在化学反应应用研究较少，处于发展期。因此，超临界状态下化学反应技术将会成为新的研究热点。它具有以下特点：

（1）在超临界状态下，压力对化学反应速度常数有强烈的影响，微小的压力变化可使化学反应速度常数发生几个数量级的变化。

（2）在临界状态下进行化学反应，可使传统的多相反应转化为均相反应，即将反应物甚至催化剂都溶解在 SCF 中，从而消除了反应物和催化剂之间的扩散限制，增加了反应速度。

（3）在临界状态下进行化学反应，可以降低某些高温反应的温度，抑制或减轻热解反应常见的积炭现象，同时显著改善产物选择性和收率。

（4）利用 SCF 对温度和压力敏感性能，可选择合适的温度和压力条件，使产物不溶于超临界的反应相而及时移出，也可逐步调节体系的温度、压力，使产物和反应物依次分别从 SCF 中移去，从而促使产物、反应物、催化剂和副产物的分离。

（5）SCF 能溶解某些导致固体催化剂失活的物质，从而可使 SCF 的固体催化反应长时间保持催化活性，同时调节温度、压力使反应混合物处于超临界状态，可使失活的催化剂恢复活性，显示出了超临界化学反应潜在的技术优势。

（6）超临界流体有望成为使得反应获得更加均匀的媒介，特别是近临界和超临界条件下的化学反应有可能使反应速度加快，改善传质，增加选择性和收率，而且使得反应产物容易分离。相转移催化、选择性氧化、环加成作用、酶催化反应、互变合成等技术等可望进入工业化。超临界流体具有选择溶解物质的能力，且这种能力随着超临界条件（温度、压力）而变化。因此在超临界状态下，超临界流体可从混合物中有选择性地溶解其中某些组分，然后通过减压、升温、吸附等手段将其分离出来。

9.6.2.3 超临界流体中的酶催化

酶是一类由生物细胞产生并具有催化活性的特殊蛋白质，它具有专一性强（酶催化具有区域选择性和立体选择性），催化效率高，在常温、常压和等温条件下能进行操作等优点，因此它有着化学催化剂无可比拟的优越性，现在已经成功地在超临界 CO_2 流体中。

超临界流体作为酶反应中间介质，有明显优点：

（1）有似液体的高密度，似气体的高扩散系数、低黏度和低表面张力，因此显示出较大的溶解能力和较高的传递特性，从而大大降低了酶反应的传质阻力，提高了酶反应速率。

（2）反应底物的溶解性对超临界条件（温度、压力）特别敏感，通过简单地改变操作条件或附加其他设备，就可以达到反应物和底物分离的目的。

近年来基于超临界 CO_2 的优点，在极性上与环己烷等非极性溶剂相近的特点，开展了超临界 CO_2 介质中酶催化反应研究，并取得了令人鼓舞的发展。例如超临界 CO_2 中脂肪酶作为乙酸乙酯和异戊醇的醇解反应，用超临界 CO_2 代替庚烷作反应介质，可使反应速度提高 1～3 倍。如超临界流体中酶催化反应的研究，其中一个重要的应用是醇解鱼肝油制备不饱和脂肪酸，不久即可实现工业化；另一个领域是药物手性合成，目前手性药物的研究已成为国内外研究的新方向之一。利用酶的高效性和立体选择性合成和制备手性化合物是超临界流体中酶催化的新应用，它将成为超临界流体中酶催化最具潜力和发展前景的领域之一。

但是，要把超临界法工业化，还有很多问题需要解决。首先，有效的产品分离方法和产品悬浮液在高压下的压力分布规律有待开发和总结；其次，目前的工艺流程仅限于试验研究，对于大型设备的操作生产所涉及的问题还没有系统的研究；再次，针对反应溶液，反应器的材料和结构的抗腐蚀性能，对产品的污染情况都需要进一步研究。

9.6.3 等离子技术

利用等离子体获得高温热源的一项技术。在化学工业中，利用等离子技术能实现一系列的反应过程。等离子体是指处于电离状态的气态物质，其中带负电荷的粒子（电子、负离子）数等于带正电荷的粒子（正离子）数。等离子体通常与物质固态、液态和气态并列，称为物质第四态。通过气体放电或加热的办法，从外界获得足够能量，使气体分子或原子中轨道所束缚的电子变为自由电子，便可形成等离子体。

等离子体在化学工业中的真正应用是在 20 世纪 50 年代以后。德国赫斯和赫司特化工厂于 50 年代成功地将甲烷和其他烃类在氢等离子体中热解制取乙炔。此后，美国、前苏联和日本都相应地建造了等离子体制乙炔的实验工厂。此法流程简单，对原料适应性强，但电耗偏高，限制了它的大规模推广。60 年代，美国公司以锆英砂为原料在直流电弧等离子体中一步裂解制备氧化锆。70 年代末，中国以硼砂和尿素为原料，在直流电弧等离子体中制备高纯六方氮化硼粉，该法具有产品纯度高、成本低、工艺流程简单等优点。此外，还可利用等离子技术生产二氧化钛。

特点：

（1）等离子体中具有正、负离子，可作为中间反应介质。特别是处于激发状态的高能离子或原子，可促使很多化学反应发生。

（2）由于任何气态物质均能形成等离子体，所以很容易调整反应系统气氛，通过对等离子介质的选择可获得氧化气氛、还原气氛或中性气氛。

（3）等离子体本身是一种良导体，所以能利用磁场来控制等离子体的分布和它的运动，这有利于化工过程的控制。

（4）热等离子体提供了一个能量集中、温度很高的反应环境。温度为 104～105℃ 的热等离子体是目前地球上温度最高的可用热源。它不仅可以用来大幅度地提高反应速率，而且还可借以产生常温条件下不可能发生的化学反应。此外，热等离子体中的高温辐射能引起某些光电反应。

等离子体在化学合成、薄膜制备、表面处理、精细化学品加工及环境污染治理等诸多领域都有应用。利用等离子体制备催化剂，比表面积大、分散性好、晶格缺陷多、稳定性好，与传统催化剂相比，具有高效、清洁等优点。

9.6.4 微波技术

早在 1969 年，Vanderhoff 首次将微波辐射技术应用于有机反应，其后，1986 年，Gedye 等在微波辐射下进行了化学酯化、水解、氧化等化学反应的研究，近年借微波辐射催化合成有机化合物已有了很大的进展。与传统合成方法相比，微波催化合成技术能使有机合成反应时间明显缩短，减少环境污染，提高收率，能使那些后处理比较困难的合成工艺变得容易进行；在许多情况下能降低成本，获得节能、降耗和减排的效益。微波辐射催化方法，目前已逐步形成了一门学科——微波化学。被誉为"21 世纪的有机化学"，它将会在化学特别是有机合成领域获得更大发展并具有潜在的发展前景。

微波是频率在 300 MHz～300GHz（即波长在 1 mm～100 cm）范围内的电磁波，它位于电磁波谱的红外辐射（光波）和无线电波之间。微波技术开始在军工方面应用，而后向民用领域转移。应用于有机合成中，操作简便，副产物少，收率高，产品容易提纯，反应速度快，污染轻，节能环保，是比较理想的合成技术之一。微波辐射能提高反应速度数百倍乃至上千倍。它与相转移催化结合，可使一些传统方法难以实现的反应得以顺利进行，有时不需要价贵的无水溶剂等。均相和异相的过渡金属催化 C—C 和 C—R 键的形式反应，代表了在微波辅助有机合成中最重要的反应类型，这些反应已知需要数十小时或几天才能完成，而且需要惰性气体保护，现在能在微波中可以一种快速方式完成。近年使用水作为溶剂，使得过渡金属催化反应能在高温水（低于 200℃）中快速进行，引起了人们广泛的兴趣。通过微波快速有效地加热而获得远高于沸点的过热水，可以使有机反应快速进行，这在有机反应领域具有重要意义。微波化学是化学领域中应用微波辐射技术的前沿交叉学科，是深入研究微波场中物质的自身特性及其与微波辐射相互作用的基础上发展起来的，现在已在无机化学、分析化学、高分子化学、材料科学和医药等领域得到广泛应用。在化学工业中采用微波技术符合绿色化学的发展趋势。

微波在合成中的应用，主要分为微波有机干法反应和微波有机湿化反应。

（1）微波有机干法反应。微波有机干法反应，是将反应物浸渍在如氧化铝、硅胶等多孔无机载体上进行的微波反应。由于反应中不存在因溶剂挥发而形成高压的危险，应用包括：

1）促进保护及脱保护反应，如将醛、乙二醇及负载在硅胶上的金属硫酸盐在玻璃试管中混合，微波照射 36min，反应时间明显缩短，产率高达 80%～98%。又如用水合氧化锆作载体，用醇、酚、醚、硫醇等对二氢吡喃进行保护与去保护，相对于常规加热，时间缩短为原来的 1/6～1/15，产率提高到 90%。

2）缩合反应，该反应是形成碳/碳双键的方法之一，如将芳香酮和丙二腈在无溶剂条件下，于微波 850 W 辐射 6 min，发生 Knoevenagel 缩合反应，产率达 93%。

3）成环反应，在无溶剂下微波作用进行环化反应，可以合成各种碳环和杂环化合物，如合成 1，3-二杂环化合物的各种取代基衍生物的 3 种不同路线，产率都在 90% 左右。

4）重排反应，微波能促使 Pinacol 和 Fries 等重排反应顺利进行，如金属离子（Cu^{2+}、La^{3+}、Cr^{3+}、Al^{3+}）催化，蒙脱土为载体，在微波辐射下进行 Pinacol 重排，产率为 94%～99%。

5）氧化-还原反应，如用蒙脱土 K-10 负载双铬酸酯作催化剂，900W 微波辐射 20s，将苄基四氢吡喃醚氧化为醛，收率达 92%。

（2）微波有机湿化反应。微波有机湿化反应是在有机溶剂存在下进行的微波反应，常用的有机溶剂有 DMF、甲酰胺、低碳醇类等。如：

1）重排反应，Claisen 反应是重要的周环反应之一，微波辐射可以有效地促进这类反应发生。如将环己烷基烯醇在敞开的容器中，微波照射 10min 可得收率为 87% 的产物。而在常规条件下，在密闭试管内反应 48h 才得到相近收率的产物。

2）Dield-Alder 反应是一种环加成反应，在微波作用下可以明显缩短反应的时间并提高产率，如合成二氢吡喃衍生物，反应 10min，产率达到了 96%，而用传统方法加热回流需 6 h，产率仅为 14%。

3）取代反应，如以溴苯、α-氨基酸为原料，碘化亚铜为催化剂，DMF 为溶剂，在碱性条件下，微波照射合成了 N-苯基-α-氨基酸，成功地用氨基取代了苯环上的溴。又如在 $AlCl_3$ 催化下的苯或甲苯的 Friedel-Crafts 锗化反应，使用微波技术可将反应时间由传统的 24h 缩短为 2h，产率由 20% 提高到 25%。

4）催化氢化反应，对 β-内酰胺在 Pd/C 或 Raney 镍催化下的氢化取代反应中，可使用微波技术，使反应快速完成，产率在80%~90%之间。又如苯甲醛催化氢化生成苯甲醇的过程中，用7min就完成了传统回流方法需要3h的反应。

5）加成反应，如α-乙烯基吡啶与二氢甲基硅烷在微波条件下反应，产率高，副产物少，后处理容易。又如以离子液体1-丁基-3-甲基咪唑四氟硼酸盐为反应溶剂，氨基乙酸为催化剂，在微波照射下，醛和活泼的亚甲基类化合物发生缩合反应，时间缩短到只需5~10min。

思 考 题

9-1 举例说明典型沉淀法的生产工艺。

9-2 举例说明影响沉淀的各种因素。

9-3 说明离子交换树脂催化剂的优缺点。

9-4 举例微乳液技术的形成原理。

9-5 比较常用工业催化剂各种制备方法的优缺点，以 Fe_3O_4 的制备为例，选择合适的制备方法。

9-6 微波技术主要分为哪两类？并说明其如何应用于催化反应中。

10　工业催化剂的设计

本章导读：

　　工业催化剂"设计"概念，既包括了催化剂设计、制备、测试、评价等各方面多专业的工作，也包括了实验室研究（小试）、中试及大厂生产和使用等各个工作阶段在内。因此，即使局部更新一个已经工业化的催化剂，也需要 3~5 年的时间，而且要耗费巨大的资金和人力。

　　传统催化剂体系的选择主要依靠经验和猜想，通过"尝试—错误—尝试"的方法进行筛选。这种传统的搜索方法的实验工作量十分巨大，需投入大量的人力、财力和物力，并且开发周期长，效率低下。随着原位表征技术的不断进步，对催化过程的认识逐渐从宏观进入微观，催化剂的制备也逐渐向"分子设计"阶段发展。同时，伴随着计算机技术的迅猛发展，采用量子化学计算，可以对催化反应中间产物及过渡态的物理和化学性质进行准确的预测，获得用实验方法难以得到的催化剂作用机制和反应历程等信息和数据，在此基础上进行催化剂的设计，已经成为 21 世纪化学化工领域发展的一个重要方向。

10.1　催化剂设计的程序和总体考虑

　　在催化剂的研究开发过程中，由于影响因素众多，如活性组分的种类与含量、制备方法、预处理方法、活化条件及考评条件等，因而研制出可以工业化的催化剂需要相当长的时间，耗费大量的人力、物力。许多研究者为了缩短催化剂的研制周期、减少工作量，将他们多年的经验进行总结写出了不少的专著，也有人将其提高到了一个半经验的理论。如黄仲涛主编的《工业催化剂手册》对重要工业催化剂领域的相关内容进行了详细介绍，朱洪法的《催化剂手册》将许多已经工业化的催化剂进行了分类总结，金松寿等人编写的《有机催化》对各类典型的化学反应如加氢、脱氢、氧化、氨氧化、裂解等的共同特性、大概的机理及有效的催化剂都逐个加以论述。这些专著均比较系统，具有较大的参考价值。

　　催化剂设计的构想是由英国催化科学家 D. A. Dawden 于 1968 年首次提出的。同期，日本学者米田幸夫等提出"数值触媒学"。1980 年，澳大利亚新南威尔士大学 D. L. Trimm 教授编著出版的《Design of Industrial Catalysts》，成为最早讨论催化剂设计的专著。这些书都是将传统的经验加以总结，但各有不同的侧重点。Trimm 着重介绍了催化剂分子水平的设计思路，而黄仲涛则重点介绍了工业催化剂的设计制造方法，Hegedus 等利用先进的近代检测手段研究催化剂的本质特征。这对于我们从事催化剂的研究有一定的帮助，但难以指导我们进行新催化剂的开发。

　　在利用传统经验方面，有一种新建议，是将催化剂设计这一复杂问题分成几个小问题，分别进行解决，而后再综合考虑，包括：

（1）化学计量分析；

（2）热力学分析；

（3）查阅文献；

（4）反应类型的区分；

（5）区分每一个反应中化学键重排的类型；

（6）假设表面反应机理；

（7）确定反应历程并选择初始活性组分；

（8）实验验证。

以上将问题分解的方法仅是一种建议，远不是催化设计的一条公式化道路。传统的催化剂设计方法在催化剂工业的发展过程中曾起到很大的作用，也取得了辉煌的成就，如合成氨催化剂以及许多有机反应催化剂的研制成功等，但传统的设计方法是通过大量筛选，反复选择才得到的。其工作量极大，所需时间过长，而且很不系统，无法在短期内设计成功，难以满足目前飞速增长的工业化过程。近年来，有人将先进的计算机技术引入催化剂的设计，取得了一定的进展，并且在迅速发展。

工业催化剂与许多学科和技术领域相关联。工业催化剂的材料多为无机材料，催化反应有无机的，多数为有机的乃至高分子的，催化剂只能催化热力学上可行的反应，涉及物理化学的反应原理，故工业催化剂的开发需较好地掌握无机材料、有机化学、物理化学原理等方面的知识；固体催化剂为多孔性材料，催化反应过程会涉及到流体与固体之间乃至固体内的传热、传质等传递过程固体化学与物理学；催化剂作用属于表面现象，需要了解二维的表面形态。催化剂的开发正在由纯技艺性向"分子设计"水平方向发展。

20世纪60年代中期，日本学者米田幸夫与御园生诚共同提出了催化剂的设计程序，如图10-1所示。

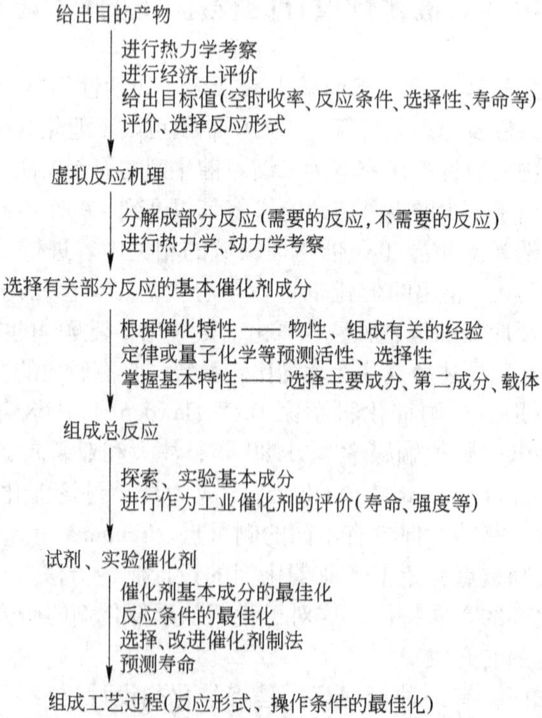

图 10-1　米田幸夫与御园生诚共同提出的催化剂设计程序

Trimm 提出的催化剂总体设计程序如图 10-2 所示，他认为催化剂的设计毕竟是一个复杂的过程，预测结果的准确性只能用验证试验加以考核。但是采用适宜的设计方法，可大大减少被测试的催化剂数量。

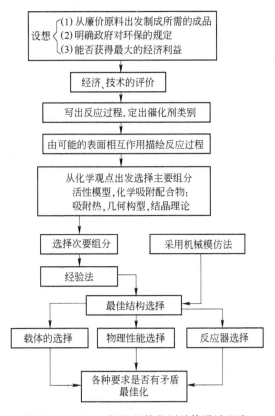

图 10-2 Trimm 提出的催化剂总体设计程序

工业催化剂设计开发的总体考虑包含以下内容——对指定的反应或需要制造的某种产品进行工业催化剂的设计开发时首先需要进行热力学分析，指明反应的可行性、最大平衡产率和所要求的最佳反应条件；此外要考虑的因素有：反应条件参数，如温度、压力、原料组成；主反应和副反应，包括目的产物的分解等；生产中可能遇到或出现的实际问题，如设备材质要求、腐蚀问题；经济性考虑，包括催化剂和催化反应的经济性。在对催化剂和催化反应有了一个总体性的了解之后，还要分析催化剂设计参数的四要素，即活性、选择性、稳定性和再生性。

为某一特定反应设计催化剂，首先要确定选择何种材料作为主要组分、次要组分和载体等。还要考虑催化剂物理结构的设计，如颗粒形状、大小，比表面，孔结构，活性组分分散度等，使催化剂能够在实际应用中发挥良好的催化性能。

10.2 催化剂主要组分的设计

一般而言，大多数固体催化剂由三部分组成：活性组分、助剂和载体。催化剂中主要组分就是指催化剂中最主要的活性组分，是催化剂中产生活性、可活化反应分子的部分。

例如在合成氨所使用的铁催化剂中，尽管含有其他物质 Al_2O_3 和 K_2O，但真正产生活性的是铁，所以活性组分是铁。一般来说，只有催化剂的局部位置才产生活性，称为活性中心或活性部位。活性中心可以是原子、原子簇、离子、离子缺位等（图 10-3），但在反应中活性中心的数目和结构往往发生变化。主要组分的选择依据：（1）根据有关催化理论归纳的参数；（2）基于催化反应的经验规律；（3）基于活化模式的考虑。

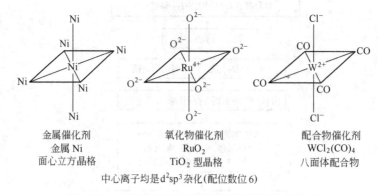

图 10-3   三种典型的工业催化剂的活性结构单元

10.2.1 基于催化反应经验规则的主组分设计

10.2.1.1 活性模型法

对于某一类型的催化反应研究（如氧化还原反应、加成消除反应），常常得出不同催化剂所显示的活性呈现有规律的变化，如金属相对催化活性呈现如表 10-1 所示的规律。

表 10-1   金属相对催化活性

烯烃加氢	Rh>Ru>Pd>Pt>Ir=Ni>Co>Fe>Re>Cu
乙烯加氢	Rh>Ru>Pd>Pt> Ni>Co, Ir>Fe>Cu
氢 解	Rh> Ni>Co>Fe>Pd>Pt
乙炔加氢	Pd>Pt> Ni, Rh> Ir, Co, Fe, Cu>Os
芳烃加氢	Pt> Rh>Ru> Ni >Pd
双键脱氢	Rh> Pd>Pt> Ni>Co > Fe
烷烃异构化	Ni=Fe> Pd> Ru>Os>Pt>Ir
水 解	Pt >Rh> Pd > Ni>W >Fe

图 10-4 为加氢和脱氢反应的活性模型，图 10- 5 为金属催化剂的催化活性与其 d 轨道状态（d%）的联系，这些经验的利用可以在催化剂设计时缩小范围，减少试验次数。

10.2.1.2 吸附热推断

在某些情况下，可以从吸附热的数据去推断催化剂的活性。大量的催化反应实践概括出一些规则：反应物分子在催化剂表面上吸附的强度，必须位于一适宜的范围，吸附太强或太弱都是不适宜的。吸附太弱，反应进行要越过高能垒；吸附太强，中间物分解成产物需要的能量太大；对于金属催化反应：金属催化剂的相对催化活性与其相应的金属氧化物的生成热呈火山形曲线分布，如图 10-6 所示。

基于催化反应的经验规则选择主催化剂组分的注意事项：

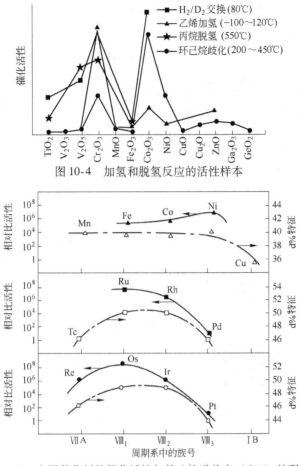

图 10-4　加氢和脱氢反应的活性样本

图 10-5　金属催化剂的催化活性与其 d 轨道状态（d%）的联系

（1）经验规则是用热力学参量，如吸附热、生成热关联，它们可能是重要的，但不是动力学所必需的；

（2）表面中间化合物分解是速度控制步骤，火山曲线的关联是正确的，但也有吸附步骤的活化能低而表面化合物是很稳定的；

（3）有些复杂的表面反应伴生的副反应可能导致表面失活。

10.2.2　基于反应物分子活化模式的主组分设计

10.2.2.1　H_2 的活化

在金属催化剂上，在 $-50 \sim 100℃$ 下，可按

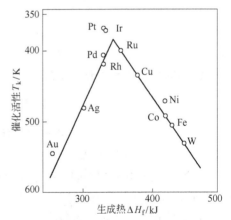

图 10-6　金属催化剂的相对催化活性与其相应的金属氧化物的生成热的关系

照 LH 机理进行解离吸附。解离后的原子 H 可在金属表面移动，可以对不饱和化合物加氢。在金属氧化物上，如 Cr_2O_3、Co_3O_4、NiO、ZnO 等，在 $400℃$ 下经真空干燥除去表面氧化物的羟基，使金属离子暴露，常温下可使 H_2 非解离吸附，如图 10-7 所示。

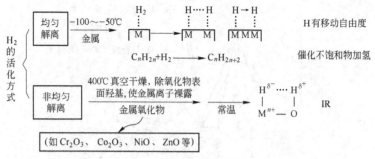

图 10-7　H_2 的活化方式

10.2.2.2　O_2 的活化

O_2 在金属上的活化方式也有两种：分子式的非解离吸附（O_2^- 形式参与表面过程）；原子式的解离吸附（以 O^- 和 O^{2-} 形式参与表面过程），如图 10-8 所示。

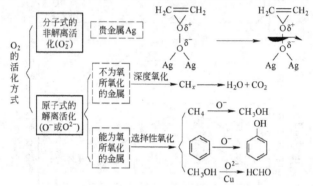

图 10-8　O_2 的活化方式

乙烯在 Ag 催化剂上的环氧化反应产生的原子氧催化副反应：

$$CH_2H_4 + 6O \longrightarrow 2CO_2 + 2H_2O$$

$$6C_2H_4 + 6O_2 \longrightarrow 6C_2H_4O + 6O$$

所以环氧乙烷的收率为 6/7，86% 左右；CO_2 收率为 1/7，14% 左右。

又如 Cu 催化甲醇氧化为甲醛，反应式为：

$$Cu + \frac{1}{2}O_2 \longrightarrow CuO$$

$$CuO + CH_3OH \longrightarrow Cu + HCHO + H_2O$$

10.2.2.3　CO 的活化

CO 解离能为 1073kJ/mol，分子相对稳定。在 Pd、Pt、Rh 上温度高达 300 ℃，保持分子态吸附；Mo、W、Fe 等过渡金属对 CO 的亲和力很强，即使在常温下也能使 CO 解离。因为 H_2 也可被此类金属解离吸附，所以 H_2 和 CO 会发生氢醛化反应。

10.2.2.4　饱和烃分子的活化

饱和烃在金属和酸性金属氧化物都可以活化：

$$H-\underset{\underset{H}{|}}{\overset{\overset{H}{|}}{C}}-CH_2-R \xrightarrow[-M-H]{M} H-\underset{\underset{M}{|}}{\overset{\overset{H}{|}}{C}}-CH_2-R \xrightarrow[-M-H]{M} \underset{\underset{M}{|}}{\overset{\overset{H}{|}}{C}}-\underset{\underset{M}{|}}{\overset{\overset{H}{|}}{C}}-R$$

在金属表面，可使 C—H 键发生解离吸附，生成烯烃；有时在相邻金属上吸附的 C—C 发生氢解（加氢裂解生成小分子烃的化学过程）。能使 H_2 解离吸附的金属都可以使烷烃发生解离吸附，而达到活化。

饱和烃分子在超强酸的金属氧化物作用下，将发生异裂的解离吸附，形成正碳离子和 H^+ 离子。这样的活化形式常会发生异构化，裂解或重排等反应。

10.2.2.5　不饱和烃分子的活化

不饱和烃分子的活化依酸性催化剂、金属催化剂和碱性催化剂而异。

（1）酸性催化剂以 H^+ 与不饱和烃分子加成为正碳离子，后者在高温下一般发生β位置 C—C 键的断裂，生成裂解产物；也有可能发生—CH_3 基的移动，进行骨架异构化。这两种都是以三元环或四元环为中间物：

$$-C-C-\overset{+}{C}-C- \longrightarrow -C-C-\overset{+}{\underset{C}{C}}- \longrightarrow -C-C-\overset{+}{C}-$$

$$-\underset{C-C^+}{\overset{\underset{|}{C}-\underset{|}{C}}{|}} \longrightarrow -C-\underset{C}{C}-C^+$$

还有可能低温下进行烷基加成反应：

$$CH_3-\overset{+}{\underset{R}{CH}} + CH_2^{2-} \Longrightarrow CH_3-\underset{R}{CH}-CH_2-\overset{+}{\underset{R}{CH}}$$

在 H_2O 存在下还有可能反应生成醇：

$$R-\overset{+}{CH}-CH_2 + H_2O \longrightarrow R-CH(OH)\cdot CH_3 + H^+（催化剂）$$

（2）金属催化剂活化主要是催化加氢反应。

（3）碱性催化剂活化主要是使烷基芳烃进行侧链烷基化：

（4）非典型酸碱性的金属氧化物催化剂对不饱和烃的活化可能是σ-π键合型的配合活化：

10.3　助催化剂的选择与设计

10.3.1　助催化剂的种类与功能

在催化剂中添加少量的某些成分能够使催化剂的化学组成、晶体与表面结构、离子价态及分布、酸碱性等发生改变，从而使催化剂的性能（如活性、选择性、热稳定性、抗毒性和使用寿命等）得到改善。但当单独使用这些物质作催化剂时，没有催化活性或只有很低的活性，这些添加物质就称为助催化剂。如合成氨铁催化剂中的 Al_2O_3 和 K_2O；合成环氧乙烷银催化剂中的 CaO 或 BaO。助催化剂的种类可分为结构性助催化剂和调变性助催化剂。

结构性助催化剂的作用主要是增大表面，防止烧结，提高催化剂主要组分的结构稳定性。有效的结构性助剂不与活性组分发生反应形成固体溶液；应为很小的颗粒，具有高度的分散性能；有高的熔点。判断结构性助剂的常用方法是用比表面，结构性助剂的存在使催化剂保持较高的比表面；结构性助剂的加入不改变反应的活化能。

调变性助催化剂改变催化剂的化学组成，引起许多化学效应和物理效应。对金属和半导体催化剂而言，调变性助剂可以改变主催化剂的电子结构，引起催化剂电导率和电子逸出功的变化，所以调变性助剂又可称为电子助催化剂。此外，晶格缺陷助催化剂增加氧化物催化剂表面的晶格缺陷数目，提高氧化物催化剂的催化活性。氧化物催化剂的活性中心存在于靠近表面的晶格缺陷；少量杂质或附加物对晶格缺陷数目有很大影响；为了实现间隙取代，通常加入的助催化剂的离子需要和被它取代的离子大致上一样大。

扩散助剂可以改善扩散性能，减少对扩散流的阻力，而又不损害催化剂的物理强度和其他性质。当使用颗粒较大催化剂时，微孔对反应介质扩散所产生的阻力，在某些反应里将影响整个反应的速率。常用的扩散助剂有：石墨、淀粉、纤维素等有机物，具有大孔的高孔隙率载体，干燥时会失去大量水分的含水氧化物。

10.3.2　助催化剂的设计

10.3.2.1　助催化剂的设计方法

助催化剂的设计大体有两种方法。一种是运用现有的科学知识结合已掌握的催化理论，针对催化剂及催化反应存在的问题进行助催化组分的选择。这种方法简单可行。比如烯烃类异构化催化剂的设计，烃类异构化反应的副反应为裂解反应，降低催化剂的酸性或反应温度可降低副反应程度。因此可以设计碱性助催化剂来降低催化剂的酸性，以提高主反应的选择性。又如同是烯烃的反应，如果目的产物是芳烃，由于完全氧化会生成一定数量的 CO_2，生成 CO_2 比生成其他产物需要更多的氧，所以添加不利于氧吸附的助剂，在一定程度上可以抑制 CO_2 的生成，提高反应选择性。

另一种方法是通过研究催化反应机理确定助催化剂。通过对所研究催化反应机理的深入研究，弄清楚催化机理后对催化剂作出调整。机理研究广泛采用最新发展的分析技术（如低能电子衍射、电子自旋共振、X 射线光电子能谱、俄歇电子能谱等）研究催化剂表面和表面上所发生的化学反应。进行这些研究的主要目的是试图找到活性中心或反应中间体，通过添加组分和改变催化剂的方法，使反应沿着需要的途径，以最佳状态顺利进行。另一种间接的方法是设计一种具有特定骨架结构的催化剂，研究其中可以控制的部分。研究目的是鉴别不同添加剂和已知中间体的作用，研究影响活性和选择性的因素，以便使催化剂获得最佳性能。例如 $LaCoO_3$ 属于 ABO_3 型催化剂，被设计用于 CO 的氧化，发现其活性强弱取决于 B 位元素（Mn，Fe，Co）的种类，当 B 位元素为 Co 时，活性最高。

10.3.2.2 助催化剂设计实例

A 金属氧化物固溶体

人们将某些具有催化活性的金属按其氧化物的构型同另一种氧化物组成固溶体。一系列金属氧化物固溶体中，客体金属离子的性质受主体金属氧化物晶格的强烈影响。客体离子的浓度绝对不会太大，但是变更客体离子的浓度和性质同时也改变主体的晶格。从助催化剂设计的角度来考虑金属氧化物固溶体这类体系的开发需要考虑改变局部的配位环境、客体离子的固有活性、电子结构和几何构型的相互作用。

由于几何构型和电子结构方面的原因，对某特定反应有催化活性和选择性的固溶体中的客体氧化物（含量较少的组分）应具有特定的配位状态，因此需对这种特定的配位环境加以研究。其次是将所需催化剂的主要组分和次要组分制成这种特定环境的固溶体。表10-2 对主体金属氧化物中局部的配位环境进行了描述。

表 10-2 主体金属氧化物中局部的配位环境

局部配位	主体氧化物	相互作用	例 子
八面体	MgO	M-O-M	Cr^{3+}、Mn^{2+}-Mn^{4+}、Fe^{2+}-Fe^{3+} Co^{2+}、Ni^{2+}、Cu^{2+}
八面体	α-Al_2O_3	M-O-M	Cr^{3+}
		M-O_2-M	V^{3+}
八面体	钨钛矿	M-O-M	
四面体	ZnO		Co^{2+}、Cu^{2+}
四面体（B位）	$MgAl_2O_3$	(B) M-O-O-M (B)	Co^{2+}、Ni^{2+}、Cr^{3+}
四面体（A位）		(B) M-O-M (A)	V^{3+}-V^{4+}

白钨矿型复合氧化物 AMO_4 作为催化剂的价值：（1）可产生 A 阳离子缺位，浓度高达 A 阳离子总浓度的 1/3；（2）A 阳离子还可被另外的阳离子 B 部分置换，通式为 $A_xB_y\phi_zMO_4$（$x+y+z=1$）。ϕ 为缺陷符号。钼酸铋（一种白钨矿型复合氧化物）对丙烯活化的研究表明，形成的缺陷有助于烯丙基中间物种的生成，而 Bi 的功能主要是与 O 构成活性中心。

B 合金催化剂

过渡金属催化剂可加入另一种过渡金属、过渡金属氧化物形成合金、固态溶液，如 Pt-Rh、Pt-Sn、Pd-Ag、Pd-Au、Ni-Fe、Ni-Cu。以提高活性为主，也影响选择性、抗积炭、抗烧结、抗毒性。过渡金属氧化物催化剂可加入另一种 TMO、TMS。结构性助剂常形成稳定化合物，如尖晶石结构 $FeAl_2O_4$、$ZnCr_2O_4$。调变性助剂可以是碱性氧化物（K_2O、Na_2O、MgO）或酸性氧化物（SO_3、P_2O_5），加入后可形成复合氧化物 $BiMoO_4$、$FeSbO_4$、$ZnFeO_4$ 等，该过程不是简单的机械混合，而是发生某种化学反应。

合金催化剂的意义在于它们本身有良好的性能。这是因为以下两种效应：1）几何构型的影响，称作"集团（ensemble）"效应；2）电子相互作用的影响，谓之"配位体"效应。

几何构型的影响被认为是一种金属被另一种金属稀释的效应。例如，吸附一个分子可能需要 1 个、2 个或多个相邻的表面原子。一氧化碳可以呈直线型吸附或桥键吸附。一种催化活性的金属和一种无活性的金属形成合金而被稀释，那么集团效应的概率势必减少。合金中的一种成分有表面富集的倾向。合金中电子因素是在电子能带理论预测的基础上的。电子在合金中完全混合是不大可能的。合金中各个组分保留着它们原来的特性，但是由于其他成分的存在，特性会有所改变。一个原子的电子密度将取决于和它相邻原子的相互作用，而改变合金成分，也改变了电子能量分布。合金中一种成分在表面富集时，意味着表面效应会和整体效应不同。

C　固体酸催化剂

固体酸催化剂可通过以下两类助剂改变其催化性能：

（1）非变价或难变价的元素复合物，包括 Al_2O_3 沸石。用难变价阳离子如 H^+、Ca^{2+}、RE^{n+} 可改变沸石酸性、热稳定性、耐高温水蒸气性。

（2）用可变价离子可改变氧化还原性，如 Pt/Al_2O_3 中可赋予催化剂双功能。

D　多功能钾助剂的应用

具体如下：

（1）本身作为活性组分。如合成气制备、煤气化过程中加入 K_2CO_3。

（2）产生碱中心。如合成氨 Fe 催化剂中 KOH 可以促进 NH_3 从表面解吸。

（3）中和酸中心、防止积炭。如乙烯氧化催化剂中加入碱可抑制环氧乙烷深度氧化分解；水蒸气重整催化剂中加 K 中和部分酸中心，抑制积炭。

（4）改进抗毒性。可以通过 K 除掉 H_2S、HCl 等杂质，保护催化剂。

（5）降低熔点，提高活性。如萘、SO_2 氧化 $V_2O_5+K_2SO_4/SiO_2$ 催化剂，降低熔点、改善传质。

（6）减少活性组分的挥发。如 $CuCl_2$ 挥发性大，加入 KCl 后形成 K_2CuCl_4；水蒸气重整催化剂为减少 K 流失，使用硅酸钾铝（钾霞石），水解时游离 K 防积炭。

（7）防止活性组分的相变。如异丁烷氧化脱氢 Cr_2O_3-Al_2O_3 催化剂加入碱后可提高活性相 Cr^{3+} 的比例，阻止 Cr_2O_3 的生成，保持活性。

（8）改善催化剂结构。如费-托合成铁催化剂中加入 K_2CO_3 改善多孔性，有适宜密度、表面积。

（9）改善催化剂选择性。如合成甲醇催化剂浸渍 K_2O 后可提高醇的选择性。

10.4　催化剂载体的选择与设计

10.4.1　催化剂载体的作用和种类

很多工业使用的催化剂是金属负载型的，一种或几种催化活性的金属组分负载于高表面积载体上。作为催化剂的载体可以是天然物质，如沸石、硅藻土、白土等，也可以是人工合成物质，如硅胶、活性氧化铝等。天然物质的载体常因来源不同而性质有较大的差异。例如，不同来源的白土，其成分的差别就很大。而且，由于天然物质的比表面积及细孔结构是有限的，所以，目前工业上所用载体大都采用人工合成的物质，或在人工合成物质中混入一定量的天然物质后制得。

载体和助催化剂都是为了提高催化剂的活性、选择性、寿命（抗烧结、积炭、中毒、流失）、耐热性、机械强度、耐磨损性等性能，功能有很多相似之处，但是有以下几点区别：

（1）载体用量大，且对用量不敏感；稳定性好；表面积大、孔径、孔体积确定，分别制备；与活性组分之间有时有相互作用；有时可以使用载体，也可以不使用。

（2）助剂用量较小，对用量敏感；经常使用多种助剂；常与主体催化剂结合，形成固溶体、化合物，不单独制备；在催化剂中总是存在，以调变催化剂性能；单独使用助剂时无催化活性。

10.4.1.1　载体的作用

载体的机械作用是作为活性组分的骨架，可以分散活性组分，减少催化剂的收缩并增加催化剂的强度，另外还影响催化剂的活性和选择性。

乙烯氧化制醋酸乙烯的反应中，由于载体的组成不同和用不同的煅烧温度处理，会对催化剂活性产生影响。从表 10-3 中看出，当载体组成相同，而煅烧温度不同，产物生成速度相差 3 倍。

表 10-3　氧化铝载体的活性比较

载体组成/%	煅烧温度/K	醋酸乙烯生成速度/mol·(g·h)$^{-1}$
Al_2O_3 : SiO_2 (99 : 1)	1173	1.77×10^3
Al_2O_3 : SiO_2 (90 : 10)	1173	0.61×10^3
Al_2O_3 : SiO_2 (90 : 10)	1473	1.74×10^3

载体使活性组分微粒化，可增加催化剂的活性表面积，还可使晶格缺陷增加，从而生成新的活性中心，提高催化剂的活性。例如金属-载体之间的强相互作用，载体既可提高催化剂的机械强度，也可使金属主体有最适宜的几何构型。对某些活性组分而言，只有把活性组分负载在一定的载体上，才能使催化剂得到足够的强度和几何构型，才能适合各种反应器的要求，并提高催化剂的热稳定性。

10.4.1.2　载体的种类

A　按载体物质的相对活性分类

按载体物质的相对活性分类如下：

（1）非活性载体：具有非缺陷晶体和非多孔聚集态的物质，包括那些非过渡性绝缘元素或化合物：如 SiO_2、MgO、Al_2O_3、SiC 以及硅酸铝。天然非活性载体：绿柱石、合成蒙脱石、尖晶石及氧化锆等。

（2）相对非活性载体：具有寄生活性，可以抑制或利用。包括绝缘体、半导体、金属。

绝缘体：硅藻土、白土煅烧产物（膨润土、蒙脱石、海泡石）、蛭石及石棉等；用强酸处理后，它们本身变成强酸性催化剂。

半导体：石墨、活性炭与金属氧化物，如 TiO_2、Cr_2O_3、ZnO 等，用作加氢、脱氢催化剂载体。

金属：金属通常不用来作为载体，比起其他物质，金属载体具有导热性能好，机械强度高，制造方便等优点，但对活性组分的黏附性差。它除去作为一些小面积无孔产品以外，一般是制成多孔性薄片状形式。例如，蜂窝状骨架镍和在金属板上喷镀其他活性金属制成的催化剂就是一例。其他还有金属丝网及打小孔的金属薄片。

B　按载体的表面积分类

按载体的表面积分类如下：

（1）低表面载体：比表面积一般小于 $1m^2/g$，如 SiC、刚铝石、浮石、刚玉、耐火砖等。低表面载体一般又可分为有孔及无孔两种类型。

1）有孔低表面载体：硅藻土、浮石、SiC 烧结物、耐火砖、多孔金属。

2）无孔低表面载体：如石英、SiC、刚铝石等，它们具有很高的硬度及热导率，比表面积在 $1m^2/g$ 左右。

（2）高表面载体：比表面积 S_g 通常为几百 m^2/g，高的可达几千 m^2/g，常用的有活性炭、硅胶、氧化铝、硅酸铝、分子筛等。通常高表面积载体亦可分为有孔及无孔两种类型。

1）有孔高表面载体：比表面积大于 $500m^2/g$，如活性炭、硅胶、氧化铝、分子筛等。该类载体常自身呈现酸性或碱性，并由此影响催化剂的催化活性，有时还提供反应活性中心，如铂重整反应中的 $Pt\text{-}Al_2O_3$ 催化剂，载体 Al_2O_3 就起着酸性中心的作用。

2）无孔高表面载体：通常是一些带有颜色的物质，如氧化铁（红色）、炭黑（黑）、高岭土、TiO_2（白色）、ZnO（黑色）、Cr_2O_3（黄色）等。

3）中表面载体：介于低表面载体与高表面载体之间，如 $1\sim50m^2/g$，如 MgO、硅藻土、石棉等。

10.4.1.3　载体的材料选择

这里只对几种常见的载体的性能特点进行简要介绍：

（1）氧化铝。在进行催化剂设计时，当需要将活性组分负载于未知载体时，可优先考虑选用氧化铝。由于氧化铝具有以下特征，使其与硅胶、分子筛一起成为催化剂的三大载体。氧化铝是一种多孔性、高分散度的物料，其比表面积、孔隙度变化范围大；氧化铝表面积高（$250\sim350m^2/g$），化学稳定性和热稳定性好；氧化铝在必要时经一定的特殊处理可使表面带酸性、碱性，可作双功能催化剂。氧化铝表面常带正电荷、有吸附负离子能力，也有较大电负性，使金属原子带正电荷，与金属相互作用，可改善催化性能。通过金属加强对氢的化学吸附，有贮氢作用，延缓积炭，多用于加氢、脱氢催化剂载体。缺点是强度较差，不耐酸碱。

（2）硅胶。硅胶是一种多孔性物质，主要用作干燥剂、吸附剂和催化剂载体。硅胶的化学组成是 $SiO_2 \cdot xH_2O$，属于无定形结构。具有表面积高（$700m^2/g$，平均孔径为 $2.5\sim5nm$），无酸性、强度高、耐酸、耐高温等特点，常用于氧化催化剂，微球形多用于流化床，惰性、与活性组分作用小。缺点是与活性组分结合不牢、易脱落，价格较高，有万分之几杂质。

（3）二氧化钛。二氧化钛分为锐钛石 Anatase（活性）和金红石 Rutile（稳定）两种结构。$TiO_2\text{-}A$ 在 700℃ 以下稳定，大于 700℃ 转变为 $TiO_2\text{-}R$。如含 1%～10% 其他金属氧化物可显酸性，有氧缺位，是 n-半导体，负载金属后两者有相互作用，改变催化性能。如乙烷氢解催化剂 $Rh\text{-}Ag/TiO_2$，有强相互作用（SMSI），减弱了 Rh 和 Ag 之间的作用，

Ag 迁移到表面覆盖 Rh，减少表面 Rh 的聚集体生成。TiO$_2$ 是氧化催化剂载体，也是加氢、脱氢催化剂载体。

（4）活性炭。活性炭具有不规则的石墨结构，在 300～800℃下焙烧时，产生酸性基团，在 800～1000℃煅烧时，又会形成碱性基团。制备方法不同，可具有不同的比表面积，有时甚至超过 2000m^2/g。可以覆盖化学吸附的氧原子（以含氧基团形式），对于贵金属有强吸附能力，还原气氛中稳定，耐热，废催化剂中的贵金属可燃烧回收。由于活性炭的机械强度较差，所以常用作固定床催化剂的载体。

（5）沸石分子筛。分子筛作为催化剂的载体具有其独特之处。分子筛的微孔可以对反应物分子进行高度选择。离子交换方式负载到分子筛上的活性金属在经表面还原后具有极高的分散度，提高了活性组分的利用率并增强其抗毒能力。

10.4.2 选择载体的原则和依据

理想催化剂载体应具备的条件有：（1）具有适合反应过程的形状；（2）具有足够的机械强度；（3）具有足够的比表面积及微孔结构；（4）具有足够的稳定性：耐热、化学、侵蚀；（5）热导率，比热容、密度适宜；（6）不含有任何可以使催化剂中毒的物质；（7）原料易得，制备方便，制备成催化剂后不会造成环境污染。

10.4.2.1 活性组分负载的方式及其与载体间的相互作用

活性组分不同的负载方式对活性组分负载量、催化剂的活性及抗毒性、抗磨损、寿命等有明显影响。一般认为负载方式包括以下几种（如图 10-9 所示）：

（1）均匀型，活性组分均匀分布在载体的内外层；

（2）外层负载（蛋壳型），活性组分浓集于载体的外表壳层；

（3）内层负载（蛋白型），活性组分较集中于内层，形成一亚表层；

（4）中心负载（蛋黄型），活性组分沉积在载体的核心部分。

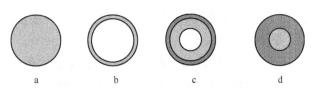

图 10-9　活性组分负载的四种方式

a—均匀型；b—蛋壳型；c—蛋白型；d—蛋黄型

载体与活性组分之间的相互化学作用，可能改变活性组分的吸附和催化性能，体现在如下几个方面：

（1）增加催化剂的抗毒性能。因为载体使活性组分高分散；载体可以吸附部分毒物，甚至可以分解部分毒物。

（2）提高热稳定性。烧结指一定温度下活性组分颗粒接触面上的原子或分子会发生作用，使粒子增大。烧结开始的温度有两种表示方法：在结晶表面有原子开始移动的温度 $T_H \approx 0.3 T_m$（金属熔点）；晶格开始松动的温度 $T_T \approx 0.5 T_m$（金属熔点）。金属在载体上的分散提高了金属烧结的温度。

（3）提高传热系数：可以防止催化剂床层的过热而导致催化剂活性下降。

（4）催化剂活性组分的稳定化：降低某些易升华活性组分如 MoO_3、Re_2O_7、P_2O_5、Te 的损失，延长催化剂的寿命。

（5）金属的可还原性取决于所用的载体。Fe^{3+}（Fe^{2+}）离子负载于 SiO_2 或活性炭上，极易还原为金属；负载于 Al_2O_3 上用氢只能还原为 Fe^{2+} 态。

（6）金属粒子的大小、形态、分布随载体变化很大。与金属对载体是否有润湿性有关，载体的孔结构、表面结构、金属在表面的流动性将影响金属粒子大小和形貌。

（7）TiO_2、Nb_2O_5、Ta_2O_5、V_2O_5 等可还原性氧化物上的金属与载体之间的强相互作用（SMSI），使金属具有特殊的催化活性和吸附性能。这些载体表面的金属原子的壳层电子能级与体相相比发生位移，电荷由载体向金属发生转移，其作用远大于润湿作用，金属粒子的表面形貌发生了很大变化，呈二维或筏状排列，从而大大改变了活性和选择性。

举一实例，废气排放净化催化剂：Pt，Pd，$Rh/\gamma\text{-}Al_2O_3$；助催化剂：La_2O_3，CeO_2。$\gamma\text{-}Al_2O_3$ 是高表面积、热稳定的载体；La_2O_3 防止 $\gamma\text{-}Al_2O_3$ 向低表面 $\alpha\text{-}Al_2O_3$ 转变；CeO_2 强化 CO 氧化和水煤气变换活性，这在排放气中氧含量低时尤为重要；利用 SMSI 效应，变换产物氢促进了 NO 的还原。

10.4.2.2 反应的控制步骤与传递过程对载体的要求

倘若催化反应速率受表面化学反应速率支配，那么表观活性将是该催化剂的表面积的函数（比活性）；当催化剂粒子的孔隙率和几何构型成为重要因素时，总反应速率一般受传质或传热的影响；载体的选择取决于能被反应物利用的催化剂的表面积和催化剂的孔隙率。

10.4.2.3 反应的热效应对载体热导率的要求

催化剂粒子和流体之间的最大温差如式 10-1 所示：

$$\Delta T = \frac{-D\Delta H}{K}C_s \tag{10-1}$$

式中，ΔH 为反应热；D 是扩散系数；K 是热导率；C_s 是粒子外表面上反应物浓度。这是选择载体热导率的理论根据。

10.4.2.4 反应器类型对载体的颗粒度、形貌、密度等的要求

大多数的情况下，反应器的结构应当保证工艺所要求的最基本参数维持稳定基本数值，如反应物与催化剂的接触时间，在反应器的反应区内不同点的温度，反应器中的压力，反应物向催化剂表面的传递速度，催化剂的活性等。

在工业生产条件下，固定床催化剂的颗粒大小是由许多因素决定的，其中主要有催化剂内表面的利用和床层的压力降。当反应的热效应很大，或催化剂需要周期地再生时，采用流化床反应器。

10.5　工业催化剂宏观结构的设计与控制

在工业催化剂设计中，有效地控制催化剂的宏观结构十分重要。在已经设计好的催化剂的加工制备过程中，要严格检查和了解催化剂结构面貌的实际情况，建立相应的数据库。催化剂的宏观物理结构包括：组成固体催化剂的粒子，粒子聚集体的大小、形状，孔

隙结构所构成的表面积，孔体积，孔大小与分布以及与此有关的机械强度。具体体现在催化剂外形、颗粒度、真密度、堆积密度、比表面、孔容、孔径分布、活性组分分散度、机械强度等方面。这些指标直接影响到反应速率、催化活性、选择性、过程传质传热、流体压力降、催化剂寿命等。

在催化剂设计中，要了解宏观结构与催化性能的关系，在化学组成确定后，根据反应的要求确定催化剂的宏观结构，满足工业催化反应的要求，为提高产品质量、阐明催化性能提供依据。

催化剂的宏观结构对催化反应的影响包括：（1）对控制步骤的影响：膜扩散、孔扩散、表面反应动力学；（2）对流体力学的影响：反应器形式、床层压力降；（3）对热交换、热传递的影响：催化剂形状、大小、密度、接触点等影响到温度分布、温度控制。

宏观因素的影响之间互相联系，颗粒大小与表面积有关，表面积又与孔结构有关；颗粒外形与催化剂强度有关，又与流体阻力互相联系，应该综合考虑。

10.5.1　催化剂颗粒的形状和大小的设计与控制

10.5.1.1　催化剂颗粒的形状与大小对催化反应的影响

催化剂的颗粒形状大致可分为以下几类：

（1）圆柱形：空心圆柱或实心圆柱。成型技术成熟、用途最广。充填均匀、流体流动均匀、流体分布均匀，最适用于固定床。空心圆柱表观密度小、单位体积表面积大，适用于热流密度大的反应（如烃类转化），要求流速大、压力降小的场合（如尾气净化）。

（2）球形：小球或微球。容积一定时，装填量最大（70%），均匀，耐磨。微球催化剂流动性好，适用于流化床、移动床。

（3）无定形：块状物料经过破碎、筛分而成。制法简便，强度高，但阻力不够均匀，利用率低。适用于成型困难的催化剂（如熔铁催化剂、浮石、白土、硅胶）。

（4）其他形状：碗形、蜂窝状、独柱石、三叶草、星形等。

工业催化剂的形状、大小决定了反应器内压力降，流体分布，传热、传质，抗压、抗磨强度等。从压力降考虑：颗粒大小、形状、流体流速、流体物性、床层空隙率、床层高度、充填方式等均会影响压力降。从表面利用率考虑：小颗粒可减少内扩散，提高表面利用率。希望外形规则，尺寸统一，装填紧密，避免沟流、气流分布均匀。对于压力下的反应：大装填量可提高反应器容积利用率；但反应器制造成本、动力消耗、操作费用高。从机械强度考虑：在一定生产能力下，催化剂、反应器投资费用最小，克服流动阻力能量消耗最小。

10.5.1.2　催化剂颗粒的形状与大小的设计与选择

选择催化剂的颗粒的外形和颗粒的大小，要从动力消耗、表面利用率、机械强度和反应器操作等方面综合考虑。

各种工业催化剂的形状选择要求如表10-4所示。

催化剂的几何外形和几何尺寸，对流体阻力、气流速度、床层温度梯度分布、浓度梯度分布等都有影响。为了充分发挥它的催化潜力，应当选择最优的外形和尺寸，这就需要选择最合适的成型方法。催化剂成型是催化剂工业生产过程的关键步骤之一。由于催化剂成型方法和工艺不同，所制得的催化剂孔结构、比表面积和表面纹理结构也有显著差别，

表 10-4　各种催化剂的形状

分　类	反应系统	形　状	外　径	典型图	成型机	原　料
片	固定床	圆形	3～10mm		压片机	粉末
环	固定床	环状	10～20mm		压片机	粉末
圆球	固定床、移动床	球	5～25mm		造粒机	粉末、糊
圆柱	固定床	圆柱	2.4mm×(10～20)mm		挤出机	糊
特殊形状	固定床	三叶、四叶形	(0.5～3)mm×(15～20)mm		挤出机	糊
球	固定床、移动床	球	0.5～5mm		油中球状成型	浆
小球	流动床	微球	20～200μm		喷雾干燥机	胶、浆
颗粒	固定床	无定形	2～14mm		粉碎机	团粒
粉末	悬浮床	无定形	0.1～80μm		粉碎机	团粒

从而带来不同的使用效果。催化剂成型的方法种类很多，各有其特点与用途。常见的成型方法有压片成型、挤条成型、转动造粒、喷雾成型及油中成型。根据实际使用需要，催化剂必须成型为一定形状和大小的颗粒。成型的主要任务是在残余内应力最小的情况下制得所需形状和粒度的催化剂颗粒，并综合考虑制备和应用催化剂的后续各阶段所产生内应力的可能性。催化剂的成型是工业催化剂制备工序的重要步骤之一，催化剂的催化性能与催化剂的成型方法有不同程度的关系。例如，根据反应动力学理论，可以确定反应的最佳孔结构。对于缓慢进行的反应，细孔结构是有利的，孔的最小限度是由反应物和反应产物扩散的可能性决定的，对于快速反应，孔的最小限度取决于扩散速度，最佳结构相当于孔径接近于反应分子的平均自由程。而催化剂的孔结构与成型方法及成型条件密切相关。一般来说，孔体积及平均孔半径随成型压力提高而降低。成丸、滚球、造粒和挤条都会对催化剂的活性产生显著的影响。国外把成型作为提高催化剂性能的重要内容之一。而国内有关催化剂成型工艺的研究还不多，近年来已引起一些研究者的注意，石油化工科学研究院、北京化工研究院、洛阳设计院等单位都开始对各种形状催化剂的成型工艺技术进行研究。催化剂通过成型加工，就能够根据催化反应装置要求，提供适宜形状、大小和机械强度的颗粒催化剂，并使催化剂充分发挥所具有的活性及选择性，延长催化剂的使用寿命。

下面就催化剂的成型方法分别进行简要介绍。

压片成型的优点有质量均匀、表面光滑、粉化率小、机械强度高等，适用于高压、高流速的固定床；缺点是高压下压缩，压片机的冲头和冲模磨损大，成型能力低。

挤条成型是将催化剂粉末加水或用黏合剂调成稠厚的糊料，通过具有既定直径的外孔板喷头而挤出条状物。优点是不需要价格昂贵的压片机，生产能力要比压片机大得多。缺点是所得的催化剂强度取决于催化剂物料的可塑性，一般比压片机所得者低。

上述两种方法均属于强制造粒的成型方法，有时会造成物料宏观结构或晶体结构的变化。当成型压力不大时，影响体现在孔隙结构和比表面变化上。当压力大时，还会发生化学结构的变化，影响到催化剂的本征活性和选择性。

转动成型是常用的成球方法之一。该法是催化剂成型最经济的方法，适宜于大规模生产。

喷雾成型法是用雾化器将溶液分散为雾状液滴，在热风中干燥而获得微球型催化剂，主要用来制备微球形催化剂或催化剂载体，该法关键在于浆液的雾化。产品具有形状规则、表面光滑、机械强度较高等优点。

油中成型法也称凝球法，是利用溶胶在适当的 pH 值和浓度下发生凝胶化的特性，使溶胶在煤油等介质中滴下，借表面张力的作用形成球滴，球滴凝胶化形成小球，能获得孔容较大、强度较高的产品，常用于移动床催化剂的成型。

10.5.2　催化剂的比表面和孔结构的设计

10.5.2.1　催化剂的比表面和孔结构对催化反应的影响

A　比表面对催化反应的影响

一般而言，表面积越大，催化剂的活性越高，所以常把催化剂做成粉末或分散在表面积大的载体上，以获得高的活性。但是由于各种条件限制，如制备方法，催化活性和表面积常常不能成正比关系。

表面积和孔结构是紧密联系的，比表面积大则意味着孔径小，细孔多，这样就不利于内扩散，不利于反应物分子扩散到催化剂的内表面，也不利于生成物从催化剂内表面扩散出来。

B　孔结构对催化反应的影响

孔结构对催化反应速率、内表面利用率、催化反应选择性均产生影响。孔径，孔形状、长度、弯曲情况会影响到扩散过程。

反应物分子在催化剂孔内的扩散有三种机理：普通扩散、Knudsen 扩散（微孔扩散）、表面扩散。

（1）普通扩散或称体相扩散，是指分子平均自由程（λ）小于孔直径（d）时的扩散。阻力主要来自分子之间的碰撞。对于气体压力高的体系主要起作用的是普通扩散。

分子运动平均自由程公式如下：

$$\lambda = kT/2^{0.5}\pi\sigma^2 p \tag{10-2}$$

式中，p 为分子所处空间的压强；T 为分子所处环境的温度；k 为玻耳兹曼常数，$(1.380662\pm0.000044)\times10^{-23}$ J/K；σ 为分子直径。

普通扩散的扩散系数公式为：

$$D_B = \frac{1}{3}\bar{v}\lambda \tag{10-3}$$

式中，v 为分子的平均速率；λ 为分子的平均自由程，根据理想气体分子运动，公式如式10-4 和式 10-5 所示：

$$\bar{v} = \sqrt{\frac{8R'T}{\pi M}} \tag{10-4}$$

$$\lambda = \frac{kT}{\sqrt{2}\,\pi\sigma^2 p} \tag{10-5}$$

式中，M 为相对分子质量；R' 为气体常数；T 为温度；k 为玻耳兹曼常数；σ 为分子有效直径；p 为压力。

由式 10-4 和式 10-5 得式 10-6：

$$D_B \propto \frac{T^{3/2}}{p} \tag{10-6}$$

式 10-6 表明，D_B 与 $T^{3/2}$ 成正比，与气体总压力成反比，而与孔直径无关。

（2）Knudsen 扩散是指分子平均自由程大于孔径时的扩散，这时分子与孔壁之间的碰撞概率大于分子间的碰撞概率，在孔径小、气体压力低时，主要是 Knudsen 扩散起作用。扩散系数如式 10-7 所示：

$$D_K = \frac{2}{3}R\bar{v} = \frac{2}{3}R\sqrt{\frac{8R'T}{\pi M}} \tag{10-7}$$

式中，R 为平均孔半径。D_K 与气体压力无关而与孔平均半径和 $T^{1/2}$ 成正比。

（3）表面扩散是指吸附在固体内表面上的吸附分子朝着较低表面浓度的方向移动。

当分子向孔中扩散时，所受阻力的影响无明显界限。Pollard 和 Scott 等都导出了二元混合气体扩散系数 D 的关联式，如式 10-8 所示：

$$D = \frac{1}{\dfrac{1}{D_B} + \dfrac{1}{D_K} - \dfrac{X_A(1 + N_B/N_A)}{D_B}} \tag{10-8}$$

式中，N_A 和 N_B 是组分 A 和 B 的摩尔通量；X_A 是 A 的物质的量。

扩散类型由扩散阻力即分子与孔壁碰撞或分子与分子之间碰撞概率大小所决定。

对同一体系可将扩散类型作如下划分：当 $D_B \geqslant 10D_K$，即 $\lambda \geqslant 10d$ 时，$D = 0.91D_K$，为 Knudsen 扩散；当 $D_K \geqslant 10D_B$，即 $d \geqslant 10\lambda$ 时，$D = 0.91D_B$，为普通扩散。

$d/10 \leqslant \lambda \leqslant 10d$ 时为过渡区，对过渡区还可细分如下：当 λ 在 $d \sim d/10$ 区间时以普通扩散为主；当 λ 在 $d \sim 10d$ 区间时以 Knudsen 扩散为主。

10.5.2.2　催化剂的孔结构的选择与设计

根据前述对孔结构选择与设计的一般原则如下：

（1）对于加压反应一般选用单孔分布的孔结构，其孔径 d 在 $\lambda \sim 10\lambda$ 间选择。小孔可提高活性，大孔可提高热稳定性。

（2）常压下的反应一般选用双孔分布的孔结构。小孔（$d = \lambda \sim \lambda/10$），从活性考虑，应尽量趋近 1/10，但要考虑其他因素；大孔（$d \geqslant 10\lambda$），使扩散阻力减小。

（3）在有内扩散阻力存在的情况下，催化剂的孔结构对复杂体系反应的选择性有直接的影响。对于独立反应、平行反应，主反应越快，反应级数越高，效率因子下降越大，对选择性不利，应采用大孔催化剂提高选择性。对于连串反应，目的产物是中间产物时，微孔中深度反应增加，也应采用大孔结构，提高选择性。

（4）从目前使用的多数载体来看，孔结构的热稳定性大致范围是：0～10nm 的微孔在 500℃ 以下，10～200nm 的过渡孔在 500～800℃ 范围内，而大于 200nm 的大孔则在 800℃ 下是稳定的。

10.5.3　催化剂机械强度的设计

Rumpf 把抗拉强度引进粉末结合理论，认为大小均匀的球状颗粒相互聚集时其凝聚力即固体颗粒的抗拉强度，如式 10-9 所示：

$$\alpha_i = \frac{9}{8} \frac{1 - \theta}{\pi d^2} \kappa H \qquad (10\text{-}9)$$

式中，α_i 为抗拉强度；d 为微球颗粒直径；θ 为孔隙率；κ 为颗粒平均配位数（平均接触点数）；H 为接触点的联结力（联结力可为 Vander Waals 力、静电力或毛细压力）。

催化剂的干燥、活化过程对机械强度也有影响，催化剂颗粒内存在着内应力，这种内应力是在固体物料形成时产生的，内应力较集中地发生在大孔附近或固体缺陷处，内应力的存在使催化剂的机械强度降低。

催化剂在焙烧、还原过程中的机械强度也会发生变化，特别在焙烧过程当焙烧温度较高时，发生烧结的情况下机械强度大大提高。大多数情况下，高的焙烧温度导致紧密的聚焦，使空隙减少，孔径过细，因而影响颗粒内部的传质，使内表面利用率下降。

固定床要求催化剂具备一定的抗压强度，轴向、径向强度，形状规则。流化床要求催化剂具备一定的抗磨强度，球磨抗磨、气流冲击抗磨、撞击强度、降落强度。移动床要求催化剂兼顾抗压和抗磨强度。

10.5.4　催化剂活性组分分散度的设计

要得到高分散的活性组分，最有效的方法是共沉淀，在载体上浸渍或离子交换，而其他方法制得的催化剂则活性组分含量少或活性组分的分散度不高。共沉淀法所得的催化剂，由于组分充分混合，使部分处于催化剂骨架内部，而浸渍法制得的催化剂，活性组分分布在载体表面。

工业催化剂中最广泛使用负载型催化剂。活性组分在孔内、外的分散状态与浸渍液的浓度、所加浸渍液的体积与孔容的比率、浸渍方法与时间、干燥方法、有无竞争吸附和杂质的存在有关。浸渍时，如果活性组分在孔内的吸附速率快于它在孔内的扩散，则溶液在孔中向前渗透过程中，活性组分就被孔壁吸附，活性组分主要吸附在空口近处的孔壁上。对于负载型催化剂，由于贵金属含量低，为了在大表面积上得到均匀的分布，常使用竞争吸附剂。在制备 $Pt/\gamma\text{-}Al_2O_3$ 重整催化剂时，加入乙酸竞争吸附后，使少量的氯铂酸能均匀地渗透到孔的内表面，由于铂的均匀负载，活性得到了提高。并不是所有的催化剂都要求孔内外均匀的负载。选择何种类型主要取决于催化反应的宏观动力学：

（1）当催化反应由外扩散控制时，应以蛋壳型为易。

（2）当催化剂反应由动力学控制时，则以均匀型为好。

（3）当介质中含有毒物，而载体又能吸附毒物时，以选择蛋白型为好。

（4）当反应物被活性组分强烈快速吸附，扩散阻力强化了表面反应速率的催化反应时，蛋黄型负载的催化剂活性应该是最高的。

10.6　计算机辅助催化剂设计

10.6.1　计算机辅助催化剂分子设计的判据

厦门大学的廖代伟早在1994年的《厦门大学学报》上对金属氧化物催化剂分子设计的物理化学判据进行了阐述,从几类性质来讨论金属氧化物催化剂分子设计的物理化学基础。

(1) 几何适应性。属于这一类的构型性质有:晶格类型、晶格参数、对称性、离子半径(或共价半径、原子半径)、表面原子数、密度和配位数等。这类性质可从各类化学手册与催化剂手册、教科书及文献中查到。在催化剂设计中常用到的一条规则是相似规则,这是因为具有相近离子半径的不同金属所组成的混氧化物或复氧化物由于晶格离子交换往往较之单氧化物在催化活性和选择性上有明显改善。已经报道具有甲烷氧化偶联催化活性的氧化物催化剂主要是由碱金属氧化物、碱土金属氧化物和其他金属(稀土金属、过渡金属等)氧化物组成的。由离子半径匹配的碱金属、碱土金属和其他金属所组成的氧(卤)化物催化剂显然显示了较高的催化活性和选择性,如:Li/MgO(Li$^+$离子半径为0.068nm,Mg^{2+}为0.079nm),Na/CaO(Na$^+$为0.098nm,Ca^{2+}为0.104nm),又如,LiCl/TiO$_2$(Li$^+$为0.068nm;Ti^{4+}为0.064nm;Ti^{3+}为0.069nm;Ti^{2+}为0.078nm),C2选择性大于80%,且以乙烯为主;LiCl/B$_2$O$_3$/MnO$_2$(Li$^+$为0.068nm,Mn^{4+}为0.052nm,Mn^{3+}为0.070nm),C2选择性为87%且全部是乙烯。应用模式识别方法和计算机程序可以很方便地将在甲烷氧偶联催化剂中推荐的离子半径相匹配的组合情况反映出来。

(2) 电子结构性质适应性。氧化物的电子结构、酸碱性、键能、导电性、氧化-还原电位、对气体的亲和性、吸附形式、吸附热和活化能、金属的电离势、功函、氧化态或变价性、电负性(包括元素的、离子的、轨道的和基团的电负性),以及氧上的部分电荷等都属于这类电子性质。

通常,可变价态的氧化物具有较好的催化性质,而酸使低价态稳定,碱使高价态稳定;催化氧化反应中的活性与选择性常呈反比。具有可形成d^{0}或d^{10}电子结构的金属离子,其氧化物常是较好的选择氧化催化剂;能形成过氧化物或超氧化物的金属元素,其氧化物也常是较好的临氧氧化催化剂;酸性有利于结炭;催化氧化程度的深浅往往与氧化物的酸性成正比。

从元素周期表看,易成变价的元素有:第四周期的Ti到Cu以及As和Se,第五周期的Zr到Te,第六周期的Hf到Bi和第七周期的Th与U。易形成d^{0}或d^{10}阳离子的元素有:ⅥA族的Se与Te,ⅤB族的V、Nb、Ta,ⅤA族的As、Sb、Bi,ⅣB族的Ti到Th,ⅣA族的Sn与Pb,ⅢA族的In与Tl,还有ⅠB族的Cu、Ag、Au和ⅦB族的Re。而第ⅧB族的Fe到Pt,其氧化物催化氧化选择性极差。能形成过氧(O$_2^{2-}$)化物的元素有:第ⅠA族的Li到Cs和第ⅡA族的Mg到Ba,ⅠB族的Ag和第ⅡB族的Zn到Hg。能形成超氧(O$_2^-$)化物的元素有:第ⅠA的Na到Cs,第ⅡA族的Ca到Ba,而能形成过氧氢(—O$_2$H)化物的元素则有:ⅣB族的Ti、Zr,第ⅤB族的V到Ta,第ⅥB族的Cr到U,第ⅤA族的P与ⅣA族的S。形成碱性氧化物的元素有第ⅠA族的Li到Fr和第ⅡA族的Be到Ra,

形成酸性氧化物的有ⅣB族的 Ti 到 Hf 与ⅣA 族的 Si 到 Sn，VB 族的 V 到 Ta 与ⅤA 族的 P 到 Sb，ⅥB 族的 Cr 到 W 与ⅥA 族的 S 到 Te。混合氧化物中 Mg/SiO_2 的 $H_0 \leqslant -6.4$，Y_2O_3/SiO_2 与 La_2O_3/SiO_2 的 $H_0 \leqslant -5.6$，TiO_2/ZrO_2，Cr_2O_3/Al_2O_3，B_2O_3/Al_2O_3，Ca_2O_3/SiO_2 和 ZrO_2/SiO_2 的 $H_0 \leqslant -8.2$。对可用作载体材料的简单氧化物或复合氧化物来说，碱性的有 MgO、CaO、ZnO 与 MnO，酸性的有 SiO_2、$SiO_2\text{-}Al_2O_3$ 以及分子筛、磷酸铝和碳，两性的有 Al_2O_3、TiO_2、ThO_2、Ce_2O_3、CeO 与 Cr_2O_3。中性的有 $MgAl_2O_3$、$CaAl_2O_4$、$Ca_3Al_2O_3$、$MgSiO_2$、Ca_2SiO_4、$CaTiO_3$、$CaZnO_3$、$MgSiO_3$、Ca_2SiO_3 以及碳。正在有机合成等方面得到广泛应用的固体超强酸或超强碱催化剂许多是由复氧化物来合成的。例如：$SiO_2\text{-}TiO_2$，$SiO_2\text{-}ZrO_2$ 和 $SiO_2\text{-}Al_2O_3$ 是已合成的酸性最强的四种固体酸（$H_0 \leqslant -11.93$）；$Na\text{-}MgO$ 和 $Na\text{-}Al_2O_3$ 则为固体超强碱（碱强度 $H_0 \geqslant 35$）。固体二元金属氧化物表面的最高酸强度与二元氧化物中两种金属离子电负性的平均值之间存在着较好的正比关系。金属离子的相对酸性、元素的电负性、离子的电负性和轨道的电负性、金属对小分子气体吸附的亲和性与金属键的 d% 数、氧化物表面氧的部分电荷、氧化物的导电性与金属-氧键键能，金属的电离势和功函，金属或氧化物对小分子气体的吸附热与活化能以及氧化物的氧化-还原电位等性质参数均可参考文献，这些信息对于进行金属氧化物催化剂的分子设计都是很有用的，复氧化物的超导性应该与催化性质有一定的关系。

（3）磁学性质适应性。属于这类性质的有顺磁性、抗磁性、磁化率、极化率和偶极矩等。微观催化作用除了表现在几何构型适应性和电子结构（电子传递）适应性外，也表现在能量适应性上。电、光、磁三种能量形式的相互变换以及与化学能（热能）的相互转换是自然界存在的能量变换过程。虽然化学催化主宰了我们正在利用的催化过程的绝大部分，但近年来，电催化与光催化的研究也方兴未艾。然而，磁催化研究除了早期的一些例子外，似乎已偃旗息鼓，但最近分子铁磁体材料研究的异军突起，应该引起我们对磁催化作用研究的注意。磁催化作用可能在生命化学、药物合成化学和能源化学的催化过程中扮演特殊的角色。稀土氧化物所表现出的良好催化性质与其具有未成对 4f 电子而表现的顺磁性有关。大部分过渡金属的化合物是顺磁性的。

（4）其他物理化学性质适应性。氧化物的熔点、生成热、稳定性、熔化熵或熔化热、同位素化合物等性质归于这一类。关于这些性质与催化性质的关系曲线已有不少文献报道。一般说来，氧化物熔点高于硫化物，硫化物又高于卤化物，所以对于高温高热反应，氧化物较有利。氧化物的生成热除以所含氧原子与催化活性有近似数值关系。在还原条件下，其氧化物相当稳定的元素有：ⅠA 族到ⅥA 族和ⅦB 族的 Mn 以及ⅡB 族的 Zn 与 Cd，ⅢA 族的 B 与 Al，ⅣA 族的 Si 和ⅤA 族的 P。

10.6.2　计算机辅助催化剂分子设计的程序

在催化剂的设计过程中，必须根据所需要的结果（考评结果）为目标反复进行全局的调整、优化以便达到最优。计算机在处理这些问题上相比于传统的经验设计具有很大的优势。近几年，随着计算机技术的发展，人们纷纷将计算机引入催化剂的设计工作。《Computer Aided Design of Catalyst》书中详细介绍了一些计算机辅助催化剂的工程设计实例，研究者们将催化剂的比表面积、孔结构等方面的信息数据建立了可用于优化的模型，然后用计算机进行优化计算。这种方法在石油炼制催化剂、汽车尾气净化、脱硫催化剂等方面取得了一定的效果。但是在催化剂辅助分子设计方面的研究则是最近的事，有一些研究者利用专家系统辅助催化剂的设计。

（1）数据库。数据库是计算机辅助催化剂设计的核心，是计算机储存和记忆的知识系统的总汇。数据库涉及各种类型的数据，包括数值型物性和非数值型的知识，经验和规则，数学模型，各种曲线，图标等。比如美国国家标准与技术研究所（NIST）开发的化学动力学数据库是根据 1906 年以后发表的基元反应动力学数据建立的。又如日本国家工业化学实验室桑原靖等开发的 CATDB 催化剂设计数据库是由一个事实数据库和几个应用程序组成的专用小型数据库，其中有 26 种表格和 125 行数列。26 种表格代表各种检索通道，如文摘、作者、文献、反应类型、反应信息、制备、表征、催化剂信息、原材料、助剂、载体、目标反应、副反应等。按菜单式程序排列，可用于计算机辅助催化剂制备设计，可作为现阶段催化剂设计的重要设计基础之一。

（2）专家系统。专家系统（expert system）的目的在于能使计算机具有人类专家那样解决问题的能力，它依靠大量的专门知识以解决特定问题领域中的复杂问题。它的核心问题是对特定领域中用以解决问题的知识的归类以及对这些知识的利用。因而拥有大量的专门知识是专家系统与其他计算机系统的主要区别，如表 10-5 所示。

表 10-5   用于催化剂开发的专家系统

名 称	目的反应	知识表达方式
DECADE	CO 加氢	规则，框图，函数
INCAP（-Muse）	氧化脱氢	规则，框图
ESKA	加氢	规则，框图
Catalyst II	各种反应	动力学模型
Hu System	合成乙醇	规则，框图
IACES	选择催化剂制备条件	规则，框图
ESCAD	各种反应	规则，框图
ESYCAD	CO 加氢及烷烃脱氢	规则，框图

其中，DECADE 专家系统的全称是 design expert for catalysts development，是一种较早开发的专家系统，可用于过程工程设计，也可用于物性的估算。

INCAP 的全称是 intergration of catalyst activity patterns，即催化剂活性模式集成。它是在 Dowden，Trimm 等有关催化剂设计方法的基础上建立的一种计算机辅助催化剂设计的原型系统。与 DECADE 相似，也是将设计问题分解为多个子问题，然后在预测反应机制的基础上按要求的催化剂功能和活性模式数据选择催化剂组成。为了克服 DECADE 专家系统子问题仍然过大，难于直接解决的困难，INCAP 将催化剂设计问题最终分解为 5 个较易解决的子问题：1）估计目的反应的反应机制；2）预测目的反应要求的催化剂功能；3）列出可能发生的副反应；4）预测副反应要求的催化剂功能；5）协调有利与不利的催化剂功能，从而推荐出催化剂组成。

该系统用于乙苯氧化脱氢制苯乙烯催化剂的选择，运转结果表明 SnO_2 具有目的反应要求的催化剂功能（酸碱性、氧化还原性等），其助催化剂可选择 SiO_2、ZnO_2、P_2O_5、Nb_2O_5、MoO_3。验证试验证明 SnO_2 和 SnO_2-P_2O_5 催化剂是高选择性苯乙烯催化剂，富含

MoO_3 和 SnO_2 - MoO_3 催化剂较好。

2009 年有报道称丹麦技术大学物理系开发出一种可以筛选金属催化剂的新方法。这一借助于计算机的辅助研究方法最终会得到一个金属成本对应于发生催化反应分子吸附热的曲线。依据这一曲线图，在实验室研发之前，就可以鉴别出具有潜在反应活性和选择性的新型催化剂。该方法利用电子密度泛函理论计算来辨别金属表面反应物和中间过渡态不同吸附能的比例关系，以甲烷、氨和 C2 烃等线性简单分子为例，从其比例关系中就可能鉴别出反映催化活性和选择性的一种"标识"（descriptor，引用生物技术的一个术语）。我国厦门大学物理化学研究所 20 世纪 90 年代末建立了催化剂分子设计专家系统 ESMDC 的体系结构、性质数据库和知识规则库，并将这一专家系统应用在甲烷氧化偶联（OCM）催化剂组分设计中。纪红兵等开发的 GACD 专家系统应用于辅助设计合成低碳醇催化剂，预测试样具有良好的活性，具有继续开发的价值。

（3）人工神经元网络技术。专家系统这种方法虽然能够提供较多的催化剂设计信息，但是由于要建立一个庞大的催化知识库（数据库），其中可能要收集包括催化反应动力学、催化剂的制备方法、热力学以及催化反应机理等各方面的信息，因此难度很大，耗时耗力；另外，此方法的通用性较差。对于多种混合氧化物催化体系，组分间相互作用十分明显时，难以用计算机能识别的方式表达，给专家系统使用带来困难。最近，有人将人工神经网络引入催化剂设计，并取得了一些成果。与专家系统相比，人工神经网络可以在催化机理不甚明了的情况下，建立催化剂组分（或组分的组合）与催化性能（包括选择性、转化率）之间的映射关系，然后优化得到较优的配方，这种方法简单易行，通用性较强，特别适合多组分催化剂的设计。

人工神经元网络是一个大量简单的处理单元广泛连接组成的网络，用以模拟大脑神经系统的结构和功能。根据人脑的原型，可以设计一个神经网络去模拟人脑神经网络的特性；典型的一种形式称为接模型，它由称为神经元的独立处理单元与连接弧结成的网络组成。不同的神经元处理函数和连接方式可构成不同的人工神经元网络模型。BP（Back Propogation）模型是典型的人工神经网络模型。以催化剂组成作为网络输入模式，以催化反应的评价结果作为输出模式，组成网络训练集。在其他条件（催化剂制备和评价）不变的情况下，通过训练网络，能反映催化剂组成和催化反应评价结果之间的关系，可以用于优化催化剂配方。

侯昭胤等利用神经网络辅助催化剂设计，将其用来优化丙烷氨氧化制丙烯腈催化剂的配方设计，利用它来寻找最优的催化剂组成，大致步骤如下：

1）将以往的研究结果作为神经网络的训练集和测试集，以催化剂的组成作为网络的输入模式、催化反应结果作为输出模式，通过学习、测试后选择最好的网络结构，建立催化剂的组成体系与反应结果的神经网络模型。

2）利用描述催化反应体系的神经网络模型来模拟催化剂的组成与其反应结果的定量化函数关系，它可以模拟因初始试验中个别组分的分布不均的催化剂的反应结果，代替部分试验工作。

3）利用能够描述催化剂的组成与其反应结果的定量化函数关系的神经网络模型作为催化剂配方优化计算的目标函数，进行优化计算，寻找更好的催化剂配方。

具体的过程可以分为以下几步：

1）首先进行基础试验，其目的是考评各种催化剂体系的结果，从中选择一个合适的体系进行神经网络辅助设计。

2）将所选择的催化剂体系的试验数据进行整理，分析各活性组分对反应结果的大致影响，判别是否需要补充试验点。

3）将试验数据作为神经网络的学习样本，根据网络的收敛速度和学习速度来选择合适的网络结构模型。这个网络模型实际上相当于能够定量化的体系中的建模过程。

4）选择有代表性的数据作为神经网络的训练集和测试集，对网络进行训练、测试，如果测试结果不能满足要求，则返回3）重新选择网络。

5）将训练好的网络作为描述催化反应体系的模型和优化计算的目标函数文件，建立优化程序；该过程中必须严格限制优化的范围。

6）利用优化程序进行计算，设定出合理的催化反应结果。得到一系列的催化剂配方，其计算效果优于目前的催化剂。

7）试验验证，将优化得到的催化剂配方，在与其学习样本同样的制备、考评条件下进行验证，将结果加入神经网络的学习样本，回到4）；重复上述循环，直到神经网络的优化结果已经不能提高，或者最优催化剂配方是学习样本中的试验点。

此外，孟令宇等利用单纯形优化法与神经网络模型相结合，实现对催化剂配方的优化设计。优化过程如图10-10所示。

利用人工神经网络的计算功能，结合优化方法，可以定量地寻找最优催化剂配方。更能客观反映各组分的协同交互作用，适于处理复杂催化剂体系。可以模拟进行"计算机试验"，部分替代人工试验，提高催化剂的开发效率。

10.6.3　计算机辅助催化剂分子设计举例

石墨烯（grapheme）是一种由 sp^2 杂化的碳原子以六边形排列形成的周期性蜂窝状二维碳质新材料，被认为是富勒烯、碳纳米管和石墨的基本结构单元，其结构如图10-11所示。

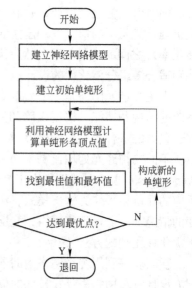

图10-10　优化过程框图

与碳纳米管相比，石墨烯的厚度只有 0.335nm，比表面积高达 $2600m^2/g$，有好的电子传导能力（约为 $2\times10^5\,cm^2/(V\cdot s)$）。研究表明，将石墨烯分散到聚合物中，能极大地改善聚合物的力学、热学和电学性能。同样，可以将无机材料（如金属和半导体纳米粒子）分散到石墨烯纳米片表面制成石墨烯基无机纳米复合材料。由于无机纳米粒子的存在可使石墨烯片层间距增加到几个纳米，这大大减小石墨烯片层之间的相互作用，从而使单层石墨烯的独特性质得以保留。石墨烯基无机纳米复合材料不但可以同时保持石墨烯和无机纳米粒子的固有特性，而且能够产生新颖的协同效应，具有广泛的应用价值。

石墨烯具有完美的二维周期平面结构，优异的导电性、导热性和结构稳定性，它可作为多功能的催化剂载体。同时，由于石墨烯与其表面所负载的催化剂粒子发生相互作用，所产生的催化协同效用将会改变催化剂的催化选择性和反应活性，提高催化性能。由于其独特的电学性质，将其与半导体材料的复合成为一个热点研究课题。石墨烯作为半导体纳米粒子的支撑材料，能够起到电子传递通道的作用，从而有效地提高半导体材料的电学、光学和光电转换等性能。

图 10-11　石墨烯的结构

如何进行石墨烯基光催化剂的分子设计，成为目前催化剂设计的热点。一旦研究成功，将改变传统催化剂体系的选择方式，以前主要是依靠经验和猜想，通过"尝试-错误-尝试"的炒菜式方法进行筛选。这种传统的搜索方法的实验工作量十分巨大，需投入大量的人力、财力和物力，并且开发周期长，效率低下。伴随着计算机技术的迅猛发展和计算方法的改进，采用量子化学方法，尤其是高水平的密度泛函理论，可以对催化反应中间产物及过渡态的物理和化学性质进行准确的预测，能够定性和定量地预见各种可能的反应结果。通过量子化学计算可以获得用实验方法难以得到的催化剂作用机制和反应历程等信息和数据，在此基础上进行催化剂的设计。

（1）根据文献和课题组前期的研究成果，初步确定负载金属和金属氧化物。

（2）建立气体分子吸附在石墨烯基金属/金属氧化物表面的理论吸附模型，通过吸附能的计算，进行催化体系的初步筛选。

（3）在初步筛选的基础上，对催化反应的过渡态和中间态进行第一性原理计算。筛选原则为具有合适的带隙、较低活化能和较短反应路径的催化体系，方法的流程图如图 10-12 所示，具体程序如下：

首先，通过理论计算确定光催化反应路径。由于在具有较短反应路径的催化反应中，其副反应较少，因而甲醇的产率较高。通过该步骤能够对金属/金属氧化物光催化剂进行初选。

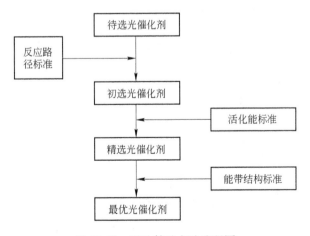

图 10-12　理论筛选方法流程图

其次，运用动力学模拟计算确定催化反应的速控步骤。

再次，对于经过初选后具有大致相同的较短反应路径的催化反应，研究催化反应的速控基元反应，通过计算反应活化能对光催化剂进行精细筛选。具有较低活化能的反应容易进行，而且所需的实验条件也相对温和。活化能的计算公式如式 10-10 所示：

$$E_a = E（过渡态）- E（中间体） \tag{10-10}$$

最后，研究每步速控反应过程中催化剂能带结构，尤其是带隙；吸收光谱在可见光波段的催化剂选为最优催化剂，并以此为科学依据，展开实验研究。

思 考 题

10-1 如何对主催化剂进行设计合成？

10-2 如何对助催化剂进行设计合成？

10-3 如何对载体进行设计，选择载体有什么原则与依据？

10-4 计算机辅助催化剂分子设计有什么物理化学判据？

10-5 如何利用单纯形优化法与神经网络模型相结合，实现对催化剂配方的优化设计。画出优化过程流程图。

10-6 以 TiO_2/graphene 复合材料为例说明石墨烯基光催化剂的设计流程。

11　催化剂性能的评价、测试

本章导读：

在估量一种催化剂的价值时，通常认为有四个重要的指标，它们是：（1）活性；（2）选择性；（3）寿命；（4）价格。

实验室中，检验催化剂的目的在于确定前三个指标中的一个或几个，其中活性是催化剂最重要的性质。理论上，实验室测定催化剂活性的条件应该与催化剂实际使用时的条件完全相同，因为催化剂最终要用在生产规模的反应器内。由于经济和方便的原因，活性评价往往是在实验室内小规模地进行。因此，评价催化剂的活性时必须弄清催化反应器的性能，以便正确判断所测数据的意义。

本章侧重介绍测定工业催化剂活性的实验室反应器和几种活性测试的实例，再讨论工业催化剂的宏观结构与催化剂反应活性和选择性的关系以及表面积、孔结构、机械强度等物理量的测定原理和方法，最后介绍对催化剂抗毒性能和寿命考察的方法。

11.1　催化剂活性测试的基本概念

11.1.1　活性测试的目标

催化剂活性的测试可以包括各种各样的试验。这些试验就其所采用的试验装置和解释所获信息的完善程度而言差别很大。因此，首先必须十分明确地区别所需要的是什么信息，以及它用于何种最终用途。最常见的目的如下：

（1）由催化剂制造商或用户进行的常规质量控制检验。

（2）快递筛选大量催化剂，以便为特定的反应确定一个催化剂评价的优劣。这种试验通常是在比较简单的装置和实验室条件下进行的。

（3）更详尽地比较几种催化剂。这可能涉及在最接近于工业应用的条件下进行测试，以确定各种催化剂的最佳操作区域。可以根据若干判据，对已知毒物的抗毒性能以及所测的反应气氛加以评价。

（4）测定特定反应的机理，这可能涉及标记分子和高级分析设备的使用。

（5）测定在特定催化剂上反应的动力学，包括失活或再生的动力学都是有价值的。

（6）模拟工业反应条件下催化剂的连续长期运转。通常这是在与工业体系结构相同的反应器中进行的，可能采用一个单独的模件，或者采用按实际尺寸缩小的反应器。

上述试验项目，有些可以构成新型催化剂开发的条件，有些构成为特定过程寻找最佳现存催化剂的条件。因此，事先仔细考虑试验的程序和实验室反应器的选择是很重要的。

选择用何种参量衡量催化剂的活性并非易事。总转化速率可以直观表达活性，也可直观用下述一些表达方式：

（1）在给定的反应温度下原料达到的转化率。

（2）原料达到给定转化程度所需的温度。

（3）在给定条件下的总反应速率。

（4）在特定温度下对于给定转化率所需的空速。

（5）由体系的试验研究所推导的动力学参数。

尽管所有这些表达参量都可以由实验室反应器获得，但没有哪一种完全令人满意。例如，上述第1种和第3种表达所给出的活性次序，就会与所选定的温度有关。同样，对于第2种表达来说，相对活性将会随选定的转化温度而改变。所以对于活性表达参量的选择，将依所需要信息的用途和可利用的工作时间而定。不论测试的目的如何，所选定的条件应该尽可能切合实际，尽可能与预期的工业操作条件接近。

11.1.2　实验室活性测试反应器的类型及应用

实验室活性测试一般利用的是实验室反应器，该设备为大型工业催化反应器的模拟和微型化设备，是催化剂评价和动力学测定装置的核心。一个适宜的实验室反应器应能使反应床层内颗粒间和催化剂颗粒内的温度和浓度梯度降到最低，这样才能认识在传质、传热不起控制作用的情况下催化剂的真实行为。根据反应器的特性，可将其分成不同的类别。

11.1.2.1　积分反应器

积分反应器是实验室常见的微型管式固定床反应器。在其中装填足量（$10 \sim 10^2$ mL 数量级）的催化剂，以达到较高的转化率。由于这类反应器进、出口物料在组成上有显著的不同，不可能用一个数字上的平均值代表整个反应器的物料组成。这类反应器催化剂床层首尾两端的反应速率变化较大，沿催化剂床层有较大的温度梯度和浓度梯度。反应器中，反应混合物组成沿催化剂床层的轴向非线性变化。利用这种反应器获取的反应速率数据，只能代表转化率对时空的积分结果，因此命名为积分反应器，如图 11-1 所示。

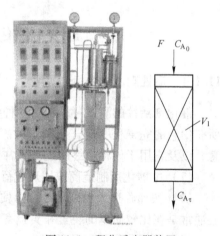

图 11-1　积分反应器装置

其优点是与工业反应器相接近，且常常是后者的按比例缩小；对于某些反应可以较方便地得到催化剂评价数据的直观结果；而且由于床层一般比较长，转化率高，在分析上可以不要求特别高的精度。

在动力学研究中，积分反应器又分为恒温和绝热两种。

恒温积分反应器一般情况是恒温条件。保证恒温的方法可以通过减少管径，使径向温度尽可能均匀，此外，也可以用各种恒温导热介质或者用惰性物质稀释催化剂。管径减小对相间传热和粒间传热影响颇大，是关键的调控措施，管径过小会加剧沟流所致的边壁效应，而使转化率偏低。而对强的放热反应，有时需用惰性、大比热容的固体粒子（如刚玉、石英砂）稀释催化剂，以免出现热点，并保持各部分恒温。热点效应在某些情况下导致催化剂性能的过渡发挥，不利于提升选择性并保证催化剂使用寿命。

积分反应器的优点：与工业反应器相接近，后者按比例缩小；对某些反应可以较方便地得到催化剂评价数据的直观结果；床层一般较长，转化率较高，在分析上可以不要求特别高的精度。热效应较大，难以维持反应床层各处的均一和恒定，特别是对于强的放热反应更是如此。所评价催化剂的热导率相差太大时，床层的温度梯度更难确切设定，反应速率数据的可靠性较差。

积分法不能直接测得反应速率。常用的数据处理方法有：

（1）根据对实验结果所作的初步分析，提出若干种可能的动力学模型，如幂函数模型和双曲线模型。然后假设各模型参数（如反应速率常数、反应级数等）的初始估计值，对动力学模型方程积分（或数值积分），求得反应结果的计算值。将计算值与实测值相比较，如果两者相差较大，则需重新假设模型参数的数值，直至求得与实测值拟合满意的动力学模型和模型参数。

（2）根据测得的组分浓度与反应时间的关系，利用作图法或数值微分求得反应速率与组分浓度的关系，然后按微分法求得动力学模型方程及参数。积分法的优点是实验简便，对组分分析无苛刻的要求；缺点是反应热效应较大时，难以在反应器内保持等温条件，数据处理比较繁复。

在动力学研究中，积分反应器分为恒温和绝热两种：（1）恒温反应器简单价廉，对分析精度要求不高，只要有可能，总是优先选择它。为克服其难以保持恒温的缺点，设计了很多方法，以保证动力学数据在整个床层温度均一下取得；减小管径，使径向温度尽可能均匀；用各种恒温导热介质；用惰性物质稀释催化剂。（2）绝热积分反应器为直径均一、催化剂装填均匀、绝热良好的圆管反应器。向其通入预热至一定温度的反应物料，并在轴向测出与反应热量和动力学规律相应的温度分布。但这种反应器数据采集、数学解析比较困难。

11.1.2.2 微分反应器

催化剂床层的温度接近均匀（可视作单一浓度和单一温度）的条件下，测定反应速率与浓度的关系。此法所用的反应器称为微分反应器。实验室微分反应器可以是连续管式反应器。与积分管式反应器相比，两者结构上并无原则的差别，只体现了方法论的意义上的区别。

微分反应器与积分反应器的结构形状相仿，只是催化剂床层更短、更细，催化剂装填量更少，转化率则更低。由于转化率很低，催化剂床层在反应器进出口浓度差别甚小，因此可以用其平均值来代表全床层的组成。

微分反应器内各处反应速率接近相等，即如式 11-1 所示：

$$-r_A = \frac{F}{V_R}(C_{A_\tau} - C_{A_0}) \tag{11-1}$$

式中，$-r_A$ 是浓度为 $(C_{A_\tau} - C_{A_0})/2$ 时的反应速率。为求得不同浓度下的反应速率，需配制不同浓度的进料。一般可采用两种方法：（1）在进入微分反应器前将反应物和产物（或惰性组分）按所需比例混合；（2）设置一预反应器，使部分物料经预转化，再与其余物料混合，然后进微分反应器。改变浓度，测定不同温度条件下反应速率 $-r_A$，即可得一系列（$-r_A$）与 C_A 关系的等温线（图 11-2）。

微分法可直接测定反应速率，数据处理比较简单。先根据选用的各种动力学模型，代入假设的模型参数初始估计值，得到反应速率的计算值，将计算值与实测值比较，如果两者相差较大，则须重新假设模型参数的数值，直至筛选出与实测值拟合满意的动力学模型和模型参数。微分法的主要缺点是反应器进出口浓度差小。为了保证实验结果的可靠性，组成分析必须达到极高的精确度，实际上对于直接的指标测量可能难以办到。

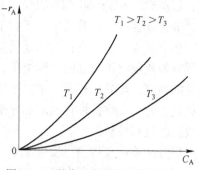

图 11-2　微分反应器的反应速率 $-r_A$
和反应物浓度 C_A 的等温线

微分反应的优点：转化率低，热效应小，易达到恒温要求，反应器中物料浓度沿催化床层变化很小，可视为近似于恒定，故在整个催化剂床层内反应温度可以视为近似恒定，并可以从实验直接测到与确定温度相对应的反应速率；反应器的构造也相当简单。但存在的问题主要是：所得数据常是初速，难以配出与该反应在高转化条件下生成物组成相同的物料作为微分反应器的进料速度；分析精度要求过高。

总之，积分反应器与微分反应器的优点是装置比较简单，尤其是积分反应器，可以得到较多的反应产物，便于进行分析，并可直接对比催化剂的活性，适合测定大批量工业催化剂试样的活性。然而，两者均不能完全避免在催化剂床层中存在的气流速度、温度和浓度的梯度，致使所测数据的可靠性下降。因此，在测取较准确的活性评价数据，尤其是研究催化反应动力学时，应采用较为先进的无梯度反应器。

11.1.2.3　无梯度反应器

前面已经提及，积分反应器和微分反应器已经得到较为广泛的应用，但以上两种反应器均不能完全避免在催化剂床层的中存在的气流流速，温度浓度的梯度，致使所测得的数据的可靠性下降。如若要得到较准确的活性评价数据，应采用无梯度反应器。

无梯度反应器，诞生于 20 世纪 60 年代，迄今已有 40 多年的历史。这期间，出现了许多这类反应器，形式繁多，名称不一。但从本质来看，都是为了达到反应器流动相内的等温和理想混合，以及消除相间的传质阻力。同时，在消除温度、浓度梯度的前提下，从循环流动系统或理想混合系统出发，导出的反应速率方程式都应一样。

无梯度反应器的优点：可以直接而又准确地求出反应速率数据，这对于催化剂评价或其动力学研究都很有价值。由于反应器内流动相接近理想混合，催化剂颗粒和反应器之间的直径比就不必像管式反应器那样严格限制，可测定工业反应条件下的表观活性研究宏观动力学，为工业催化剂的开发和工业反应器数字模拟放大提供了可靠的依据。这一点，是其他任何实验室反应器都望尘莫及的。它是一类比较理想的实验室反应器，是微型实验室反应器的发展方向。

无梯度反应器按气体的流动方式，一般可分为外循环式无梯度反应器、连续搅拌釜式反应器和内循环式无梯度反应器。

A　外循环式无梯度反应器

外循环式无梯度反应器亦称为塞状反应器或流动循环装置，特点是反应后的气体绝大部分通过反应器体外回路进行循环。推动气体循环的动力采用循环泵，或在循环回路上造成温差，靠气流的密度差推动循环，原理如图11-3所示，是将反应后的气体大量循环返回反应器的进口，与新鲜气混合后再通过催化剂层反应。如果循环气与新鲜气之比足够大（一般大于25），床层内是可以认为是无梯度的，气体的循环是通过循环泵进行的。

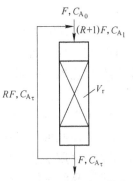

当循环比 R 足够大时，反应器的单程转化率很低。反应器进口浓度 C_{A_1} 和出口浓度 C_{A_τ} 十分接近，反应器内不存在浓度梯度和温度梯度，这就是这种反应器被称为无梯度反应器的由来。外循环无梯度反应器的循环比 β 是一个十分重要的参数。它与反应类型、动力学方程、反应器大小和操作条件等因素有关。

图 11-3　外循环式无梯度反应器原理图

物料循环使累计的转化率较高，进料浓度 C_{A_0} 和出口浓度 C_{A_τ} 有较大的差值，因此对组成分析没有苛刻的要求。由于循环反应器兼有积分反应器（对组成分析无苛刻的要求）和微分反应器（温度、浓度均匀）的优点，所以在动力学实验研究中得到了广泛应用。

外循环反应器与单程流通的管式微分反应器相比，由于多次等温反应的循环叠加，解决了在温度不变条件下获得较高转化率的问题。但外循环反应器还有一些不足之处，主要缺点是自由空间太大，当均相反应对所研究的反应过程有影响时则不适用。此外，改变操作条件时，反应达到稳定所需时间较长。同时，采用的循环泵制作方面存在一定麻烦，对泵的要求很高：不能沾污反应混合物，滞留量要小，循环量要大。再者，反应条件的改变需要较长的时间方能达到稳态，这期间可能有利于副反应的进行。

B　连续搅拌釜式反应器

连续搅拌釜式反应器的特点是通过搅拌作用，使气流在反应器内达到理想混合。其特点和适用性如下：

（1）温度易于控制，特别对高活化能的反应或强放热反应。由于连续搅拌釜式反应器的返混特征，便于控制在较低的反应速率下进行，从而消除过热点，达到等温操作。

（2）对主反应级数比副反应级数低的平行反应系统，有利于提高反应选择性。

（3）适用于低反应速率、长停留时间的反应系统或某一反应组分在高浓度时易引起的爆炸的场合。

（4）对某些自由基聚合反应，聚合物生长期比它在反应器内停留时间短，链的终止速率受自由基浓度控制，而它又与单体浓度成正比，此时采用连续搅拌釜使反应器能均匀地保持低的单体浓度，使其具有相对恒定的链终止速率，从而获得较窄的相对分子质量分布。

这里需要指出的是，搅拌与混合是两个不同的概念。搅拌是指使釜内物料形成某种特定形式的运动，如在釜内作循环流动。搅拌的着眼点在于釜内物料的运动方式和激烈程度，以及这种运动状态对给定过程的适应性。某种单一相的物料只能被搅拌而不是被混合。而混合是使物性不同的两种或两种以上物料产生均匀的分布。混合的着眼点在于被混合物料所达到的均匀程度。两种温度不同的流体在釜内搅拌过程中就伴有不同物料的混合。搅拌作用的强弱和效率常常用混合均匀程度及达到指定均匀程度所需时间来衡量。

C　内循环式无梯度反应器

20 世纪 60 年代初，J. J. Carberry 提出了转篮式催化反应器，为内循环式无梯度反应器的雏型。此后陆续出现了各种改进的形式。内循环式无梯度反应器的基本原理是通过搅拌器使反应器内的流体高速循环，混合均匀，从而达到无梯度的目的。此类反应器催化剂的装填有两类基本形式：一类是催化剂转动的，即催化剂筐与旋转轴联结在一起转动，筐的形状可以是方形、圆柱形或圆环形；另一类是催化剂不动。由于器内自由空间可以设计到最小，因此可以将其用于均相反应有影响的多相催化反应过程。此外，内循环式无梯度反应器还可用于进行大颗粒以致工业上原粒度催化剂的研究，而其他形式的反应器则会带来一些不易解决的困难。

内循环式无梯度反应器的缺点主要是转轴的径向密封困难，特别是在高温高压下操作问题更多。最近有人提出了振动反应器，实质上是内循环式无梯度反应器的变种，只是不采用旋转式搅拌器，而是利用高频率电磁活塞做往复运动，不断改变流体运动方向来达到完全混合的目的。这种反应器如在高温下操作，则对材质以及机械加工的要求相当高。

11. 1. 2. 4　其他实验室反应器

除了上述提及的几类反应器外，还有一些微型反应器，运用相对较少，或者尚有待发展。表 11-1 列举了几种主要实验室反应器性能的比较。

（1）沸腾床反应器。对许多工业多相催化过程，采用沸腾床生产特别有利。沸腾床容易取出反应热，可以使用较小颗粒催化剂，研究它具有重要的意义。

（2）色谱-微反应器。把微型催化器与色谱仪两用，组成一个统一体，用于催化剂活性评价，这种方法称为"微型色谱法"。色谱法的优点在于灵敏度高，微反应器中催化剂的装量从几十毫克到几克。

按照微型反应器与色谱仪在流程中连接方式不同，可分为两类试验方法，即脉冲微量催化色谱法和稳定流动微量色谱法。前者在实验时，每隔一定时间向反应器加入反应物，催化剂层中化学反应是周期性地以脉冲形式进行；稳定流动微量色谱法与一般的流动法相似，其差别仅在于实验装置与色谱仪联结，周期取样分析。

表 11-1　几种主要实验室反应器性能的比较

反应器	温度均一、明确程度	接触时间均一、明确程度	取样、分析难易	数字解析难易	制作与成本
内循环反应器	优良	优良	优良	优良	难、贵
外循环反应器	优良	优良	优良	优良	中等
转篮反应器	优良	良好	优良	良好	难、贵
微分管式反应器	良好	良好	不佳	良好	易、廉
绝热反应器	良好	中等	优良	不佳	中等
积分反应器	不佳	中等	优良	不佳	易、廉

11. 1. 3　催化剂活性测定评价方法

11. 1. 3. 1　流程和方法

催化剂性能是以反应器为中心组织实验流程的。一般来说，反应器前部有原料的分析计量、预热和增压装置，构成评价所需的外部条件；反应器后部有分离、计量和分析手段，以测取计算活性、选择性所必需的反应混合气的流量和浓度数据。工业催化剂评价使用最普遍的是管式反应器。

原料加入的方式根据原料性状和实验目的而有所不同，当原料为常用的气体，如 H_2、O_2、N_2 和空气时，可以直接用钢瓶。对于不太常用的气体，需要增加气体发生器或用工业原料气作为气源。在氧化反应中常用空气，可用压缩机将空气压入系统。若反应中有在常温下为液体的原料，可用鼓泡、蒸发或微量泵进料装置进料。

催化剂评价试验与动力学试验的目的虽然不同，但两者的试验设备、装置和流程基本相同，仅操作条件略有差异。催化剂评价，一般是在完全相同的操作条件（温度、压力、空速、原料配比等）下，比较不同催化剂的差异，或是比较催化剂性能与其质量标准间的差异。动力学实验中，是对确定的催化剂在不同的操作条件下，测定操作条件变化对同一催化剂性能影响的定量关系。总之，评价试验是改变催化剂而不改变条件，动力学研究是改变条件而不改变催化剂。

由于反应物料在反应器中的运动状态比较复杂且依赖于反应器及催化剂的几何特征，人们从经验中得出一些流动法测催化剂活性的原则和方法，以便将宏观因素对活性测定和动力学研究的影响减到最小。

11.1.3.2 影响因素的消除

在试验中，应消除以下影响因素：

（1）消除气流、管壁效应和床层过热。反应管直径 d_r 和催化剂颗粒直径 d_g 之比应为 $6 < d_r/d_g < 12$。当 $d_t/d_g > 12$ 时，可基本消除管壁效应。当管直径与粒径之比 d_t/d_g 过小时，反应物分子与管壁频频相撞，严重影响了扩散速度；另外，对热效应不很小的反应，若 d_t/d_g 过大，将给床层的散热带来困难。

催化剂床层横截面积与其径向之间的温度差由公式 11-2 决定：

$$\Delta t = \xi Q d_r^2/(16\lambda^*) \tag{11-2}$$

式中，ξ 为催化剂的反应速率，$mol/(cm^3 \cdot h)$；Q 为反应的热效应，kJ/mol；d_r 为反应管直径，cm；λ^* 为催化剂床层的有效传热系数，$kJ/(mol \cdot h \cdot \,^{\circ}\!C)$。

由式 11-2 可见，该温度差与反应速率、热效应和反应器直径的平方成正比，而与有效热导率成反比，由于有效传热系数 λ^* 随催化剂的颗粒减小而下降，所以温度差随催化剂颗粒的减小而增大。当为了消除内扩散对反应的影响而降低催化剂粒径则又增强了温差升高的因素；另外，温差随反应器的管径增加而迅速升高。故要权衡利弊，以确定最合适的催化剂粒径和反应管直径。

（2）外扩散限制的消除。为避免外扩散的影响，应当使气流处于湍流条件，因为层流容易产生外扩散对过程速率的障碍。

（3）内表面利用率与内扩散限制的消除。内扩散阻力和催化剂宏观结构（颗粒度、孔径分布、比表面等）密切相关。由于反应体系和微孔结构的不同，粒内各点浓度和温度的不均匀程度也不同，反应速率是催化剂内各点浓度和温度的函数，如果没有内扩散阻力，则催化剂内外各点浓度、温度均相等，反应速率为消除内扩散影响的 γ_s（本征活性），因存在内扩散阻力，则测得反应速率 γ_p 一般低于 γ_s，利用催化剂效率因子或内表面利用率（η）就可求得有内扩散效应时的 γ_p（表观活性）。

关于反应管直径、催化剂粒径和床层高度经验比，一般要求反应管横截面能并排安放 6～12 颗催化剂微粒，床层高度超过反应器直径的 2.5～3 倍。

在实验方面，为了消除内扩散，采取一组对照实验即：改变颗粒大小，反应速率。对于一个选定反应器，改变待评价催化剂颗粒大小，测定其反应速率，如果不存在内扩散，其反应速率不变。

为了消除外扩散采用两组对照实验。在两个相同反应器中催化剂装填量不同，其他条件相同，用不同的气流速度进行反应，测定随气流速度变化的转化率。

以 V 表示催化剂的装填量，以 F 表示气流速度，实验 II 中催化剂的装填量是实验 I 中的两倍，可能出现以下三种情况，如图 11-4 所示。只有出现这两个实验的转化率完全相同时才消除外扩散。

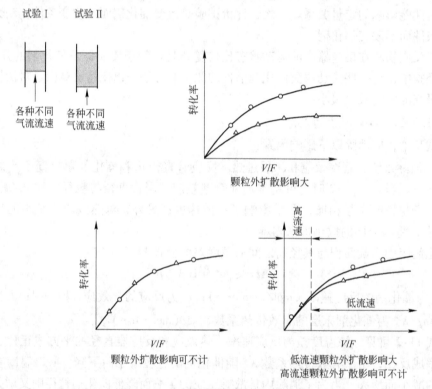

图 11-4　有无外扩散影响的试验方法

此外，必要时应进行空白试验。采用不装催化剂，用空反应器（惰性填料）进行仿真评价试验，排除反应器材质对试验的干扰。

11.2　催化剂宏观物性的测定

工业催化剂或载体是具有发达孔隙和一定内、外表面的颗粒集合体。若干晶粒聚集为大小不一的微米级颗粒。实际成型催化剂的颗粒或二次粒子间，堆积形成的孔隙与晶粒内和晶粒间微孔，构成该粒团的孔隙结构，如图 11-5 所示。若干颗粒又可堆积成球、条、微球粉体等不同几何外形的颗粒集合体，即粒团。晶粒和颗粒间连接方式、接触点键合力以及接触配位数等则决定了粒团的抗破碎性和磨损性能。

工业催化剂的性质包括化学性质和物理性质。在催化剂化学组成与结构确定的情况下，催化剂的性能与寿命取决于构成催化剂的颗粒-孔隙的"宏观物理性质"，因此对其进行测定与表征，对开发催化剂的意义是不言而喻的。

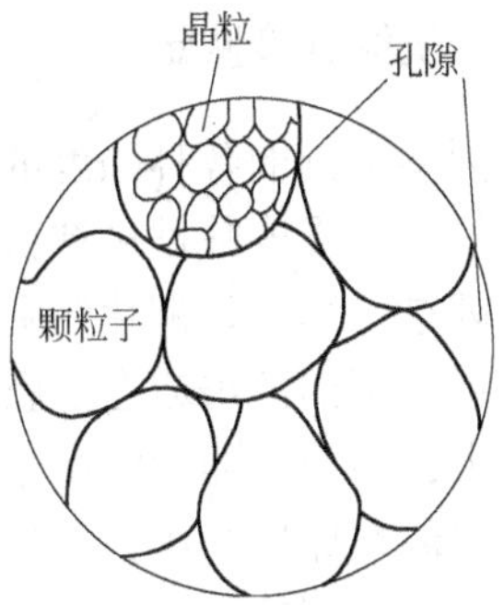

图 11-5　催化剂颗粒结合体示意图

11.2.1　颗粒直径及粒径分布

狭义的催化剂颗粒直径系指成型粒团的尺寸。单颗粒的催化剂粒度用粒径表示，又称为颗粒直径。负载型催化剂所负载的金属或化合物粒子是晶粒或二次粒子。它们的尺寸符合颗粒度的正常定义。均匀球形颗粒的粒径就是球直径，非球型不规则颗粒粒径用各种测量技术测得的"等效球直径"表示。

催化剂颗粒尺寸所涉及的范围通常是 $10^{-9} \sim 10^{-5}$ m，像分子筛、碳粒这些较大（$>10^{-6}$m）颗粒，金属团聚体或金属、氧化物簇这些较小（<2nm）的颗粒、单晶晶粒及由一个或多个晶粒构成的颗粒。

催化剂的微球状催化剂及其组成的二次粒子，都是不同粒径的分散颗粒体系，测量单颗粒径没有意义，而用统计的方法得到的粒径和粒径分布是表征这类颗粒体系的必要数据。表示粒径分布最简单的方法是直方图，即测量颗粒体系最小至最大粒径范围，划分为若干逐渐增大的粒径分级，由它们与对应尺寸颗粒出现的频率作图而得（图 11-6），频率的内容可表示为颗粒数目、质量、面积和体积等。当测量的颗粒数足够多时，应用统计的数学方程表达粒径分布。

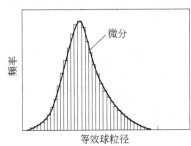

图 11-6　粒径分布直方图与微分图

当测量颗粒数足够多时，可以用统计的数学方程表达粒径分布，一般化学反应、沉淀、凝聚等过程形成的颗粒和气溶胶都能较好地符合 Ganssian 分布，如式 11-3 和式 11-4 所示：

$$y = \frac{1}{\sigma_M (2\pi)^{\frac{1}{2}}} \exp\left[\frac{-(d-\bar{d})^2}{2\sigma_n^2}\right] \quad (11\text{-}3)$$

$$\sigma_n = \frac{\sum (d-\bar{d})^2 n_i}{N} \quad (11\text{-}4)$$

式中，d 为给定颗粒的粒径；$\bar{d}$ 为样品所有粒径算术平均值；N 为代表样品的颗粒总数；n_i 为代表第 i 粒级的颗粒数。

测量粒径 1μm 以上的粒度分析技术：筛分，光学显微镜法，重力沉降法，扬析法，沉降光透法，光衍射法等。而测量粒径 1μm 以下的颗粒，受测量下限的限制，往往造成误差偏大，故上述各种方法或技术均不适用，取代的是电子显微镜，离心沉降，光散射，颗粒色谱的场流动分级等方法。

11.2.2　机械强度测定

不同催化剂的各种强度的测定，在目前尚无统一的标准。从工业实践经验看，用催化剂成品的机械强度数据来评价强度是远远不够的，工业催化剂必须要有相当的机械强度，主要原因是：第一，催化剂要能经受住搬运时的磨损；第二，要能经受住向反应器里装填时自由落下的冲击或在沸腾床中催化剂颗粒间的相互撞击；第三，催化剂必须具有足够的内聚力，不至于使用时由于反应介质的作用，发生化学变化而破碎；第四，催化剂还必须承受气流在床层的压力、催化剂床层的质量，以及因床层和反应管的热胀冷缩所引起的相对位移的作用等。

对被测催化剂均匀施加压力直至颗粒粒片被压碎为止前所能承受的最大压力或负荷，称为抗压（碎）强度或压碎强度。大粒径催化剂或载体，如拉西环，直径大于1cm的锭片，可以使用单粒测试方法，以平均值表示。小粒径催化剂，最好使用堆积强度仪，测定堆积一定体积的催化剂样品在顶部受压下碎裂的程度。因为对于细颗粒催化剂，若干单粒催化剂的平均抗压碎强度并不重要，因为有时可能百分之几的破碎就会造成催化剂床层压力降猛降而被迫停车。

压碎强度是以每平方厘米所承受的千克力（kgf/cm²）表示，如式11-5所示：

$$\sigma_D = \frac{P}{S} \tag{11-5}$$

式中，P为压碎载荷，kgf（1kgf=9.8N）；S为原试样承受载荷的面积，cm²。有些试样由于放置方向不同，所得压碎强度也不同，这是试样的各向异性造成的。

（1）单颗粒压碎强度：适用于大粒径催化剂或载体。由两工具钢平台及指示施压读数的压力表组成。施压方式可以是机械、液压或气动。一般以正向和侧向压碎强度表示。

（2）堆积压碎强度：以某压力下一定量催化剂的破碎率表示。产生0.5%（质量分数）细粉所需施加的压力（MPa）定义为堆积压碎强度。

适用于小粒径催化剂。测定堆积一定体积的催化剂样品在顶部受压下碎裂的程度。通过活塞向堆积催化剂施压，也可以恒压载荷。

（3）磨损强度：当固体之间发生摩擦、撞击时，相互接触的表面在一定程度上发生剥蚀。相关的方法也已发展多种。如固定床用颗粒催化剂采用旋转磨损筒试验；流动床用粉体催化剂采用空气喷射法。催化剂在磨损时，由微粒从摩擦表面不断脱落和分离。常用磨损强度$M(t)$表示催化剂的抗破损能力。磨损强度以磨损前后质量比来表示，如式11-6所示：

$$M(t) = \frac{M_t}{M_0} \tag{11-6}$$

式中，M_t为t时间内经磨损后剩余试样的质量；M_0为原来样品的质量。显然M_t越大，试样的抗磨损能力就越大。

测试压碎强度的方法，有以单颗粒为试样的，也有以一定量的颗粒为试样的，如图11-7所示。

11.2.3　催化剂的热性质

主要讨论催化剂性质的两个内容——热导率和抗热冲击性能。

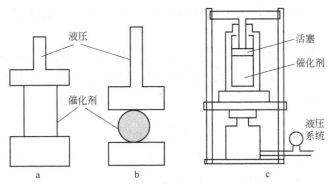

图 11-7　催化剂批量压碎实验图解

a—轴向；b—径向；c—催化剂批量压碎试验

催化剂的热传导控制着热量从催化剂传出或向催化剂传入，关于热传导性能的知识对于分析催化剂床偏离等温状态的程度是重要的，通常希望催化剂床在等温状态下（包括恒定的床温度分布）运行。它对催化反应器的设计和操作都很重要。

催化剂的抗热冲击性能直接关系到它在使用时的机械稳定性，尤其当温度循环变化或者其他形式的非稳定温度操作时。

11.2.3.1　热导率

测定催化剂热导率的方法取决于样品的形状。如果是均匀的片，可用稳态法，从温差直接测得通过已知大小的片的传热速率。将一堆待测的样品片与一堆已知热传导率的片内的温度分布进行比较也可以测量热导率。

实用的催化剂大多不是均匀的片形，这时可将催化剂颗粒以单层形式埋入已知热导率的快硬树脂平板中。设平行的热传导通路具有加和性，则从所测得的复合平板的热导率可以算出催化剂的热导率。

11.2.3.2　抗热冲击性能

在催化剂制备、使用、再生过程中，温度的剧烈变化使它受到热冲击。由热冲击造成催化剂破坏有两种典型情况：一种是一次性的灾难性破坏；另一种是由于热反复作用，使催化剂颗粒经由小规模逐渐剥落而最终解体。

11.2.4　催化剂比表面积和孔结构的测定

11.2.4.1　比表面积的测定

单位质量催化剂多孔物质内外表面积的总合，单位为 m^2/g，简称比表面。催化剂表面是提供反应中心的场所。一般而言，催化剂表面积越大，其活性越高。催化剂具有高比表面积，主要是孔的表面积，而不是靠减少粒度获得。有的催化剂活性与催化剂比表面积呈正比，有的催化剂活性与催化剂比表面积不呈简单的正比关系，如式 11-7 所示：

$$S_g = S/m \quad 或 \quad S_v = S/V \tag{11-7}$$

式中，m 为催化剂的质量；V 为催化剂的体积；S 为催化剂的表面积。

下面介绍一些 BET 法测比表面积的方法。

A 测定原理和计算方法

催化剂表面积一般是根据 Brunauer-Emmett-Teller 提出的多层吸附理论及 BET 方程进行测定和计算。

按照前面所提及的,根据实验测得一系列对应的 p 和 V 值,然后将 $p/[V(p_0-p)]$ 对 p/p_0 作图,可以得到一条直线。直线在纵轴上的截距是 $1/V_mC$,斜率为 $(C-1)/V_mC$,这样就可以得到 V_m,即得式 11-8:

$$V = \frac{1}{斜率 + 截距} \tag{11-8}$$

比表面积定义为每克催化剂或吸附剂的总面积,用 S_g 表示。如果知道每个吸附分子的横截面积,则可用下式求出催化剂的比表面积:

$$S_g = \frac{V_m}{V'}N_AA_m \tag{11-9}$$

式中,V' 为吸附质的摩尔体积,$V'=22.4\times10^3\,cm^3$;N_A 为阿伏伽德罗常数;A_m 为一个吸附分子的横截面积。表 11-2 列出了常用分子的饱和蒸气压和分子截面积。

表 11-2 一些物质的饱和蒸气压和分子截面积

吸 附 质	温度/K	饱和蒸气压 p_1/Pa	分子截面积 A_m/nm^2
N$_2$	77.4	1.0133×10^5	0.162
Kr	77.4	3.4557×10^2	0.202
Ar	77.4	3.3333×10^4	0.138
C$_2$H$_6$	293.2	9.879×10^3	0.40
CO$_2$	195.2	1.0133×10^5	0.195
CH$_3$OH	293.2	1.2798×10^4	0.25

当缺乏 A_m 的数据时,可按下式计算:

$$A_m = 1.091 \times \left(\frac{M}{\rho_L N_A}\right)^{\frac{2}{3}} \times 10^6 \tag{11-10}$$

式中,M 为吸附质相对分子质量;ρ_L 为液态吸附质密度,g/cm。按式 11-10 算得氮的分子截面积 $A_m=16.2\times10^{-20}\,m^2$,但对其他吸附质分子算得的 A_m 值偏低。也可以根据 Emmett 等的建议,从液化或固化的吸附质密度计算,如式 11-11 计算:

$$A_m = 4 \times 0.866 \times \left(\frac{M}{4\sqrt{2}\rho_S N_A}\right)^{\frac{2}{3}} \tag{11-11}$$

式中,ρ_S 为固态吸附质密度(将吸附当做液化,式中 ρ_S 改用 ρ_L)。

B 测定表面积的实验方法

比表面积测试方法有两种分类标准。一是根据测定样品吸附气体量的不同,可分为:连续流动法、容量法及重量法,重量法现在基本上很少采用;再者是根据计算比表面积理论方法不同可分为:直接对比法比表面积分析测定、Langmuir 法比表面积分析测定和 BET 法比表面积分析测定等。同时这两种分类标准又有着一定的联系,直接对比法只能采用连续流动法来测定吸附气体量的多少,而 BET 法既可以采用连续流动法,也可以采用容量法来测定吸附气体量。

a 连续流动法

连续流动法是相对于静态法而言，整个测试过程是在常压下进行，吸附剂是在处于连续流动的状态下被吸附的。连续流动法是在气相色谱原理的基础上发展而来，借由热导检测器来测定样品吸附气体量的多少。连续动态氮吸附是以氮气为吸附气，以氦气或氢气为载气，两种气体按一定比例混合，使氮气达到指定的相对压力，流经样品颗粒表面。当样品管置于液氮环境下时，粉体材料对混合气中的氮气发生物理吸附，而载气不会被吸附，造成混合气体成分比例变化，从而导致热导系数变化，这时就能从热导检测器中检测到信号电压，即出现吸附峰。吸附饱和后让样品重新回到室温，被吸附的氮气就会脱附出来，形成与吸附峰相反的脱附峰。吸附峰或脱附峰的面积大小正比于样品表面吸附的氮气量的多少，可通过定量气体来标定峰面积所代表的氮气量。通过测定一系列氮气分压 p/p_0 下样品吸附氮气量，可绘制出氮等温吸附或脱附曲线，进而求出比表面积。通常利用脱附峰来计算比表面积。其特点：连续流动法测试过程操作简单，消除系统误差能力强，可同时采用直接对比法和 BET 方法进行比表面积理论计算。

b 容量法

容量法中，测定样品吸附气体量多少是利用气态方程来计算的。在预抽真空的密闭系统中导入一定量的吸附气体，通过测定出样品吸脱附导致的密闭系统中气体压力的变化，利用气态方程 $pV/T=nR$ 换算出被吸附气体物质的质变化。

c 直接对比法

直接对比法比表面积分析测试是利用连续流动法来测定吸附气体量，测定过程中需要选用标准样品（经严格标定比表面积的稳定物质）。并联到与被测样品完全相同的测试气路中，通过与被测样品同时进行吸附，分别进行脱附，测定出各自的脱附峰。在相同的吸附和脱附条件下，被测样品和标准样品的比表面积正比于其峰面积大小。计算公式如式11-12所示：

$$S_x = (A_x/A_0) \times (W_0/W_x) \times S_0 \tag{11-12}$$

式中，S_x 为被测样品比表面积；S_0 为标准样品比表面积；A_x 为被测样品脱附峰面积；A_0 为标准样品脱附峰面积；W_x 为被测样品质量；W_0 为标准样品质量。

优点：无须实际标定吸附氮气量体积和进行复杂的理论计算即可求得比表面积；测试操作简单，测试速度快，效率高。

缺点：当标样和被测样品的表面吸附特性相差很大时，如吸附层数不同，测试结果误差会较大。

直接对比法仅适用于与标准样品吸附特性相接近的样品测量，由于 BET 法具有更可靠的理论依据，目前国内外更普遍认可 BET 法比表面积测定。通常比表面积较小时则用气体吸附法（低温氮吸附容量法）。

气体吸附法测定比表面积原理是依据气体在固体表面的吸附特性，在一定的压力下，被测样品颗粒（吸附剂）表面在超低温下对气体分子（吸附质）具有可逆物理吸附作用，并对应一定压力存在确定的平衡吸附量。通过测定出该平衡吸附量，利用理论模型来等效求出被测样品的比表面积。由于实际颗粒外表面的不规则性，严格来讲，该方法测定的是吸附质分子所能到达的颗粒外表面和内部通孔总表面积之和。

氮气因其易获得性和良好的可逆吸附特性，成为最常用的吸附质。通过这种方法测定的比表面积称之为"等效"比表面积，所谓"等效"的概念是指：样品的比表面积是通过其表面密排包覆（吸附）的氮气分子数量和分子最大横截面积来表征。实际测定出氮气分子在样品表面平衡饱和吸附量（V），通过不同理论模型计算出单层饱和吸附量（V_m），进而得出分子个数，采用表面密排六方模型计算出氮气分子等效最大横截面积（A_m），即可求出被测样品的比表面积。计算公式如式 11-13 所示：

$$S_g = \frac{V_m N_A A_m}{22400 W} \times 10^{-18} \tag{11-13}$$

式中，S_g 为被测样品比表面积，m^2/g；V_m 为标准状态下氮气分子单层饱和吸附量，mL；A_m 为氮分子等效最大横截面积（密排六方理论值 $A_m = 0.162 nm^2$）；W 为被测样品质量，g；N_A 为阿伏伽德罗常数，$N_A = 6.02 \times 10^{23}$。

由式 11-13 可看出，准确测定样品表面单层饱和吸附量 V_m 是比表面积测定的关键。

C 测定气体吸附量的方法

a 容量法

该方法测定比表面积是测量已知量的气体在吸附前后体积之差，由此即可算出被吸附的气体量。在进行吸附操作前要对催化剂样品进行脱气处理，然后进行吸附操作。

b 重量法

原理是用特别设计的方法称取被催化剂样品吸附的气体重量。

c 气相色谱法

容量法、重量法都需要高真空装置，而且在测量样品的吸附量之前，要进行长时间的脱气处理。测比表面积时，固定相就是被测固体本身（即吸附剂就是被测催化剂），载气可选用氮气、氢气等，吸附质用可选用易挥发并与被测固体间无化学反应的物质，如苯、四氯化碳、甲醇等。

吸附质的选择：吸附质、吸附剂之间彼此只有分子作用力。吸附质分子必须小到足够进入所有孔中，如 N_2、Ar、Kr 等。吸附剂的预处理：在 1.3×10^{-2} Pa 真空度下脱气至少 1h。

例如测催化剂负载的金属表面积（Pt/Al_2O_3）在进行化学吸附之前，催化剂样品要经过升温脱气处理。处理的目的是获得清洁的铂表面。脱气处理在加热和抽真空的条件下进行，温度和真空度越高，脱气越完全。但温度不能过高，以免铂晶粒被烧结，有两种测试方法：

（1）氢的化学吸附。实验证明，在适当条件下，氢在催化剂 Pt/Al_2O_3 上化学吸附达到饱和时，表面上每个铂原子吸附 1 个氢原子，即 H/Pt 之比等于 1。

（2）氢氧滴定法。氢氧滴定法是将 Pt/Al_2O_3 催化剂在室温下先吸附氧，然后再吸附氢。氢和吸附的氧化合生成水，生成的水被吸收。

当反应分子由颗粒外部向内表面扩散或当反应产物由内表面向颗粒外表面扩散受到阻碍时，催化剂的活性和选择性就与孔结构有关。不仅反应物向孔内的扩散能影响反应速率，而且反应产物的逆扩散同样能影响反应速率，即孔径也影响这类反应的表观活性。孔结构对催化剂的选择性、寿命等也有很大影响。

11.2.4.2　比孔体积、孔隙率的测定

催化剂的孔结构特征包括：孔容积、孔隙率、平均孔径和孔径分布等。孔结构产生的根源：稳定晶体中的孔，挤压粉末成型形成的孔，胶体中的孔，热过程和化学过程产生的孔，图 11-8 为各种类型的孔结构。

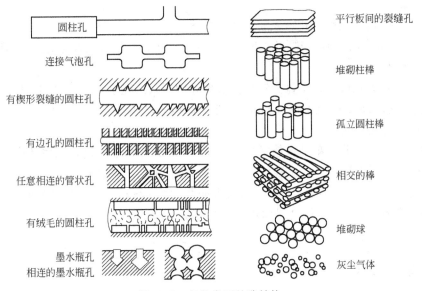

图 11-8　各种类型的孔结构

A　比孔体积

每克催化剂颗粒内所有孔的体积总合成为比孔体积（比孔容、孔体积、孔容）测定的计算公式，如式 11-14 所示：

$$V_{比孔容} = 1/\rho_{颗} - 1/\rho_{真} \tag{11-14}$$

式中，$1/\rho_{颗}$ 表示每克催化剂的骨架和颗粒内孔所占的体积；$1/\rho_{真}$ 表示每克催化剂中骨架的体积。

孔容积的测定方法常用四氯化碳方法进行测定，该法为：在一定的四氯化碳蒸气压力下，使四氯化碳在催化剂的孔中凝聚，并把孔充满。凝聚了的四氯化碳的体积就是催化剂内孔的体积。产生凝聚现象所要求的孔半径 r 和相对压力 p/p_0 的关系，可以从开尔文方程计算所得，如式 11-15 和式 11-16 所示：

$$r = -\frac{2\sigma \overline{V}\cos\varphi}{RT\ln\dfrac{p}{p_0}} \tag{11-15}$$

式中，σ 为表面张力；$\overline{V}$ 为摩尔体积；φ 为接触角；$\dfrac{p}{p_0}$ 为相对压力。

$$V_{g} = \frac{W_2 - W_1}{W_1 d} \tag{11-16}$$

式中，V_{g} 为催化剂的孔容积，mL/g；W_2 为催化剂的孔充满四氯化碳以后的总质量；W_1 为催化剂样品质量；d 为实验温度下四氯化碳的密度。

B   孔隙率

催化剂孔隙率为每克催化剂内孔体积与催化剂颗粒（不包括颗粒之间的空隙体积）之比，以 θ 表示，如式 11-17 所示：

$$\theta = (1/\rho_{颗} - 1/\rho_{真}) / (1/\rho_{颗}) \tag{11-17}$$

C   孔隙分布

孔隙分布是指催化剂的孔容积随孔径的变化。

粗孔：$d>100\text{nm}$，颗粒与颗粒之间；细孔：$d<10\text{nm}$，晶粒与晶粒之间形成的孔；过渡孔：$10\text{nm}<d<100\text{nm}$。

测定方法：大孔可用光学显微镜直接观察和用压汞法测定。小孔可用气体吸附法。其中压汞法、气体吸附法不能测定较大的孔隙，而压汞法可测 7.5~7500nm 的孔分布，因而弥补了吸附法的不足。

汞对多数固体是非润湿的，接触角大于 90°，需加外力才能进入固体孔中，汞进入半径为 r 的孔需加压力为 P，以 σ 表示汞的表面张力，汞与固体的接触角为 φ，则孔截面上受到的力为 $\pi r^2 p$，而由表面张力产生的反方向张力为 $-2\pi r\sigma\cos\varphi$。当平衡时，两力相等，则：$\pi r^2 p = -2\pi r\sigma\cos\varphi$，可得公式如式 11-18 所示：

$$r = -\frac{2\sigma\cos\varphi}{p} \tag{11-18}$$

其代表的物理意义为：压力大小为 p 时，汞能进入孔内的最小半径。

11.3   催化剂抗毒性能的评价

催化剂的抗毒性能是指催化剂抵抗反应体系中有毒、有害物质的能力。简单地说，催化剂的中毒是指反应体系中存在一些有害、有毒的物质使催化剂的活性、选择性和稳定性降低或完全失去的现象。催化剂的毒物主要有含硫化物（如 H_2S、SO_2、CS_2、硫醇、硫醚等）、含氧化物（如 O_2、CO、CO_2、H_2O 等）以及含卤素化合物、含磷化合物、含砷化合物、重金属、有机金属化合物等。这些毒物对特定的催化剂及其催化反应体系可造成永久性中毒（不可逆中毒）和暂时性中毒（可逆中毒）。不同的催化剂对这些毒物有着不同的抗毒性能。同一催化剂对同一毒物在不同的反应条件下也可能具有不同的抗毒能力。以硫化物为例，当反应体系温度低于 100℃时，硫的价电子层中的自由电子可与过渡金属的 d 电子形成配位键，使过渡金属催化剂中毒，如 H_2S 对铂金属的毒化作用；温度为 200~300℃时，不论何种结构的硫化物都能与过渡金属发生作用；但在高于 800℃时，这类中毒作用则变为可逆的，因为此时硫与活性物质原子间形成的化学键不再是稳定的了。

对催化剂抗毒性的评价应尽可能在接近工业条件下进行，通常采用如下方法：

（1）针对具体的催化剂，在分析了可能的催化剂毒物后，可以在反应原料中加入一定量的可能的毒物，使催化剂中毒。然后再用洁净的原料进行催化剂性能测试，检测催化剂活性和选择性能否恢复。

（2）在反应原料中逐渐加入有关毒物至催化剂活性和选择性维持在某一水准上，视加入毒物的最高量，加入量高者其抗毒性能较强。

（3）将中毒后的催化剂再生，视催化剂活性和选择性恢复的程度，恢复程度好的其抗毒性能较好。

11.4 工业催化剂的失活

前面已经介绍了工业催化剂寿命的概念，并描述了催化剂活性随运行时间变化而经历的成熟期、稳定期和衰老期三个过程。工业催化剂的寿命是催化剂性能的最重要的指标之一。理论上，希望工业催化剂的寿命越长越好，但在实际使用过程中由于各种原因而使得工业催化剂有一定的使用寿命。对于工业生产，保持催化剂活性和选择性的长期稳定至关重要。否则催化剂必须经常再生或进行频繁的更换操作。催化剂寿命的长短，常常是决定是否能实现工业化的关键因素。

所有的催化剂的活性都是随着使用时间的延长而不断下降的。在使用过程中缓慢地失活是正常的、允许的。失活的原因是各种各样的，主要是沾污、烧结、积碳和中毒等。

11.4.1 影响催化剂寿命的因素

影响催化剂寿命的因素很多，也很复杂。一般而言，有以下几种情况的影响：

（1）催化剂热稳定性的影响。催化剂在一定温度下，特别是在高温下发生熔融和烧结，固相间的化学反应、相变、相分离等导致催化活性下降甚至失活。

（2）催化剂化学稳定性的影响。在实际的反应条件下，催化剂的活性组分可能发生流失，或活性组分的结构发生变化从而导致催化剂活性下降和失活。如石油炼制过程中的铂重整工序，在反应进行了一段时间后，催化剂中的卤素组分发生流失现象而致使其酸催化功能下降，从而导致催化剂整体活性的下降。

（3）催化剂中毒或被污染的影响。催化剂在实际使用过程中，发生结焦污染现象或被含硫、氮、氧、卤素和磷等非金属组分以及含砷化合物、重金属元素等毒化而出现暂时性或永久性失活。

（4）催化剂力学性能的影响。催化剂在实际使用过程中，由于机械强度和抗磨损强度不够，导致催化剂发生破碎、磨损，造成催化剂床层压力降增大、传质差等，影响了最终的使用效果。典型的工业催化剂失活情况如表 11-3 所示。

表 11-3　典型的工业催化剂失活

反　应	操作条件	催化剂	典型寿命/a	影响催化剂寿命的因素	催化剂受影响的性质
合成氨	450～550℃ 20～50MPa	Fe-K$_2$O-Al$_2$O$_3$	5～10	缓慢烧结	活性
乙烯选择 性氧化	200～270℃ 1～2MPa	Ag/α-Al$_2$O$_3$	1～4	缓慢烧结，床层温度升高	活性和选择性
SO$_2$氧化	420～600℃ 0.1MPa	V$_2$O$_5$-K$_2$O-Al$_2$O$_3$	5～10	缓慢破碎成粉	压力降增大，传质性能变差
油品加氢 脱硫	300～400℃ 3MPa	硫化 Mo 和 Co/Al$_2$O$_3$	2～8	缓慢烧结，金属成粉	活性，传质
天然气水蒸 气转化	500～800℃ 3MPa	Ni/Ca-Al$_2$O$_3$ α-Al$_2$O$_3$	2～4	烧结，积炭等	活性，压力降
氨氧化	800～900℃ 0.1～1MPa	Pt	0.1～0.5	表面粗糙，Pt 损失及中毒	选择性

11.4.2 催化剂寿命的测试

对催化剂寿命的测试，最直观的方法就是在实际反应工况下考察催化剂的性能（活性和选择性）随时间的变化，直至其在技术和经济上不能满足要求为止。由于工业催化剂的寿命常常是短则数日长则数年，应用这种方法虽然结果可靠，但是费时费力。对于新过程、新型催化剂的研发而言，也不现实。因而需要发展实验室规模的催化剂寿命评价方法。

在催化剂的研发过程中，为了评估催化剂的寿命（或稳定性），一般是在实验室小型或中型装置上按照反应所需的工业条件运行较长的时间来进行考察。典型的是要运行1000h以上。然后逐步放大，进行单管试验、工业侧线试验，最后才引入工业装置，从而取得催化剂寿命的数据。由于工业生产过程中催化剂的失活往往由很多因素引起或者受各种因素的综合影响，且催化剂在工业反应器中不同部位所经受的反应条件和过程也不尽相同，因此，在实验室中完全模拟工业情况来预测催化剂的绝对寿命是很困难的。但通过对已使用过的催化剂进行表征，全面考察和分析造成催化剂失活的各种因素，进而得出催化剂失活的机理。然后在实验室中可以通过强化导致催化剂失活的各种因素，在比实际反应更为苛刻的条件下对催化剂进行"快速失活"的寿命试验，以工业装置上现用的已知其寿命和失活原因的催化剂作为参比催化剂，进行对比试验，以预测新型催化剂的相对寿命还是可行的，这也可以大大提高催化剂研发过程的效率。

11.4.2.1 "快速失活"寿命实验的基本原理

通过对已用的催化剂进行表征，摸清催化剂的失活机理，然后强化影响催化剂失活的主要因素，进行新型催化剂的催速失活试验，从而大大缩短测定新型催化剂寿命的试验时间。在进行催速失活试验时，如何做到既加快失活又能确保强化因素尽可能地反映工业操作中的真实情况，是准确测试催化剂寿命的关键。对于较为简单的反应，一般只选择一个参数进行催速，其余条件尽可能与工业条件相近。若要进行该试验，对于所选的强化因素，必须能给出相应的响应值，以便能将试验结果关联并外推。

11.4.2.2 "快速失活"寿命实验的方法

目前进行催化剂"快速失活"寿命试验的方法有两种：第一种称为连续试验法，是考察催化剂的活性和选择性对应于运行时间的关系。试验可在通常用于动力学研究的试验装置上进行。在试验过程中，要在尽可能保持各种过程参数与工业反应器相一致的情况下来考察其中某一强化参数的影响。如果还要考虑失活过程中催化剂的破碎和磨损问题，即机械稳定问题，则还要在试验装置上备有催化剂的采样口并制定取出催化剂的操作方案，以获得催化剂机械稳定对失活影响的结果。第二种是中间失活法。此法是选择在适合的强化条件下处理催化剂，对处理前后的催化剂进行相同的标准测试，比较催化剂活性和选择性的差异，最后得到催化剂寿命的相关数据。对于催化剂力学性能的考察，也可参照连续试验法进行。

11.4.3 催化剂的中毒与烧结

11.4.3.1 催化剂的中毒

催化剂的中毒是指催化剂由于某些物质的作用而使催化活性衰退或丧失的现象。这些物质称为毒质。毒质通常是反应原料中带入的杂质，或者是催化剂自身的某些杂质；反应产物或副产物亦可能使催化剂中毒。中毒的机理大致有两类：一类是毒质吸附在催化剂的活性中心上，由于覆盖而减少了活性中心的数目；另一类是毒质与构成活性中心的物质发生化学作用转变为无活性的物质。按毒质与催化剂作用的程度，可分为暂时中毒和永久中毒。前一类毒质与催化剂的结合较松弛，易于清除。例如：用镍为催化剂使烯烃加氢时，若原料气含炔烃，它吸附于活性中心上，则出现中毒，但如提高原料气纯度，降低炔含量，则吸附的炔将脱附，催化活性恢复，即为暂时中毒（又称可逆中毒）；若原料气含硫化物，则硫与镍强烈结合，即使原料气脱硫后，催化活性也不能恢复，则为永久中毒（又称不可逆中毒）。催化剂中毒常是使催化剂寿命缩短的重要原因，在化学工业中选用抗毒能力强的催化剂非常重要。

中毒现象与反应条件有关，对于给定的催化反应系统，只在原料中毒质浓度达到特定值时，才发生中毒现象，称耐受量，故须将原料净化到毒质含量低于此值。改变反应温度可改变抗毒能力。毒质与催化剂、催化反应间具有选择关系，即不同的物质对不同的催化剂、不同的催化反应起毒化作用。因此，在同一催化剂上发生两种催化反应，一种物质可能只毒化其中一种，利用这种选择性中毒现象，在原料或催化剂中有意加入某种毒质以毒化引起副反应的活性中心，从而提高目的反应的选择性。例如在某些固体酸催化剂中加入少量碱性物质以毒化某些强酸中心，以抑制积炭副反应。在某些场合，毒化和助催化作用于特定条件下可互相转化，如在有些催化剂中存在某异物为毒质，但含量很低时却可起助催化剂的作用。同时，温度对催化剂中毒也有影响。升高温度时，脱附速度比吸附速度增加得快，从而中毒现象可以明显减弱，所以在有中毒现象时，可以在允许的温度范围内，尽量提高操作温度。

反应不同，引起中毒的物质也不同，如表 11-4 所示。

表 11-4 某些催化剂及催化反应中的毒物

催化剂	反 应	引起中毒的物质
Ni, Pt, Pd, Cu	加 H_2、脱 H_2	S、Te、Se、P、As、Sb、Bi、Zn、卤化物、Hg、Pb、NH_3、吡啶、O_2、CO（<180℃）
	氧化	铁的氧化物、银化物、砷化物、乙炔、H_2S、PH_3
Co	加 H_2 裂化	NH_3、S、Se、Te、磷的化合物
Ag	氧化	CH_4、C_2H_6
V_2O_5，V_2O_3	氧化	砷化物
Fe	合成 NH_3	硫化物、PH_3、O_2、H_2O、CO、乙炔
	加 H_2	Bi、Te、Se、P 化合物、H_2O
	氧化	Bi
	F-T 合成	硫化物
SiO_2-Al_2O_3	裂化	吡啶、喹啉、碱性有机物、H_2O、重金属化合物

11.4.3.2 催化剂的烧结

烧结是引起催化剂活性下降的另一个因素。催化剂使用温度过高时，会发生烧结，导致催化剂有效表面积的下降，使负载型金属催化剂中载体上的金属小晶粒长大，这都导致催化剂活性的降低。

催化剂所处的气体氛围、温度都是影响烧结过程的参数。例如，负载于 SiO_2 表面上的金属铂，在高温下发生团聚。当温度为 500℃ 时，铂的比表面积和苯加氢反应的转化率降低；当温度为 670～800℃ 时，铂的催化活性则完全消失。

烧结属于热失活，多见于金属和金属负载型催化剂中。工业催化剂多数是多孔大表面物质，是一种高分散性高表面能的热力学不稳定体系。高温下，催化剂粒子扩散迁移能力增大，互相聚集，降低表面能，使体系变得稳定，导致催化剂的烧结。结果晶粒长大，分散度降低，平均孔径增大，总空隙率降低，活性下降等。金属比氧化物更容易烧结。

因此，工业上使用的催化剂要注意使用的工作条件和环境，重要的是了解其烧结温度，催化剂不允许在出现烧结的温度下使用。

11.4.4 催化剂失活的控制

11.4.4.1 由反应体系引起的失活

A 外部毒物的毒化引起的失活

原料气中的杂质硫及卤素会化学吸附在催化剂的活性位上，随着反应的进行而在催化剂表面上积蓄，超过一定的阈值后就会引起催化剂急速失活。CuZSM-5 沸石催化丙烯选择性还原 NO 时，杂质硫以 SO_4^{2-} 的形式吸附在铜离子活性位上，使铜物种的构造由正四面体变为畸形八面体。V_2O_5-TiO_2 常被用作尾气净化催化剂，通过氨的选择性还原过程反应除去 NO_x。可是用煤作燃料时其废气中含有 SO_2，被氧化为 SO_3 后能与 NH_3 生成酸性化合物附着于催化剂表面并毒化活性位。用 W 置换部分 V 则可降低 SO_2 的转化率，从而减少对催化剂的毒害。在使用丙烷代替氨还原 NO_x 的工艺中，钴离子交换的沸石是有效的催化剂。然而杂质 SO_2 会堵塞沸石孔道，因此仅具有一维孔结构而且孔径较小的丝光沸石易被毒化，换用具有三维孔道而且孔径较大的 β 沸石则可延长催化剂的寿命。

Ni、Pd 类催化剂在石油烃类加氢过程中，如果原料中含有（100～200）×10^{-6} 的硫可使 Ni 催化剂的寿命缩短，改用 Pt 代替 Ni 则可使其不受硫化合物的毒化。硫在低温时以化合物状态被吸附，250℃ 左右分解生成 NiS_2。在相同 S 浓度下 Ni 催化剂的比表面积越大，寿命则越长。同样现象也发现在 Ru 分散的 Al_2O_3 催化剂上的甲烷化反应中。Ru 的分散度越高，对硫的饱和吸附量越大，从而使用寿命也越长。

B 反应中间体被毒化引起的失活

Fe_2O_3-NiO 是安息香酸气相氧化合成苯酚的高效催化剂，其中 Ni 组分以 $NiFe_2O_4$ 和 NiO 两种物相存在，而在 $NiFe_2O_4$ 上高分散的 NiO 是活性位。添加 Na 能显著增加总活性但是也导致快速失活，原因是生成了熔点较高的安息香酸钠，这就妨碍了原来还原态镍氧化生成安息香酸镍中间体的重要反应步骤。鉴此向催化剂中加入 V_2O_5，将镍再氧化后就使得反应顺利进行。

C 积炭引起的失活

固体酸催化剂在异构化、烷基化、脱水、脱氢等反应中很容易结炭而失活，积炭会覆盖催化剂的活性位或堵塞催化剂孔道。积炭前身具有和多环芳烃相近的构造，其氢碳物质的量比约为 0.4 ~ 1.5，并且随着反应的进行逐渐失氢而石墨化。氢型超稳 Y 沸石（H-USY）上的庚烷分解反应中，一个积炭分子能毒化两个活性位，并且首先毒化强酸位。吡啶吸附红外光谱剖析表明该催化剂上具有强酸性的 Lewis 酸位明显减少。调节载体的表面酸碱性可以抑制结炭。Ru/Al_2O_3 催化剂在甲醇制甲烷反应中运转 300h 后 w（积炭）为 0.5%，加入 10% 的 MgO 所制的 $Ru/MgO\text{-}Al_2O_3$ 在相同条件下 w（积炭）仅为 0.05%。在催化环己酮肟转化生成己内酰胺的反应中，ZSM-5 沸石的 Si/Al 比越大，晶粒越大，积炭量越少，酰胺的选择性也越高。NaZSM-5 经 $SiCl_4$ 蒸气进行表面脱铝后，抗结炭性能也得到明显的改善。烧炭可以再生催化剂。当 w（积炭）达到 1% ~ 9% 时使用 $x(O_2)$ 为 0.5% ~ 1% 的氧气，在反应器入口处燃烧，高温气流向反应器出口处移动从而除炭。

11.4.4.2　由催化剂自身变化引起的失活

A　烧结引起的失活

载体上高分散的活性组分如 Os 或 Ru 氧化物在高温下会部分升华或蒸发，催化剂粒子由于相互间的作用力也会聚集长大，这些都会使得催化剂的表面积及活性位减少，从而导致失活。对于 $SiO_2\text{-}Al_2O_3$ 催化剂，粒径 1 ~ 10nm 的微小粒子相互接触，在高温及水蒸气的作用下向粒子间的凹状空隙移动，缩小催化剂的表面积并削弱其酸强度，减少总酸量。

乙烯基醋酸制备过程中 Pd 催化剂的使用寿命由于 Pd 聚集而缩短，加入能和 Pd 形成固熔体的 Au 后可以控制这种烧结。乙烯基乙炔加氢制备丁二烯过程中，Pd/Al_2O_3 催化剂会由于 Pd 在反应中形成乙炔化物而失活，如添加 Te 或 Sb 后生成 Pd_4Te 或 Pd_3Sb 等合金就能制出长寿命催化剂。

B　固相反应引起的失活

催化剂的活性成分与载体在高温下发生固相反应生成稳定化合物，也会造成失活。例如金红石 TiO_2 负载的 $\alpha\text{-}Fe_2O_3$ 在丁烯脱氢反应中失活，是由丁烯将 $\alpha\text{-}Fe_2O_3$ 中的 Fe^{3+} 还原为 Fe^{2+}，而 Fe^{2+} 又与 TiO_2 发生固相反应生成 Fe_2TiO_4 所造成的。更换载体能延长催化剂的寿命，CuO 能有效地催化 CO，但是与水蒸气共存特别是当它分散在 $\gamma\text{-}Al_2O_3$ 上时，容易发生固相反应生成尖晶石相 $CuAl_2O_4$ 而降低其氧化活性。若将 CuO 高分散在萤石型 CeO_2 或 ZrO_2 上，由于 CuO 不易熔于 CeO_2，即使有大量水蒸气共存也不会引起固相反应而失活。

C　相转移或相分离引起的失活

使用中由于化学环境变化或局部高温，催化剂形成高温晶相或非活性的化合物也会使其失活。邻二甲苯氧化催化剂 $V_2O_5\text{-}TiO_2$ 的载体是高比表面的锐钛矿型 TiO_2，由于 V_2O_5 的存在会促进锐钛矿向金红石型转化，添加 5% 的 V_2O_5 后在 575℃ 以上就形成 $V_xTi_{1-x}O_2$（金红石型）。金红石型 TiO_2 的比表面积小而使得 V_2O_5 的活性点减少，随反应时间增加而失活。添加 WO_3 或 Nb_2O_5 能有效地抑制这种金红石化。在 $ZnFe_2O_4$ 上 1-丁烯合成丁二烯，催化剂的失活是由 $ZnFe_2O_4$ 被还原后形成阳离子空位所致。阳离子空位达到一定浓度时引起相分离，XRD 分析表明有 ZnO 相出现。加入 $\alpha\text{-}Sb_2O_4$ 则可抑制 Fe^{3+} 被还原成 Fe^{2+}。

D　蒸发与升华引起的失活

上述各失活过程的特征是失活前后催化剂的量没有损失，但是如果催化剂中含有易升华的氧化物或卤素化合物，则这些组分的蒸发或升华会造成失活。用 TiO_2-ZrO_2 溶胶凝胶法制备的固体酸 $TiZrO_4$ 在氟立昂 CFC113 的分解反应中，$x(TiO_2)=58\%$ 时其催化活性最好，但如果 $TiZrO_4$ 结晶不充分，Ti 组分会变为 $TiCl_4$ 或 TiF_4 而升华造成损失。使用含用 Cu、Ag、Zn 等低熔点金属催化剂时，要注意避免金属物种的蒸发。铜离子或锌离子交换的 HZSM-5 作为芳构化催化剂其初活性很高，可是会很快失活，特别是在还原性气氛中更会发生 Cu 或 Zn 的蒸发。将这些金属离子引入沸石骨架中后，可增加它们的稳定性。例如锌离子交换的 HZSM-5 在烯烃的芳构化中迅速失活，但将 Zn 引入 ZSM-5 沸石骨架中，再用 Pt 改性后可将其使用寿命由十几小时延长至 600h。

11.4.4.3　物理原因引起的失活

负载型催化剂由于载体与活性组分的热膨胀率不同，活性组分会从载体上剥离而造成失活。催化剂的机械强度不够，在流动床反应器中时常因为催化剂粒子之间、催化剂和器壁之间发生磨耗造成粉化；在固定床上其空速难以超过 $5h^{-1}$；在悬浮床则由于催化剂磨耗粉化使得催化剂分离困难，这些都会缩短催化剂的使用寿命。改用表面光滑的载体并改变催化剂的形状可以解决这些问题，改变载体还能增加催化剂的强度。例如 Pd/γ-Al_2O_3 催化剂在水蒸气存在下长期使用，会发生 γ-Al_2O_3 的转晶而使强度显著下降；改用对水蒸气稳定的 α-Al_2O_3 代替 γ-Al_2O_3 可使催化剂的寿命增加。在 Pd/α-Al_2O_3 上乙炔的选择性加氢反应中，载体受到酸的侵蚀而使催化剂的寿命变短，换用耐酸性的 SiC 特别是含 Fe 量少的高纯度 SiC 作为载体能制备出优良的长寿命催化剂。

以上介绍了催化剂劣化的原因及对策，但是实际的催化反应是上述各过程相互联系的复杂体系。长寿命催化剂的开发涉及原料的精制、载体孔结构及比表面的选择，要兼顾到制备成本和工艺等因素；对催化剂失活及寿命预测法的研究，增加分析仪器的种类以及改进检测精度也都是很有必要的。

11.5　工业催化剂的再生

催化剂再生是在催化活性下降后，通过适当处理使其活性得到恢复的操作。因此，再生对于延长催化剂的寿命、降低成本是一种重要的手段。如何除去存留于催化剂上的毒质、覆盖于催化剂表面上的尘灰和由于副反应而生成于催化剂外表或孔隙内部的沉积物等，力图恢复催化剂的固有组成和构造，是工业催化剂再生研究的热点。在有机催化反应中，由脱氢-聚合副反应生成高碳氢比的固体沉积物覆盖催化剂表面，是常见的失活原因之一。可用通入空气或贫氧空气的方法烧去碳沉积物，使催化剂再生；有些场合可用溶剂洗涤的方法使之再生。有些催化剂的再生作业可在原来的反应器中进行；有些催化剂的再生作业条件（如温度）与生产作业条件相差悬殊，必须在专门设计的再生器中再生。例如石油裂化过程中所用的铝硅酸盐催化剂再生时，为构成连续化的工业过程，可在一个流化床反应器中进行催化裂化，失活的催化剂连续地输入另一流化床反应器（再生器）中再生，再生催化剂连续地输送回裂化反应器。在裂化催化剂中，可加入少量的助燃催化剂（如负载有微量铂的氧化铝）以促进再生过程，使碳沉积物的清除更为彻底。此时排放气中的一氧化碳几乎可全部转化为二氧化碳，回收更多热量。有些催化剂的再生过程较为复杂，非贵金属催化剂上积炭时，烧去碳沉积物后，多数尚需还原。铂重整催化剂再生时，在烧去碳沉积物后尚需氯化更新，以提高活性金属组分的分散度。

在工业生产中，总是力求避免出现结焦造成的催化剂活性衰退，可以根据上述结焦的机理来改善催化系统。主要方法有：

（1）要选择抗积炭性能良好的催化剂。

（2）用碱毒化催化剂上那些引起结焦的酸中心，如骨架镍催化剂的再生，通常采用酸或碱除去毒物。

（3）用热处理来消除那些过细的孔隙，例如，催化裂化使用的硅铝分子筛催化剂，由于积炭而活性下降，因此需要适时热处理再生。

（4）在含氢条件下进行作业，抑制造成结焦的脱氢作用，例如：合成氨使用的熔铁催化剂，当原料气中的氧浓度过高而受到毒害时，可停止通入该气体，而改用合格的氢、氮混合气体进行处理，催化剂可获得再生。有时候用加氢的方法，也是除去催化剂上的含焦油物质的一种有效途径。

（5）在催化剂中添加某些有加氢功能的组分，在氢气存在下使初始生成的类焦物质随即加氢而气化，谓之自身净化。

（6）在含水蒸气的条件下作业，可在催化剂中添加某种助催化剂促进水煤气反应，使生成的焦气化。

（7）要防止催化剂中毒失活。催化剂的失活会引起积炭，而积炭会引起催化剂的进一步失活，从而造成恶性循环。

近年来，为防止环境污染，减少反应器和再生设施投资和更好地恢复活性，特别是对用于加氢、加氢裂化的硫化物催化剂，建立了一批催化剂再生工厂，专门对催化剂进行器外再生。可再生的催化剂经再生处理后，实际上其组成和结构并非能完全恢复原状，故再生催化剂的效能一般均低于新催化剂，经多次再生后，使用特性劣化到不能维持正常作业或催化过程的经济效益低于规定的指标，即表明催化剂寿命终止。有些催化过程中所用的催化剂失效后难以再生，例如载体的孔隙结构发生改变，活性成分由于烧结而分散度严重下降，或与毒质作用发生难以恢复的变化等。此时只能废弃，或从中回收某些原料，以重新制造催化剂。如加氢用的铂-氧化铝催化剂，失活后从废催化剂回收铂。

催化剂的再生按工艺分类有器内再生和器外再生。器内再生是指催化剂在反应器内进行原位再生。早期，催化剂再生均为器内再生。而器外再生是20世纪70年代发展起来的一种新型催化剂再生方法，将积炭催化剂不经再生就直接从反应器内卸出，送往专门的器外再生公司进行再生。一般认为催化剂不经再生直接卸出是危险的，易着火或生成碳基镍而危及人身安全。研究表明，当床层温度降至60℃以下，在氮气保护下卸出催化剂，可避免上述危险。

器外再生具有如下优点：

（1）在专用装置上由专业人员操作，安全可靠。

（2）再生前，对待再生催化剂取样进行再生评价，分析待生剂的物化性能，以事先确定再生操作最佳参数，保证催化剂活性得到最大限度的恢复，有效提高再生效果。

（3）催化剂再生温度控制更均匀，不易"飞温"。再生时采用间接方式给催化剂加热，分脱油、再生和冷却三部分，各部分间有隔温措施，以确保各区段温度恒定，催化剂活性恢复好。

（4）器外再生催化剂卸出后，对反应器和床层进行检查维修，缩短装置检修周期，提高经济效益。

（5）再生后催化剂经过筛分，减少了催化剂床层压降，降低了生产能耗。

（6）避免酸性气对装置内设备的腐蚀，而器外再生一般都带有气体处理装置，有效减少环境污染。

近年来，器外再生技术在国外得到了较大发展，特别是大型反应器中的催化剂都改用器外再生技术。

11.6　工业催化剂的使用

11.6.1　催化剂的运输和装填

新入厂的催化剂已经经过严格过筛，粒度大小符合用户要求。但由于运输过程中包装受到各种冲击，会产生一些碎粉，所以在装填前，通常要进行过筛处理。简单的过筛方式是将催化剂通过一个由适当大小网眼制成的倾斜溜槽，或者是在催化剂倒入装料斗时用压缩空气喷嘴将细粉吹掉，也可使用简单的人工过筛。一般不再使用振动筛，因为强烈的振动及摩擦会造成催化剂更多的破碎及损失。

装有催化剂的桶在运输时，应尽量轻轻搬运，严禁摔、碰、滚、撞击，以免催化剂破碎。运输中还往往规定使用一些专用设备。

催化剂的装填是非常重要的工作，装填的好坏对能否有效地发挥催化剂的效能有重要作用。催化剂材料是一种强吸水剂，为了避免吸潮，装填操作尽量避开阴雨天，必要时在装填前增加烘干操作，并连续工作装完为止。催化剂的装填通常是用一个金属漏斗和一个帆布软管组成。装填时，要使帆布软管下端尽量接近催化剂床层，装催化剂时用料斗和帆布袋将催化剂送入反应器，催化剂出袋口后的自由落体高度小于1m，催化剂装填人员应使布袋口沿反应器圆周方向移动，使床层均匀上升。每升高0.5~1m，耙平1次，然后再装。避免在一定高度（0.5~1m）以上自由坠落，与反应器底部或已装催化剂发生撞击而破裂（固体催化剂及其载体多为金属氧化物，硬脆性材料，故在装填中要防止冲击破损），使其疏密一致，以防止运转中产生床层下沉及沟流等，造成物料和温度分布不均匀，使床层径向温差增大。装填催化剂时应有专人负责指挥，并认真做好现场装填记录。精心搬运，认真记录编号及计量。催化剂装填完毕后，要及时将反应器封口，以备装置试密。密项装填的操作步骤：将密项装填器放在反应器上部，把催化剂放入料斗，经过帆布袋均匀流入密项装填器，并连续工作装完为止。

催化剂装填作业由两道工序组成：第一道工序是把催化剂从地面运送到反应器顶部；第二道工序是用装填设备把催化剂装填到反应器的床层中。通常采用的方法是：帆布管袋与反应器入口人孔的装填料斗相连，通过管袋把催化剂卸到床层表面。这种方法装填小条状催化剂，在床层中不会处于稳定的水平状态，而是呈各种水平和垂直状态堆积。由于小条状催化剂处于不规则的乱堆状态，因而造成催化剂架桥，并在催化剂颗粒之间产生一些无用的空隙，在反应器操作过程中可能出现坍塌现象，使催化剂床层高度收缩，床层密度变大，除了不能使反应器容积得到充分利用外，还可缩短运转周期，影响产品质量，如图

11-9 所示。

此外，在装填过程中还要操作人员携带呼吸器、穿分重鞋进入反应器，使催化剂分布均匀。这种方法的优点除了费用少、成本低外，用这种方法装填催化剂的反应器能够承受含颗粒物较多的原料。

11.6.2　开、停车及钝化

11.6.2.1　开、停车

催化反应器点火开车时，首先用纯 N_2 或惰性气体置换整个系统，然后用气体循环加热到一定温度，再通入工艺气体或还原气体，可以选用的循环升温气体有氮气、甲烷，有时也用空气。对于某些催化剂还必须通入一定量的蒸气进行升温还原。当催化剂不是用工艺气还原时，则在还原后期逐步加入工艺气体。若是停车后再开车，不再需要长时间的还原操作。

临时性的短期停车，只需关闭催化反应器的进出口阀门，保持催化剂床层的温

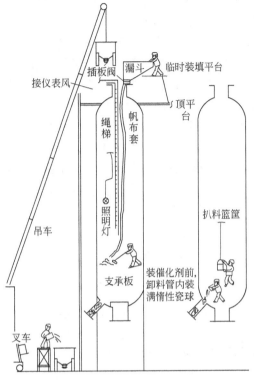

图 11-9　催化剂装填作业工艺流程

度，维持系统正压即可。当短时停车检修时，为了防止空气漏入引起已还原的催化剂的剧烈氧化，可用纯 N_2 充满床层，保护催化剂不与空气接触。停车期间若床层温度不低于催化剂起燃温度，可直接开车，否则则需要开加热炉用工艺气体升温。

若系统停车时间较长，催化剂又是具有活性的金属或低价金属氧化物，为防止催化剂与空气中的 O_2 反应，放热烧坏催化剂和反应器，则要对催化剂进行钝化处理。若是更换催化剂的停车，则应包括催化剂的降温、氧化和卸出几个步骤。先将催化剂床层降到一定温度，用惰性气体或过热蒸气置换床层，并逐步配入空气进行氧化，氧化温度应低于正常操作温度，空气量要逐步加大。当床层进、出口空气中含氧量不变时，氧化即结束，将反应温度降至50℃。有些床层采用惰性气体循环降温，催化剂可不氧化。当温度降到低于50℃时，加入少量空气，观测温度是否上升，若无，则可加大空气量吹一段时间，再打开人孔卸出催化剂。

11.6.2.2　钝化

钝化是活化的逆操作。催化剂经过使用后，会带入大量的有害物质，如硫化亚铁；在遇到空气后会产生自燃，所以在卸出前需要进行钝化处理，以降低危险性。处于活化态的金属催化剂，在停车卸出前，有时需要进行钝化。否则，可能因卸出的催化剂突然接触空气而氧化，引起异常升温或燃烧爆炸。钝化剂可采用 N_2、水蒸气等。

钝化剂作用原理是基于钝化剂有效组分随原料油一起沉积在催化剂表面，并和金属镍、钒等发生作用，或是形成金属盐或是以膜的形式覆盖在污染金属表面，其结果是改变

污染金属的分散状态和存在形式，使其转变为稳定的、无污染活性的组分，抑制其对催化剂活性和选择性的破坏。

由于有些催化反应操作条件苛刻，在反应—再生循环过程中，催化剂不仅要经受高温、水蒸气等条件，而且不断经历氧化—还原过程，所以，要求钝化剂有较好的热稳定性，以保证较高的有效沉积率。同时，沉积在催化剂上的钝化剂组分与污染金属有强相互作用，能有效抑制重金属的污染活性，而不影响催化剂性质。此外，也要考虑钝化剂合用过程的方便性和经济性。结合各种因素，开发的钝化剂产品须满足以下条件：

（1）性质稳定，黏度低，易于输送；

（2）有效组分含量高，并可根据实际需要进行灵活调节；

（3）有效组分沉积率高，钝化效果显著；

（4）不产生二次污染，对装置操作及产品性质无不良影响；

（5）不含硫、磷、毒性小；

（6）使用成本低。

思 考 题

11-1 以比表面积为例，说明测定方法的主要流程与方法。

11-2 说明积分反应器与微分反应器的优缺点和异同点。

11-3 如何评价催化剂的抗毒性能？

11-4 金红石 TiO_2 负载的 α-Fe_2O_3 在丁烯脱氢反应中失活，试分析失活的原因。

11-5 叙述影响催化剂寿命的因素。

11-6 说明催化剂使用过程中，需要注意的各个步骤。

12 工业催化剂的表征

本章导读:

当设计的催化剂制备工作完成后,紧接着就要对催化剂的性能进行各种评价和测试,其中最重要的评价指标就是催化剂的活性、选择性和稳定性。这不仅与催化剂的宏观物理性质,如催化剂的比表面积、孔结构、颗粒大小及分布等有关,其微观性质,如表面活性组分的物相、晶胞参数、晶粒大小及分布、化合价态及电子状态等影响有关,因此需要更多的仪器和方法进行表征,往往是其中一种性质还需要借助多种仪器测试方法才能表征明确,互相印证。

催化剂表征的根本目的就在于为催化剂的设计和开发提供更有利的依据,便于改进或研制新型催化剂,从而推动催化剂研究理论及应用技术的发展。工业催化剂的表征是利用先进的仪器分析技术,通过科学的物理、化学方法来实现的。主要包括 X 射线衍射、色谱、光谱、热分析、电子显微等。本章举例介绍若干测定和表征的方法。

12.1 X 射线衍射技术

XRD (X-ray diffraction) 即 X 射线衍射,是通过对材料的 X 射线衍射和衍射图谱的分析,获得材料成分、内部原子或分子结构或形态等信息的研究手段,根据衍射原理,X 射线衍射仪可以精确测定物质的晶体结构、晶粒大小及应力,从而进行准确的物相分析、定性分析和定量分析等。

12.1.1 基本原理

1912 年劳埃等人根据理论预见和试验证实了 X 射线与晶体相遇时能发生衍射现象,证明了 X 射线具有电磁波的性质,成为 X 射线衍射学的第一个里程碑。X 射线是波长介于紫外线和 γ 射线之间的一种电磁波,其波长范围为 $0.001 \sim 10\text{nm}$。用于测定晶体结构的 X 射线波长为 $0.05 \sim 0.25\text{nm}$,与晶体点阵面的间距大致相当,由 X 射线发生器发生。

X 射线发生器产生由阳极靶材 (如 Cu 靶) 成分决定的特征 X 射线入射到晶体上会产生衍射,Bragg 衍射如图 12-1 所示,其衍射方向由晶体结构周期的重复方向决定,即晶体对 X 射线的衍射方向与晶体的晶胞大小和形状有一定的函数关系。

对于晶体空间点阵的平行点阵族 (hkl),设其晶面间距为 d_{hkl},射线入射角为 θ,波长为 λ,

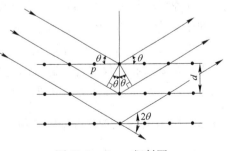

图 12-1 Bragg 衍射图

只有满足 Bragg 衍射方程，才能发生相互加强的衍射，如式 12-1 所示（式中 n 为自然数）。

$$2d_{hkl}\sin\theta = n\lambda \qquad (12-1)$$

晶体对 X 射线的衍射起源于电子对 X 射线的散射，在波的叠加方向上的散射总结果表现为衍射。晶体由晶胞排列不同的原子构成，原子又包括不同的电子，所以 X 射线的强度是各电子散射线强度的总和，其值与衍射方向和晶胞中的原子分布有关。

12. 1. 2　XRD 的物相分析

X 射线衍射在物质的物相分析上，主要是进行定性、定量以及晶粒大小的分析。实际上每种晶态物质都有自己的 X 射线衍射图谱，即在衍射图上各衍射线的分布和强度大小都具有一定的特征规律，它所对应的衍射 "d-I" 数据是每种晶态的指纹数据，这与人的指纹都有自己的特征是一样的。现在已经积累了大量物质的 X 射线衍射标准图谱（如 JCPDS 谱库）和标准结构衍射数据（如 ASTM 卡片），因此只要将被测物质的衍射图谱或衍射特征数据与之进行对比，就可以确定被测物质的结构。

X 射线衍射法在催化剂物相分析方面最经典的例子之一就是 Al_2O_3 的测定。在不同的制备方法和焙烧温度下，可以得到近十种不同晶相结构，其物理化学性质各不相同，用途也各有区别。如 γ- Al_2O_3 和 η- Al_2O_3 的酸性强，活性高，常用作催化剂、吸附剂或催化剂载体，而 α- Al_2O_3 则是惰性的，仅用作催化剂载体。用 XRD 对不同焙烧条件下制得的 Al_2O_3 进行分析，得到相应的图谱如图 12-2 所示，图中峰的位置用衍射角表示，强度用峰高表示，将此信息与标准图谱对照，即可对其晶型进行定性分析。

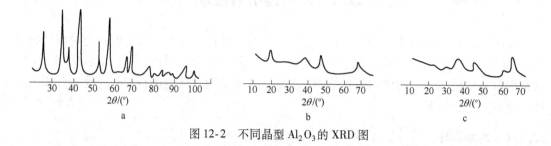

图 12-2　不同晶型 Al_2O_3 的 XRD 图

a—α- Al_2O_3；b—η- Al_2O_3；c—γ- Al_2O_3

此外，从峰宽也可推知晶粒的大小，当晶粒小于 200nm 时，晶粒越小其衍射峰越宽。Scherrer 从理论上导出了晶粒大小与衍射峰增宽的关系，如式 12-2 所示：

$$D = k\lambda / (B\cos\theta) \qquad (12-2)$$

式中，D 为平均晶粒大小，nm；k 为与微晶形状和晶面有关的常数，当微晶近似球形时，$k = 0.89$；λ 为入射 X 射线的波长，nm；B 为衍射峰的半峰宽；θ 为布拉格衍射角。

式 12-2 即为 Scherrer 方程，适用于晶粒在 3~200nm 微晶大小的测定。需要注意的是：半峰宽 B 要扣除仪器自身造成的宽化值；测得的平均晶粒大小只代表所选择法线方向的维度，而与晶粒其他方向的维度无关。

12. 1. 3　XRD 在催化剂研究中的应用

X 射线法在催化剂研究中有广泛的应用，对催化剂晶相结构的分析具有简单、快速的特点，是催化剂物相鉴定最好的方法。在试验中利用 XRD 分析法不仅可以鉴定催化剂的物相结构及定量分析该物相，而且可以分析催化剂制备过程或使用过程中的物相变化，另外将 XRD 与其他表征手段（如 DTA、TG、IR、TEM 等）联合使用，再结合催化反应数据，可以分析物相和反应特性之间的关系。X 射线衍射法的特点使其在催化剂结构、催化剂活性、催化剂稳定性以及催化剂的开发研究中得到了广泛的应用。

在沸石分子筛催化剂研究中，通过 XRD 分析法可以确定分子筛催化剂的结构，活性组分在分子筛中的分数，并对沸石分子筛的催化活性中心位置进行判断。Selim 等人研究了 Ni 掺杂的 LTA 型沸石分子筛催化食用油加氢反应，XRD 技术分析了催化反应前后的催化剂晶体结构变化，结果表明，在加氢催化反应前沸石的结晶度没有变化，但是在 $2\theta = 40°$ 时的衍射峰消失表明掺杂的镍分子迁移到了分子筛的表面。Durgakumari 等采用固相扩散法制备了 TiO_2 负载的 HZSM-5 分子筛催化剂，并研究了其催化光降解活性，XRD 分析表明不同负载量的催化剂在焙烧前后晶体结构并未发生变化，TiO_2 负载量达到 10% 时，Ti 与沸石分子筛产生了强烈的相互作用，Ti 达到高度分散的阈值。Gallezot 等人采用 XRD、SAXS 技术分析了在不同活化温度下，贵金属 Pt 原子簇在 Y 型沸石中的位置及尺寸。

介孔材料具有 2～50nm 的孔径，因而其 X 射线衍射角在小角范围内（0°～10°）。通过小角 X 射线衍射可以确定各种介孔材料的孔径、孔道类型等。介孔分子筛由于其规整的孔道结构，大的比表面积等优点在催化剂负载和固定化研究领域得到广泛的关注。Liu 等人通过原位合成和后接枝两种方法制备了三苯基膦二氯化钌接枝 SBA-15 催化剂，并通过小角 XRD 衍射分析了 Ru 配体的负载位置及其对催化剂活性的影响依据。

12.2 分子光谱技术

分子光谱是指光和物质间相互作用，使分子从一种能态改变到另一种能态时的吸收或发射光谱（可包括从紫外到远红外直至微波谱）。分子光谱技术主要包括红外光谱、拉曼光谱和紫外光谱，它们在催化剂的表征中都具有很高的应用。下面分别介绍上述光谱技术的基本原理及其在催化领域的相关应用。

12.2.1 红外光谱技术

红外光谱（infrared spectroscopy，IR）的研究开始于 20 世纪初期，自 1940 年商品红外光谱仪问世以来，红外光谱在有机化学研究中得到广泛的应用。近几十年来一些新技术（如傅里叶变换、发射光谱、光声光谱、色-红联用等）的出现，使红外光谱技术得到更加蓬勃的发展。红外光谱是研究红外光与物质分子间相互作用的，它能提供很多物质的微观信息，进而确定材料的结构和性能，是目前应用最广的波谱技术之一。

12.2.1.1 基本原理

红外光谱属于分子光谱。分子光谱与分子内部的运动有着密切的关系，涉及分子运动的方式有以下几种：分子平动（E_M）、分子转动（E_R）、分子间振动（E_V）和分子中电子的跃迁（E_E）。又因为分子平动不会引起偶极矩的变化，不能与外加电磁波相互作用，故一般不予考虑。能量都是量子化，故分子的总能量（E）是后三项能量之和，即如式 12-3 所示：

$$E = E_R + E_V + E_E \tag{12-3}$$

其中分子转动的跃迁能级间隔较小，约为 $0.001 \sim 0.05\text{eV}$，对应的吸收或发射波长处于远红外或微波区，又称微波光谱；分子振动的跃迁能级差大于转动能级差，约为 $0.05 \sim 1\text{eV}$，其光谱落在近红外或中红外区，又称为红外光谱，谱线一般呈宽带的谱带；分子中电子在不同分子轨道间的跃迁能级差比转动和振动的能级差都大，实际观察到的是电子运动-振动-转动兼有的谱带，约 $1 \sim 20\text{eV}$，位于紫外-可见光区，通常称为电子光谱（图12-3）。

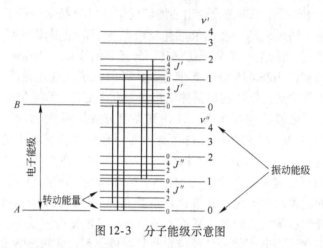

图 12-3   分子能级示意图

红外光谱也即分子振动光谱，其最有效的部分位于电磁频率 $4000 \sim 400\text{cm}^{-1}$ 范围。分子振动能级的跃迁只有引起或发生分子偶极矩的变化时才能产生红外光谱。振动偶极矩变化越大，红外吸收带越强，称为红外活性；偶极矩不变，不发生红外吸收，称为非红外活性。非红外活性的基团特征频率可由拉曼光谱测定。

当红外光照射分子时，如果分子中某个基团的振动频率与红外光频率一致，此频率的红外光就会被吸收，分子由基态振动跃迁到较高的振动能级；反之则该红外光不会被吸收。因此，当连续的红外光照射样品时，其不同频率的红外光吸收各不相同，从而得到该样品的特征吸收红外光谱图。分子振动可分为伸缩振动和弯曲振动，每种振动都有其特定的频率，也即有相应的红外吸收峰。实际上与特征频率有关的振动常常是几个原子的官能团占优势，也就是官能团的特征频率与分子其余部分无关，因此反过来可以由各红外光谱带的特征频率鉴定官能团、基团和化学键。目前用于红外光谱测定最常用的仪器是傅里叶变换红外光谱仪（FTIR）。

12.2.1.2   红外光谱在催化剂研究中的应用

催化反应过程一般是通过反应物分子被吸附在催化剂表面活化，然后与另一被活化的分子或者反应分子发生催化反应，生成产物，最后脱附产物的过程。当反应物分子吸附到催化剂表面后，由于吸附分子与催化剂表面的相互作用，必然导致原有分子的振动频率和红外吸收强度发生变换，通过吸附探针分子测定分析这些变化，就能获得其表面结构组成、不同组分间相互作用、不同活性中心等信息，从而推断催化反应机理，也有助于推进新型催化剂的制备和开发。

用于识别表面吸附分子时，一般都是基于识别基团的特征频率或同已知化合物的红外光谱相对照而进行的。只是由于催化研究中主要涉及化学吸附，吸附分子与表面形成某种键合，吸附分子的红外光谱图和吸附前的相比有较大的变化，除了出现新的吸附键以外，还可能改变原来分子的振动频率，导致一定的位移，这是需要注意的。图 12-4 为 CO 在不同状态下的红外光谱图。图 12-4 中曲线 a 为液态 CO 分子的振动光谱；从曲线 c 的气态 CO 红外光谱可以看出，CO 除了振动运动以外，还可以转

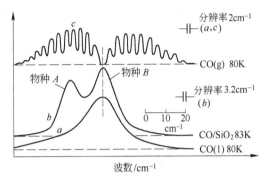

图 12-4　CO 在不同状态下的红外光谱图

动，即 CO 气相红外光谱是 CO 分子的振动-转动光谱；曲线 b 为物理吸附在 SiO_2 上的 CO，由于同 SiO_2 表面上的羟基相互作用，使 CO 的振动、转动受到很大的影响。此外基于 CO 能与很多过渡金属形成表面吸附态，可用 CO 做探针分子研究该吸附态的强红外特征峰，从而了解该催化剂的表面性质。如 Pd-Ag/SiO_2 催化剂体系中，其中随 Pd、Ag 金属配比的不同，催化剂样品上 CO 吸附的红外光谱发生明显变化。

通过氨、吡啶、三甲基胺等碱性吸附探针，利用红外光谱技术能有效区分催化剂表面的 L 酸和 B 酸，因此红外光谱法普遍用来研究固体催化剂的表面酸性。Parry 等最早就是通过 IR 谱带，利用吸附吡啶、氨碱性气体来测定催化剂材料表面的 L 酸和 B 酸。另外利用 X 射线衍射和红外光谱相结合，可以确定掺杂金属的分子筛的骨架结构和骨架的内外振动的关系。例如负载 TiO_2 的沸石分子筛（TS-1、Ti-TMS、Ti-MCM-41、Ti/FSM-16 等钛硅分子筛），在引入这些金属离子后分子筛的红外光谱会发生很大变化，通常红外光谱是这类掺杂金属离子分子筛的一个重要表征方法。

12.2.2　拉曼光谱技术

拉曼光谱（Raman spectra）是一种散射光谱。1923 年 A. G. S. 斯梅卡尔从理论上预言了频率发生改变的散射。1928 年，印度物理学家 C. V. 拉曼在实验中发现，当光穿过透明介质被分子散射的光发生频率变化，这一现象称为拉曼散射，同年稍后在苏联和法国也被观察到。拉曼光谱是对与入射光频率不同的散射光谱进行分析以得到分子振动、转动方面信息，并应用于分子结构研究的一种分析方法。分子极化率的变化诱导产生了拉曼光谱，而红外光谱则是由分子偶极矩的变化产生的。虽然拉曼光谱的原理和机制都与红外光谱不同，但它提供的结构信息都是关于分子内部振动频率和振动能级的，均可用来鉴定分子中的官能团。两种方法互为补充，一些红外光谱无法检测的样品信息在拉曼光谱上能很好地测定出来。

12.2.2.1　基本原理

单色光与分子相互作用产生的散射现象可以用光量子与分子的碰撞来解释。当光子和分子相互作用时，会发生弹性碰撞和非弹性碰撞。光子与分子间不发生能量交换，仅改变光运动方向，不改变频率的称为瑞利散射（Rayleigh scattering）。在非弹性碰撞过程中，光子与分子间有能量交换，不仅光运动方向改变，而且在瑞利散射光两侧还有其他频率发生变化的散射光，这种散射称为拉曼散射（Raman scattering）。拉曼散射光与瑞利散射光

的频率之差称为拉曼位移。图 12-5 为拉曼散射和瑞利散射的能级示意图。

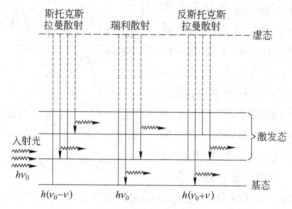

图 12-5　拉曼散射和瑞利散射的能级示意图

拉曼散射遵守如下规律：散射光中在每条原始入射谱线（频率为 ν_0）两侧对称地伴有频率为 $\nu_0 \pm \nu_i$（$i=1$，2，3，…）的谱线，长波一侧的谱线称红伴线或斯托克斯线，短波一侧的谱线称紫伴线或反斯托克斯线；频率差 ν_i 与入射光频率 ν_0 无关，由散射物质的性质决定，每种散射物质都有自己特定的频率差，其中有些与介质的红外吸收频率相一致。

拉曼散射可分为两个类型：一是共振拉曼散射（resonance raman scattering）：当一个化合物被入射光激发，激发线的频率处于该化合物的电子吸收谱带以内时，由于电子跃迁和分子振动的耦合，使某些拉曼谱线的强度陡然增加，这个效应被称为共振拉曼散射，共振拉曼光谱是激发拉曼光谱中较活跃的一个领域；二是表面增强拉曼散射（surface-enhanced Raman scattering，SERS）：当一些分子被吸附到某些粗糙的金属，如金、银或铜的表面时，它们的拉曼谱线强度会得到极大的增强，这种不寻常的拉曼散射增强现象被称为表面增强拉曼散射效应。

12.2.2.2　拉曼光谱在催化剂研究中的应用

在催化剂的结构研究中，拉曼光谱和红外光谱这两种分子的振动-转动光谱都是常用的表征手段，但是两者又各有不同。同一分子之所以产生拉曼散射和红外吸收两种现象，是与其分子对称性紧密相关的，取决于分子振动情况，能引起分子偶极矩永久改变的是具有红外活性的振动，而能引起分子极化率改变的就是具有拉曼活性的散射振动，其强度与分子极化率的倒数成比例，也即散射光能量随拉曼位移的变化而变化。红外光谱适用于分子端基官能团的测定，拉曼光谱则适用于分子骨架的测定，给出红外光谱中观察不到的低频振动信息。两者互相补充，但不能互相代替，在某些催化剂研究条件下，拉曼光谱甚至具有优于红外光谱的特点。

例如对于含水的催化剂体系，水溶剂的红外吸收特别强，背景干扰大，但是水的拉曼峰却很弱，因此拉曼光谱就特别适合于研究水溶液中催化剂的制备过程和水溶液体系中的催化反应。还有对于负载型催化剂体系，如 Al_2O_3、SiO_2、TiO_2 等载体，在 $1000 cm^{-1}$ 以下波段有强的红外吸收，而往往体系的催化活性组分（如金属氧化物等）的特征吸收峰就在较低的波数，此时用红外光谱表征固体催化剂的结构就显得十分困难了。但是这些催化剂载体的拉曼散射峰很弱，甚至观察不到其拉曼峰，此时载体对体系催化剂活性组分的背景干扰就很小。因此，拉曼光谱是负载型金属氧化物催化剂的理想表征手段。另外采用蓝、绿等紫外区的光做激光线时的拉曼光谱，不但能避开荧光干扰，而且能避免高温时遇到的来自催化剂样品和样品池的黑体辐射干扰。

近年来，随着拉曼光谱技术的不断发展，一些新的拉曼光谱技术，如表面增强拉曼、激光共振拉曼、傅里叶变换拉曼、共焦显微拉曼、近场拉曼、时间分辨拉曼、紫外拉曼等在催化剂研究领域，尤其是在原位反应条件下对催化剂的结构变化、活性组成、反应中间物等表征测定方面，得到了越来越多的应用。目前 SERS 已经发展成单分子表面研究表征的手段之一，一些纯过渡金属元素（第Ⅷ B 族）体系中可以产生 SERS 效应，其中吸附分子能产生 SERS 效应的金属和氧化物有 Ag、Au、Cu、Li、Na、K、Al、In、Pt、Rh、Ni、Ti、Hg、Cd、TiO_2、NiO 等。

12.3 热分析技术

1977 年，国际热分析协会将热分析（thermal analysis，TA）定义为"热分析是测量在程序控制温度下，物质的物理性质与温度依赖关系的一类技术"。所谓"程序控温"一般指线性升温或线性降温，也包括恒温或非线性升、降温。"物质"指试样本身和（或）试样的反应产物。"物理性质"包括质量、热焓变化、尺寸等，常为简单的物理量。热分析技术能快速准确地测定物质的晶型转变、熔融、升华、吸附、脱水、分解等变化，对无机、有机及高分子材料的物理及化学性能方面，是重要的测试手段。

根据测定的物理性质的不同，热分析方法应用最广泛的是热重量法（TG）、差热分析法（DTA）、差示扫描量热法（DSC）等，这构成了热分析的三大支柱，占到热分析总应用的 75% 以上。

12.3.1 热重分析法

热重分析（thermogravimetric analysis，TG 或 TGA），是指在程序控制温度下测量待测试样的质量与温度变化关系的一种热分析技术。

许多物质在加热过程中常常伴随质量的变化，监测这种变化有助于研究晶体性质的变化，如熔融、蒸发、升华、吸附等物理现象，以及物质的脱水、解离、氧化、还原等化学现象，因此热重分析法可用来研究材料的热稳定性和组分。它的基本原理是，样品质量变化所引起的天平位移量转化成电磁量，这个微小的电量经过放大器放大后，送入记录仪记录；而电量的大小正比于样品的质量变化量。这种记录质量变化对温度的关系曲线就是热重曲线（TGA 曲线），通过分析热重曲线，就可以知道被测物质在多少温度时产生变化，并且根据失重量，可以计算失去了多少物质。当被测物质在加热过程中有升华、汽化、分解出气体或失去结晶水时，被测的物质质量就会发生变化，这时热重曲线就不是直线而是有所下降，在相应的温度区间出现相对应的阶梯。同一物质发生不同变化（如蒸发和分解）时，其阶梯对应的温度区间是不同的；不同物质发生同一变化（如分解）时，其阶梯对应的温度区间也是不同的。因此 TGA 曲线的阶梯温度区间可以作为鉴别物质质量变化的定性依据。而阶梯的高度则代表质量变化的多少，如结晶水分子数、中间物或产物的最终质量，故阶梯的高度是进行各种质量参数计算的定量依据。阶梯斜度与反应速率有关，可得到动力学相关信息。

热重分析通常可分为两类：动态法和静态法。静态法包括等压质量变化测定和等温质量变化测定。等压质量变化测定是指在程序控制温度下，测量物质在恒定挥发物分压下平衡质量与温度关系的一种方法；等温质量变化测定是指在恒温条件下测量物质质量与温度关系的一种方法。这种方法准确度高，但耗时长。而动态法就是我们常说的热重分析和微商热重分析。微商热重分析又称导数热重分析（derivative thermogravimetry，DTG），它是TG 曲线对温度（或时间）的一阶导数。以物质的质量变化速率（dm/dt）对温度 T（或时间 t）作图，即得 DTG 曲线。DTG 曲线上出现的峰指示试样质量发生变化，峰面积与试样的质量变化成正比，峰顶与失重变化速率最大处相对应。

目前热重分析法广泛应用于沸点、热分解反应过程分析、脱水量的测定、生成挥发物的固相反应分析、固气反应分析等。

12.3.2 差热分析法

差热分析（differential thermal analysis，DTA），是一种重要的热分析方法，指在程序控温下，测量物质和参比物的温度差与温度或者时间的关系的一种测试技术。

利用差热分析仪记录两者温度差与温度或者时间之间的关系曲线就是差热曲线（DTA 曲线）。在 DTA 试验中，试样在受热或冷却过程中，当达到某一温度时，往往会发生熔化、凝固、晶型转变、分解、化合、吸附、脱附等物理或化学变化，并伴随有焓的改变，因而产生热效应，其表现为样品与参比物之间有温度差。一般来说，熔融、相转变、脱氢还原和一些分解反应产生吸热效应；而结晶、氧化等反应产生放热效应。

利用差热曲线的吸热或放热峰可以来表征当温度变化时引起试样发生的任何物理或化学变化。同一物质发生不同的物理、化学变化所对应的峰温是不同的；不同物质发生不同的物理、化学变化所对应的峰温也是不同的。因此，峰温可以作为鉴定物质及其变化规律的定性依据。实验表明，在一定范围内，样品量与 DTA 曲线的峰面积呈一定的线性关系，而峰面积又与热效应成正比，因此 DTA 峰面积可以表征热效应的大小，是计量热效应的定量依据。简而言之，峰的数目表示物质发生物理、化学变化的次数；峰的位置表示物质发生变化的转化温度；峰的方向表明体系发生热效应的正负性；峰面积说明热效应的大小：相同条件下，峰面积大的表示热效应也大。在一定实验条件下，DTA 曲线的峰形取决于样品的变化过程，因此从峰的大小、峰宽和峰的对称性等还可以得到相关动力学信息。

差热分析法广泛用于测定物质在热反应时的特征温度及吸收或放出的热量，包括物质相变、分解、化合、凝固、脱水、蒸发等物理或化学反应，主要用于定性分析。在无机、硅酸盐、陶瓷、矿物金属、航天耐温材料等领域应用广泛，是无机、有机，特别是高分子聚合物、玻璃钢等方面热分析的重要技术。

12.3.3 差示扫描量热法

在差热分析法中，当试样在产生热效应（熔化、分解、相变等）时，升温速率是非线性的，从而使校正系数 K 值变化，难以进行定量；另外由于与参比物、环境的温度有较大差异，三者之间会发生热交换，降低了对热效应测量的灵敏度和精确度。以上缺点使得差热技术在试样热量测定方面难以进行定量分析，只能进行定性或半定量的分析工作。

为了克服差热分析法的缺点，发展了差示扫描量热法。该法对试样产生的热效应能及时得到应有的补偿，使得试样与参比物之间无温差、无热交换，试样升温速度始终跟随炉温线性升温，保证了校正系数 K 值恒定。测量灵敏度和精度大有提高。

差示扫描量热法（differential scanning calorimetry，DSC），是在程序控制温度下，测量输给物质和参比物的功率差与温度或时间关系的一种技术。根据所用测量方法的不同，可分为功率补偿型和热流型两种。

相对于 DTA 而言，采用 DSC 可以直接对试样进行热量测定，而且其被测试样的实际温度不受程序升温时的温度控制，随时可得到热补偿，始终保持试样与参比物的温度一致，从而避免了参比物与试样间的热传递。鉴于 DSC 能定量地量热、灵敏度高，应用领域很宽，凡涉及热效应的物理变化或化学变化过程均可采用 DSC 来进行测定。因为 DSC 峰的位置、形状、峰的数目与物质的性质有关，故可用来定性的表征和鉴定物质，而峰的面积与反应热焓有关，故可以用来定量测定多种热力学和动力学参数，如比热容、反应热、转换热、反应速率等。

12.3.4　热分析法在催化剂研究中的应用

热分析是在程序控温下研究，动态跟踪测量物质的性质和状态随温度或时间变化规律的表征技术，具有连续、快速、简便的优点。热分析技术已经全面应用到催化剂的应用中，如催化剂活性评价、催化剂制备条件优化（如焙烧温度、还原温度等）、催化剂组成确定、催化剂活性组分的价态确定、活性单层分散阈值确定、活性组分与载体的相互作用、活性金属离子的配位状态及分布、固体催化剂表面酸碱表征测定、吸附和表面反应机理、沸石催化剂的积炭行为、催化剂老化失活机理和再生行为、多相催化反应动力学研究、离子液体催化剂的热稳定性表征等。

如溶胶-凝胶法制备非晶态超细 Fe-Al-P-O 催化剂时，利用 TG、DTA 曲线的变化分析，确定适合的干燥和焙烧温度制备该金属氧化物催化剂；Diaz 等人利用 TG-MS 联用技术研究了后接枝法和共缩聚法制备 MCM-41 的硫醇和磺酸根的接枝负载量；人们利用 TG 还原法测定浸渍法制备的金属负载型催化剂中金属组分的含量；Trigueiro 等人利用 DTA 技术分析多种稀土元素、氢元素或重元素掺杂的 NaY 沸石分子筛的脱水温度及其孔道结构的热稳定性；采用碱性或酸性气体吸附-热重程序升温热脱附技术可以实现对催化剂表面酸性或碱性的测量。

尽管热分析技术已在催化剂研究中得到广泛应用，但仅依靠单一热分析技术很难得到准确可靠的分析结果，只有将其与其他技术相互结合、联用才能保证更准确的表征分析结果，这是催化科学研究手段发展的必然趋势。

12.4　电子能谱技术

电子能谱（electron spectroscopy）是近几十年来在物理、化学领域出现和发展的一种新型综合的技术方法。它是采用单色光源（如 X 射线、紫外光）或电子束去照射样品，使样品表面原子中不同能级的电子受到激发而发射出来，然后收集这些带有样品表面信息并具有特征能量的电子，对它们的能量分布和空间角分布进行研究和测量的分析方法。通过对这些特征信息的解析，可以获得样品中原子的各种信息，如元素种类和含量、化学环境、化学价态等。电子能谱是现今应用最广泛的表面分析技术，可以给出固体材料表面的元素组成及状态变化，是研究原子、分子和固体材料的有力工具之一。

光电子能谱所依据的基本原理就是 Einstein 提出的光电效应。当具有足够能量的入射光（$h\nu$）与样品相互作用时，光子会把能量转移到样品的原子、分子或固体的某一束缚电子，使之电离。此时光子的一部分能量用来克服轨道电子结合能（E_b），余下能量成为发射电子（e）所具有的能量（E_k），这就是光电效应。其表达式如式 12-4 所示：

$$A + h\nu \longrightarrow A^{+*} + e \qquad (12\text{-}4)$$

式中，A 表示光电离前的原子、分子或固体；A^{+*} 表示光致电离后所形成的激发态离子。

入射光与样品相互作用时，除了能产生光电子以外，还能产生俄歇电子、荧光、X 射线等，图 12-6 是原子受激产生光电子的示意图，其能量关系表示如式 12-5 所示：

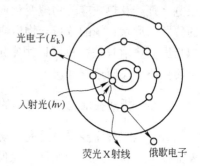

$$h\nu = E_b + E_k + E_r \cong E_b + E_k \qquad (12\text{-}5)$$

式中，$h\nu$ 为入射光能量；E_b 为原子的始终态能量差，用来克服轨道电子结合能；E_k 为光电子能量；E_r 为原子的反冲能量（小于 0.1eV），可以忽略不计。

图 12-6　原子受激产生光电子示意图

对于固体样品，E_k 和 E_b 通常以费米能级 E_f（即 0K 时固体能带中充满电子的最高能级）为参考能级，气体样品则以真空能级 E_v 做参考能级。由于不同的原子其结合能是不同的，特别是内层电子的能量是高度特征的，因此通过测定结合能就能测定物质结构信息。由于光电子或俄歇电子，在逸出的路径上自由程很短，实际能探测的信息深度只有表面几个至十几个原子层，所以光电子能谱通常用来作为表面分析的方法。

电子能谱的内容十分宽泛，但凡涉及利用电子能量进行分析的此类技术，均可归属到电子能谱的范畴。常见的电子能谱根据使用的激发源不同，又可分为 X 射线光电子能谱（X-ray photoelectron spectroscopy，XPS）、紫外光电子能谱（ultraviolet photoelectron spectroscopy，UPS）、俄歇电子能谱（auger electron spectroscopy，AES）。

12.4.1　X 射线光电子能谱

瑞典 Uppsala 大学物理研究所 Kai Siegbahn 教授及其小组在 20 世纪五六十年代对 XPS 的实验设备进行了几项重要的改进并逐步发展完善了这种实验技术，首先发现内壳层电子结合能位移现象，并成功应用于化学研究，并荣获了 1981 年的诺贝尔物理奖。X 射线光电子能谱（XPS）是一种基于光电效应的电子能谱，它是利用 X 射线激发出物质表面原子的内层电子，通过对这些电子进行能量分析而获得的一种能谱。利用 XPS 可以将非金属的化学态和金属氧化态进行区分，因此 XPS 又称为化学分析光电子能谱法。

通常 XPS 采用能量为 1000～1500eV 的软 X 射线源（如 MgK_α，1253.6eV；AlK_α，1486.6eV）辐射固体样品来激发内层电子。由于光子与固体的相互作用比较弱，只能进入固体内的一定深度（不大于 1 μm）。在软 X 射线路径中，又要经历一系列弹性或非弹性碰撞，然后只有表面下一个很短距离（约为 10nm）中的光电子才能逸出固体进入真空。对于固体样品，X 射线光电子平均自由程只有 0.5 ~ 2.5nm（对于金属及其氧化物）或 4 ~ 10nm（对于有机物和聚合材料），因而 XPS 是一种表面非常灵敏的测试方法。

XPS 定量分析的基本依据是光电子峰面积（或峰高），这取决于样品中所测元素的相对含量，但是要精确测量谱峰面积，还要充分考虑伴峰（非光电子峰）的存在。不同于红外光谱提供的"分子指纹"，XPS 提供的是"原子指纹"。由于各种元素内层电子的结合能具有特征性，XPS 各个主峰与相应元素的离子态一一对应，可以准确鉴定周期表中除 H 和 He（无内层电子）外的所有元素，还可以鉴定同一元素的不同价态。目前 XPS 已成为一种常规表面分析手段，用于研究表面吸附和表面电子结构。

XPS 具有无损分析（样品不被 X 射线分解）、超微量分析（分析时所需样品量少）、痕量分析方法（绝对灵敏度高）的优点。但是由于 X 射线的线宽在 0.7eV 以上，不能分辨出分子或者离子的振动能级，XPS 的相对灵敏度不高，只能检测出样品中含量在 0.1% 以上的组分。

XPS 以表面元素定性分析、定量分析、表面化学结构分析等基本应用为基础，可以广泛应用于表面科学与工程领域的分析、研究工作。在催化剂研究中，利用 XPS 技术可以准确剖析催化剂各组分的化学状态，研究活性相组成与性能的关系，研究催化剂表面反应机理以及催化剂失活及中毒机理。如用 XPS 强度比测定活性物质在载体上的分散状态；氧化物模型催化剂的内标和氧化数的研究；Mo/TiO_2、Mo/Al_2O_3 催化剂"激活"时氧化态分布；通过 XPS 价带谱测定 Mo/C 催化剂中钼酸盐的结构；富含石油气的废水的催化处理过程研究；MnO_x、MnO_x-Pt、MnO_x-Pd 等氧化催化剂的表征；混合型 Ni-Ce 氧化物加氢作用的研究；利用 XPS/SIMS 对负载型催化剂表面的积炭研究等。

12.4.2　紫外光电子能谱

紫外光电子能谱（UPS）：是利用能量在 16 ~ 41eV 的真空紫外光子（如 He I，21.2eV 或 He II，40.8eV）照射被测样品产生光电离，测量由此引起的光电子能量分布的一种光电子能谱。这个能量范围的光子与 X 射线光子相比能量较低，线宽较窄（约为0.01eV），UPS 只能激发样品中原子、分子的外层价电子或固体的价带电子，并可分辨出分子的振动能级，因此被广泛地用来研究气体样品的价电子和精细结构以及固体样品表面的原子、电子结构。

在紫外光电子能谱的能量分辨率下，分子转动能（E_r）太小，不必考虑。而分子振动能（E_v）可达数百毫电子伏特（约为 0.05 ~ 0.5eV），且分子振动周期约为 10 ~ 13s，而光电离过程发生在 10 ~ 16s 的时间内，故分子的（高分辨率）紫外光电子能谱可以显示振动状态的精细结构。紫外光电子能谱谱线呈现的分离结构，提供了电子确实存在于量子化的分子轨道上的直接证据。对于一个成键或反键电子电离，核间平衡距离要发生很大变化，UPS 谱带宽而复杂。对于一个非键或弱化学键电子电离，核间平衡距离变小，UPS 谱带窄而简单。如果分子振动能级很密，或者分子离子态与分子基态的核间距变化很大，则能带呈连续的谱带。

由于紫外光电子能谱提供分子振动（能级）结构特征信息，因而与红外光谱相似，具有分子"指纹"性质，可用于一些化合物的结构定性分析。通常采用未知物（样品）谱图与已知化合物谱图进行比较的方法鉴定未知物。紫外光电子谱图还可用于鉴定某些同分异构体，确定取代作用和配位作用的程序和性质，检测简单混合物中各种组分等。紫外光电子谱的位置和形状与分子轨道结构及成键情况密切相关。紫外光电子能谱法能精确测量物质的电离电位。对于气体样品，电离电位近似对应于分子轨道能量。由此可知，依据紫外光电子能谱可以进行有关分子轨道和化学键性质的分析工作，如测定分子轨道能级顺序（高低），区分成键轨道、反键轨道与非键轨道等，因而为分析或解释分子结构、验证分子轨道理论的结果等工作提供了依据。

在固体样品中，紫外光电子有最小逸出深度，因而紫外光电子能谱特别适于固体表面状态分析。可应用于表面能带结构分析（如聚合物价带结构分析）、表面原子排列与电子结构分析及表面化学研究（如表面吸附性质、表面催化机理研究）等方面。因为只涉及外层电子（价电子或导带电子），紫外光电子能谱法不适于进行元素定性分析工作。由于谱峰强度的影响因素太多，因而紫外光电子能谱法尚难于准确进行元素定量分析工作。UPS 分析表面成分，更适合于研究价电子状态，与 XPS 相互补充。由于 UPS 自身存在的某些缺陷，目前在催化剂研究领域的应用还不太多，需要与其他表面分析技术组合使用。例如 LaC_{82} 电子结构的研究；LaB_6（100）表面上初始氧吸附位的研究；利用 UPS、XPS 和亚稳碰撞电子能谱研究 Ca、CaO 表面的 CO_2 吸附等。

12.4.3　俄歇电子能谱

1925 年法国的物理学家 P. Auger 在用 X 射线研究光电效应时就已发现俄歇电子，并对现象给予了正确的解释。1968 年 L. A. Harris 采用微分电子线路，使俄歇电子能谱开始进入实用阶段。

俄歇电子能谱法（AES）是用具有一定能量的电子束（或 X 射线）激发样品内层能级电子，产生无辐射俄歇跃迁，通过检测俄歇电子的能量和强度，从而获得有关材料表面化学成分和结构的信息的方法。

当电子束或 X 射线作激发源，使原子内层电子被电离产生一个空穴后，其他能量较高轨道的电子填充这个空穴，同时释放出能量使其他电子二次电离，这样电离出来的电子是由 Auger 首次发现的，称之为 Auger 电子（图 12-7）。用电子动能分析器分析俄歇电子，

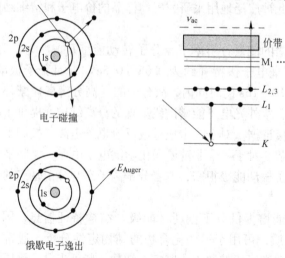

图 12-7　俄歇电子发射原理图

就得到俄歇电子能谱（AES）。

俄歇电子的激发方式虽然有多种（如 X 射线、电子束等），但通常主要采用一次电子激发，因为电子便于产生高束流，容易聚焦和偏转。俄歇电子的能量和入射电子的能量无关，只依赖于原子的能级结构和俄歇电子发射前它所处的能级位置。因此改变 X 光源时，光电子的能量会改变，而 Auger 电子能量不会变，利用这一点可以区别 Auger 电子峰和光电子峰。

俄歇电子产额或俄歇跃迁概率决定俄歇谱峰强度，直接关系到元素的定量分析。俄歇电子与特征 X 射线是两个互相关联和竞争的发射过程。

由图 12-8 可知，对于 K 层空穴 Z<19，发射俄歇电子的概率在 90% 以上；随 Z 的增加，X 射线荧光产额增加，而俄歇电子产额下降。Z<33 时，俄歇发射占优势。如果电子束将某原子 K 层电子激发为自由电子，L 层电子跃迁到 K 层，释放的能量又将 L 层的另一个电子激发为俄歇电子，这个俄歇电子就称为 KLL 俄歇电子。同样，LMM 俄歇电子是 L 层电子被激发，M 层电子填充到 L 层，释放的能量又使另一个 M 层电子激发所形成的俄歇电子。通常，对于 $Z \leqslant 14$ 的元素，采用 KLL 俄歇电子分析；14<Z<42 的

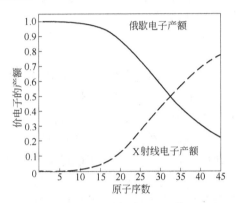

图 12-8　俄歇电子产额与原子序数的关系

元素，采用 LMM 俄歇电子较合适；Z>42 时，以采用 MNN 和 MNO 俄歇电子为佳。

大多数元素在 50~1000eV 能量范围内都有产额较高的俄歇电子，它们的有效激发体积（空间分辨率）取决于入射电子束的束斑直径和俄歇电子的发射深度。能够保持特征能量（没有能量损失）而逸出表面的俄歇电子，发射深度仅限于表面以下大约 2nm 以内，约相当于表面几个原子层，且发射（逸出）深度与俄歇电子的能量以及样品材料有关。在这样浅的表层内逸出俄歇电子时，入射电子束的侧向扩展几乎尚未开始，故其空间分辨率直接由入射电子束的直径决定。

AES 大都用电子作激发源，因为电子激发得到的俄歇电子谱强度较大，并具有优异的空间分辨率。AES 可分析除 H、He 以外的各种元素，对于轻元素 C、O、N、S、P 等有较高的分析灵敏度，可进行成分的深度剖析或薄膜及界面分析。AES 主要用于材料元素组成、微区元素成分分析以及表面化学过程研究等方面。俄歇电子能谱是研究固体表面的一种重要技术，已广泛应用于各种材料分析和催化、吸附、腐蚀等过程的研究。

12.5　共振谱技术

12.5.1　核磁共振技术

核磁共振（nuclear magnetic resonance，NMR）是 1946 年发现的低能量电磁波，即无线电波与物质相互作用的一种物理现象。最初核磁共振只被物理学家用作物质磁性的研究。随着化学位移的发现，以及高灵敏和高分辨的 NMR 谱仪的制成，核磁共振也引起了

化学家们的极大兴趣。核磁共振是指核磁矩不为零的核在外磁场的作用下，核自旋能级发生塞曼分裂，共振吸收某一特定频率的射频辐射的物理过程。由于塞曼分裂的大小与分子的化学结构有密切的关联，NMR 能提供有关化学结构及分子动力学的信息，成为分子结构解析的重要工具，化学位移是其中最重要的参数，从这些由于化学环境不同而导致的位移中可以得到被测原子的化学本质信息。

12.5.1.1 基本原理

众所周知，原子核由质子和中子组成，带有一定的正电荷，并且存在自旋现象。根据电磁学理论，电荷运动能产生磁场，所以，原子核具有磁性，其大小一般用磁矩 μ 表示，如式 12-6 所示：

$$\mu = \frac{h\gamma m}{2\pi} \tag{12-6}$$

式中，h 为普朗克常量；γ 为磁旋比，是各种核的特征常数；m 为磁量子数。m 的大小由自旋量子数 I 决定，根据量子力学的理论，m 共有 $2I+1$ 个取值。例如 ^1H 的 $I=1/2$，其 m 值只能有 $2\times(1/2)+1=2$ 个取向。

核磁矩在外磁场 B_0 的作用下旋进，可以求得其旋进的角速度为 $\omega=\gamma B_0$。若再在垂直于 B_0 的方向施加一个频率在射频范围内的交变磁场 B，如图 12-9 所示，当其频率与核磁矩旋进频率一致时，便产生共振吸收；当射频被撤去后，磁场又将这部分能量以辐射形式释放出来，这就是共振发射，共振吸收和共振发射的过程称为核磁共振 NMR。

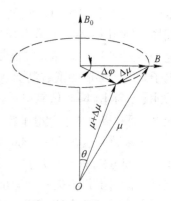

图 12-9   核磁共振原理图

同一核由于化学环境不同，在核磁共振波谱上共振吸收峰位置发生位移的现象称为化学位移，一般用 δ 表示。通过研究化学位移，可以了解原子周围的化学环境，从而获得分子的精细结构。自旋量子数不为零的核在外磁场中会存在不同能级，这些核处在不同自旋状态，会产生小磁场，产生的小磁场将与外磁场产生叠加效应，使共振信号发生分裂干扰。这种核的自旋之间产生的相互干扰称为自旋-自旋耦合，简称自旋耦合。由自旋耦合产生的谱线分裂现象叫自旋-自旋分裂，简称自旋分裂。

C、H 是有机化合物的主要组成元素，研究 ^1H 的核磁共振现象称为氢谱，研究 ^{13}C 的核磁共振现象称为碳谱。NMR 谱图用随化学位移的变化的吸收光能量来表示，其所能展现的信息包括：峰的化学位移、强度、裂分数、耦合常数、核的数目、所处化学环境和几何构型等信息。

12.5.1.2 固体高分辨核磁共振技术

由于固体样品不能像液体分子那样进行快速分子运动和快速交换，分子内磁偶极之间的强相互作用，使得固体 NMR 谱线大大加宽。引起固体 NMR 谱线宽化的因素主要有以下几种：核的偶极-偶极相互作用，化学位移各向异性，四极相互作用，自旋-自旋标量偶合作用，核的自旋-自旋弛豫时间过短等。针对这些 NMR 谱线宽化因素，固体核磁探头和谱仪也做了很大改进，主要有魔角旋转技术（magic angle spinning，MAS NMR）、高功率 ^1H 去偶技术、交叉极化技术（cross-polarization，CP/MAS NMR）及四极核测定的高分辨技术。

魔角旋转技术的要点是迫使样品绕相对于 z 轴为魔角（54.44°）的方向轴做快速的机械转动，从而使四极增宽和偶极增宽得到应有的缩窄，很大程度地消除偶极-偶极和化学位移各向异性相互作用。虽然魔角旋转可以清除化学位移各向异性相互作用，但由于转速不够高，只能部分清除偶极-偶极相互作用，因此对 ^{13}C、^{29}Si 等丰度低、磁旋比小的稀核，其 NMR 检测的灵敏度还是偏低。

提高灵敏度的一个很好的方法就是交叉极化技术，该方法是使丰核（如 ^1H）与稀核（如 ^{13}C）之间建立 Hartmann-Hahn 平衡条件 $\gamma_I B_I = \gamma_S B_S$（S 代表稀核，I 代表丰核），$\gamma$ 和 B 分别是自旋 I 的磁旋比和射频场，在这个条件下，丰核 I 的磁化作用就能转移到稀核 S 上，从而使稀核的共振信号大大增强。交叉极化的建立取决于丰核和稀核之间的偶极作用。由于固体中同一种稀核可能存在于几种不同的化学环境中，对每个核极化转移的效率不一样，因此采用交叉极化法来进行定量处理是不够准确的。将 CP/MAS 技术与 ^1H 高功率去偶相结合可以获得高灵敏度、高分辨率的固体 NMR 谱。

12.5.1.3 核磁共振在催化剂研究中的应用

目前广泛应用于多相催化剂结构表征的是固体 MAS NMR，它以探测分子筛催化剂骨架上所有元素组分和晶体结构，并且对局部结构和几何特性也很敏感。^{29}Si MAS NMR 谱中 ^{29}Si 化学位移取决于分子筛的基本结构，即 Si/Al 和 Si-O-Si 键角，另结晶性、水解程度和磁场强度都影响线宽。分子筛中 Brönsted 酸和 Lewis 酸是与特定的铝状态联系在一起的。所以除了 ^{29}Si 核外，^{27}Al 是分子筛骨架中另一个很重要的核。^{27}Al MAS NMR 化学位移对不同配位的 Al 物种十分敏感，因此，可以用该谱区分六配位非骨架铝和四配位骨架铝。此外，在研究分子筛骨架时，^{17}O、^{31}P、^{47}Ti、^{49}Ti MAS NMR 谱也都有很重要的作用。

分子筛的酸性测定方法有很多，常见的有红外、拉曼、气相碱吸附和程序升温脱附等。随着固体核磁共振技术的发展，NMR 法在固体催化剂表面酸中心的研究方面越来越显出优越性。^1H MAS NMR 是研究催化剂表面 B 酸位最直接的方法。虽然 ^1H MAS NMR 能非常直接地获得羟基质子酸性方面的信息，但是由于其谱线集中在一个较窄的范围内，导致分辨率不高。同时它不能给出表面 Lewis 酸位的信息，通常采用吸附探针分子的方法进行测量。如 $(CH_3)_3$ ^{39}P、^{15}N-Py、^{13}CO 等，通过 ^{31}P、^{15}N、^{13}C MAS NMR 谱的变化，间接表征固体表面的 L 酸中心。此外，采用探针分子吸附法能较好地测定固体酸的强度，其中强碱分子氘代吡啶吸附后能有效区分酸性和非酸性的 OH 基团。

又如 HY 和 HZSM-5 分子筛，虽然都有三维晶体结构，但其积炭的性质以及积炭和失活的速率完全不同。HY 的积炭是非均匀的，最强的酸位首先受到积炭影响；而 HZSM-5 的活性位是等强度的，其积炭是均匀的。这两种分子筛的积炭失活不是由于孔堵塞，而是由活性位中毒引起的。目前有多种物理、化学方法来研究催化剂积炭的化学性质、组成、位置、积炭类型、活性位数量变化等。其中 NMR 方法是最为重要的方法之一，由于多核固体高分辨 NMR 技术的不断发展，使得 ^1H、^{13}C、^{27}Al、^{29}Si、^{129}Xe MAS NMR 均可用来研究积炭引起的催化剂活性降低或失活的现象。其中 ^{13}C MAS NMR 提供的信息基本是积炭的化学性质，取决于分子筛的孔结构、反应物性质和反应温度等。^{27}Al 和 ^{29}Si MAS NMR 可以提供积炭对分子筛骨架的影响，当积炭充满孔道时，会影响 ^{27}Al 和 ^{29}Si 核的周围环境，而使其 MAS NMR 谱发生变化。^{1}H MAS NMR 可以提供积炭后分子筛内仍有活性的 B 酸位，估算 B 酸活性位的数量，结合^{27}Al MAS NMR 谱等确定积炭引起分子筛催化剂失活的类型。通过脉冲场梯度的自扩散测量可以确定积炭的位置和晶孔内、外表面扩散的变化。

12.5.2　电子顺磁共振技术

电子顺磁共振（electron paramagnetic resonance，EPR）是由不配对电子的磁矩发源的一种磁共振技术，可用于从定性和定量方面检测物质原子或分子中所含的不配对电子，并探索其周围环境的结构特性。对自由基而言，轨道磁矩几乎不起作用，总磁矩的绝大部分（99%以上）的贡献来自电子自旋，所以电子顺磁共振亦称"电子自旋共振"（ESR）。

电子顺磁共振首先是由前苏联物理学家扎沃伊斯基于 1944 年从 $MnCl_2$、$CuCl_2$ 等顺磁性盐类发现的。1954 年美国的康芒纳等人于首次将电子顺磁共振技术引入生物学的领域之中，他们在一些植物与动物材料中观察到有自由基存在。20 世纪 60 年代以来，由于仪器不断改进和技术不断创新，电子顺磁共振技术已成为探测物质中未偶电子以及它们与周围原子相互作用的非常重要的现代分析方法，它具有很高灵敏度和高分辨率，并且具有在测量过程中不破坏样品结构的优点。EPR 技术至今已在物理学、半导体、有机化学、配合物化学、辐射化学、化工、海洋化学、催化剂、生物学、生物化学、医学、环境科学、地质探矿等许多领域内得到广泛的应用。

12.5.2.1　基本原理

电子是具有一定质量和带负电荷的一种基本粒子，它能进行两种运动：一种是在围绕原子核轨道上的运动，另一种是对通过其中心的轴所作的自旋。由于电子的运动产生力矩，在运动中产生电流和磁矩。根据 Pauli 不相容原理，对于某种物质来说，其每个分子轨道上不能存在两个自旋态相同的电子，因而各个轨道上已成对的电子自旋运动产生的磁矩是相互抵消的，只有存在未成对电子的物质才具有永久磁矩，并在外磁场中呈现顺磁性。在没有外加磁场作用时，未成对电子的取向是随机的。在外加恒磁场 H 中，电子磁矩的作用如同细小的磁棒或磁针，由于电子的自旋量子数为 1/2，故电子在外磁场中只有两种取向：一种是与 H 平行，对应于低能级，能量为 $-1/2g\beta H$；另一种是与 H 逆平行，对应于高能级，能量为 $+1/2g\beta H$，两能级之间的能量差为 $g\beta H$（图 12-10）。

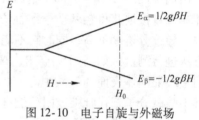

图 12-10　电子自旋与外磁场
H 的相互作用

在外磁场 H 作用下，未成对电子能发生能级分裂，称为塞曼分裂。若在垂直于外磁场 H 的方向，加一个频率等于未偶电子的 Larmor 旋进频率的射频场，也即加上一频率为 ν 的电磁波使恰能满足 $h\nu = g\beta H$ 这一条件时，低能级的电子即吸收电磁波能量而跃迁到高能级，此即所谓电子顺磁共振（EPR）现象。在上述产生电子顺磁共振的基本条件中：h 为普朗克常数；g 为波谱分裂因子（简称 g 因子或 g 值），无量纲；β 为电子磁矩的自然单位，称玻尔磁子。以自由电子的 $g = 2.00232$，$\beta = 9.2710 \times 10-21$egr/G，$h = 6.62620 \times 10^{-27}$egr·s，代入上式，可得电磁波频率与共振磁场之间的关系式：ν（MHz）$= 2.8025H$（G）。

12.5.2.2　EPR 在催化剂研究中的应用

EPR 技术在催化研究领域的应用主要有以下几个方面：吸附和催化反应中心反应物、中间物以及催化剂毒物的标识和鉴定；催化反应动力学的动态研究；催化剂本身的活性中心或表面的监测和表征。

催化研究中一个重要的方向是多相催化中表面吸附物的确定，也即表面自由基的确定，这通常依靠 EPR 技术中的 g 因子来确定，但往往催化剂表面特有的配位环境可能会使 g 值产生偏离，因此还需要含磁性核同位素的应用技术作为相应的补充测定。Erickson 等利用 EPR 技术测得的超精细分裂峰，研究了 X 射线照射下产生的苯正离子自由基在硅胶和 HY 分子筛上的吸附状态。徐元植等考察了 Cu^{2+} 在 A、X、Y 型三种分子筛的 EPR 谱，并通过吡啶吸附在 Cu^{2+}- X、Cu^{2+}- Y 上的 EPR 谱图证实了该吸附中生成了配位配合物。

此外，过渡金属离子是催化反应中常见的活性中心，大多数的过渡金属具有未成对电子，周围化学环境对它们的 EPR 谱影响非常灵敏，可依此对此类催化剂的表面活性中心进行表征。对于载体上的过渡金属离子和载体间相互作用，以及吸附其他分子时，催化剂过渡金属离子活性中心成键的变化，是 EPR 技术在多相催化研究领域的重要应用方向之一。例如 Knozinger 等人通过研究 Mo/Al_2O_3 体系在不同气氛下 EPR 谱上的 Mo^{5+} 信号变化，认为由于惰性气体的热处理作用，导致该体系中可能存在 Mo 元素的自还原现象，其羟基缩合价态也有相应的改变。

12.6　电子显微技术

1931 年，卢斯卡和诺尔根据磁场可以会聚电子束这一原理发明了世界上第一台电子显微镜。与光学显微镜的原理相同，电子显微镜是用电子束而非可见光来成像的。简单地说，电子的行为同光波相似，但是其波长较光波的波长小几百倍，这就使电子显微镜的分辨率大大提高。在电子显微镜中，磁场的作用类似于光学显微镜中的透镜。电子显微镜分为扫描电镜和透射电镜两大类。透射式电子显微镜常用于观察那些普通显微镜所不能分辨的细微物质结构；扫描式电子显微镜主要用于观察固体表面的形貌，也能与 X 射线衍射仪或电子能谱仪相结合，构成电子微探针，用于物质成分分析。

12.6.1　扫描电子显微镜

扫描电子显微镜（scanning electron microscope，SEM）是以电子探针对试样进行反复扫描轰击，将被轰击微区发出的二次电子信息用探测器逐个加以收集，经过适当处理并放大，依此放大信号来调制同步扫描的显像管的亮度，在显像管的荧光屏上得到该信息提供的样品图像。

图 12-11 是扫描电镜工作的原理示意图。由最上边电子枪发射出来的电子束，经栅极聚焦后，在加速电压作用下，经过 2～3 个电磁透镜所组成的电子光学系统，电子束会聚成一个细的电子束聚焦在样品表面。在末级透镜上边装有扫描线圈，在它的作用下使电子束在样品表面扫描。由于高能电子束与样品物质的交互作用，结果产生了各种信息：二次电子、背反射电子、吸收电子、X 射线、俄歇电子、阴极发光和透射电子等。这些信号被

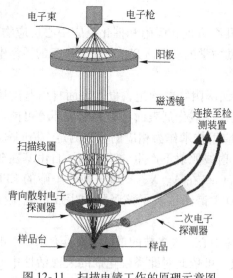

图 12-11　扫描电镜工作的原理示意图

相应的接收器接收，经放大后送到显像管的栅极上，调制显像管的亮度。由于经过扫描线圈上的电流是与显像管相应的亮度一一对应的，也就是说，电子束打到样品上一点时，在显像管荧光屏上就出现一个亮点。扫描电镜就是这样采用逐点成像的方法，把样品表面不同的特征，按顺序、成比例地转换为视频信号，完成一帧图像，从而使我们在荧光屏上观察到样品表面的各种特征图像。

扫描电镜样品制备要求是尽可能使样品的表面结构保存好，没有变形和污染，样品干燥并且有良好的导电性能。在样品进行 SEM 观察前，一般对样品进行预处理，通常是用戊二醛和锇酸等固定，经脱水和临界点干燥后，再于样品表面喷镀薄层金膜，以增加二波电子数。

扫描电镜的景深比较大，成像富有立体感，所以它特别适用于粗糙样品表面的观察和分析，场深通常为几纳米厚，可以用于纳米级样品的三维成像。SEM 图像放大范围广，分辨率高，可直接观察较大尺寸的固体样品的表面结构，还可针对样品测得的其他信息做微区分析。

在催化剂研究领域中，扫描电镜还不能直接表征催化剂的某项性能特征，多数作为一种辅助观察的手段，通过 SEM 可以直观地观察催化剂表面形貌、晶粒大小、活性成分的分布状态等信息。配合其他表征技术，高性能的扫描电镜在催化剂研究中得到越来越广泛的应用，如 Ni（Pt、Pd）/海泡石复合载体型催化剂的沉积制备、沸石分子筛合成、微/纳米级催化剂载体形貌监控等。

12.6.2　透射电子显微镜

透射电子显微镜（transmission electron microscopy，TEM）是一种高能电子穿透样品，根据样品不同位置的电子透过强度不同或电子透过晶体样品的衍射方向不同，经过电磁透镜放大后，在荧光屏上显示出图像。透射电镜主要由电子光学系统、真空系统和供电系统三部分组成，图 12-12 为透射电镜的结构示意图。透射电镜的总体工作原理是：由电子枪发射出来的电子束，在真空通道中沿着镜体光轴穿越聚光镜，通过聚光镜将之会聚成一束尖细、明亮而又均匀的光斑，照射在样品室内的样品上；透过样品后的电子束携带有样品内部的结构信息，样品内致密处透过的电子量少，稀疏处透过的电子量多；经过物镜的会聚调焦和初级放大后，电子束进入下级的中间透镜和第 1、第 2 投影

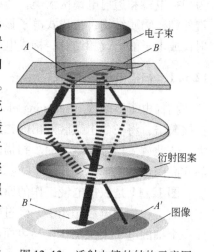

图 12-12　透射电镜的结构示意图

镜进行综合放大成像，最终被放大了的电子影像投射在观察室内的荧光屏板上；荧光屏将电子影像转化为可见光影像以供使用者观察。

透射电镜因电子束穿透样品后，再用电子透镜成像放大而得名。它的光路与光学显微镜相仿，可以直接获得一个样本的投影。通过改变物镜的透镜系统人们可以直接放大物镜的焦点的像。由此人们可以获得电子衍射像，使用这个像可以分析样本的晶体结构。TEM图像细节的对比度是由样品的原子对电子束的散射形成的。由于电子需要穿过样本，因此样本必须非常薄。组成样本的原子的相对原子质量、加速电子的电压和所希望获得的分辨率决定样本的厚度。样本的厚度可以从数纳米到数微米不等。

透射电镜具有极高的分辨率，可以实现在原子或离子尺度上直观地观察材料的结构和缺陷状况。如利用质厚衬度像，对样品进行一般形貌观察；利用电子衍射、微区电子衍射、会聚束电子衍射物等技术对样品进行物相分析，从而确定材料的物相、晶系，甚至空间群；利用高分辨电子显微术可以直接"看"到晶体中原子或原子团在特定方向上的结构投影这一特点，确定晶体结构；利用衍衬像和高分辨电子显微像技术，观察晶体中存在的结构缺陷，确定缺陷的种类、估算缺陷密度；利用 TEM 所附加的能量色散 X 射线谱仪或电子能量损失谱仪对样品的微区化学成分进行分析；利用带有扫描附件和能量色散 X 射线谱仪的 TEM，或者利用带有图像过滤器的 TEM，对样品中的元素分布进行分析，确定样品中是否有成分偏析。

在催化剂研究领域，透射电镜同样是重要而有效的表征手段，甚至在某些方面比扫描电镜更具优势。例如通过 TEM 观察催化剂中金属颗粒大小、形貌与分布状态；研究负载型催化剂金属粒子的烧结性；催化剂失活、再生机理研究中的应用。TEM 还可以与其他表征技术（如 XPS）结合，进行试样的微区成分的分析，实现原子或分子尺度上的原位观察操作。

12.6.3　扫描隧道显微镜

扫描隧道显微镜（scanning tunnel microscope，STM）是在 1981 年由 Binning 和 Rohrer 发明的，这两人为此获得 1986 年的诺贝尔物理学奖。STM 是利用量子隧道效应产生隧道电流的原理制作的显微镜。隧道电流强度对针尖与样品表面之间的距离非常敏感，因此用电子反馈线路控制隧道电流衡定，并用针尖在样品的表面扫描，则用探针在垂直于样品方向上的高低变化来反映出样品表面的起伏。将针尖在样品表面扫描是运动的轨迹直接在荧光屏或记录纸上显示出来，就得到了样品表面的密度分布、表面形貌、原子排列和电子结构等的图像。STM 的主机由三维扫描控制器、样品逼近装置、减震系统、电子控制系统、计算机控制系统数据采集和图像分析系统组成，见图 12-13。

目前使用的 STM 可分为两类：一类是观察时样品只能维持在一个固定的温度；另一类是观察时样品可以控制在一定范围内的任何温度。观察的方式有两种：一种是非原位观察，比如，先把有吸附物的表面加热导致反应发生，再降至室温观察；另一种是原位，即在表面反应过程中进行跟踪观察。定温 STM 一般只能用于非原位的观察，除非反应在室温下进行，变温 STM 更适用于原位观察。

STM 分辨率可达原子水平（即观察到原子级的图像），能实时地观察到表面的三维图像，可直接观察到表面缺陷、表面吸附质的位置和形态及由于吸附质产生的表面重构，利

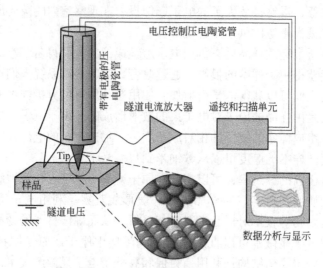

图 12-13　STM 工作原理示意图

用 STM 针尖实现对原子和分子的操作。相比于 SEM 和 TEM 要求的高真空工作环境，STM 测试条件宽松，即样品可在真空、大气、水溶液及常温下进行测试，不需要特别制样，且对样品无伤害，因此可用于多相催化机理、生物样品、电极表面变化等的监测。

12.6.4　原子力显微镜

原子力显微镜（atomic force microscope，AFM）是将 STM 的工作原理与针式轮廓曲线仪原理结合起来而形成的一种高速拍摄三维图像的新型显微镜，是 1986 年 Binning、Quate 和 Gerber 三人在 STM 的基础上发明的。

AFM 将一个对微弱力极敏感的微悬臂一端固定，另一端有一微小的针尖，针尖与样品表面轻轻接触，由于针尖尖端原子与样品表面原子间存在极微弱的排斥力，通过在扫描时控制这种力的恒定，带有针尖的微悬臂将对应于针尖与样品表面原子间作用力的等位面而在垂直于样品的表面方向起伏运动（图 12-14）。利用光学检测法或隧道电流检测法，可测得微悬臂对应于扫描各点的位置变化，从而可以获得样品表面形貌的信息，具有原子级的分辨率。由于原子力显微镜既可以观察导体，也可以观察非导体，从而弥补了扫描隧道显微镜的不足。

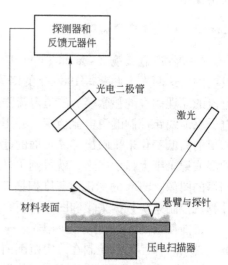

图 12-14　AFM 工作原理示意图

AFM 按照探针接触方式不同可分为三类：一是接触式，利用探针和待测物表面的原子力交互作用（一定要接触），会损坏样品，但分辨率高，较易得到原子分辨率；二是非接触式，这是利用原子间的长距离吸引力来运作，由于探针和样品没有接触，因此样品没有被破坏的问题，但是只能在超高真空中得到原子分辨率；三是轻敲式，将非接触式 AFM 改良，将探针和样品表面距离拉近，增大振幅，使探针再振荡至波谷时接触样品。由于样品的表面高低起伏，使振幅改变，再利用接触式的回馈控制方式，便能取得高度影像。分辨率介于接触式和非接触式之间，破坏样品的概率大为降低，且不受横向力的干扰。不过对很硬的样品而言，针尖仍可能受损。

不同于电子显微镜只能提供二维图像，AFM 提供真正的三维表面图。同时，AFM 不需要对样品进行任何特殊处理，如镀铜或碳，这种处理对样品会造成不可逆转的伤害。此外，原子力显微镜在常压下甚至在液体环境下都可以良好工作。但是 AFM 也存在成像范围太小，速度慢，受探头的影响大等缺点。AFM 类似于 STM，也可用于多相催化表征、生物样品甚至是活体组织的检测。

12.7 原位技术

原位测试技术是利用现代分析仪器跟踪反应微观动态信息的检测手段，它能够获得实际反应条件下的相关信息。它是阐明反应机理、分子与催化剂相互作用动态、稳定中间体结构的有效技术，尤其对催化反应中间体的原位观察非常必要，进一步推动催化科学的发展。

催化剂原位表征的手段有很多，主要包括原位红外光谱、原位发射光谱、原位漫反射光谱、原位拉曼光谱、原位核磁共振、原位 EPR、原位粉末 XRD、原位 XPS、原位 TEM、程序升温质谱等。其中原位红外光谱技术在催化剂原位表征中占主导地位。

原位红外光谱技术是傅里叶变换技术在光谱领域应用以及高灵敏检测器发现后发展起来的新原位技术，可分为原位透射红外、原位发射红外、原位漫反射红外三大类。最早的原位透射（吸收）技术存在固有的局限性，如试样压片使粉末状的催化剂形态发生改变，其可吸收表面区域减少；固体催化剂样品的非均匀、散射态必定使测量存在一定程度的谱图"失真"。随着近年来漫反射光谱技术的发展，其对试样处理简单、无需压片、不改变样品形态，特别适合于固体粉末样品的表征，使得原位漫反射技术在催化剂原位表征中得到了极大的应用。原位红外技术可以直接测出催化剂表面上生成的中间化合物对应的红外光谱，获得反应条件下的催化反应的动态行为，广泛应用于催化剂表面酸性、催化反应机理以及催化吸附行为的研究。目前已有一些成功的例子，如 C_2H_4 氧化机理、NO 还原机理、F-T 合成机理、HCOOH 在 Al_2O_3 或 ZnO 催化剂上分解机理的研究等。

拉曼光谱一直以来都是和红外光谱互为补充的必不可少的表征手段。拉曼光谱用于原位催化反应研究有其独特的优点，由于气相的拉曼峰较弱，因而可以在高温高压条件下获得催化剂的原位拉曼光谱。同时，经常作为载体的氧化物，如氧化铝、二氧化硅等，在中低频的红外区有很强的吸收，但是其拉曼散射信号则很弱，作为活性组分的一些过渡金属氧化物 NiO、MoO_3 等却具有明显的特征拉曼谱带。另外，当采用绿、蓝等紫外区的激光作为激光线时，拉曼光谱可以避免在高温条件下来自催化剂样品和样品池的黑体辐射的干扰。近年来，随着时间分辨拉曼、共聚焦显微拉曼、紫外拉曼等拉曼光谱技术的发展，大大拓展了拉曼光谱在催化剂研究领域的应用，使得拉曼光谱在原位反应条件下对催化剂的结构变化、活性相的组成、反应中间物等进行检测。

原位固体核磁共振是指模拟实际催化反应条件下进行的固体核磁共振实验，该方法大致可分为间歇式原位 MAS NMR 和流动式原位 MAS NMR 两种，已经被广泛应用于催化剂结构及活性位的表征、催化过程中反应物转化和催化表面分子吸附特性机理的研究。由于 ^{13}C NMR 谱能够根据有机分子的特征化学位移来区分反应物、中间物及产物，原位固体核磁共振是最适合通过确定反应中间物来跟踪反应进程、探索反应机理的。此外，原位粉末 XRD 法最适合确定反应中的催化剂结构变化，但无法检测有机物；原位红外和拉曼光谱可以检测有机物，但是由于吸收峰重叠和消光系数的不确定因素的影响，使其谱图分析变得十分复杂。

思 考 题

12-1 TiO_2 的 2θ 衍射峰为 25.30°，半高宽为 0.375。试利用 Scherrer 公式，计算该物质的晶粒大小。

12-2 为什么介孔材料只能使用小角 XRD 进行表征？

12-3 拉曼光谱技术的工作原理是什么？

12-4 比较 SEM、TEM 和 STM 的工作原理。

12-5 查阅相关文献，以文献报道的某一催化剂为例，说明催化剂表征的意义。

参 考 文 献

[1] 徐如人，庞文琴. 分子筛与多孔材料化学 [M]. 北京：科学出版社，2006.

[2] 唐晓东，王豪，等. 工业催化 [M]. 北京：化学工业出版社，2011.

[3] 王桂茹，等. 催化剂与催化作用 [M]. 大连：大连理工大学出版社，2004.

[4] 韩维屏，等. 催化化学导论 [M]. 北京：科学出版社，2003.

[5] 许越，等. 催化剂设计与制备工艺 [M]. 北京：化学工业出版社，2003.

[6] Y Busuioc A M, Meynen V, Beyers E, et al. Growth of Anatase Nanoparticles inside the Mesopores of SBA-15 for Photocatalytic Applications [J]. Catal. Commun., 2007, 8：527～530.

[7] Kokunesoski M, Gulicovski J, Matovic B, et al. Synthesis and Surface Characterization of Ordered Mesoporous Silica SBA-15 [J]. Mater. Chem. Phys., 2010, 124 (2-3)：1248～1252.

[8] 王义，李旭光，薛志元，等. 多孔分子筛材料的合成 [J]. 化学进展，2010，22 (2-3)：322-330.

[9] 冯芳霞，窦涛，萧墙壮，等. 分子筛特种合成路线 [J]. 化工进展，1997，1：64～65.

[10] 于世涛，刘福胜. 固体酸与精细化工 [M]. 北京：化学工业出版社，2006：27～201.

[11] 徐如人，庞文琴，霍启升. 无机合成制备化学（下册）[M]. 北京：高等教育出版社，2009.

[12] 沈绍典. 多头季铵盐表面活性剂导向下新结构介孔分子筛的合成与表征 [D]. 上海：复旦大学，2003.

[13] 吴越. 催化化学 [M]. 北京：科学出版社，1995.

[14] 朱明华. 仪器分析 [M]. 3 版. 北京：高等教育出版社，2000.

[15] 徐光宪，黎乐民，王德民. 量子化学基本原理和从头算法 [M]. 北京：科学出版社，2001.

[16] 徐向阳，郑平，俞秀娥. 染化废水厌氧生物处理技术的研究 [J]. 环境科学学报，1998，18 (2)：153～160.

[17] 甄开吉，等. 催化作用基础 [M]. 3 版. 北京：科学出版社，2005.

[18] 黄仲涛，耿建铭. 工业催化 [M]. 2 版. 北京：化学工业出版社，2006.

[19] 孙锦宜，等. 环保催化材料与应用 [M]. 北京：化学工业出版社，2002.

[20] 黄仲涛. 工业催化剂设计 [M]. 广州：华南理工大学出版社，1990.

[21] 黄仲涛，彭峰. 工业催化剂设计与开发 [M]. 北京：化学工业出版社，2009.

[22] 侯昭胤，戴擎镰，吴肖群，等. 人工神经网络技术在催化剂设计中的应用 I. 理论述评 [J]. 石油化工，1997，26 (10)：697～702.

[23] 孟令宇，李宇锋. 人工神经网络与催化剂优化设计 [J]. 自动化博览，2002.

[24] 金杏妹，等. 工业应用催化剂 [M]. 上海：华东理工大学出版社，2004.

冶金工业出版社部分图书推荐

书　名	定价（元）
冶金电化学原理	50.00
煤炭分选加工技术丛书——煤化学与煤质分析	42.00
现代选矿技术手册（第2册）：浮选与化学选矿	96.00
有色金属化学分析	46.00
有机化学	28.00
水处理工程实验技术（高等学校实验实训规划教材）	39.00
高等分析化学（高等学校教学用书）	22.00
化验师技术问答	79.00
现代金银分析	118.00
现代色谱分析法的应用	28.00
大学化学实验（高等学校实验实训规划教材）	12.00
大学化学实验教程（高等学校实验实训规划教材）	22.00
大学化学（高等学校教学用书）	20.00
冶金化学分析	49.00
冶金仪器分析	42.00
分析化学实验教程	20.00
化学工程与工艺综合设计实验教程	12.00
水分析化学（第2版）	17.00
现代实验室管理	19.00
轻金属冶金分析	22.00
重金属冶金分析	39.80
贵金属分析	19.00
钢材质量检验	35.00
铁矿石与钢材的质量检验	68.00
铁矿石取制样及物理检验	59.00
物理化学（第2版）	35.00
冶金物理化学	39.00
分析化学简明教程	12.00
煤焦油化工学（第2版）	38.00
高炉生产知识问答（第3版）	46.00
常用金属材料的耐腐蚀性能	29.00
带钢连续热镀锌（第3版）	86.00
带钢连续热镀锌生产问答	48.00